SUSTAINABLE
MATERIALS
WITHOUT THE HOT AIR

材料可持续发展

——事实与真相

［英］朱利安·奥尔伍德　乔纳森·卡伦　著

丁雨田　张文娟　李　广　等　译

科学出版社

北　京

图字：01-2019-1398号

内 容 简 介

本书基于材料科学可持续发展内涵，以"钢铁、铝、水泥、塑料、纸"五种重要材料为例，详细介绍了通过节约能耗、发掘新工艺、创新固碳技术、探索未来能源利用与排放技术等传统手段（睁开一只眼）促进材料高速发展的现状及其局限性，强调了通过材料轻量化、减少产量损失、回收再利用、延长使用寿命等新途径（睁开双眼）提高材料使用效率，实现材料的可持续发展。总结了商业活动、政策的实施、个人的影响和少用材料的方式为未来材料可持续发展创造的必要性。这些内容为低碳、绿色、高效、合理的使用材料提供了新思路。本书可供材料行业的科研工作者、管理者、决策者作为参考，同时可面向大众作为材料科学的科普书籍。

图书在版编目（CIP）数据

材料可持续发展：事实与真相 /（英）朱利安·奥尔伍德（Julian M Allwood），（英）乔纳森·卡伦（Jonathan M Cullen）著；丁雨田等译.—北京：科学出版社，2022.11
（书名原文：Sustainable Materials：Without the Hot Air）
ISBN 978-7-03-064783-2

Ⅰ.①材… Ⅱ.①朱… ②乔… ③丁… Ⅲ.①材料科学 Ⅳ.①TB3

中国版本图书馆CIP数据核字（2020）第056092号

责任编辑：万瑞达 李 雪 / 责任校对：王万红
责任印制：吕春珉 / 封面设计：曹 来

科 学 出 版 社 出版
北京东黄城根北街16号
邮政编码：100717
http://www.sciencep.com

北京中科印刷有限公司 印刷
科学出版社发行 各地新华书店经销
*
2022年11月第 一 版 开本：850×1168 1/16
2023年12月第二次印刷 印张：25 3/4
字数：600 000
定价：268.00元
（如有印装质量问题，我社负责调换〈中科〉）
销售部电话 010-62136230 编辑部电话 010-62130874（VA03）

版权所有，侵权必究

本书译者

丁雨田　　张文娟　　李　广　　唐兴昌

刘文武　　张晓波　　任军强　　闫英杰

马吉强　　薛红涛　　张露尹　　赵四祥

序

"材料孩子"

如果把世界上每年的钢产总量除以总人口数量，就会得出每年的钢产总量相当于我们每一个人每年生产200kg钢材。这些钢足够用来制作与一个八岁的小孩同样大小的"钢孩子"。用同样的方法，还能知道我们每一个人每年还会"生出"10个水泥的、1个塑料的、3个纸做的八岁"孩子"，还有1个新生的"铝宝宝"。

对这些"材料孩子"的出生，我们是没有什么概念的，所以对他们的出生也毫不在意，但他们对自然环境的破坏很严重。把天然的原材料加工制作成有用的材料，是高耗能的能源密集型行业，这不仅要占用大片土地，耗费大量的水，还会把废弃物排放到空气、水和土壤中。仅以CO_2一项指标为例，每制造一个"材料孩子"，就要释放$1tCO_2$，这相当于燃烧400kg煤炭所产生的排放量。如果用这些煤炭来雕塑，我们能做出3个或4个成年的"煤人"来做这些"材料孩子"的父母。

在这个星球上，平均每个人每年都会生下上面所说的16个"材料孩子"，还会把他们的4个"煤炭父母"送上天空。实际上，在英国和其他经济发达地区，如欧洲、美国、日本和中国的一些地区，材料的消耗量是全球平均水平的 4 倍，所以在这些地方，"铝宝宝"已经两岁了，其他的"材料孩子"已经长大甚至结婚了，而他们的"煤炭父母"也将增加到 14 位。

我们似乎可以看到，用每一个英国人每年所生产的材料雕塑出来的一个个"材料成人"，整齐列队地向我们走来，在他们的后面，还有 14 个成年"煤炭人"将被送入天空。

前　言

　　人们很少谈论钢铁、水泥、塑料、纸张和铝等材料的重要性，但如果没有它们，我们还将住在茅棚里，徒步出行，商店空空如也，自己种植粮食，没有医疗保障。预计在未来的40年里，我们对这些物质的需求还将成倍增长，但是，如同世界的运输系统给环境带来的影响，这种高速生产的过程对环境也会产生巨大影响，甚至会让孩子们失去拥有和我们一样美好童年的机会。

　　为了能够有一个可持续的未来，我们曾寄希望于材料工业的"自我清理"。但是这种可能性不大，因为材料工业已经为此做了很多努力，现在的生产效率几乎达到了极限。为了摆脱这个困境，我们编写了本书，希望找到一些出路。可以说，迄今为止，我们只是睁开了一只眼睛来看待这个问题，同时，希望工业界能够有效地解决这个问题。但是如果我们睁开双眼，就能够看到还有很多新的方法，即与其制造更多材料，不如更好地使用它们，如少用、延长使用寿命、循环使用等。这样做的意义非常大，因为这既不会影响我们的生活，还能留给孩子们一个更加可持续的幸福生活。

　　我们花了三年时间，对可持续材料的未来进行了认真的调查。我们访问了数百个工厂，举办了与材料有关的各个行业的会议，做了很多相关实验，请科学家和政府官员对我们的观点提出意见。本书是我们调查的结果：它讲述了材料生产的故事，包括生产目的和生产过程，介绍了生产者和他们的盈利方式；我们还尽可能地寻找了可以进行变革的各种方式，从新的流程到新的产品、新的使用方法和价值判断的新方法。

　　此外，通过本书内容来分享对未来的乐观看法：我们应该睁开双眼面对未来，改变世界。本书既是写给与材料有直接关系的人，包括材料的生产、成型和使用者，也是写给与材料有间接关系，和对材料的未来可能产生影响的人，包括材料行业的决策者和他们的代表、金融家、会计师、风险评估或标准制定者，以及教师、科研人员和影响材料工业未来前景的学生。本书既是写给业内人士，也是写给他们的用户的，因为它和我们每一个人都息息相关。我们都离不开5种重要的材料（钢铁、水泥、塑料、纸张和铝），所以必须学会更好地使用和利用它们。本书内容告诉我们，认真对待这个问题，并解决它，进而让我们未来的生活变得更加美好。

编　者

目　录

第一部分 材料世界

1. 材料财富与健康

发达的经济给我们带来舒适美好的生活，这都归功于人类制造材料和改造材料的惊人能力。过去的150年，对工程材料的使用量犹如火箭上升一般飞速增加。但是现在，必须考虑"可持续性"的问题，要考虑我们现在对材料浪费，将会给后人带来什么影响。显然，这是一个非常严重的问题。

2. 规模、不确定性和对结果的评估

如果出现了大问题，就需要寻找关键的解决办法，靠回收旧报纸的简单办法，是没有用的。我们必须找到"解决问题的关键"。但是现在问题还没有出现，所以还不能拿出准确的解决办法。那么，对于未来可能产生的、还不能确定的影响，以及可供选择的解决办法可能产生的作用，怎样进行判断呢?

3. 钢和铝的使用

为了理解我们在材料使用方式做出改变的原因，需要通过调研、分析这些材料的用途和特性，并找出这些材料吸引人的原因。

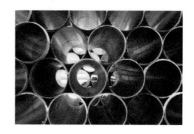

4. 金属之旅

材料从地下的矿石转换成产品是一个漫长的过程。如果能够创造出这一过程的地图，就能够构建出一幅规模图来预测出需要探索的一系列过程，并通过观察这个过程的演化来预测我们将来可能有什么需求。

5. 能源与排放

对可持续材料的诸多担忧与加工这些材料所需的能源多少，要求找出这些能源被用到了什么地方，以及这些能源的利用是如何演变的。为了应对目前与气候变化相关的担忧，尤其需要弄清楚哪些加工过程会排放更多的温室气体。

6. 资金的去向

大部分人都没有直接购买过工程材料，一般都是购买由工程材料制成的零部件以及由零部件装配而成的商品。那么，当我们购买汽车或是房子的时候，有多少资金流向了材料生产商，都有谁参与其中呢？

1. 材料财富与健康

——我们在担心什么

发达的经济给我们带来舒适美好的生活，这都归功于人类制造材料和改造材料的惊人能力。过去的150年，对工程材料的使用量犹如火箭上升一般飞速增加。但是现在，必须考虑"可持续性"的问题，要考虑我们现在对材料浪费，将会给后人带来什么影响。显然，这是一个非常严重的问题。

欢迎来到本期"材料世界"问答节目。

第一轮：当听到下列地名时，请迅速说出第一个闪现在你脑海的词。旧金山：金门大桥；巴黎：埃菲尔铁塔；纽约和上海：摩天大楼；悉尼：海港大桥；北极：极点。回答得很好！

第二轮：听到下列年代，请迅速说出相对应的标志性的事件。19世纪60年代：登月；70年代：盒式录音机和录像机；80年代：个人电脑；90年代：互联网；2000年：手机。回答得很好，虽然需要略作思考。

最后进入第三轮，说出你的钱主要都花在什么地方：住房、汽车、旅游、食品。恭喜！回答正确。

除了一些食物，上述所有事物都依赖于能源密集型的材料。

我们在学校都学过，人类发展的历史先后经历了石器时代、青铜器时代、铁器时代、黑暗的中世纪（欧洲）、大发现时期和启蒙时期，进而发展到机器时代和信息时代。也可以将过去的100年我们所处的时代，称为材料的时代。因为在这个时代，人类发现了燃料，从天然矿石和矿物中提取出所需要的物质，并用燃料燃烧所产生的高温，将它们转化为金属、陶瓷和高分子聚合物，然后又用这些材料制造出来我们在问答节目中提到的那些标志性建筑和发明的产品。大部分钱都花在这上面了。这一切都如此平常、不知不觉地发生着，以至于我们很少想到，它们离我们并不

贝塞麦转炉，转炉的热空气吹入铁水中烧掉杂质，生产出廉价的可锻钢

威斯敏斯特宫的钟塔，即大本钟

遥远：1824 年，利兹的约瑟夫·阿斯普丁（Joseph Aspdin）发明了波特兰水泥并获得专利保护，这是现代混凝土和砂浆的基础；1855 年，切尔滕纳姆的亨利·贝塞麦（Henry Bessemer）发明了钢铁制造工艺并获得专利保护；1886 年，俄亥俄州的查尔斯·霍尔（Charles Hall）和巴黎的保罗·埃鲁（Paul Héroult）在同时期发明了生产铝材的廉价工艺。塑料和工业用纸的生产，这些都是我们祖父母所生活的年代发明的。把曾经是珍贵的材料变成了日常用品，从而对材料产生高度的依赖。仅仅 100 多年的时间，全球生产的这 5 种材料，从 20 世纪初几乎为零的产量，增长到今天，我们每个人每年直接或间接使用的材料已经超过了我们自身重量的 10 倍。

使用材料的目的，是让人们能够在人口更密集的环境下舒适地生活，能够走得更快、更远。过去的 100 年，之所以能够让更多人离开农村，来到城市中生活，在城市中舒适地睡觉、工作、休闲，都是因为有了这些材料来盖房子，提供暖气、冷气、照明。截至 2009 年，城市生活的便利性，让世界上有一半的人口是居住在城市里面的，这在人类历史上还是第一次。现在全球共有 21 个特大型城市，每个城市人口超过 1000 万人，几乎是世界人口的 10%[1]。虽然在大城市生活的质量更高，农村人口转移到城市也会促进城市和周边地区的经济增长，但是也会增加对材料的需求。

制造、利用和购买这些材料，要花费很多钱。世界上大约有 3 亿人，约占世界（全部）人口的 5% 直接从事材料的加工[2]。我们每人每年总花费的 10%，是支付给制造这些材料的公司的。

所有这一切看起来都非常好，我们很幸运，可以享用这些高质量的材料，尽情地享受这种美好的生活方式。这在人类的历史上还从来没有出现过，我们的生活像古代国王和王后那样。

童话故事里通常会有一个坏人，如果没有大灰狼，我们也不会记得小红帽和她的奶奶。因此我们会介绍材料世界中的负面内容。要了解这些，让我们随着大本钟发出的洪亮的钟声，来看看 BBC 的晚间新闻吧（大本钟是 1858 年贝尔铸造厂制造的，用了 13.5t 铸铁）[3-6]。

2010 年 10 月 12 日

匈牙利红色废物地上极度绝望的村民

大约 60 万 t 有毒红泥，来自于氢氧化钠洗涤铝土矿生产氧化铝所带来的副产品，覆盖了约 40km² 土地 ①。这一次的污染，要用一年的时间来清理。这次事故还造成 150 多人受伤，10 人死亡。匈牙利的 Ajka 氧化铝厂的氧化铝产量占全球的 0.5% 左右。

2010 年 10 月 20 日

力拓公司花费 3.1 亿美元扩张澳大利亚铁矿石开采

通常情况下，每 10t 铁矿砂可以提取出 1t 矿石。如果铁矿砂位于地下 10m 处，密度为 5t/m³，那么按照力拓公司在澳大利亚的年产量，将需要挖掘 560km² 土地，面积相当于中国香港面积的 50%。

2011 年 1 月 4 日

中国限制稀土出口

目前，中国生产的稀土占全球供给的 97% 左右（用于制造永久磁铁，如某些电动机和发电机，特别是风力涡轮机）。中国限制稀土出口的政策将制约这些产业的发展，除非能够找到替代物。

2011 年 3 月 9 日

极地冰川流失加速，海平面上升

卫星成像显示，在过去的 20 年里，由于全球变暖，南极和格陵兰岛的冰川流失速度加快，海平面上升速度比联合国政府间气候变化专门委员会（IPCC）在 2007 年的评估所预计得更快。

通过这些新闻，我们需要考虑人类对材料日益增长的需求所带来的种种问题。

●**资源短缺**：地球上的矿物和化石燃料总有一天会被用尽，当然，这一天还要很长时间以后才能到来。但是，我们所说的资源短

_____

① 1km²=10⁶m²。

缺，实际上是指那些易开采的矿藏几乎都被用光，今后再想用，不得不花费更多的资金和精力去开采那些难以开采的矿藏。这是我们所面临的严峻的挑战。此外，成本的增加导致价格上涨，而资源的地理分布不均，也可能导致冲突。

●**水资源压力**：比矿物短缺更为迫切的恐怕是对淡水资源的需求。总的来说，地球上的水资源是丰富的，并不缺水。但在某些地区，水存在质量问题，这些地区的人只能迁徙到他处。在某些富裕地区，如美国的加利福尼亚州，可以用抽水的方式把水输运过来；在马耳他，可以淡化地中海的海水。但是，这两种做法都要消耗大量能源。此外，材料生产的一些环节也需要大量的水，增加了生产和运输淡水资源的压力。

上海

●**土地压力**：可用于农业生产的土地是有限的，所以，任何占用土地生产生物燃料的做法，都是以牺牲土地的其他重要用途为代价的。

●**副产品和有毒化学品**：对于大多数矿藏，从 10t 岩石中只能提取出 1t 矿石，然后从矿石中提取有价值的元素。提取要消耗能源，要添加化学品，而有些化学品还是有害的。虽然大多数情况下，有害的化学品是受到严格管控的，但正如我们在匈牙利看到的，意外有可能发生。排放到土壤、水和空气中的化学品对生物物种可能产生极大的破坏，有时我们无法确定化学品排放的长远影响，因此监管机构确定排放的安全标准，也会遇到一些困难。

●**气候变化**：自从约翰·泰达尔（John Tyndall）1858 年发表了他的实验报告，人们已经知道了温室效应：太阳的光线落在地球表面，地球以不同的频率辐射出太阳的能量，大气中的温室气体吸收了部分辐射，并向各个方面重新辐射，包括返回地球。温室气体包括大多数的由两个不同原子组成的气体，还有所有的三原子或多原子气体，其中最重要的是 CO_2。燃烧化石燃料，即煤、天然气和石油，产生的 CO_2 排放到大气中，会增强温室效应，从而导致全球变暖。人们对这个事实并没有什么异议，但是对人为导致的全球变暖仍然存在争议，主要因为：（a）无论是在大气层的空间范围或是在时间范围上，我们仅有温室气体浓度和全球温度变化的部分记录；（b）气候也受到许多其他因素的影响，人类并不了解所有因素，因此温室气体的具体影响也是难以预测的；（c）有大量的错误信息，并且不同组织出于不同的动机，还在增加这些错误信息。联合国政府间气候变化委员会（IPCC）的第四次评估报告（被授予 2007 年诺贝尔奖）受到了严格的审查（对我们来说，值得注意的不是因为在报告中发现了少量的错误，而是因为出现的错误太少了），报告称："自 20 世纪中期以来，全球平均温度的增长极有可能是由温室气体造成的（人类制造的）。"因此，政府间气候变化专门委员会（IPCC）建议减少全球温室气体的排放量，到 2050 减少至 1990 年的 50% ～ 85% 的水平，将全球平均气温上升限制在 2.0 ～ 2.4℃，避免气候变化的不利影响。

在亚马逊雨林开采铝土矿

这些问题是真实的，严重的，也是紧迫的。在过去的 50 年中，世界人口增加了 1 倍，而工程材料的用量增加了 4 ～ 15 倍。上面提出的所有问题，都源于材料的大量生产。如果材料的生产再增加 1 倍，并且不采取任何措施的话，问题的严重性也会加倍。

不过，本书内容并不是沉重、消极的。恰恰相反，对现实的担忧激励着我们积极寻求切实可行的变革方法，以减少人类的行为对后代应享受的生活质量的不良影响。以此为目标，我们加入"可持续发展"理念的阵营，虽然前途并不乐观。我们的先驱们奠定了基础，提出了气候变化、可持续性或环境影响的问题，同行们所做的努力，也在提高我们的预测能力。

我们的目标是寻找解决问题的方法，首要原则是有一定的规模，也就是说，解决问题的方法一定要能够引起足够大的改变。后面将用整个章节来讨论规模，这里不再赘述。但是，考虑到许多人都提出过解决方案，在此简要说明一下我们与其他人的不同之处。

● 我们不做主观的宣传。曾经看到过一些书，这些书的作者声称已经找到了答案："按我所说的去做，相信我们的口号，问题就可以解决，……"。但这些书的问题是，他们用被动式房屋消耗的能源比传统房屋少来证实自己的主张（译注：被动式房屋简称被动房，也被称为无源房，是近年来各国倡导的，是通过充分利用可再生能源的全新低能耗建筑概念）。这点我们表示认同，但考虑到世界上 1/3 的能源都被用来制造和加工材料，还要关注生活用热之外的其他问题。

铁矿石开采

●我们不是演员，也不是政客。有一点至关重要，就是需要探索包括经济增长停滞在内的所有可能的方法。业内人士是不会考虑选择使行业规模衰退的选项。对材料生产企业来说，尽管它们掌握材料生产的数据，但问题是，它们可能只向政府提出利于行业进一步扩张的方案，而不会提出让行业萎缩的意见。

●我们不是政府，所以不能靠转移视线的方法来解决问题。英国前首相布莱尔是第一个签署《京都议定书》的人，但是他这么快就签字的前提是，他认为我们已经满足了议定书所规定的目标，已经用天然气发电代替了煤炭发电，同时延续撒切尔夫人的政策，让制造业离开英国。但这样的转移对全球排放量没有影响，只是换了方式换了地方而已。这一点提醒我们必须谨慎看待以国家为单位统计的排放数据。

作者们

我们的研究小组在剑桥大学有 8 名成员。五年来，剑桥大学一直在资助我们进行可持续材料的研发[7]。我们重点研究钢和铝的生产和其生产中的 CO_2 排放。现在，我们将研究扩大到其他几种关键材料。研究表明，减排最优的选项也将是解决未来可持续发展相关问题的关键。为了避免看起来像外卖菜单，本书在封面上只写了两个人的名字，实际上，这本书是 8 个人共同努力的成果。

本书出版的目的是对所有的可能性进行研究，不放过每一个能够实现可持续发展材料在未来的可能性，并对研究过程中可能遇到的难题做出理性的评估。我们工作的重点是全面，但由于内容繁杂，将在下一章重点讨论。

我们无意兜售意识形态。在书中读者可以看到，有很多"材料可持续发展"的方法，还没有受到关注。材料的效率，就是用更少的新材料生产同样多的商品，这一理念给未来带来了无限的可能。我们用了"事实与真相"一词来提示读者，用更少的材料与更高效地使用材料是同等重要的。为方便关注，开放本书在网上的下载权

读过这本书，现在听听歌曲吧

限，同时随书赠送几首主题曲，这些歌曲由我们创作，由阿奇·格鲁姆特（Adey Grummet）、阿尔萨斯猫（Star of Cats）、莱米勒（Les Miserables）和迪奥利（D′Oyly）演唱，在此表示感谢。想听到安迪（Adey）的声音，想发现更多信息，请在 www.withbotheyesopen.com 下载。

注释:

[1] 联合国人口基金会（UNPFA）每年会按国家和地区发布世界人口状况报告，包括人口、社会和经济等指标。本章中的数据来自 2010 报告（UNPFA，2010）。联合国也在经济和社会事务部设有一个人口司，报告城市化的数字（UNDESA，2009）。

[2] 与材料制造成产品的相关者，将在第 6 章中更详细地介绍。

[3] 英国广播公司一篇题为"村民在匈牙利的红色荒原绝望"的消息（2010），描述了匈牙利 Ajka 氧化铝厂的一个污水池排放有毒的"红色泥浆"。根据 Jávor 和 Hargitai 的报告（2011），Ajka 氧化铝厂为 MAL 匈牙利铝业公司所有并被授权每年生产 30 万 t 氧化铝。这家工厂最初是为了将铝土矿加工成氧化铝而建成，供匈牙利的铝熔炉生产金属。然而，由于这些熔炉的关闭和非冶金氧化铝需求的快速增长，Ajka 氧化铝厂自 2006 以来就没有生产过用于金属生产的氧化铝。国际铝业协会（IAI）提供了氧化铝生产年度统计的数据，并且估计 2010 全球氧化铝产量将达到 5630Mt：其中 51.6Mt 为冶金使用，4.7Mt 为化工使用（IAI，2011）。因此，Ajka 氧化铝厂占全球氧化铝总需求的 0.55%（但 6% 氧化铝用于化学使用）。

[4] 英国广播公司网站报道称，力拓矿业集团（Rio Tinto）斥资 31 亿美元收购在澳大利亚的铁矿石（英国广播公司新闻，2010）。土地面积计算是保守的，因为它不包括采矿基础设施，如通道、道路和加工设施。力拓公司最近与原住民签署了协议，以获得在西澳大利亚皮尔巴拉（Pilbara）7.1 万 km^2 的土地上的铁矿石开采权（英国广播公司新闻，2011）。这笔交易将使力拓公司在澳大利亚的铁矿石业务到 2015 年扩大至 3.3 亿 t，比 2009 提高了 50%。

[5] 基于英国皇家化学学会的理查德-派克博士（Dr Richard Pike）和欧洲外交关系委员会的马克-伦纳德（Mark Leonard）在 BBC 广播 4 频道今天节目的一场辩论［派克（Pike）和伦纳德（Leonard），20］。

[6] 英国广播公司的环境记者理查德-布莱克（Richard Black）的一篇文章说："极地冰层融化速度加快，海平面上升。"［布莱克（Black），2011］

[7] 几乎所有我们工作的资金都由英国工程和物理科学研究委员会（EPSRC）通过授予朱利安-奥尔伍德（Julian Allwood）的"领导力奖学金"提供，该资金没有先决条件。我们中的一个是由博士奖学金资助，其 75% 是由 EPSRC 支付的，另外 25% 是由 Arup 支付的，但我们与 Arup 的协议仅涉及保密。此外，该项工作得到了一个由 20 多家大公司组成的财团的支持，我们经常与他们会面，讨论本书所涉工作的方方面面。书中提供的许多证据都是与他们合作收集的，但解释权归我们所有。更多关于我们正在进行的研究细节，请进入项目网站 www.wellmet2050.com 了解。

2. 规模、不确定性和对结果的评估

——怎样才能做出大的改变

如果出现了大问题，就需要寻找关键的解决办法，靠回收旧报纸的简单办法，是没有用的。我们必须找到"解决问题的关键"。但是现在问题还没有出现，所以还不能拿出准确的解决办法。那么，对于未来可能产生的、还不能确定的影响，以及可供选择的解决办法可能产生的作用，怎样进行判断呢？

2007年，英国首相戈登·布朗（Gordon Brown）宣布，英国将认真对待气候变化问题并采取行动，为此将减少在超市使用塑料购物袋[1]。在宣布这个决定时，布朗知道，英国的一些超市已经对购物袋收取了费用。现在，当我们去结账时大多数店铺会问是购买购物袋，还是使用自带购物袋。这一措施的效果是明显的，塑料袋的使用量减少了41%[2]。至此，我们似乎为环境的改善付出了有效的努力，似乎可以飞到阳光明媚的西班牙度过一个轻松愉快的周末啦。"美丽的阳光，我来啦！"

也许是这样吧，让我们来验证一下。先来做一个简单的实验：假设有一个住在剑桥的五口之家每周在超市里购买他们所需的大部分食物，下面有两张照片，（a）他们每周购物需要13个购物袋，质量约为100g；（b）购物袋中其他的塑料制品（其中67%是瓶子）的质量为十几千克，所以购物袋只是他们在超市购买的塑料制品中的一小部分。那么使用的超市包装是否占整个国家的塑料使用总量的很大一部分呢？以英国为例，塑料袋占塑料使用总量不到1%。塑料占 CO_2 排放总量的1%左右，如果完全停止使用塑料袋，英国的总排放量将减少不到0.01%。这仅仅是向前迈进了一小步，相当于每辆车每年少行驶4英里①，或者一个60W的灯泡每年

(a) 每周购物需要 13 个塑料购物袋

(b) 购物袋里装的其他塑料制品

① 1 英里 =1.609km。

停用一天。

事实证明，塑料袋引起的是丢弃物问题——人们不想看到到处都是用过的塑料袋被吹的挂在树篱和栏杆上。当英国的垃圾填埋场快封场时，其中含有 6.5 万 t 的购物袋，但这几乎与我们所要应对的气候变化问题无关。

从对塑料袋问题的讨论中发现，可持续材料的未来，有 3 个因素需要考虑，即规模、不确定性和对结果的评估。若要解决大的环境问题，就必须做出重要的改变，这是因为在不同范围内起作用的小的改变并不会累加成大的变化。由于缺乏数据（如 2014 年使用了多少个塑料袋），且不清楚所做出一个改变会怎样导致其他后果（有多少个草篮子从加勒比地区流入英国代替塑料袋充当购物袋），只能通过评估它们造成变化的规模来做出合理的决定，而评估往往存在缺陷。

这三方面的问题是相关联的，但是不能因为没有完整的数据而推迟采取措施，因为到那时可能为时已晚。如果能对孰"大"孰"小"的问题做出合理的评估，即使不能精确地知道估计值与实际值之间的差距，我们也可以着手采取能够产生显著差别的重大措施。因此，本章的目的是明确可持续材料的关键："大的"因素，弄清为什么我们不能确定它们有多大，然后解释将如何利用评估来预测可能的大行动。

规模

这本书由 10 种以上的材料印制而成：纸主要是木纤维，还含有高岭土、碳酸钙、二氧化钛、二氧化硅或滑石粉；页面印刷所用材料来自聚合物（苯乙烯／丙烯酸酯、聚乙烯或其他）、蜡、树脂和二氧化硅，颜色由氧化铁或其他颜料制成；封面涂有清漆、水性涂料或覆有薄膜叠层；经缝合、装订或胶粘做成书。值得注意的是，一本主要由纸（一种相对天然的材料）做成的书还包含有许多工程材料。通过本书的材料组成，你可以开始计算你周围可见的材料数量和你所关注的建筑物的内外，家具、烤面包机、计算机，多到你在一分钟之内难以数出。人们的生活高度依赖丰富的材料，其数量庞大，所以我们的同事耶鲁大学的汤姆·格雷德尔（Tom Graedel）教授表示，

制成这本书需 10 种以上的材料

现在的一款典型手机使用了元素周期表中 67% 以上的元素[3]。那么，如果想要找到一个更可持续的材料体系，那究竟应该从哪里开始呢？应该优先考虑什么？

我们用国际能源署（IEA）发布的数据绘制了图表，IEA 全面整理了关于能源使用和后续排放的全球数据库[4]，为我们确定优先事项提供了重要参考。国际能源署的数据宽泛，涵盖所有温室气体排放，包括 CO_2 排放量，以及 3 个主要部门（建筑、工业和交通运输）CO_2 的排放细节，这对我们的目标达成非常重要，这些数据详细说明了 13 个行业类别 CO_2 的排放细节，包括直接排放（来自能源部门的燃烧燃料）、过程排放（来自化学反应）和间接排放（来自上游发电）。这些饼状图（图 2.1）全面展示了年"CO_2 当量"，即将其他温室气体排放量转化为 CO_2 单位当量的影响（饼状图数据为 2005 年数据）。全球的 CO_2 排放总量逐年上升，但增速缓慢，通过对这 3 张饼状图的分析，可有效预测未来年份内比率大小。

第一张图（图 2.1）显示，燃烧化石获得能源产生的排放以及工业生产中的直接排放约占全球"人为"温室气体排放量的 67%（即除了植物、动物生长、生活、死亡的自然循环过程中吸收和排放 CO_2 之外的排放）；另外 33% 表示由于土地利用变化（尤其是砍伐森林）和农业活动造成的排放。由于 CO_2 是看不见的，其释放量也无法准确地测量，所以这些数字均为估计值。其中，燃料的燃烧和加工带来的排放量可进行较为准确的估算，因为从事化学研究的人可计算燃料燃烧释放出多少 CO_2 的数量，即可得出汽车或发电厂排出的 CO_2 量，从而逆向验证我们的估算。相比之下，因为涉及许多繁杂的过程，生物学、植物学和农业学家很难预测剩余的 33% 的排放量。第二个饼状图探讨了第一个饼状图的最大部分，表明 CO_2 排放的主要来源于能源生产和工业过程，其中约 33% 来自建筑物，约 25% 来自交通运输，"其他"的 5% 来源于与燃料加工相关的上游排放。可以看出，来源于我们赖以生存的制造业、建筑业以及基础设施建设业产生的 CO_2 排放量均超过了 33%。

在过去的 5 ~ 10 年中，关于能源效率的公开辩论主要集中在上文提到的前两个部分：建筑业和运输业，因为它们在饼状图中占较高比例，而且人类有多种途径提高这两个行业的能效。

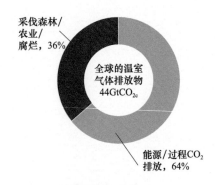

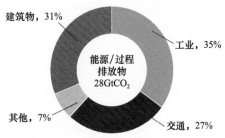

图 2.1　全球 CO_2 排放源示意图

图 2.2、图 2.3 显示了汽车和建筑物的 CO_2 排放情况：就汽车而言，油耗与汽车的质量之间有很多的相关联性，即汽车越轻，能耗越低。而油耗与乘客数量之间相关联性不大，以英国为例，汽车平均质量 1.5t，平均车载人数为 1.5 人，汽车质量与乘客质量的比例约为 10 ∶ 1，由此可见车载人数对能耗的影响很小。图 2.3 显示了近些年建筑物每平方米面积的 CO_2 排放的历史数据，由该数据我们预测了英国法律中为未来效率而设定的目标值。该图表明了建筑物运行（用于供暖、制冷和供电的电器产品）所产生的排放量的快速改善，但与建造和维护建筑物相关的隐性排放量几乎没有变化。改进效能的 3 个关键设计选项是更好的绝热性；更好的密封性，以便有效控制内外能量交换（比如热能）；更好的通风设计。我们已经在世界各地建立了 3 万个不定期供暖或制冷的"被动式房屋"，足以证明政府可以实现未来"零能耗"建筑的目标[5]。

因此，我们有办法对图 2.1 第二个饼状图中的两个主要行业产生重大影响。但对于最大的一个行业：工业要怎么办呢？第三个饼状图显示工业排放 CO_2 的主要来源，按照优先原则，我们对问题进行了有效简化：仅钢铁、水泥、塑料、造纸和铝材 5 种材料的生产就占工业排放量的 55%，而居前两位的钢铁和水泥正是建造建筑物、道路、桥梁、隧道的材料，约占到全部工业排放量的 50%。

我们似乎找到了 5 种需优先考虑的材料，但是反思一下，是否忽视了仍然占工业排放量 45% 的"其他"部分材料，与上述 5 种关键材料相关的部分只提及了生产作为库存产品（板材、薄板和棒材）的材料所需的能源和排放量，而未交代生产最终商品的总能耗。还有没有遗漏的重要的材料未被统计在"其他"之中，或者没有显示库存材料转化为商品过程中的排放问题，而使我们所选定的这 5 种关键材料实际上缺乏代表性。

为了回答这个问题，需要更深入地了解所谓的"其他"部分，并找寻与这 5 种材料相关的任何下游生产活动是否隐藏在数据中。国际能源署只对这一"其他"部分进行了概括性的分析，可以通过查看某些特定国家的数据了解更多信息。英国和美国都有更详细的数据，但两国的制造业最近都已在衰退，所以其比例不具有全球代表性。然而幸运的是，中国政府出版了关于自己能源使用的权威数

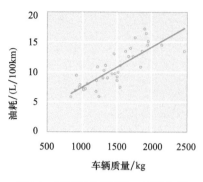

图 2.2　英国目前使用的一系列典型汽车的车辆耗油量[14]

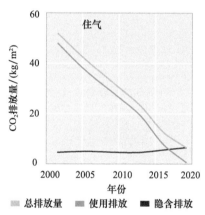

图 2.3　每平方米建筑物的 CO_2 排放量[15]

据相关图书，中国是"世界工厂"，其覆盖了所有制造活动。图2.4中的两个饼状图重新创建了与图2.1中的第二和第三个全球图表相对应的中国 CO_2 排放源饼状图[16]。

图2.4（a）表明，中国所有能源中有67%用于工业。然而，图2.4（b）很关键：如果说中国的工业活动在全球工业活动中具有代表性，那么这将是审视全球"其他工业"部分的最好的视角。同样，钢铁、水泥、塑料、造纸和铝材5种材料仍占据主导地位，但其他材料——纺织品、食品和木材也紧跟其后。还可以看到，将金属原料转化成产品需要大量的能源输入，约占工业总值的7%。通过对这些清晰、广泛、一致性良好的数据进行不同的组合会有多种结果，看看下面的图框故事——"趣味数字1"，你就可以确定，钢铁生产可占世界排放量的4%～35%任何份额。

在探索规模的过程中，我们提出了5种优先考虑材料，以寻求可持续材料的未来。之前我们已经经历了一个很漫长的探索过程，但在继续前行之前，还需要解决一个关键问题。举例说明：假设我驾驶每加仑①能行驶30英里的汽车每年行驶9000英里，那么每年要购买300加仑燃料。但如果换每加仑能行驶60英里的汽车，则同样的里程燃料减半，节省150加仑燃料。或者，如果每年的驾车里程减少一半，所需的燃料也将减半，同样每年可节省150加仑燃料。那么，如果同时做到这两点：换车，并把年里程数减半，会怎样呢？显然，按照这种累加的计算方式，如果同时采纳这两种节能方式，每年就会少买300加仑燃料，结果不加一滴油就可以驱车4500英里！简直完美地解决了所有问题！但事实并非如此，这两个选择不是独立的，如果采用这两个方案，那么首先将用新车使燃油量减半，然后通过减少距离将剩余的油耗量再减半，所以每年加75加仑燃料就可以开车行驶4500英里。然而，我们发现人们犯了类似的错误，即把能源效率选项错误地加在一起，这个错误做法已经渗透到了关于未来能源使用和排放的争论之中，亟待纠正。

当开始关注全球能源消耗时，我们发现国际能源署的数据是由

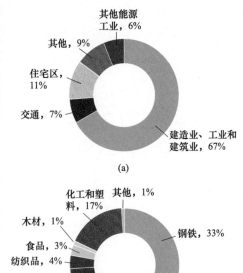

图2.4　中国 CO_2 排放源[16]

① 1加仑＝4.55L。

政府和经济部门收集，而不是把燃料转化为服务的技术部门。来自经济部门的能源使用数据，可以解答能源消耗"责任在谁"的问题，却不能回答"我能做些什么？"这个问题涉及诸如有多少电动机，锅炉燃烧多少气体，以及它们的效率等。因此，我们开展了一个重大项目，建立全球能源使用类型图，如图2.5所示，该图显示能源（主要是燃料，包括可再生能源）如何通过技术转化为消费者所需的最终服务。它采用桑基（Sankey）图的形式，其中线的宽度与年度能源消耗量成正比。下面关于里尔·桑基（Riall Sankey）的"图框"故事讲述了这个图的起源和用途，在本书的后面将再绘制几个桑基图）。

趣味数字 1

钢铁作为全球 CO_2 排放的驱动因素有多重要？需要用分子除以分母的比例来回答问题。可以选择仅生产液态钢的 CO_2 排放量（2Gt/年），由钢铁制造商为制造业而生产销售的库存产品（2.5Gt/年）或与钢制的最终产品相关的 CO_2 排放（3.5Gt/年）作为分子。分母则是人类所有可能的 CO_2 排放，包括农业和土地利用的变化（44Gt/年），或者可以使用能源和加工的 CO_2 总排放量（27Gt/年），或工业部门的 CO_2 排放量（10Gt/年）。所以问题的唯一而明确的答案是4.5%、5.7%、7.4%、8%、9.3%、13%、20%、25%或35%。所有这些数据是真实的！但这只是开始，来看看最近关于比率中分子"真实值"的建议：钢可以回收而水泥则不能，所以初次生产钢时的 CO_2 排放应减少33%，以表明在40年生命周期里使用钢产品所带来的利益；另外，生产1t钢会产生约1/4t的副产品高炉炉渣，它可以作为替代品，降低对水泥的需求，因此生产钢材的真正排放量应再减少25%；新车比旧车更省油，如果把更多的钢铁用于制造新车，那么钢铁的排放量还会再降低10%。

这一建议基于所有比率均来自共同认可的全球排放量的数据。我们可以针对不同方向提出不同的方案从而得出不同的比率，但关注点是整个系统对环境的总体影响，因此，我们对旨在玩弄比例而改变责任的方法没有兴趣。

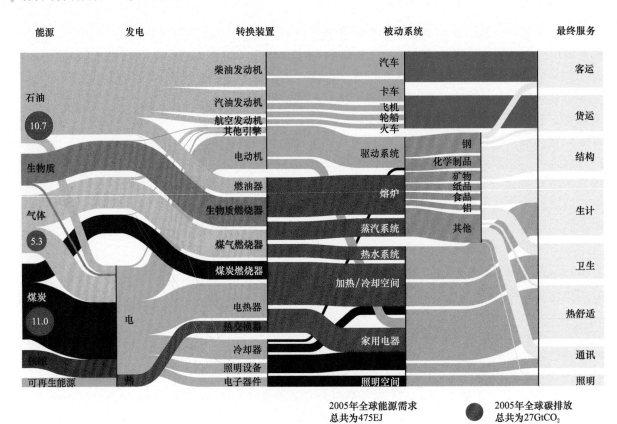

| 能源 | 发电 | 转换装置 | 被动系统 | 最终服务 |

图 2.5　全球能源桑基（Sankey）图[17]

桑基（Sankey）图的起源

　　1898年，爱尔兰工程师里尔·桑基（Riall Sankey）首次使用桑基（Sankey）图来比较一台蒸汽机（路易斯维尔 Leavitt 抽油机）与一台"完美的"引擎的能量流动。在差不多10年的时间里，人们将这些图用于发动机和工业过程中"热平衡"的可视化研究，德国的工程师运用得更加广泛，因为在第一次世界大战之后的德国，钢铁供应变得至关重要，复杂的桑基图成了确定钢铁原材料库存量和提高生产效率的有利工具。现在，桑基图普遍用于系统内质量、能量、水和温室气体流动的可视化过程，应用范围也越来越广，从最小的发动机到工厂乃至整个全球生态系统都适用。

桑基

桑基图的原理是由箭头或线表示流动方向，而线条的粗细表示流量的大小。在诸如与能量或材料相关的系统中，流量不能丢失（即中断或消失），在图上的任何部分上的线段的宽度之和（流量之和）必须总是相同的。桑基图的优点在于可以一目了然地看到流的规模，以及流与流的连接。

如果在全球能源使用桑基图（图2.5）中任意位置取垂直切片，则线的宽度之和相等，即输入源的总能量值。因此，若要同时提高几个能源的效率，且将效果反映在一个单一的垂直切片中，则可以简单地将每个节约的成本相加获得节省的总量。然而，如果效率增益发生在桑基图中的水平线上，例如，发电和电加热器效率的同时提高，则必须乘以其效率才能预测燃料输入的总体节省量。在前例中，通过燃油效率节省的50%乘以减少了50%的里程，得出最终25%的增益率。

此外，还要强调能量图上的垂直和水平切片之间的差异，否则容易产生误导性的结论，正如许多商业组织绘制"减排曲线"，用以显示减少排放所用不同方案的相对成本，但可见的实例都表明效率在能量图上沿着水平路线可以相加[6]，这显然是一种误导——目前欧洲从国家电网向电动"插电式"汽车充电就是一个典型的例子：能量图清楚地表明，即使汽车本身使用的能量（直接电力）比其当量汽油要少，也必须追溯发电的原始能源，这样才能比较电动汽车与传统汽车的能耗。我们运用这种方法得出的结论是短期内，电动汽车并不比同类汽油汽车更高效，而未来可能会更糟。

总结一下我们对规模的了解：

● 五大关键材料——钢铁、水泥、塑料、纸和铝占行业排放量的主导地位，其能源使用和工业过程的排放量占全球排放量的20%。

● 这20%里包括最终结构建造和制造之前生产5种材料的库存形式所产生的能源和工业排放量。对中国能源使用的分析表明，建筑和制造业增加了全球能源和加工排放总量的2%[7]。

● 因为一些效率是相加的，一些是相乘的，所以在讨论提升生产

更明智的做法是减轻汽车质量，其次是使用新能源（电池）

材料效率的方法时，必须仔细考虑能量转换装置在整个能量图内的连接关系。

不确定性

如果仅将 CO_2 作为有毒气体，把它的排放标记为粉红色，以示警示，引起人们对资源消耗的关注，其作用是微小的。如果能够随时呈现所有的有害因素及其长期负面影响，势必能够较容易地引发人们对可持续材料的关注。但是，大多数环境被破坏的过程产生的原因和结果之间有时间差，同时我们还不能完全解释其产生的原因。以下是可持续材料发展面临的主要不确定因素：

- 我们并未完全了解现在的人类活动将怎样影响未来的环境。
- 我们也没有完全了解未来的环境条件将如何影响人类以及其他生命的活动。
- 我们也没有完全认识到人类活动的改变将对环境产生什么后果。

对于 5 种关键材料，还面临以下额外的不确定因素（这些因素限制了我们对未来材料加工过程、结果的预测能力）：

- 我们不知道未来世界人口数量将怎样发展，社会的富有程度如何，因此无法预测材料的需求量变化，以及环境要求的压力将对材料产生的影响。
- 尽管我们比较了解工业生产和燃料燃烧过程中产生的 CO_2 排放，以及与材料加工相关的电力的消耗会间接驱动排放，但对消耗情况尚没有一个清晰的认识。
- 因为无人收集数据，所以目前还没有关于关键材料最终用途的完整数据，也没有哪些材料可二次利用，哪些可回收或可被替代的数据。
- 当石油变得越来越稀缺、低品质的铁矿用于生产，未来更多采用可再生物质发电时，成本的变化未知。除上述观点外，我们还必须应对这样一个事实，即拥有大量信息的组织机构对于不同的解决方案的反应会不同，甚至提出相反的意见。所以，在我们努力澄清优先选择时，有两个问题必须面对：

钢铁于现代世界至关重要，钢铁消费于人类未来的可持续发展同样是至关重要的。在一个更加环保绿色的世界，钢铁材料是最基本的……

——世界钢铁协会[9]

甚至，很少有人意识到使用混凝土带给环境的诸多好处，由于高强度、高耐用性和优异的热质量（即蓄热系数表征材料吸收和储存热能的能力），混凝土将成为当今和未来生态建筑的重要组成部分。

——水泥可持续发展倡议[10]

从潜在的节能性、可循环利用以及能源回收等方面考量，塑料为环境的可持续发展做出了巨大贡献。

——英国塑料联合会[11]

造纸工业是可持续的。如果要找到替代品来降低纸张的消耗，那么用什么来替代塑料、铝、玻璃？似乎都不行。另外从能源利用效率和原料可持续性的角度考虑寻找最可持续的解决方案，通常答案就是纸。

——欧洲造纸工业联合会[12]

铝是提高全球生活水平和发展更好更可持续世界环境的关键。

——国际铝业协会[13]

（资料来源：材料可持续性发展的声明）

● 材料的生产者都会以最积极的姿态维护自己生产的材料质量，他们选取不同的比较基础，来说明自己所生产材料优异的环保性——"绿色"。在上页的左边框中，列出了一些声明作为典型例子，又在图框故事——"趣味数字2"中进一步阐明。在对公开信息研究后发现，再生铝的能耗是以铝矿石为原料制造新铝能耗的5%，如右边框中所示，如果仅考虑未精炼的熔融金属，那么5%的说法是正确的。但实际上，从可回收材料中制罐所需的能量是从原生材料制罐所需能量的1/4。材料生产企业对提供能耗和气体排放数据高度敏感，多倾向于维护自身的利益，基于对这一点的了解，为了与企业合作完成本书，避免他们利己主义地自说自话，事先向他们提供了我们所用的脚注和参考文献中的数据作为依据，以求尽量统一比较的基础，获得相对准确的数据。

● 与材料的零部件成型和装配成产品等下游工艺相比较，从矿石中制备材料的过程对环境的损害更大。而大多数最终消费者是看不见材料的加工过程的，那么是否应该将责任从加工过程转移到生产的产品呢？不幸的是，完成这种转变是极端困难的。目前，将影响归因于产品的最流行的技术是生命周期评估（LCA），主要目的是对相似产品进行相对比较，现在主要用于对产品的绝对影响做出评判，其结果很容易被出资者操控，用于得出他们想要的结果。

到这里，我们发现的不确定性较多：环境如何保护，材料可持续发展的未来会怎样，收集的许多信息带有倾向性。

我们不能等待一切都确定下来（行动和环境变化之间是有时间差的，等到所有的环境危害都显现了）才采取措施去改变，将会错失良机。如今，气候的恶化尤为明显，排放的 CO_2 会在大气层存在约250年，子孙后代将被我们排放 CO_2 带来的环境危害所影响着。

因此，需要提前计划并进行评估，尽力考虑到各种不确定性，而不是将不确定性作为不作为的借口。但又该如何做好评估呢？

趣味数字 2

从矿石中提炼 1t 液态铝消耗的能源是从废料提取等量铝消耗能源的 20 倍以上（原矿消耗 168GJ/t，而铝材废料为 7GJ/t），那么是否可以说用回收铝做一个铝罐所用能耗仅仅是使用原生铝所用能量的 4% 呢？

熔铸铝罐之前，必须通过脱漆工艺在烘箱中除去涂层、其他杂质和水分等，脱漆工艺的能耗与熔化的能耗持平，至此回收的能耗占上述初级（液铝）能耗的 8%。

脱漆之后开始熔化铝罐，由于一个铝罐含有盖和标签、罐体两种的铝合金，因此铝废料在熔融时需加入约 5% 的原铝进行调和，以保证化学配比正确，制成可储存的液态铝。进行到这一步，再生铝能耗是生产初级液态铝能耗的 13%。

但是，要制成铝罐，以上两种原料来源的液态铝还要经过铸造、轧制、冲切下料、冲压和涂层等工序，这又消耗 30GJ 的能量。因此，从原矿中提取 1t 铝制作铝罐需要 198GJ，而从铝材废料中获取并制作铝罐需 52GJ，是原矿的 26%。因此，回收铝确实节约能源，但是与制作初级铝相比，能耗为 26%，而不是 4%。

表 2.1 数据来自欧洲铝协会监管局（2008）。

表 2.1　回收铝罐时的能源使用

加工阶段	来自矿石/（GJ/t）	来自废料/（GJ/t）
脱漆		7
铝液	168	7
成分调整		8
制罐及涂层	30	30
总计	198	52

评估

本章开篇的燃料消耗数据来自国际能源署，这些数据由一些主要国家和地区的相关部门提供，燃料交易记录的准确性决定了这些数据的精确性，而以这些数据为依据确定的 5 种关键材料也是可信的。

但这 5 种关键材料在加工过程中的能源消耗、排放 CO_2 多少等是无法精确计算的，没有人收集到这些材料所有过程的完整数据，作为替代，只能从几个典型的案例获得数据。像纳入欧盟排放交易计划的成员一样，一些国家和地区中由特殊部门运作的企业必须以企业或地区为单位公布它们 CO_2 的排放量等数据信息。但是，除非该地区是由单一加工主导，否则就得对公开的数据进行更多的细节说明，而在价格协商中，数据信息有可能成为消费者议价的筹码，所以企业是绝不情愿提供数据，同时还会附加说明。交易协会完成数据的收集，而它们必须在征得成员同意后才能公开发布数据。在未来，希望政府要求企业在提交经济报告的同时提交能源报告，而非像我们在编写本书时这样，靠企业自愿提供数据信息，导致我们不得不更多地依赖于评估。

当绕过能源消耗着眼于环境现状时，可以看到现有数据表明环境恶化的程度超乎想象。今天，即使已经明确工业生产涉及的化学材料超过 10 万种，我们仍然自欺欺人地认为其对环境的危害很小且为短期影响，而严峻的真相是仅仅揭示了工业化学材料的一小部分危害，而在这一小部分危害中，短期危害又恰好居多。

总体而言，我们有产业部门能耗和排放量的优质数据，要做的是分析这些数据与工业过程的关系；我们有材料产销的数据，要做的是分析原材料加工为商品的整个流程和可能的影响因素。

●电力或能源：这两个词经常相互替换，但其实在全球能源应用的桑基图上发电所需能耗约占世界能源消耗的 33%。这是因为电力是"最终能源"（可以由购买者计量），或称为直接能源，而煤和天然气则是被称为初级能源的原始能源，初级能源是与能源相关的碳排放的源头，为了进行多情境的比较，有必要把各类数据追溯至初级能源。

●能源与排放量：在许多案例中，能源的消耗和 CO_2 的排放量始终密切相关，但事实并非如此。例如，水泥生产中，约有一半的排放来自能源的消耗，另一半则源于由石灰石变成水泥时的化学反应，因此能源的消耗都不可避免地产生 CO_2，但这并不是唯一来源。

数据收集和报告方案

1995 年，欧盟委员会提出的生态管理和审计计划（EMAS）（已经经过几次更新）是一种帮助企业评估、管理和提升环境绩效的自主工具。EMAS 旨在通过提供年度更新的透明真实的信息来支持组织和地区的环境绩效持续改进，EMAS 需要报告能源效率、材料效率、用水量、废物产生、土地利用、温室气体及其他气体的排放等 6 个关键指标。同时为了扩展材料效率指标，企业必须报告他们所加工的不同材料的年度质量流量。

目前，已有大约 8000 个网站注册到 EMAS，在编写本书时，我们访问了其中一些网站，对德国杜塞尔多夫附近的阿卢诺夫（Alunorf）站点印象深刻，该站点通过 EMAS 全面公开披露其质量和能源的流动情况。

- CO_2 或 CO_{2eq}（二氧化碳当量）的排放量：材料制造过程中主要产生 CO_2，所以 CO_2 一直都存在，当将排放问题简化为包含 CO_2 的排放时，很容易描绘一个关于排放的大致情形。然而，尽管 CO_2 在排放中占主导地位，但它只是 3 种 [CO_2、甲烷（CH_4）和一氧化二氮（N_2O）] 主要的温室气体之一。所以，其他气体的影响也要予以考虑，为此，需使用长时间一定周期内加权的 CO_{2eq}。

- 人们倾向于按照个人偏好来选取数字：在收集 CO_2 排放和材料使用的数据信息时，我们发现论述者们更愿意选择那些能增加结论分量的数据。包括在确切数字（如 28Mt）与比率（如 32%）之间的选择，正如在"趣味数字 1"模块中所看到的，更多的是以比率来说明术语。

确定本书内容的范围

太多的不确定因素和数据的匮乏，使得我们只能采取简化的方法来评估可能产生变化规模，从而寻找可持续发展的路径。所以，我们决定把本书的重点聚焦在 CO_2 的排放。气候学家指出，到 2050 年，人类需减少 50% 以上的 CO_2 排放量，与前述的其他问题不同，这在短期内将是巨大的挑战，各国政府也普遍重视，为实现这一目标，将 CO_2 的排放控制以各种形式纳入法律，强制执行[7]。

重点关注 CO_2 排放，就会忽略诸如水资源短缺和有毒气体排放至大气、水或土地中等其他有害环境的问题，然而这种关注单一问题的方法有助于我们有十足的把握区分轻重缓急，准确甄别有效的治理措施，本书中用大量篇幅来讨论降低新材料依赖度的方法，可以预见，在因大量工业加工导致环境恶化的地方，降低工业加工的需求可以减少污染。

材料效率，即用更少的材料提供相同的服务，其很少受到关注。这不意外，因为材料生产对环境影响由生产者"无形地"解决了，而不会让消费者发现，这样包括工业界、政府和消费者在内的所有人都会欣然接受现状。为了改变这种认同，强调材料使用效率的重要性，本书尝试从源头开始收集信息。

为使研究深入高效，我们选取钢和铝作为典型进行分析。做这一选择的原因是钢和铝是 5 种关键材料中结构最复杂的，在制造成品方面，金属比水泥、塑料或纸张的工艺更繁杂。在本书的前三部分详细地介绍这两种金属，在第四部分，将以同样的方法、较少的文字简述水泥、塑料和纸张，最后在第五部分介绍改革实施情况。

最后，讲一下计量单位。写作本书时，我们使用了许多与能量相关的计量单位：焦耳、千瓦时、卡路里、英国热能单位焦耳每千克等。每个人都会用到计量单位，地球上约有 70 亿人口，如果每人每天想出一个新单位名词，则每年能约新增 2.5 万亿个计量单位。如果我的女儿制作一个友谊手镯需花费两个小时和一个巧克力饼干，需要多少个手镯才能照亮寒冷冬夜里的埃菲尔铁塔呢？

对此没有一个简洁的答案，因为人们总是喜欢比较，导致单位泛滥，也使得我们不得不解决单位转换的问题，当听到一个新的单位名词（比如，有人听过标准海平面的仓鼠高度距离吗？）时，人们的讨论大多围绕的是如何将其换算为已知的常用单位。在这里，我们推荐一个可加快转换[8]的工具——大卫·麦凯（David Mackay）的书中提供了一个的网络名单附录，这些网站提供单位换算的在线免费服务，其中包括了同一标准下大量的单位换算。为完成研究，我们尽可能地尝试用简单的单位来计算材料加工过程中的能源消耗和 CO_2 排放：选取容易比较和换算的单位，用兆焦耳每千克（MJ/kg，如果将这两项乘以 1000，则与 GJ/t 相同）来计算能量，用每千克材料加工排放的千克 CO_2（kg/kg，与 t/t 相同）来计算排放量。同时，还得计算材料的总量，完成从相对单位到绝对单位的快速转变，从而赋予比较意义。表 2.2 收录了一些关键数字，便于快速评估人们所提的关于材料和能量建议的规模。在本书中，强调使用简化的单一数字来表征能量和排放比可能会误导研究。例如，回收利用通常是比生产新材料更具有能量效率的。但是，为避免不合理的结论，有必要使用表 2.2 的 15 个数字对新数据进行首次检索检查。

表 2.2　加工典型材料的能源消耗与 CO_2 排放量的关键参数

材料	全球年产量 /Mt	能源强度 /（GJ/t）	碳强度 /（t/t）
水泥	2800	5	1
钢铁	1400	35	3
塑料	230	80	3
纸制品	390	20	1
铝材	70	170	10

正如吉夫斯（Jeeves）所言，如果你选择更环保的方式，那么在餐馆里没吃完的鱼用旧报纸而不是塑料袋打包带回家，就说明你已经理解了表 2.2 中数字的含义。事实上，在对未知因素长篇大论后，吉夫斯会说："真累啊，快点去萨伏伊酒店喝一杯吧。"

注释：

［1］英国首相戈登·布朗（Gordon Brown）的全文演讲在网站上被转录（政治，2007）。

［2］根据 WRAP（2011）的数据，2006 ～ 2010 年，英国主要超市购物袋的使用数量减少了 41%。

规模

［3］由联合国环境规划署全球金属流动工作组所报道的金属库存和回收率声明"移动电话含有 60 多种不同的金属［包括元素周期表中 67% 以上的元素］：液晶显示器中的铟、电容器中的钽和导体板上的黄金"（环境署，2011）。

［4］饼状图是根据来自国际能源署（IEA）的各种出版物的数据绘制的。

　　饼状图（上）：2005 年，人造（人为）排放的温室气体（GHG）相当于 442 亿 tCO_2（IEA，2008，p.398）。$44.2GtCO_{2eq}$ 包括 3 种主要的气体：CO_2、CH_4 和 N_2O（这种气体占所有温室气体的 99%），以及少量的氟碳化合物（HCHF、HFC、PFC）和六氟化硫（SF_6）。根据政府间气候变化专门委员会 IPCC（2007）的标准，不同气体在 100 年里的排放量是根据其中 CO_2 致使全球变暖影响来计算的。与能源相关的 CO_2 排放量占所有温室气体排放量的 61%（占总 CO_2 排放量的 76%）。另外，还有 3% 的温室气体来源于工业中非能源相关的 CO_2 排放，主要来自煅烧反应水泥生产。因此，与能源相关和工业过程排放 CO_2 约 $28.2GtCO_2$（占 GHGs 的 64%）（注意 eq 下标已被删除，因为在 64% 里只有 CO_2 的排放量）。其余 36% 的人为温室气体排放属于土地利用（LULUCF）范畴（土地利用、土地利用变化和森林），包括诸如"滥伐森林，不可持续地使用传统生物质，焚烧灌木丛，砍伐生物质的衰败，泥炭火灾，排干泥炭衰变土壤，以及土壤中有机物的流失"等（IEA 2008c，p.399）。请注意，这一类别并不包括 CO_2 和甲烷的流入以及来自植物、动物和海洋的自然流动。

　　饼状图（中）：能源获取和加工生产相关排放的 $27GtCO_2$ 被分成 4 种类别，使用来自 IEA 能源技术前景报告的数据（IEA，2008a），工业（$9.9GtCO_2$，p.479）；建筑物（$8.8GtCO_2$，p.519）；交通运输（$7.3GtCO_2$，p.425）和其他（已解决，$1.1GtCO_2$）。排放是直接的（来自燃烧的燃料）和间接的（来自上游电力生产产生的 CO_2）。"其他"类别是以上 5 个类别中未包含的 CO_2 排放量，但似乎是用于处理燃料的上游能源使用所产生的（提取、精炼、运输和储存），这些都不能直接归因于上述 3 种类别中。

　　饼状图（下）：该图将工业板块进一步细分，以突出在本书中重点关注的 5 种材料。这种细分方式难度较大，因为工业排放的大多数据仅作为直接排放量（计量的电力和燃料投入工厂）给出，不包括工业中化学反应的任何过程排放，也不包括发电的上游排放。因此，我们需要为排放数据的所有 3 个组成部分找到数字：即能源相关的直接排放、直接加工排放和上游间接排放。国际能源署能源技术展望（IEA，2008a）报告的相关数据中提供了 13 个工业类别和 31 个世界区域直接能源和加工过程中的 CO_2 排放——我们只使用全球性的数据。工业类别仍然不符合我们的 5 种材料——钢铁、水泥、纸、塑料和铝材。然而，在非金属矿物类别中，有 94%CO_2 排放是来自水泥（IEA 2008a，p.489）；在有色金属类别中，60%CO_2 排放是来自铝生产（参见国际能源署 IEA 2007，表 8.1），而且奥尔伍德（Allwood）等（2010）进行的详细的计算表明，塑料生产占化学和石化类别的 31%。加工过程中 CO_2 的排放与钢铁和水泥的生产有关，但这里不包括铝业的氟碳排放，因为它们不是 CO_2 根据国际能源署估计 2005 年基准线排放的图表（2008a）和水泥、塑料及铝的比例估算，从上游发电的间接排放增加到这些直接和加工排放值中。另一类是表剩余工业排放量（IEA 2008a，表 16.4）。表 2.3 概括了工业

CO_2 排放参考资料。

表 2.3　工业 CO_2 排放参考资料

部门	$GtCO_2$	直接	间接	加工
钢铁	2.49	1.88	0.50	0.11
水泥	1.85	0.72	0.19	0.94
塑料	0.35	0.20	0.15	
纸制品	0.42	0.19	0.23	
铝材	0.24	0.08	0.17	
其他	4.5	2.54	1.96	
总计	9.86	5.61	3.20	1.05

来源——对于所有材料的直接和加工排放，请参见国际能源署 IEA（2008a）表 16.4。对于间接排放，图 16.6 为钢铁，图 16.9 为矿物，94% 来自水泥生产和使用（p.489）；图 16.2 为化学物质，31% 为塑料（Allwood 等，2010）；图 16.3 为纸，图 16.5 为铝；表 16.3 为其他。

[5] 被动式住宅（被动式房屋）是世界上实现最快的能源性能节约方式，已经实现了 3 万幢建筑（BRE，2011）。设计标准要求建筑物的年加热 / 冷却负荷小于 $15kW \cdot h/m^2$，采用特殊的细节处理，以隔热来减少热能损失，并密封泄漏处以防止热空气逸出。第一个被动式住宅在 1990 年建于德国的达姆施塔特，而且它的标准主要由被动式房屋研究所在欧洲推广（2011），然而，英国推出的"零碳"住房目标，引起了更多关注：英国建筑研究院 BRE（2011）和被动房信托（2011）在它们相关的网站上提供了丰富的信息。从结果来看，新建筑标准的应用相对较简单，最近英国的第一套房屋改造工程是在伦敦西区进行的，由 Green Tomato Energy 公司承担（2011）。

[6] 两个众所周知的减排曲线例子：瓦腾福（Vattenfall，2007）的全球气候减排地图、麦肯锡（Mckinsey）全球研究所的报告表明要遏制全球能源需求增长（Mckinsey，2009）。但这两项研究似乎都没有解决能源链上"增加"排放节能的问题。

确定本书内容的范围

[7] 英国《气候变化法案》（2008.11.26）是一个旨在应对气候变化危险的具有长期法律约束力的框架。该法案要求与 1990 年相比，到 2050 年实现减排 80%。它还设定了限制排放总量的具有法律约束力的碳预算，限制可以排放的总排放量。

[8] 这个附录是在大卫麦凯（David MacKay）编写的《没有热空气的可持续能源》书

中（MacKay，2009），可在 www.withouthotair.com 上免费阅读。

图框故事，图片和表格

［9］引用自世界钢铁协会的气候变化立场文件（2011 年世界钢铁协会）。

［10］这一声明是从世界可持续发展商业委员会网站的水泥可持续发展倡议网页上摘取的，标题为"混凝土的可持续性发展的效益"（WBCSD，2010）。

［11］英国塑料联合会已经发表了几份关于塑料可持续发展的"立场声明"。这里的摘录源自它们的网站（BPF，2011）。

［12］欧洲造纸工业联合会（Confederation of European Paper Industries）对欧洲纸浆和造纸工业的成就和效益表示支持。这句话摘自它们的"关于造纸行业可持续性的问答"网页（CEFI，2011）。

［13］这个评论是在国际铝业协会（International Aluminium）网站的欢迎页上发现的（2011a）。

［14］汽车数据是从英国各种品牌和型号的制造商的规格中收集的。

［15］目前，住宅的排放量来自拉梅什（Ramesh）等调查的 46 项研究的平均值。未来排放的趋势是基于英国的"L 部分建筑法规"和"新建筑的零碳排放目标"，这一目标是到 2019 年，通过使用现场可再生能源发电的强有力的效率措施，将使用阶段的排放减少到零。

［16］这些图表是根据政府统计数据汇编而成的（Lin Wei，2011）。

［17］能量流的桑基图是根据 Cullen 和 Allwood 的论文进行改编的（2010a）。

3. 钢和铝的使用

——我们为什么选择它们

为了理解我们在材料使用方式做出改变的原因，需要通过调研、分析这些材料的用途和特性，并找出这些材料吸引人的原因。

本章节主要聚焦传统结构材料钢铁和铝，那么第一个问题是：用它们能做些什么呢？没人能直接告诉我们答案，因此，需要我们做一些调研。幸运的是，有一些帮助……

……一群对金属感兴趣的精英聚集在萨伏伊的波弗特酒吧。大家一言不发，一片寂静，伴随着轻轻的卡塔声音，马普尔小姐首先站了起来，打破了这片沉默，她说她终于解开了钢丝之谜：当她伸手去拿她的礼物时，不小心绊倒了，胸前的编织针（钢丝）顺势刺进了她的心脏，永远沉默了。听到这时，下午才乘坐库纳德公主号（1.7万t热轧钢板）抵达的赫拉克勒·波洛稍稍抬起眉毛，他从鼻烟盒（深拉冷轧钢带）中捏了一撮鼻烟，想展示世界上轧制的钢带和钢板的地位，他哽咽着，说不出话来，皮肤像蜡一样，与他完美的胡子相匹配。当救护车（铝和钢）和医生抵达可怕的现场时，却只是问他的同伴这种金属的基本成分，他举着放大镜回答道："呐，再简单不过了，亲爱的华生"[1]……

再简单不过了，亲爱的华生

好吧，这行不通，我们得自己做调研工作了。金属加工产品数量众多，没有现成的金属产品目录，"钢铁行业"和"铝行业"这两个术语仅涉及将矿石或废金属经过熔融变为半成品的过程，诸如板材、线材、薄带卷材和标准棒材之类，这方面的研究资料我们并不缺少[2]。这些产品之所以称为半成品，是因为只有经过一系列加工制造和装配，转化为成品，才能最终成为终端客户购买的产品。而这一转化过程涉及多个企业，体系庞大，无从获得具有统一标准的产品、数据。退而求其次，我们只能尽可能收集最优的数据资料，分析钢铁和铝最终是被用在了什么地方。以下是两种金属的产品目录。

钢产品目录

我们每年生产超过 1000Mt 的钢铁产品，长度相当于 $1m^2$ 的方钢带可以绕赤道三圈多。全球钢铁产量按最终的产品用途可分成 4 个领域和 9 个类别。每个类别中钢铁用量是数百万吨（Mt），也可以用占全球钢铁的百分比（%）以及图形尺寸来表示这一使用量。钢最终主要用于建筑行业（56%）。以上是 2008 年的数据。

1. 交通运输（图 3.1）

轿车和小型卡车　93Mt　9%

卡车和轮船　28Mt　3%

轿车和小型卡车用钢为 93Mt，占用钢总量的 9%。一台轿车平均钢铁用量为 960kg，其中 34% 用于车身结构、面板和封盖（车门和引擎盖），由经焊接和冲压的冷轧板形成的异形截面组成。这些工艺提高了汽车抗冲击强度和冲击吸收率。此外 23% 用于传动系统，主要包括发动机缸体（灰口铸铁）和齿轮（碳钢）；还有 12% 用于悬架（高强度轧钢带）上；其余用于轮毂、油箱、转向和制动系统。

卡车和轮船用钢为 28Mt，占用钢总量的 3%。轿车的基本钢组件同样也适用于卡车，但与轿车不同的是，卡车的引擎盖全部由钢制成。车架横梁和横向构架通常是高强度钢，驾驶室的结构和面板通常是镀锌钢。船体用钢主要是轧制的低碳钢卷，由高强度、高韧性、尺寸一致的钢板焊接而成。

2. 工业装备（图 3.2）

电力设施
27Mt　3%

电力设施用钢为 27Mt，占工业装备用钢总量的 3%。

电气设备中 30% 的钢是高硅电工钢，电工钢是变压器的核心或电机的定子和转子部件的组成部分。其他主要用途包括输电塔塔架（由螺栓、冷成型钢、镀锌 L 截面型钢制成的轻质耐用塔）和钢芯电缆（绕线镀锌钢丝可以提供承载大跨度输电铝电缆所需的强度）。

机械设备
137Mt　13%

机械设备用钢为 137Mt，占工业装备用钢总量的 13%，这涵盖了从小型车间工具到大型工厂机器人机械和轧钢机，40% 的钢是钢板或热轧钢棒，其余 22% 是热、冷轧卷钢制成的管材、铸造产品和盘条。

3. 建筑行业（图 3.3）

基础设施
150Mt
14%

房建
433Mt
42%

基础设施用钢 150Mt，占建筑行业用钢总量的 14%。其中，24% 用于钢结构部分，54% 用于钢筋，6% 用于热轧铁轨（提供高强度、高耐磨损和抗疲劳的接触面），16% 用于由卷钢焊接而成的管道（具有抗腐蚀和抗疲劳性，抗内压力和装配压力的高强度）。

房建用钢 433Mt，占建筑行业用钢总量的 42%。其中，建筑结构部分占 25%，主要是热轧型材，还有一些焊接板。型材主要搭建起具有高强、高韧的结构框架，这其中有 44% 的钢材制备成钢筋，利用钢筋和混凝土良好的结合性和相近的热膨胀系数，增加强度、刚度和稳定性，且钢筋强度高，价格相对便宜；另外有 31% 做成薄板，如用在门户框架的冷弯薄壁型钢檩条和外层装饰条。

4. 金属产品（图 3.4）

其他金属产品
134Mt　12%

金属产品用钢为 134Mt，占用钢总量的 12%。

其他金属商品包括从椅子到文件柜和铁丝网的多种产品。这一类别中 30% 的钢铁是热轧钢卷，20% 是热轧钢棒，其余的是板材、窄带材或铸铁。

消费品包装
9Mt　1%

消费品包装用钢 9Mt，占金属产品用钢总量的 1%。用于包装的钢材主要是不易被腐蚀的镀锡轧制钢，其中 60% 的镀锡钢用于制成食品罐，为烹饪和派送提供耐用的包装；另外 40% 用于盛装气溶胶。

家用器具
29Mt　3%

家用器具用钢 29Mt，占金属产品用钢总量的 3%，其中电器主要是大件家用电器（高达 70%），绝大多数采用冷轧镀锌或喷涂板。其中大部分钢用于镶板。其他应用包括洗衣机桶（焊接轧制钢带）、电动机、冰箱和冰柜的压缩机及传送铸件。

铝产品目录

我们每年生产约 45Mt 铝产品。全球铝产品可分为 4 个领域及 10 个类别的最终成品。每个类别中铝的使用量为数百万吨（Mt），并可用图形大小表示铝用途的百分比（%）。与钢铁行业比较，铝的最终用途更均匀地分布在 4 个领域之中。以上是 2008 年的数据（铝合金规范，如 1×××，将在本章后续介绍）。

1. 交通运输（图 3.5）

轿车用铝 8Mt，占交通运输用铝总量的 18%。每台轿车平均用铝 120kg，其中 35% 用于铸造发动机缸体，因为具有高强度和良好的耐磨性，15% 用于铸造变速箱壳体，提供对齿轮啮合所需的刚度和摩擦散热的导热性；15% 用于铸造车轮毂，给人一种轻质的美学设计感。剩余的铝主要用于换热器（要求高导热系数）、底盘和悬架的锻件。出于减重的目的，铝越来越多地用于汽车发动机和车身。

卡车 3Mt 7%

卡车用铝 3Mt，占交通运输用铝总量的 7%。许多关于轿车铝零件的描述也适用于卡车，但铸铝发动机很少用于卡车。铝用于卡车是为了增加耐蚀性和减轻重量，其应用包括驾驶室框架和面板、底盘和悬架部件、翻斗和滑动门。

其他方面的铝用量为 1Mt，占交通运输用铝总量的 2%。因为具有比强度高、断裂韧性高和良好的延展性，铝在航空业得到广泛应用，通常占机身重量的 80%。常用的铝合金是 AA2024 和 7×××。火车车厢由铝材挤压框架（AA5083/6061）和侧板（5×××/AA6061）经焊接制成，质量轻、耐腐蚀。

其他 1Mt 2%

轿车 8Mt 18%

2. 工业装备（图 3.6）

电气设备用铝 2Mt，占工业装备用铝总量的 4%。电气设备包括管道（通常是 AA6063）和护套（镀铝 5056），用来增强和保护电线。其他应用包括配电盘上导电用的宽带铝母线（1×××）。

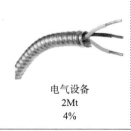

电气设备
2Mt
4%

电缆用铝 4Mt，占工业装备用铝工业总量的 9%，电缆由同心成股的铝线（通常为 AA1350-H19）多层缠绕在钢芯上制成。铝的导电率是铜的 60%，但铝更经济、更轻便。

电缆
4Mt
9%

机械装备用铝 3Mt，占工业装备用铝总量的 7%。机械装备包括加热和通风系统等产品。铝因其热导率高、耐蚀性好、成本低，被广泛应用于热交换器。拉制或挤压管通过钎焊或机械方式固定到平板上（1×××或3×××合金）。

机械装备
3Mt
7%

包装
6Mt
13%

包装用铝 6Mt，占工业装备用铝总量的 13%。铝用于包装，外观色泽漂亮，内表面稳定。这 13% 中的 50% 用于质量轻盈的铝质饮料罐（14g），方法是（AA3104）铝带通过拉深制成罐体，包装盖采用 AA5182，内部喷涂环氧基涂层。另外 50% 为厚度较薄的铝箔，用于家用铝箔、食品和饮料袋以及半刚性的容器，提供稳定、便捷的包装。

3. 建筑行业（图 3.7）

建筑
11Mt
24%

房建用铝 11Mt，占建筑行业用铝总量的 24%。大多数建筑在工业装备方面的用铝是挤压件或铝薄板。这 24% 中的 45% 用于挤压窗、门的框架和幕墙（商业建筑中非承重的立面）；另外 40% 用于耐腐蚀屋面和覆层，它们通过铝带冷成型制成轮廓外形。

4. 金属产品（图 3.8）

其他　4Mt　9%

其他用铝 4Mt，占金属产品用铝总量的 9%。这 9% 中大约 50% 是铝粉，用于粉末冶金、铝涂料和颜料。其他用于炼钢过程中钢的脱氧，这是因为铝对氧具有很高的亲和力，可减少铸件中气泡的形成；此外，还用于制备印制用铝合金板（1××× 和 3××× 系列），这主要是因为铝制印刷板具有良好的平面度和表观质量。

电器
3Mt
7%

电器用铝 3Mt，占金属产品用铝总量的 7%。铝主要用在家庭耐用消费品的大型家用电器上面，如冰箱、冰柜、洗衣机。AA5754 是一种常见的中强度的板材铝合金，用于制造电器框架。AA3003 和 AA3103 是常见的薄板材料，用作冰箱、冰柜衬里。冰箱、冰柜热交换器的散热片，甚至管道都是铝材制作的。

从产量上看，我们每年所生产的钢是所生产铝的 25 倍左右；从体积上看，由于钢的密度是铝的 3 倍，所制造钢的体积约为铝的 8 倍。但铝产品的能源密集程度是钢产品的 5 倍，这也是铝材料位于关键材料前五位的原因。钢铁产品的平均使用寿命预期是 34 年，铝产品是 21 年，主要是由于钢铁用在使用寿命更长的建筑中，而铝用在使用寿命较短的一次性包装中。

根据用途类别显示，我们可以方便地将钢和铝的使用分为 4 个主要领域：建筑（房建和基础设施），运输（轿车、卡车、火车、飞机和轮船），工业装备、包装、消费产品系列和其他金属产品。最后的类别中并不确定，可以是厨房用具、办公用品和其他我们所购买的各种商品。由于钢和铝主要用于建筑行业，后文将进行更详细地描述和讨论。

车辆主要由钢构成，目前典型轿车自重的 70% 以上是钢，主要用于车身、发动机和传动系统中。30 年来，根据减轻汽车质量、提高燃油经济性，铝行业一直在努力增加其在轿车中的使用量，这也促进铝产量的显著增长。之前铝主要用于轿车发动机盖，但如捷豹最近的几种车型，已经开始使用铝质车身。船舶主要材料是焊接钢板，火车是钢和铝这两种材料的组合，飞机的主要材料则是铝。尽管航空业是铝材最明显的和标志性的应用，但是航空用铝只占铝材应用总数的很小一部分。

全球钢和铝产量的近 20% 用于制造装备业：无论是缝纫机、机器人、造纸机还是钻头或烤箱，均由钢和铝材质的生产设备来制造。当然钢主要用于设备上的强固结构、移动部件和传动系统。铝因良好的导热、导电性以及比铜低价格廉、更轻的质量而得到广泛应用，如空调、冰箱和冰柜后面换热器的管道（原本由铜制造）连接铝片起到散热作用，通过将钢芯与缠绕其上的多股铝作为导体组成电气配电电缆，利用了钢的强度和铝的质轻、良好导电性特点，使得电缆塔之间的长跨度成为可能。

铝广泛用于包装，尤其是饮料罐（美国饮料罐头）和食品铝箔容器。事实上，我们生产的钢罐和铝罐一样多，但钢罐主要用于食品而非饮料，利用钢罐上薄锡镀层，可以避免钢料接触食品而被腐蚀。但包装只占钢用量较小的比例，钢的产量远远超过铝。

我们调查了钢和铝应用最为广泛的建筑业，并将深入分析两种金属在建筑中的应用以及钢在"典型"建筑中更详尽的分类。鉴于每个国家在建筑中都有不同的应用模式，若非掌握了支撑数据，我们是不敢贸然使用"典型"一词的。

全球钢铁有超过 50% 用于建筑行业，值得注意的是钢铁的最大量的单一应用领域是混凝土中的钢筋。由于混凝土具有高的抗压缩能力而低的抗拉伸能力，因此人们使用钢筋来提升整体性能。英国的许多高层建筑均采用装配式钢结构，型钢的使用量非常大，但是诸如欧洲许多的邻国、快速发展的中国以及印度等其他国家，仍以钢筋混凝土建筑为主。剩下的建筑用钢主要用于建筑表面。例如，钢板通常是用于工业仓库、工厂、大型零售商店的外墙，以及框架结构的"檩条"（主要框架之间的承重结构）通常由钢板制成。

建筑业通常分为土建工程建设和由交通网络、公共配置的基础设施建设。用钢筋铺设道路、隧道，用型材建造桥梁，用型轨材建设铁轨是钢铁生产的主要驱动力。另外，人们还不断提高钢管产量作为输送石油、天然气和水等资源的重要结构件。随着对这些资源需求的增长，需要从更深的水层之下提取石油和天然气，面对严苛的环境，人们不得不生产质量更好、体积更大的钢线管。

有意思的是，建筑行业也是铝的主要应用领域，除了基础设施，几乎所有的建筑物都会用到铝。铝主要用于窗户的框架，以及外部装饰和内部管道。与钢类似，铝在不同国家建筑物上的应用模式也存在差异。例如，南欧家庭建筑用铝是北欧家庭的 10 倍还多。铝制门框在 19 世纪 70～80 年代家庭中很流行，但现在已被价格低廉的挤塑门窗取代，但商业建筑中仍普遍使用铝制门窗。

混凝土结构中的钢筋提供拉伸
所需的强度和刚度

建筑产品目录

　　钢的最大应用领域是建筑业，这也是铝的第二大应用领域。建筑上的大多数钢用于钢筋，结构用型材（工字梁）和板材；铝以挤压型材或板材形式应用。图3.9～图3.11中的比例反映了钢和铝在建筑上的使用规模，用百分比（%）和百万吨（Mt）表示。

　　1. 建筑用铝（图3.9）

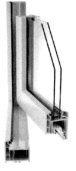

　　铝门窗用铝3Mt，占建筑产品用铝总量的27%。窗框和门框必须有足够的强度，确保安全、耐用、美观。门窗由AA6060和AA6063铝合金挤压而成，可获得多种尺寸的横截面，以便灵活地设计和高效地使用。

门窗
3Mt　27%

　　幕墙用铝2Mt，占建筑产品用铝总量的18%。幕墙不属于建筑物结构框架，但需承受自重以及风力。铝板幕墙外形美观、坚固、耐腐蚀。门窗和幕墙均使用挤压成型的合金。

幕墙　2Mt　18%

　　屋顶和包层用铝4Mt，占建筑产品用铝总量的37%。屋顶和包层要能够隔热、抗风雨，还要质量轻，美观，所以用AA3003和AA5005薄板铝合金冷轧成波纹形状或做成三明治隔热层。

屋顶和包层　4Mt　37%

　　其他（排水沟和下水管）用铝2Mt，占建筑产品用铝总量的18%。铝也用于排水沟、下水管、标志牌和内部配件等各种其他建筑部件，这些建筑部件要求材质强度高、质量轻，还要有较好的耐蚀性和表观质量。

其他
（下水管及水龙头）
2Mt　18%

35

2. 钢结构建筑（图 3.10）

商业建筑
129Mt 22%

商业建筑用钢129Mt，占钢建筑物用钢总量的22%。多层商业建筑设计为使用型材（30%）或钢筋混凝土的框架结构，钢筋混凝土还用于地基和地下室，这样钢筋用钢量达到40%。钢材还被用作檩和内部配件，偶尔也用于外墙。

工业建筑用钢145Mt，占钢建筑用钢总量的25%。大多数工业建筑，如工厂、仓库和大型零售商店为单层门式钢结构设计。钢结构框架由型材建造（用钢40%），而屋面和外墙使用波纹钢板（用钢55%），并以桁条进行支撑。

工业建筑 145Mt 25%

居民建筑用钢90Mt，占钢建筑物用钢总量的16%。居民建筑用钢主要是钢筋混凝土地基和轻质型材作为承重墙。然而，住宅公寓楼几乎都是钢筋混凝土结构，所用的90%的钢材为钢筋。

居民建筑
90Mt 16%

其他用钢69Mt，占钢建筑用钢总量的12%。其他建筑包括具有多样化设计的体育馆、医院和学校，主要由钢筋混凝土建造，用钢材料为钢筋。

其他 69Mt 12%

3. 基础设施用钢（图 3.11）

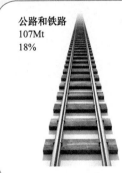

公路和铁路
107Mt
18%

公路和铁路用钢107Mt，占基础设施用钢总量的18%。交通网络建设中，需要用钢建造桥梁、隧道、轨道以及车站、港口和机场等。其60%的钢材以钢筋的形式使用，其余部分为型材和型轨（材）。

管道
（用于燃料、水、能源）
43Mt
7%

公用设施（燃料、水、能源）用钢43Mt，占基础设施用钢总量的7%。地下管道将水和天然气运输给消费者。这些管道用钢量仅超过其整个装备用钢量的50%，其余主要是建造相关的电站和泵房用的钢筋。

4. 钢在建筑各结构部位的应用（图 3.12）

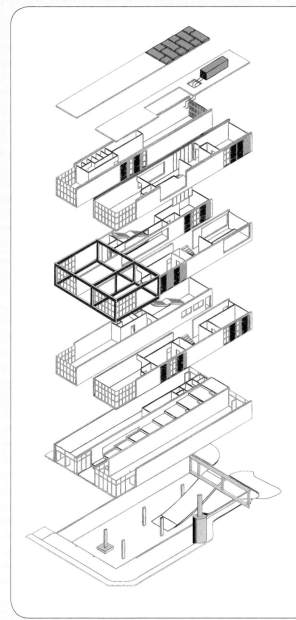

上部建筑 60% ～ 70%

柱：$2 ～ 7kg/m^2$

梁：$5 ～ 40kg/m^2$

板：$10 ～ 30kg/m^2$

梁、柱和板组成建筑框架，确保将载荷传递到地基上。梁、柱、板又由型材或钢筋混凝土构成，因为二者对钢的使用量不同，所以数据的范围很大。

非建筑结构部分 20% ～ 30%

机械设备：$5 ～ 10kg/m^2$

固定装备配件，管道配件＋外墙、立面：$5 ～ 10kg/m^2$

建筑物通过大型设备进行制冷制热，这些设备安放在地下室或屋顶，通过管道连接到建筑物。这些设备和管道是钢制的。固定装置和配件的肋板、架子，楼梯也是钢制的。

地基部分 10% 左右

浅地基：$60 ～ 70kg/m^3$

地下室：$100 ～ 300kg/m^3$

深基础：$35 ～ 65kg/m^3$

低层建筑物的混凝土基础将负荷从地上传递到地基。高层建筑物或土质较差地基的建筑物需要打基桩，用深陷地下的钢筋混凝土柱来提高稳定性。高负载和无法修复性要求基桩比建筑物更耐久，所以必须采用高密度钢材。出于同样的原因，地表以下防水、防土的地下室墙壁也需使用高密度钢材。

虽然没有什么建筑物是真正意义上的"典型"建筑，但图3.12所对应的数据显示了钢材在商业建筑中的主要用途，这是对近期建筑项目的调查和已发布的报告中确定的。排除地下室、深基础和墙立面等不寻常特征后，这些百分比是代表性平均值。表面上钢铁的使用率是建筑物总面积的平均值。但是，地基设计在很大程度上取决于当地的地质条件，从而影响地下每立方米的钢筋混凝土钢材的使用量。

通过在一定范围内调研钢和铝的用途，这两种金属广泛应用在我们生活的方方面面。实际上人们接触到的所有生活资料要么含有这两种金属中的一种，要么是由这两种金属所做的装备来制造的。为什么这两种金属用途如此之广？它们可替代吗？下面我们来讨论这两个问题。

钢和铝良好的性能

由坚固的锻钢建造的埃菲尔铁塔

如果用橡胶修建埃菲尔铁塔，那么它会像树一样在风中弯曲，埃菲尔铁塔在风中没有弯曲的原因在于它是由坚固的熟铁（碳含量很低的钢）建造而成。旧金山的金门大桥发生严重交通堵塞时，会导致城市里送面包的卡车会拥挤成堆，但是大桥也不会倒塌，这是因为建造大桥用的钢强度够高。商业客运飞机的诞生得益于低密度的铝及其合金，使飞机足够轻便可以起飞。如果你坐在波音747的后排座上，当飞机起飞离开地面时，你可以看到机翼尖端会向上提升2m。飞行期间遇到任何气流干扰机翼都会上下弯曲；如果用陶瓷做机翼，它就会突然折断，而铝机翼不会，因为铝具有良好韧性，不容易产生裂纹。飞机的喷气发动机是由特种钢和镍基合金制造的，因为这些合金熔点高，热膨胀小，发动机在最热的情况下运行效率最高。由于钢易生锈，因此苏格兰第四大钢结构路桥要不断刷漆，而铝有很好的耐蚀性，所以铝质窗框即使不涂油漆，也不太会生锈。电阻小的特性使电缆成为铝材的又一大应用。此外钢和铝具有良好的延展性，塑性变形时不易开裂，这也使得它们有了更多的用途，例如，赫尔克里·波洛（Hercule Poirot）的金属鼻烟壶能由无接缝钢板或铝板制成。最后，还应该注意到这两种金属的易获得性，地球上有丰富的铝土矿和铁矿石资源储量，而且制造成本很低。

我们列出的性能包括刚度、强度、密度、韧性、熔点、热膨胀率、耐腐蚀性、电阻、延展性、可（获）得性和成本，还可以列举更多。所有这些性能，使它们能够在工业领域广泛应用。在下一节中将探讨它们是否可替代，现在，我们将更深入探讨强度和延展性两个性能。截至目前，本书提到的金属就是钢和铝，但实际上它们是两个主要金属族代表，当在液态铁或铝中添加铬、锰、镁等其他元素时，可以改变其结构，形成新的合金，由此可见其家族成员是可以柔性变化的。即使成分相同，不同的加工工艺，也会改变它们的性能；对于特定成分的合金，不同的浇铸工艺也可以带来性能的差异。但其实我们提到的许多性能并不受合金化及加工工艺的影响，例如，刚度、密度和导电性在这两个家族的合金中几乎是常数。100年前，亨利·贝塞麦（Henry Bessemer）、查尔斯·霍尔（Charles Hall）和保罗·埃鲁（Paul Héroult）打开了大规模、低成本生产这两种金属之门后，我们发现可以在这两种金属中获得惊人的强度和延展性。事实上，对金属的持续研究有两个主要目的：增加强度和延展性。增加强度可以减少金属的使用量；增加延展性能够改善韧性，便于加工。本节其余部分，将探讨这些性能的来源和改善方法。

使用具有拍照功能的光学显微镜［1590年前后，由荷兰扎卡赖亚斯（Zaccharias）和汉斯·詹森（Hans Janssen）发明］和配有专业绘图软件包（Adobe，1982）的扫描电子显微镜［1931年，由德国马克斯·诺尔（Max Knoll）发明，1965年剑桥大学查尔斯·奥特利（Charles Oatley）实现商业化］，不断放大聚焦拍摄并观察金属表面，获得了令人印象深刻的不同尺度下图像（图3.13～图3.17）：第一张照片中活塞高度约300mm，最后一张是0.1nm尺度下晶界结构和原子排布状态（1mm=10^6nm）。

图3.13所示是通过铸造和机加工制成的活塞。图3.14是活塞的宏观表面。该产品几何尺寸精确，表面光滑，但仔细观察，可以看到加工路线的痕迹：机加工的划痕或铸造引入的孔隙。但肉眼无法识别铝部件表面的氧化层，它相当于钢零件表面的铁锈，不过要好看得多。与钢上的锈相比，铝的氧化物阻碍空气通过，防止进一步

涂漆钢上的铁锈

图 3.13 经铸造和机加工而成的活塞

图 3.14 活塞成品表面

氧化，所以即使持续暴露在空气，铝的氧化层也并不会增加。但钢质零件不具备这一特性，极易生锈，必须涂油漆或其他保护层来阻碍钢的氧化过程。

借助抛光和蚀刻技术，可以进一步观察金属内部的晶粒组织结构（图 3.15）。在实验室，我们将绳子一端打结并悬挂置于一杯浓盐溶液中，一段时间后可以观察到结点处生长出盐晶体。结晶体大致呈立方形，器皿中的每一粒盐都是一个单晶体。金属凝固过程与结晶类似，但与课堂实验不同的是，金属中的许多晶体被称为晶粒（沿着不同的方向，同时开始生长），这张照片展示了金属最后的形态——所有的金属已经凝固并形成了晶粒。可以推断，与单个晶粒内的情况相比，晶粒之间的边界处的物质是局部无序的。

图 3.16 是单个晶粒内部组织结构图。由于合金组织不如纯铁或纯铝那么均匀，可以看出一个晶体内存在两种不同类型的晶粒：一种是以基体元素为主的基体相（亮区），另一种是以合金元素为主的相组成物（暗区），两者共同组成晶粒内部结构，但因为基体元素远多于合金元素，因此相组成物体积较小。有趣的是在一种合金中加入一些少量的其他元素会形成第二种晶粒（即第二相），这正是冶金学家梦寐以求的。

图 3.17 为材料的晶粒内部和两个晶粒之间的晶界（每次只能导入一张合适的显微图像），一个晶粒内的大多数原子形成一种规则点阵（晶格），晶格不连续的地方会形成晶格位错。外加载荷改变晶粒形状时，位错的协调作用至关重要。

进一步放大图像（图 3.18），可以看到原子之间的连接情况。一个球代表原子，像自然的建筑"砌块"。原子之间的连线表示了它们之间的关联特征。这张图代表一个晶胞，晶胞通过千万次复制和镶嵌形成晶粒。每个晶粒的生长方向不同，而晶粒内晶胞之间的原子连线方向相同。

这些图显示了人们想要了解的两个金属家族的所有基本信息，有助于理解其强度和延展性。在探讨成分对性能的影响之前，我们要先解决另一个问题：金属如何变形？陶瓷也能形成类似晶体结构，但当用足够的力伸拉陶瓷时，原子之间的结合键会断开，陶瓷

图 3.15　金属内部晶粒结构

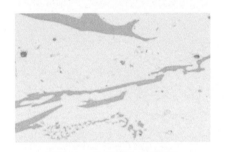

图 3.16　单个晶粒内部结构

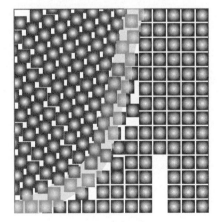

图 3.17　两晶粒间的晶界

就会即刻断裂。事实上，陶瓷的微观结构并不是很完美，初始结构中总会有小裂纹，使得裂纹方向正好从现存的裂纹源开始迅速蔓延至正在拉伸的整个块体中。因此陶瓷的强度通常取决于材料中尺寸最大的预存裂纹。但金属不同。由于机理不同，金属断裂之前还会变形。

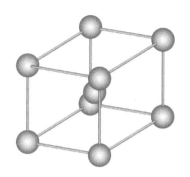

图 3.18 典型"晶胞"中的原子排列

想象一下拔河比赛，一队拉动另一队向己方运动，只有队员们都处于相邻的步位，他们才能够全力往回拉拽，但事实上他们一开始就犯了一个错误——中间空出了一个位置，空位后面的人处于不利位置而无法在外力作用下支撑自己，为得到支撑，只能填补到空缺位置而被向前拉出，无形中承担了全部的拉力，而他后面的人处于同样不利的位置，承受着巨大的拉力，最终不得不向前一步踏进前面新空位。随着时间的延长，空位不断向后移动，每个队员依次向前踏进，直到整条队列向前移动一步。因此，在上述情况中，并不是同时拉队列中的所有人——而是仅需要提供足够的力使空位后面的那个队员失去平衡就行了。

图 3.19 显示的是一个金属晶粒内的情况，空缺的位置台阶被称为位错，当外力作用在晶粒上，位错前面的原子在外力作用下跳进位错的间隙内，此间隙向后移动，金属慢慢地向前变形。金属的强度是引起位错移动所需的力，金属的延展性是金属最终断裂前能够产生的位移量（形变量）。

切应力

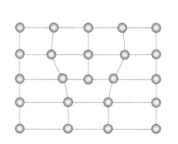 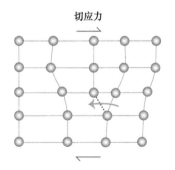 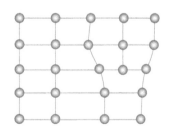

图 3.19 应力的作用下位错的移动

事实上，位错呈线形，根据上文，当位错线遇到如图 3.19 所示的第二相粒子时会发生什么呢？如果这些小颗粒比周围的金属（额外的障碍点）更坚固，增加位错从一个位置移动到另一个位置所需的力，金属的强度也增加。从冶金角度来说，合金化增加了金属的强度，其增加量取决于第二相粒子的大小、分布和相对强度。发生较大变形时，两个位错在发生相互作用时也会产生类似的强化作用，这就是所谓的加工硬化，它解释了为什么金属变形量越大，强度就越大，直到金属断裂时达到强度极限。最后，我们已经更早注意到晶界破坏了晶粒或晶体的规则结构，而位错很难跨越晶界。因此晶粒越细小、晶界越多，金属强度就越高。现在可知强度和延展性是一对矛盾体：位错移动困难时强度会增加，而要有延展性，就必须先有位错运动。

要解释成分如何影响强度和延展性，我们还要清楚加工工艺的影响。通常来讲，金属晶粒内的原子会固定在它们凝固完成时的初始位置，只有在外力作用下位错移动时，原子才移动。但如果金属受热，原子间的金属键就会变弱，在位错和晶界所储存的能量的驱动下，一些原子会发生重组。

金属在凝固过程中，晶粒会不断长大。缓冷可以形成成分均匀的粗大晶粒，快冷可以得到多种组态的小晶粒。当凝固完成后，变形会使金属发生加工硬化，强度得到提高。当金属再加热到温度超过熔点的 33% 时，内部就会发生重组，此时既会生长出新的大晶粒，也会有较小的第二相粒子粗化成更大的第二相粒子。

本书只是让人们大致了解金属性能的形成，有的书籍深入研究金属性能形成的机理，我们的主要目的是通过认识性能的形成过程，以便在我们着手研究回收或不同的成形工艺时，可以推断结果。下面，让我们提出两个问题来测试：

（1）如果回收一桶含有不同合金元素的铝碎片，会发生什么？当不同类型的合金废料一起熔化时，成分将完全不同于熔化前的任何一种合金。所以，回收材料中第二相粒子有很广泛的成分范围，这有可能增加或降低强度，但很可能降低延展性，导致材料变脆，无法再利用。

（2）直接将钢铁和铝铸成最终形状的零部件时，可以节省大量的能源吗？铸造过程很难控制冷却速率，只能得到尺寸不均的晶粒，第二相粒子的分布不均匀，不会产生像塑性变形时的晶粒细化或加工硬化，往往成品强度不足。更严重的是，金属铸造过程可能在金属内部留下难以消除的缺陷，导致材料报废，也可能导致产品缺乏韧性。

了解了强度和延展性，我们可以很快找出钢铁族和铝族的各个分支。图3.20和图3.21总结了两个金属族的主要类别，并给出了其成分、加工工艺的主要特征及最终的性能。同时，也显示出这两个金属族强度和延展性相互矛盾现象。

本章的内容围绕着"这两种金属为什么如此有用？"答案是：第一，两种金属矿产资源分布广、成本低，并且人们已经掌握了矿产冶炼的全流程技术；第二，两种金属都已形成"族"，通过调整成分和加工工艺，人们可以得到各种强度和延展性来适应不同的需求。同时，不能不做任何后处理而直接将液态金属浇铸成最终产品，因为这样会导致性能变差，而是选择精确的成分，经过一系列的变形和加热阶段，最后获得所需形状和特性的金属零部件。

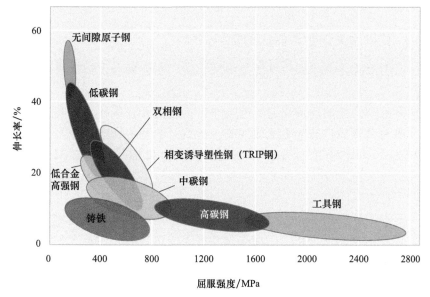

图3.20　各类钢的力学性能

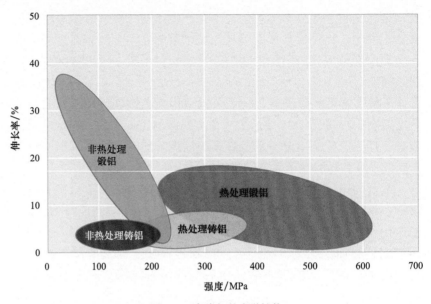

图 3.21　各类铝的力学性能

　　本章结尾我们需要确定是否有任何其他材料能取代这两种关键金属。

可以用其他材料取代钢铁和铝吗？

　　用橡胶建造埃菲尔铁塔是不现实的。用大理石价格昂贵，而且质量大，会压垮底座；黏土强度不够；玻璃太脆。混凝土塔？可以！迪拜哈利法塔的建成引起了建造摩天大楼的相互攀比，其实它就是一座浪费资源且毫无意义的混凝土建筑。哈利法塔比埃菲尔铁塔高2.5倍，占地面积30万 m^2，由 1Mt 混凝土和 5.5 万 t 螺纹钢建造，平均每平方米约产生 4t 的 CO_2 排放，排放量是普通办公大楼的 8 倍，至少是迪拜传统民居房屋的 10 倍。

　　不用钢铁和铝还能用什么？美国地质调查局定期提供地壳矿产贮藏量的评估报告指出，在未来几百年或更长时间内，人类不会耗尽钢铁、铝、石灰石、木材、镁、钛或其他结构材料[3]。因此以体积而论，我们有很多可能替代的材料。但提取不同的材料能耗差别很大，成本也很大：图 3.22 和图 3.23 的数据显示每种关键材料当前每吨成本的估算值及将它转换成有用的材料所需的能量[4]。乍一看，似乎混凝土、石料和木材是钢铁和铝的理想替代品。但是，条形图并不能说明全部情况，现实中我们无法用 1t 的木材取代 1t 钢铁。不同种类材料具有不同的性能（强度、刚度、延展性和许多其他前述的性能），所以比较制造同一产品的能耗时，就需要区别对待，深入研究。我们系的 M·阿什比（M. Ashiby）教授付出巨大努力开展了一项绘制各种材料性能图谱的工作，旨在帮助材料设计师做出更好的选择，尤其是最近他的工作开始考虑到材料的选择对环境的影响[5]。他绘制的图谱显示出广泛的材料选择范围，正如我们预期的那样，木材、石头和混凝土作为钢铁和铝的 3 种可行替代品引人注目。复合材料家族的成员，以玻璃、碳纤维增强环氧树脂为主，它们的强度能满足要求，但其能耗高于两种金属，而且这些材料不能被回收再利用。所以，若要追求较低的排放量，这些材料并不是替代品的最佳选择。现实中，它们的使用量也很少：现在每年复合材料的使用量大约是 8Mt[6]，而钢铁为 1040Mt，铝为 45Mt。

世界最高建筑迪拜哈利法塔

迪拜美丽的传统民居

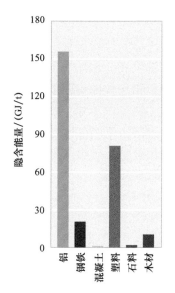

图 3.22　重要材料的隐含能量

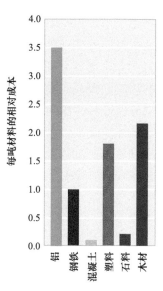

图 3.23　重要材料转化成可用形式时每吨相对成本

现在我们谈谈混凝土、石料和木材。工业革命前两种主要的材料是什么？是石材和木材，它们是水泥、钢铁和铝的前身。石料和混凝土性能相似，但混凝土使用更方便：可以将混凝土浇筑到模具中制成任何形状，浇筑过程中还可以向模具内加入钢筋来弥补石料和混凝土在张力作用下抗拉的问题。木材性能良好，阿什比（Ashby）教授绘制的其他版本的图表显示，在同等密度下木材的轴向强度或刚度（即比强度或比刚度）较好，所以莱特兄弟创造性地选择木头框架建造第一架飞机。然而与钢铁和铝相比，木料的缺点也很明显：稳定性较差、易燃，虽然木料的强度质量之比（比强度）良好，但要想得到足够的强度，仍然需要增加木材用量。

那么具有竞争力的材料只有混凝土了，许多国家将混凝土用作建筑材料，但混凝土使用之前必须用钢筋进行加固。建筑之外很少用到混凝土材料——我们不会用混凝土制造车辆或设备。

总而言之，我们找不到真正的钢铁和铝的替代品。钢铁和铝相互替代是商业协会长期以来市场竞争的话题，除了钢铁和铝，没有其他任何材料性能优异，价格低廉，且储量丰富。

展望

本章我们看到钢铁和铝因其具有优异的性能而被广泛应用，研究了强度和延展性之间的联系，并了解了成分和加工工艺对这两种性能的影响。最后，我们看到，和钢、铝比较，实际上没有数量足够、供应保证和性能优良的替代材料。在第 12 章中，我们会寻找新的方法来减少金属的使用量。为此要进行一系列的准备工作，明确在应用领域内，如何从两种金属的使用量推知到金属的全球需求量上，通过关注历史生产数据，预测未来的需求量。

注释：

［1］如果你没有完全了解英国的犯罪小说，我告诉你，所有这些角色都是著名的虚构侦探。马普尔小姐和赫尔克里·波洛（温文尔雅的比利时人）都是作家阿加莎·克里斯蒂（Agatha Chrisite）在 20 世纪 20 年代和 30 年代创造出来的侦探。华生医生是作家柯南·道

尔（Conan Doyle）的著名作品中夏洛克·福尔摩斯的伙伴。

［2］从事钢铁和铝业的公司大部分属于两个重要机构：世界钢铁协会或国际铝业协会。这两个组织发布年度库存产品生产的详细数据，可以使我们解决金属用途之谜时事半功倍。

可以用其他材料代替钢铁和铝吗？

［3］基于 2011 年美国地质调查局收集和发布的数据。

［4］2011 年哈蒙德（Hammond）和琼斯（Jones）在他们的《碳和能源清单》中整理了不同建筑材料的隐含能量。数据来源钢铁商业简报（2009）、UNCTAD（2011）和 IDES（2011）。

［5］阿什比教授图表的例子出自他的书《阿什比，2009》，并通过 Granta Design（2011）以软件包的形式提供。

［6］据普地里（Pudaily）（2007），全球复合材料 2010 年产量为 8Mt，其中 40% 产于亚太地区。

图像

感谢诺贝丽斯（Novelis）提供的图 3.15 铝晶粒结构的图像。

钢、铝的合金组、成分质量分数、处理工艺、典型性能等分别见表 3.1 和表 3.2。

表 3.1 钢的世界

种类	合金组	成分质量分数	处理工艺	典型性能	应用举例
碳钢	低碳钢	<0.25%C	热轧，允许空冷	低到中等强度、中等延展性	建筑结构梁、平板
	中碳钢	<0.25～0.5%C	淬火、回火	高强度、中等韧性	锻件
	高碳钢	<0.5～1%C	淬火、回火	强度极高	铁轨、电缆
	铸铁	>2%C	直接铸造成型可经热处理	低的强度和延伸率	大型设备和运输部件
合金钢	高强度低合金钢	<0.25%C+Ni，Ti，V	控温热轧	比细晶粒的普通碳钢强度高	管线
	不锈钢	>12%Cr+Ni	热、冷加工	耐腐蚀、强度、韧性高	食品加工设备
	工具钢	>0.5%C+Mn，Cr，V，W，Mo	表面或整个零件的热处理	高强度和韧性	切削工具、模具
	无间隙原子钢	C 和 N 的含量非常低	真空除气和铸造控制以免碳、氮和氧的污染	极高的延展性、可成型性、低强度	汽车外部平板

种类	合金组	成分质量分数	处理工艺	典型性能	应用举例
合金钢	双相钢	<0.25%C+Mn，Si，V	通过亚临界区退火和控制冷却的热处理	较低的屈服强度，随着延展性的增加有与高强低合金钢类似的拉伸强度	汽车板
	相变诱导塑性钢（TRIP）	<0.25%C+Si，Mn	通过亚临界区退火、保温的热处理	高强度时有比双相钢高的延展性	汽车板

表 3.2　铝的世界

种类	合金组	组成	处理工艺	典型性能	应用举例
锻造	可热处理（AA2×××、6×××、7×××）	Cu、Si、Mg-Si、Zn	通过固溶、淬火然后时效处理，增加强度	中等到高强度	飞机、汽车结构
	不可热处理（AA1×××、3×××、5×××）	Mg、Mn	通过应变强化，（冷加工）得到强度	低强度	铝箔、罐头瓶、导电体
铸造	可热处理（2×××、3×××、5×××、7×××）	Mg	铸造后热处理（固溶、淬火、时效硬化）	低到中等强度、低延展性	发动机壳体、机器外壳
	不可热处理（1×××、4×××）	Si、Si-Mg、Si-Cu	直接铸造成型	强度最低的铝合金、低延展性	管道配件

4. 金属之旅
——钢铁和铝的运输、库存、需求

材料从地下的矿石转换成产品是一个漫长的过程。如果能够创造出这一过程的地图，就能够构建出一幅规模图来预测出需要探索的一系列过程，并通过观察这个过程的演化来预测我们将来可能有什么需求。

想象一下，一个温暖初夏的夜晚，你在星空下看这本书——坐在你最喜欢的椅子上，桌上摆着一个干净的空玻璃杯和一听未开封的冰镇啤酒。啤酒罐在夜晚灯光下闪闪发亮，周围斑驳的水汽预示着将给炎热中的你带来沁人心脾的凉爽。

让啤酒罐先在桌子上放一会儿，后面我们还会再回来看它。现在简要回顾啤酒罐的生产过程：回到啤酒的罐装和密封；在生产线上涂漆加热，经三道拉伸制成罐体，通过冲载线、涂装线和经张力拉伸矫直机矫直，冷连轧机冷轧，退火和固溶热处理、水淬，热连轧，可逆式轧机轧制，预热炉加热，露天仓库冷却，半连续铸造，坩埚熔炼。在每一个阶段，都需要认真进行处理，以保证罐体在开装前质量优异：消除边缘裂缝、表面缺陷、拉深制耳等。通过铸造，金属的用量可缩减近50%，这一罐体的制作可以说是工程发展和控制的一个奇迹，事实上，这个啤酒罐是本年度生产的800亿个饮料罐中的一个[1]，饮料罐仅是金属的广泛用途中之一。

钢铁和铝从矿石到最终的使用是如何流动的？

我们先把饮料罐置于一边，读读古希腊史诗《奥德赛》放松一下。在上一章中找到了目前使用钢和铝的领域，本章将相关领域的应用做一些统计，并列举一些数字来揭晓当前全球液态金属是如何流向最终用途的，即金属之旅：每年所需的数量是多少？所需的金属数量从过去到现在，是如何发展的？目前，全球钢铁和铝制产品的库存包括什么？未来金属需求如何，发展趋势是什么？钢铁和铝从矿石变为终端产品都经历了什么？

上一章我们了解到加工钢铁和铝需要仔细地控制变形和加热阶段的顺序，才能获得我们所需要的性能。此外，另外两个因素也会影响从矿石到最终成品的整个过程：

- 冶炼金属所需资源包括矿石、焦炭、煤炭、天然气和电，这些资源不均匀地分布在地表，例如，许多铝土矿和铁矿石来自澳大利亚[2]，而加拿大有大量便宜的水电资源[3]。

- 如前所述，将矿石熔炼成液态金属，经过铸造、变形成为库存产品，具有显著的经济规模：随着冶炼设备制造的金属总产量的增加，单位金属交付的费用将会降低。

因此，含有钢铁和铝成品的生产涉及许多转换步骤和许多不同的企业。由于上述的两个因素，这种转换的中间阶段是较为明确的，生产液态金属的钢铁和铝行业在少数几个地点使液态金属铸造并成型为具有较大经济规模的库存产品。这些产品不是最终消费者所需要的，但是有足够通用的形状；可以通过成型、切割、钻孔以及连接制成各种所需成品。

我们希望通过一系列转换来概述材料流动，鉴于规模的重要性，需要在全球范围内进行表述。当开展这一项工作时，仅有这张流程图的部分记载，并且大部分隐藏在数字表格中，所以我们努力整理了剩余数字的估计值，其结果体现在图 4.1 和图 4.2 中。

该图叫桑基图，与第 2 章提到的全球能源转换桑基图的规则相同，使用的单位为百万吨（Mt）。从左到右，可以看到矿石先变成液态金属，然后转换为库存产品，最后变成部件并组装为最终的成品。由于我们重点关注钢铁和铝，但几乎没有任何产品仅由这两种金属制成，故选用组件而不是成品来完成桑基图，也可以直观看到它们的最终用途正是在上一章内容中调研的任务。图 4.1 和图 4.2 中第一部分的数据来源于世界钢铁协会和国际铝业协会，之后我们做了各种调整以确保每一项加起来的结果。但在第二部分我们没有找到关于任何库存产品最终目的地的现存数据，所以指向最终用途的复杂线网就是解决这一填字游戏的数据源。例如，国际铝业协会的数据表明，62% 的汽车用钢是板材[4]，根据两家线材公司的数据，

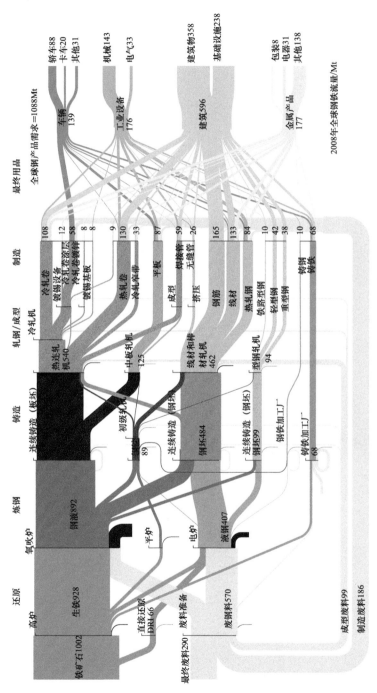

图4.1　钢铁流向的桑基图[20]

注：全球67%的钢铁来自矿石开采，33%来自废品回收。其中25%的废料来自钢厂内部，40%来自加工和制造业（制造零部件），还有40%来自报废的产品和建筑物。铁矿石炼钢的主要生产路线是碱性氧气转炉，而钢铁炼钢则用电弧炉。二者可相互交换。世界上超过99%的钢铁在铸造后要经过轧制，故最终的库存量大约是板材（中厚板）占10%、带材（薄板）占40%、棒材（薄板）占40%、型材占10%（等截面）。全球有50%的钢铁用于建筑业，其中33%是钢筋；其他大多用于车辆制造的钢铁，以冷轧卷或钢卷或铸件为主。

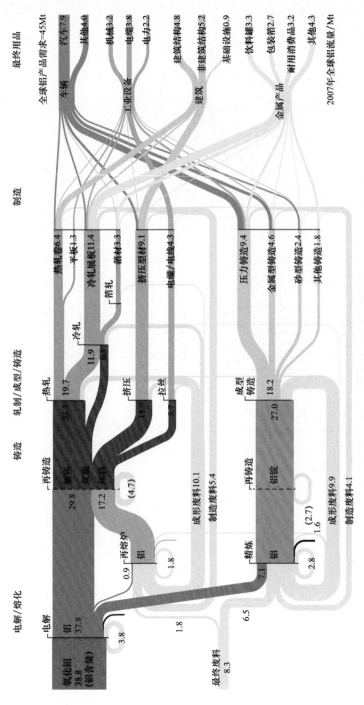

图 4.2 铝流向的桑基图 [21]

注：50%的铝来自于矿石，即通过电解铝矿石制备；另外 50% 由回收的废料制备，如回收的废料得到的铝经重熔或精炼制备。电解铝矿石或重熔或精炼制备。而精炼废料得到的铝中硅含量较高，有 67% 经轧制后成为板材，25% 用于挤压成型，剩余的用来塑性变形制成锻件。而精炼废料得到的铝中硅含量较高，主要用于铸件。在铸造铝中，33% 的液态铝直接浇铸成产品，这一比例远高于钢。与钢一样，大多数铝废料来自于库存和生产过程中：其中，25% 的废铝来自于制造业，50% 来自制造铝产品，其余为回收铝产品。制造铝产品产生的废料，而在钢铁生产中，超过 40% 的液态铝成为废料，虽然铝在航空领域广泛使用，甚至在本流向图中无法找到。

世界上 10% 的钢线材用于汽车[5]。所以为了绘制桑基图，我们处理了大量数据，包括最终产品的成分和中间库存产品的目的地，然后根据需要解决存在冲突的数据偏差。

图 4.1 和图 4.2 中灰色线条显示的是金属废料通往回收过程的流向。有趣的是，对于钢铁和铝这两种金属而言，我们从其生产过程中收集到的废料要比报废产品中得到的废料多得多。这一点非常重要，因为第 3 章提到成分均匀的废料可以回收成同等价值的材料，但混合成分的废料通常只能制造低价值的金属。一般而言，生产中的废料成分是已知的，可以从源头来进行区分，而消费后产生的废料是混杂的。对于钢铁而言，可以去除一些不需要的杂质，但是对于铝则不然，大部分回收的铝只能用于成分不纯的铸造用铝而不是锻造用铝，原因是前者的成分纯度要求没有后者的高。饮料罐是唯一的例外，用完之后就被丢弃，这是铝行业为之骄傲的一点。未来，随着消费品产生的废料增加，希望更多地利用回收废料来减少矿石冶炼造成的新金属的需求，但除非我们能够有效地分离不同成分的合金，否则回收材料将只能用于要求较低的产品。

这些金属流向图极大地帮助我们追踪所需了解的金属规模以及需求量的大小，还可以明确金属流向的变化，方便更好地探讨各种变革措施。在研究每一种加工过程中的能耗和气体排放的第 5 章中，运用了流向图来观察变革策略对总体排放量的影响。

基于对金属生产中的规模以及废料的了解，流向图展示了在考虑能源需求时，必须追踪加工链。预测制造钢铁和铝部件的 CO_2 排放对环境的影响时，需要预测流向图的变化：它们都只是随着需求量的增长而简单的扩大，还是流向分布也会变化？为回答这个问题，需首先探讨这两个行业主要应用的需求量是如何随时间变化的。

对钢铁和铝的需求是如何发展到现在的水平的？

在序言中，我们以雕像为基准对目前材料的使用水平进行了类比。目前，全球每年生产的液态钢铁和铝分别是 1400Mt 和 76Mt，平分给全球 70 亿人口，每人每年可以消耗 200kg 的钢铁和 11kg

的铝。如果把这些金属比作孩子，那么它们的体积分别相当于一个8岁的孩子和一个新出生婴儿，当我们想起那些金属孩子的样子时，自然会想到还有在制备它们时所产生的超过400kg的CO_2排放量。

我们的人均钢铁消耗量是人类平均体重的3倍，同时由于材料行业的经营规模如此之大，大多数人都不知道我们的金属消费量是多少。有趣的是，情况并非如此：第二次世界大战之前，没有采用统一的经济衡量标准，而是使用一些如生铁的产量、铁路货运吨位等生产数据[6]。如果能回到过去，银行家用生铁证明自己的资产而不是神话，那么由投机传销驱动的金融危机就很难发生。

1855年贝塞麦发明了现代制钢法，导致今天每人每年的钢铁产量是我们体重的3倍。图4.3和图4.4显示了近年全球钢铁和铝的实际产量和产地情况。图中清晰地显示了一些重大事件，如2008年的经济衰退和过去十年内亚洲两种金属的产量迅速扩大。

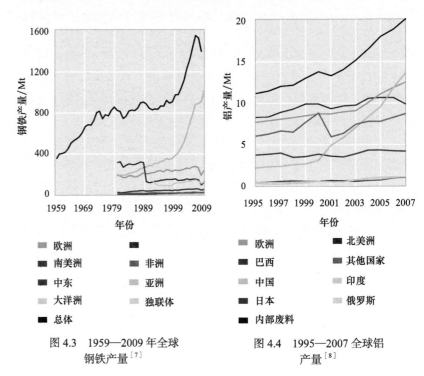

图4.3　1959—2009年全球钢铁产量[7]

图4.4　1995—2007全球铝产量[8]

　　为了了解未来两种金属的需求是如何发展的，需要将这些图作两处修改。首先，除去人口增长的影响来计算人均金属产量，看看人均产量是否持续增长，或者是否出现平稳时期；其次，因为两种金属都被广泛交易，无论是作为库存产品或汽车等商品，需要按照国家统计每人消费了多少，而不是生产了多少。为了解决这两个问题，我和两位同事努力探索着。

　　挪威科技大学的丹尼尔·穆勒（Daniel Muller）教授领导一个研究小组研究金属的库存和流向。他与同事王涛绘制的不同国家人均通用钢产量图（图4.5）显示了规定年份几个钢铁生产国的人均产量。这张图的重点之处在于它展示了人均通用钢产量不是无限期增长，而是会达到一个平稳期。我们不清楚为什么不同的地方平稳期有所区别，但丹尼尔·穆勒和王涛的研究图表明日本的平稳期可能受高层建筑盛行的影响，由于受地震的危险，湿热、沿海气候腐蚀的影响，日本建筑要求较严格。发达国家的产量似乎到达平稳期，但在发展中国家，仍然增长快速。

　　以全球钢铁和铝人均产量分别为200kg和11kg为参照，英国人均产量似乎已经稳定处在全球平均水平，但细究起来会发现问题，图4.5是基于国家产量的数据，基本没有考虑贸易因素。一个国家的产量超过另一个国家产量也许只是因为前者有大量的金属生产基地，而我们真正想知道的是人均消费是多少。

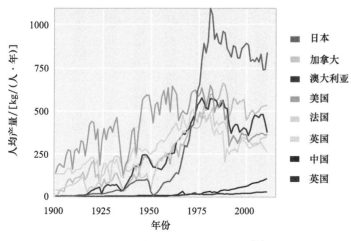

图4.5　不同国家人均通用钢产量[9]

有两个关于英国钢铁消费量的统计。目前，英国每年钢产量大约为 10Mt[10]，有 50% 用于英国本土。但图 4.6 显示了英国每年还进口了大约 15Mt 钢铁，其中，50% 是薄钢板制成的产品。第 13 章我们将说明用液态金属制造板件时会产生大量的废料，由此估计，英国使用的约 23Mt 钢铁是其他国家制造的。那么英国总的钢铁用量约为 28Mt 或人均 450kg。

为了核实这一数字，我们求助于英国利兹大学的约翰·巴雷特（John Barrett）教授，他的研究旨在揭示英国的排放量来自消费而不是来自生产。这一点非常重要：如果英国要对排放量负责，本着公平竞争的原则，就必须全面考量由英国引起的全部排放，而不仅仅是发生在英国境内的排放。而事实并非如此，作为贸易净进口国，英国的排放数据并没有考虑进口，这一做法严重低估了实际排放的影响。因为飞机降落在英国时没有燃烧燃料，所以就不计算航空旅行造成的排放，这种方法正是银行家们梦寐以求的。

约翰·巴雷特一直致力于根据消费而不是制造的产品来得出一个公平的关于英国排放的数字。他通过观察英国与其他地区各部门之间的资金流动情况来完成此项工作，举例来说，购买一辆德国产的汽车，我们可以预计资金的流向及用途。最后经过繁杂的计算获

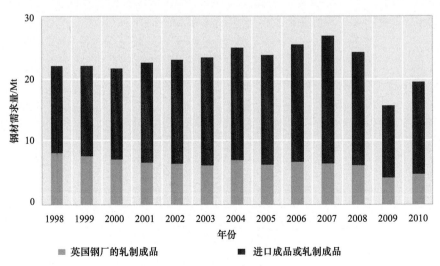

图 4.6　英国钢材需求量[11]

得大量数据，根据这些数据，他得出以 32Mt 作为英国钢铁消费的参考值，绘制钢材来源国及其国内消费份额的图（图 4.7）。相比之前的估算，现在有两种不同的方法能够衡量英国的钢铁消费量，可以看到消费量是产量的 3 倍左右。目前，还没找到关于铝类似的研究结果，但英国的铝产量非常小，所以不得不假设铝真正的需求量是实际生产量的若干倍。根据约翰·巴雷特的计算，希望能够绘制新的丹尼尔·穆勒图，但由于只有一组数据，还需要继续等待。

我们了解到：虽然人均产量数据似乎达到稳定水平，但由于缺少消费量的数据，无法前瞻及预测两种金属未来在英国本土或境外的需求，为此下面内容中将继续估算不同国家两种金属的库存量，并努力建立一个可以做出预测的模型。

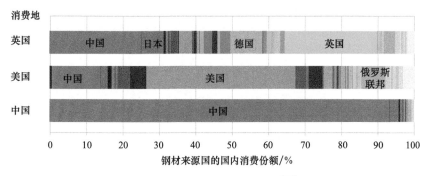

图 4.7　钢材原产国的消费量[12]

目前钢铁和铝产品的库存量是多少？

英国每人每年钢铁的消费已达到约 450kg，每人每年铝的消费估计值 350kg，这一事实引发思考：我们究竟用它们做什么？大多数英国人并不知道他们以这个速度消费这两种金属。更糟糕的是，金属的使用寿命较长，那么这两种金属的库存量必然是年度需求量的许多倍。如此估算，人均钢铁和铝的保有量分别是几吨钢和近半吨铝。面对如此状况，我们能做些什么呢？

要回答这个问题，我们面临的困难是之前没有人收集到全面有效的数据。这就不得不回头去估算一个国家当前钢铁或铝的库存量，这是一项艰难的工作。大体上有两种途径：基于我们调查的特定区域里的研究发现，采用"自下而上"的方法；或基于生产数据"自上而下"的估计。

对于"自下而上"的方法，可以围绕具有代表性的地理区域，画出边界，然后计算该区域钢铁或铝总的库存量。如果选定地区有足够的代表性，就可以按比例扩大到对一个国家的估计。尽管我们看到有几篇学生的博士论文一直关注城市垃圾清理场一年或更长时间的转储记录，但这仍将是非常艰巨的任务。我们不指望人们还记得本章开始时的罐装冰啤酒，但它很好地说明了"自下而上"的方法并不完美——很难有地域典型到能代表一个足够大的区域，只要想想各国截然不同的建筑风格及不同的建筑材料，你便可知难度有多大。

相比之下，"自上而下"的方法需要将每种金属的年产量和净进口量相加，并减去本年度处理的废料，以计算每年的"库存净增加量"。将这些净增加量相加可以得出当前库存总量的数字。若各国政府在100年前就开始记录这些数据，将会是很容易计算的，但产量、净进口量和废弃（处理）量这3个变量我们只有产量的数据，净进口量的货币价值可以从多年来收集的贸易数据计算得到，但每种类型的交易产品中金属的含量是难以计算的，而废料处理的数据是近年来才开始记录的。

事实上我们并不能准确知道钢铁或铝的库存量，幸运的是丹尼尔·穆勒、王涛和本杰明基于6个国家在经济增长时钢铁库存量随时间增长的数据创建了一个广泛的"自上而下"的模型（图4.8）。从图4.8中可以看到人均钢铁库存量与人均GDP的关系。在平台值之前，人均钢铁的库存量随人均GDP的增加而增加，一旦超过平台值，更多的资金不再意味着更多的钢铁，后续再讨论这一问题。

图4.8（灰色带）显示，基于国家当前的财富（人均GDP），穆勒、王涛和杜瓦尔估计了所有国家的人均钢铁库存量。如表4.1所示，世界人均钢铁库存量2.7t左右，最贫穷国家人均钢铁库存量仅0.1t，而日本人均超过13t，尽管目前大量的钢铁产自中国，其人均库存量却只有2.2t左右，低于全球平均水平。作为亚洲另一个主要增长经济体，印度的人均库存量仅0.4t。

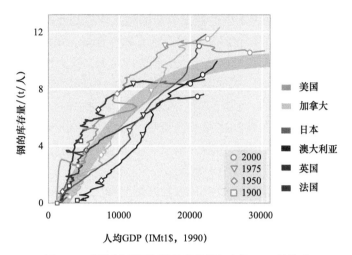

图 4.8 不同国家可用钢铁的库存量与人均 GDP 的关系

表 4.1 所选国家可用的钢铁库存量[25]

国家	钢铁库存量 / (t/人)	国家	钢铁库存量 / (t/人)
阿根廷	4.1	墨西哥	4.8
澳大利亚	9.8	尼日利亚	0.1
孟加拉国	0.1	巴基斯坦	0.1
巴西	3.1	菲律宾	0.1
加拿大	12.1	俄罗斯	4.6
中国	2.2	南非	3.0
埃塞俄比亚	0.1	韩国	7.9
埃及	1.1	西班牙	8.7
刚果	0.1	泰国	2.2
法国	7.5	土耳其	4.2
德国	9.0	英国	8.5
印度	0.4	美国	10.5
印度尼西亚	0.3	越南	0.1
日本	13.6	世界	2.7

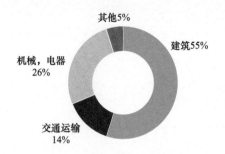

图 4.9　英国钢铁库存构成 [13]

表 4.1 中的数据给出的是人均总的库存量，但对于英国，也有足够的数据粗略估计每人拥有的库存量，可通过图 4.9 进行说明。我们每个人在车辆使用上的钢为 1～2t，这大概相当于一辆轿车的质量，事实上，平均每个人拥有不到一整辆轿车，其余的份额是来自其他车辆的。我们每个人在机械和电器中的钢铁库存为 2～3t。这包括家用电器如冰箱、割草机、计算机、电视机和家具，以及工业机械也用到一定比例的钢材，如农业和制造设备。但个人剩余钢材库存量的大部分用于建筑。

建筑用钢铁库存量因国而异，法国人均为 3t 以下，日本人均约 9t，英国人均约 4t。通常大约 2/3 的钢用于建筑，其余的用于基础设施，主要是桥梁和管道。国家之间的差异反映了当地人对建造塔楼和摩天大楼以及商业和工业建筑的偏好：日本和英国更多地使用钢框架结构，而法国却非常倾向于建造钢筋混凝土结构的建筑物。

在了解了钢铁的库存信息后，明白了为什么国家变得更加富裕时，库存量会趋于饱和。在英国，大多数想拥有一辆轿车的人已经有了一辆车，并且几乎没有新建筑或基础设施用地，因此，尽管我们会升级已有的设施，但也不太可能大幅增加库存总量。如图 4.10 所示，库存量的稳定是发达国家的特征。图 4.10（a）显示了 6 个国家的钢铁库存的历史水平，都符合类似的 S 形曲线，人均 8～12t 趋于稳定。如果发展中国家遵循类似的发展规律，如图 4.10（b）所示，这些国家的年度钢材需求将迅速增长，然后最终趋于稳定。

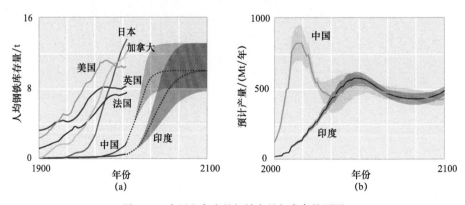

图 4.10　中国和印度的钢铁产量与库存的预测

对于铝的库存预测图还没有绘制，但是，耶鲁大学的汤姆·格雷德尔（Tom Graedel）教授和他的学生迈克尔·格斯特（Michael Gresst）收集了一些总体估算数据。他们发现，发展中国家人均铝库存量约为 35kg，而发达经济体已经达到了人均 350～500kg，导致全球的人均约 80kg[14]。但是，与钢铁不同的是，即使在发达经济体，由于铝在建筑业和轿车上的用量仍在增长，因而其库存量也没有达到稳定值，我们预计人均铝库存量可能最终饱和在 500～1000kg，现在铝的使用量还比较小。

了解库存量为我们预测未来需求奠定了一个基础。人们购买钢铁和铝有两个原因：一是替换废弃的产品；二是产品的更新换代。把一辆旧车换成一款全新的汽车只是替换了库存，但购买第二辆车就可以增长库存量。对于一个发展中国家，这意味着需求的驱动因素将随着库存的累积而变化。英国稳定的库存量接近人均 10t，并以人均每年 400kg 左右的速度进行替换。相比之下，中国人均库存量较少，仅 2t 左右[15]。如以与英国类似的替换率，为了保持这一库存量，则要求人均产量不超过 100kg，但是由于库存量的增加，中国的需求远远高于这一库存量，达到人均 400kg 左右的需求[16]。因此，中国和英国的人均消费率基本持平，但原因不同：英国的需求是维持现有较高且稳定的库存量；中国的需求是维持较小的库存量并保证不断增长。

在做更深入的研究之前，先了解一下金属库存的另外两种特征及其饱和度。

首先，经济学的朋友告诉我们，材料的需求随 GDP 增长而增长，即人们越富有，消耗的材料越多。然而，图 4.10 表明：当一个国家变得富裕时，金属产量增加并带动库存量增加，但后期会逐步稳定在某个阈值，并保持在一定水平。

其次，如果库存量持续稳定，是否可以实现经济"闭环"的涅槃？这是一个旗帜性的口号，如中国的政策指向的是未来的"循环经济"概念[17]，但事实证明其实质是较难实现的。实现闭环，要求库存稳定在高于产品的平均寿命的基础上，要求旧材料收集和再循环时无损失发生[18]。现实却难以实现，尽管有明确的激励措施和管理良好的收集计划，我们也只能回收大约 67% 用过的饮料罐；大多

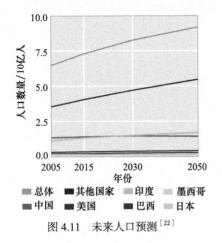

图 4.11 未来人口预测[22]

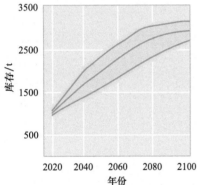

图 4.12 全球钢铁库存量预测

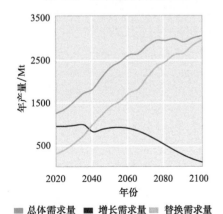

图 4.13 替换钢铁库存预测

数铝箔没有回收，因为它未被收集，或在高损耗的混合物中被回收；地下混凝土建筑（如地基和隧道）中的钢筋在到寿命期后并没有得到回收；深海管道报废后也不会取出。尽管在后面平版印刷版的图框故事中讲述了一个关于闭环行动的积极故事，但收集、回收所有的废弃金属道路还很漫长。

未来钢铁和铝的需求量如何发展？

对于钢铁和铝库存模式的探索奠定了预测未来需求的基础。如果你告诉我们：（a）未来 50 年每个国家人口将如何增长；（b）在同一时期，每个国家经济将如何发展；（c）在此期间是否有任何新产品的发明，以致发达国家的饱和需求变得不再饱和，如同每个人都去竞相购买新的 iSkyscraper，那么，我们就能准确地告诉你需求将会怎样……

当然，没有人能回答这些问题，所以我们采取一个简化的方法并将其应用于钢铁。如图 4.11 所示，从联合国对 21 世纪人口数量的预测以及美国能源信息管理局对全球 GDP 的增长预测着手，通过第二项去除以第一项，得出未来全球财富的预估值，然后将之应用于图 4.8，以预测未来全球钢铁库存量的变化。从库存量的年度变化预测直到 2050 年全球钢铁的产量。

由此产生对钢铁库存量的预测如图 4.12 和图 4.13 所示。图 4.12 体现的是对全球钢铁库存量的简单预测，图 4.13 显示因增长和替换这些库存时需要的钢铁产量。基于简单的模型可以预测 2050 年的钢铁产量将会是现在水平的 1.7 倍。如果有图 4.8 所需的要求，那我们也能完成铝材需求的类似图表。

国际能源署（IEA）使用我们描述的方法预测了未来钢铁和铝的消费量，如图 4.14 和图 4.15 所示，只是对钢铁库存量达到一个稳定状态的假设不同。因为我们无法对铝作出预测，本书其他部分选择采用国际能源署对铝需求的预测数据。

最后，想要预测与这两种金属相关的能源和排放，也需要预测如何将未来的生产分为初级（来自矿石）和次级（废料）两条路线。我们已在图 4.16 和图 4.17 中的 IEA 预测上将两者分开，对总需求分产品类别进行预测，并通过估计产品寿命来计算金属产品进入和退出使用流量。接着就未能收集的饮料罐、金属箔和地下钢筋以回收利用来展开讨论，这里采用法国欧洲工商管理学院罗伯特·艾尔斯（Robert Ayres）教授的预测模型，得出实际最大回收率可能在90%左右[19]。图4.14和图4.15表明，到2050年二次铝产量的比例可能会上升到60%左右，而对于产品寿命较长的钢铁，这一比例可能在50%左右，因此实现循环经济还有很长的路要走。

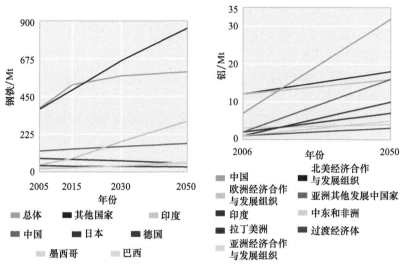

图 4.14 过去和预测的钢铁消费量[23]　　图 4.15 过去和预测的铝消费量[24]

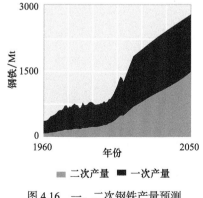
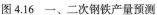

图 4.16 一、二次钢铁产量预测

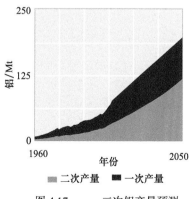

图 4.17 一、二次铝产量预测

展望

本章我们了解了金属是如何从矿石转换为实际产品，以及产品的生产地点，尽管我们希望的是了解更多关于消费而非生产信息。同时，提出了预测未来库存量的简便方法，结果表明，该方法可有效估计未来金属需求的增长趋势：2050 年钢铁需求将增长 1.7 倍，而铝的需求将增长 2.5 倍。这一预测的准确性对寻找更可持续发展材料的过程而言远没有其数量级重要。气候科学家很清楚，我们既定的目标是到 2050 年将 CO_2 的排放量削减目前水平的 50% 以下，而在此期间，钢铁和铝的需求很可能会至少增加 1 倍。排放减半而需求倍增，意味着要将每个产品的排放量减少到 25%，这是一个非常苛刻的目标。

在开始总结我们变革选择之前，需要探索能源的使用及目前生产中 CO_2 的排放量，预测实施变革所面临的挑战，需要了解与金属相并行的资金是如何流动的。这将在接下来的两章中讨论，但现在已经意识到面临的挑战多么严峻！你可能想在户外最喜欢的椅子上坐着，旁边的桌子上有一个干净的空杯子和一瓶你喜欢的冰镇啤酒，看着夕阳的余晖映射饮料罐，色彩斑驳的水汽暗示温暖的天气中可以享受凉爽，制造饮料罐身、罐盖、起盖器所需要的 3 种不同的合金，在这完美和谐的气氛中平衡着，直到罐子空了之后将会在一个新的循环中被回收利用。

平版印刷版

使用平版印刷版可以印刷图像和文本，然后装订成书籍、报纸和杂志。目前，每年大约生产 50Mt 铝印刷平版。商业打印工厂每天可以使用超过 1 万个这样的印刷平版。铝印刷平版重要的特点是高质量的平面和脱脂表面。通常使用 $1 \times \times \times$ 系列铝合金（如 AA1050 和 AA1100）或者采用更耐用的 $3 \times \times \times$ 系列合金（如 AA3103 和 AA3003）进行批量印刷。

生产印刷平版可使用初级材料或回收材料。企业对企业的交易（B2B 商业模式）、铝的高规格和高成本（占光刻线圈成本的 50%），鼓励了几乎 100% 的闭环回收。通常，回收协议是供应商和印刷商之间初始合同的一部分。

注释：

[1] 铝生产商诺威力铝板带公司（Novelis，2011）报告："每年，全球制造的饮料罐超过 2800 亿个，其中超过 85% 是由铝制造"。

钢铁和铝从矿石到最终的使用是如何流动的？

[2] 美国地质调查局发布的年度矿产商品生产总结报告了国家和全球行业数据，包括铝土矿、铁矿石的开采地。铝土矿、铁矿石开采的信息来自铝土矿和氧化铝和 2011 年铁矿石矿产商品总结（美国地质调查局，2011a，美国地质调查局，2011b）。

[3] 美国能源信息管理局收集来自国际不同技术的发电信息，包括水力发电。在它们的网站上可以找到所有数据的 Excel 表（USEIA）。

[4] 铝业协会发布了有关不同车辆的制造和生命周期成本报告（Bull 等，2008），包括对传统汽车内所含薄钢板的估计。

[5] 这一数据来自与钢铁企业对话的整理。

对钢铁和铝的需求是如何发展到现在的水平的？

[6] 大卫·迈尔其（David Miles）和安德鲁·斯科特（Andrew Scot）在其《宏观经济学：了解国家的财富》中表示："直到 GDP 被定义为增长的衡量指标之前，生铁生产、铁路货运吨位等存在着一系列不同的生产数据（2005）。"剑桥大学经济学讲师维多利亚·贝特曼（Victoria Bateman）也指出美国 1849 年的一项会议；即"铁的生产不是一个纯粹的地方或个人利益，但却对国家非常重要，和平时期应当作为提供发展的主要元素，战争时期是国防的重要动力（法国，1858）"。

[7] 这张图是依据世界钢铁协会的钢铁统计档案的区域性和全球生产数据而制成的。这张图和有关铝的那张图显示区域净产量（含贸易的影响）以及国内行业内部回收的废料，这些废料无法进行区域性划分（世界钢铁协会）。

[8] 该图依据 1997—2007 年间国际铝业协会关于区域性和全球生产数据的质量流向模型而制成的。这一数据不公开使用，但是 IAI 的全球回收报告有质量流向的结果（IAI 公司，2009）。

[9] 这张图取自穆勒（Mueller）等关于社会上钢铁使用随着时间推移的模式分析（2011）。

[10] 英国钢铁行业贸易协会年度关键数据报告：关于英国钢铁行业的现状（英国钢铁，2011）。

[11] 英国钢铁需求包括用在英国产品上的英国钢厂轧钢产品、进口的钢厂产品以及进口的成品中包含的钢材（英国钢铁，2011）。

［12］这个数字来自巴雷特等（Barrett）的消费量研究（2011）。

目前钢铁和铝产品的库存量是多少？

［13］穆勒（Mueller）等（2011）在其关于车用钢铁库存量的论文的图4中提供了数据。

［14］迈克·格斯特（Michael Gerst）和汤姆·格雷德尔（Tom Graedel）的论文中从124个不同的估计中总结了对区域和全球在用金属存量的调查（Gerst & Graedel，2008）。

［15］这一数据来自穆勒（Mueller）和王涛（Wang）关于钢铁库存量的论文（2011）。

［16］当然，中国人均产量如此之高，部分原因是为其他国家生产了大量金属产品。中国生产的一部分用在其他国家，一小部分将替代它们现有的库存（但并不多，因为其库存既小又新），还有一部分将用于新的需求，增加金属产品的新库存。

［17］2008年，中国通过《中华人民共和国循环经济促进法》，旨在鼓励增加回收再利用及进一步创新回收再利用技术。法律的译本可以在中国环境法律（2008）中找到。全球范围内的循环经济法概要是由戴维斯和霍尔总结的（2006）。

［18］保盈（Boin）和伯特伦（Bertram）（2005年）估计重熔时，箔废料消耗量将超过30%。

未来钢铁和铝的需求量如何发展？

［19］取自艾尔斯（Ayres）（2006年）关于为什么增长将不再呈指数形式。

图框故事，图片和表格

［20］关于全球钢铁流动图的更多信息可以从库仑（Cullen）等的文章中找出，包括数据、假设和参考资料。

［21］关于全球铝流动图的更多信息可以从库仑（Cullen）和奥尔伍德（Allwood）（2013）中找到，包括数据、假设和参考文献。

［22］国际能源署关于人口预测的书籍《能源技术展望》（国际能源署，2008a），该书基于联合国的预测。

［23］通过乘以人均需求量计算未来钢铁的需求量，取自国际能源署（2009）的人口预测。

［24］假设现在的消耗量和总体区域消耗量的预测之间符合线性关系，计算到2050年未来铝的需求量，取自国际能源署（2009）。

［25］穆勒（Mueller）等（2011）在他们关于钢铁库存量的论文中提供了这一表中的数据。

5. 能源与排放

——用于制造钢和铝的部件

对可持续材料的诸多担忧与加工这些材料所需的能源多少，要求找出这些能源被用到了什么地方，以及这些能源的利用是如何演变的。为了应对目前与气候变化相关的担忧，尤其需要弄清楚哪些加工过程会排放更多的温室气体。

我们正要去夜总会，但要先喝一杯酒，看到那个带有软木塞的小瓶子了吧？咕嘟—咕嘟—咕嘟喝上几口，感觉特别舒服，就好像世界正在看着我享受，其他人都特别渺小。当我们抵达夜总会的时候，每个人沉浸在其中的感觉都是一样舒畅。但舞池中有几个大个子，他们换了一种不同的节奏舞动着。在舞池里，舞者们挤在一起，抖动着，我不知道是我们制造了热量，还是热量令我们舞动。在酒吧的角落里，有一对外貌不相配但很相爱的小情侣正在低声私语，此时旁边冒出来另一个人，撞到了他们，令人难以置信的是那个女孩丢下伴侣，和新来的人热情地舞动起来。看，有一些大块头们，他们真的擅长舞动。他们做着双臂扭动的动作，也不知怎地，他们找到了彼此。也许当他们聚在一起时，更易于舞动。一会儿，DJ 的打碟节奏变慢，众人也随之安静下来。但是发生了奇怪的事情——前后的墙开始向内移动。其他的两面墙又向外面移动。于是大家都挤在一起无法自由地移动。就在此时，DJ 先生好像突然来了灵感，开始快速打碟，所有的人都跟着疯狂地舞动。只见大家从一边到另一边，进进出出，我们必须沿着墙壁向外的空间移动，这样才能减轻（前后）墙壁向内移动的压力。舞池很热，我们找到节奏并舞动着，但挤压感已经消失了。

大家明白了吗？听我慢慢解释。

这种药物的功效真的很强大，这是刘易斯·卡洛尔（Lewis Carroll）与一个具有 150 年历史的实验室合作研发而成的——人缩

哇哦！

小 100 亿倍后就变成为原子。在夜总会我们了解了生产两种金属过程中能量的相互作用。舞者（原子）在温度较高时更易活动，而温度较低时活动较缓，同时，当他们更易活动时，也更容易从各自身边走过。类似于合金化元素的那些大块头，他们更喜欢彼此靠近，但他们只能在足够热（能量足够高）时（通过扩散）移动。那对亲密的舞伴就像两个紧密结合的不同原子，诸如在天然赤铁矿中的 Fe 原子和 O 原子，当温度较高时，一个 C 原子也可以将它们分离开来，同时将他（C 原子）的"胳膊"环绕着她（O 原子），就像一个捕猎者一样将她带走。与此同时，当舞池的地面变冷时，墙壁（能量势垒）又移动回来了，因此跳舞的人（原子）都无法自由地移动了，所以这个时候他们会觉得比较拥挤。但是随着温度再一次升高他们又能开始移动，可以容易地在群体中穿梭，并重新排布自己的位置。当温度持续升高时，金属也易变形。

在生产钢材和铝材的过程中，需要三部分能源供给：驱动化学反应以重新排布不同原子之间的化学键；为扩散产生足够的热能以允许原子重组，从而改变合金元素的分布，松弛位错周围的应力，同时促使晶粒长大；升高温度，金属更容易变形。在这一章，我们将首先关注能源需求是如何满足现有生产过程的。然后将探讨工艺能源需求转变为工艺排放的过程。将这些加起来，就能调查全球的排放量，通过观察其排放历史，我们就能预测未来的排放。最后，将探讨产品加工过程中能源分配和排放的难题。

在钢铁和铝零部件生产制造过程中的能源使用情况

下面的两个流程图（图 5.1、图 5.2），分别讲述在钢铁[1]和铝材[2]生产过程中，三部分的能源需求走向。从上一章的金属流桑基图（图 4.1，图 4.2）的灰色部分开始，图上展示了从地下开采的矿石到最终成为金属零部件所需要的全部关键过程。其中，对于每个生产环节，我们也给出了每年所需的能源估计值。图中的能源值是以 EJ 为单位的，$1EJ=10^{18}J$，从图 2.5 中可知，全球每年使用的能源低于 500EJ。

在桑基流程图中，给出的能源值均为初始值，并非第 2 章中讨论的最终能源值。我们已经在金属流桑基图中给出了生产过程，因为钢铁和铝行业协会最关心的问题之一是：谁拥有最优的能源使用数据，谁才最有可能掌握金属的需求。所以他们收集了能源使用的优质数据。例如，从二次回收的废钢、铝材中制备液体金属的能源需求要远少于直接从矿石中制备，尤其是铝。但是一些金属工艺流程介于主要路线（矿石）和次要路线（废钢材、铝材）之间。因此，钢铁贸易协会不能直接简单地回答"在钢铁和铝生产过程中究竟需要多少能源"，回答问题的关键在于各个生产过程的准确结合。对于这两种金属，如果生产原料完全是回收的废旧钢材、铝材，那么能耗会小很多。

　　制备中涉及的加工过程数量多少也能影响对能源的总需求量。从图 5.1 和图 5.2 中可以看出，液态金属的工艺环节所需能源较多。对于这两种金属来说，不论原料是矿石或废旧回收金属，制备液态金属所需能源要比其他任何工艺环节所需能源都多得多。在下游环节，一旦金属成型为库存产品，那么将它加工为最终形式所需要的能源主要取决于所涉及的工艺过程的数量多少。例如，"I"形钢（在德国称为双"T"形钢，在苏格兰称为纵梁）的生产工序就非常少，它的制造过程首先是热轧成型，然后切割到一定长度，再少许焊接。相比之下，钢制轿车车门的制造则需要更多加工步骤：首先是冷轧（获得所需要的表面质量）；然后镀锌（为了防止表面腐蚀在表面镀一层金属锌）；下料（从 2m 宽的冷轧带卷上切割出一个特定的形状）；进一步深拉和冲压以获得需要的 3D 形状，并且为车窗和车门把手等的安装开孔；卷边（将锋利的边缘部分折叠起来）；焊接和装配此门上的相关零件；喷漆；烤漆（将汽车表面的喷漆硬化，并显著改变钢的微观结构，使其具有最大强度，其设计为在拉伸过程中具有更大的延展性）。因为整个制造工序复杂，所以整个过程需要的能源较多。然而，其中需要能源最多的还是液态金属制造工艺。我们不再讲零部件制造完成后需要的其他工作，因为将零部件装配成产品以及将产品从制造地运输到销售点的物流所消耗的能源，比零部件制造阶段要少得多。

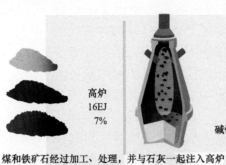

高炉
16EJ
7%

碱性氧气转炉
0.2EJ

煤和铁矿石经过加工、处理，并与石灰一起注入高炉顶部，热空气和其他添加剂燃料从高炉底部吹入，焦炭与空气反应生成CO，将氧化铁还原为金属Fe。石灰与矿石中的杂质发生反应，形成熔渣。铁水在高炉底部收集，并将其送入钢包。

氧气吹过液态铁水，将剩余的碳氧化成CO和CO_2，该反应是放热的（放出热量）；添加废钢以降低炉内温度。钢水在单独的钢包中精炼。

连续铸造
0.4EJ
74%

直接还原
0.7EJ

在直接还原中，铁矿石在竖井或旋转炉中用天然气或焦炭还原成铁。

电弧炉
2.7EJ
86%

连铸成板、大坯或钢坯，并以水冷。钢材产大部分都是铸，尽管一小分仍然铸成锭

碳电极下降到炉内并在电极与金属炉料之间形成高温电弧。如果炉料不全是废钢，碳和其他化合物燃料可与氧气一起注入以进行还原反应。

成型铸造
2.1EJ
46%

炼钢
总能耗，38EJ
电能能耗，39%

铁水或钢水在注入模具之前就已经被熔化，一旦凝固，铸件就要经过热处理循环以达到预期的性能。

图 5.1　钢铁力

涂覆
0.6EJ
46%

钢铁在镀锌、镀锡或涂漆之前都
要经过清洁，这为钢制品的外部
式苟刻应用（如食品罐头）提供
了防腐蚀保护。

轧制
3.6EJ
46%

钢在轧成带钢/卷材（来自板坯）、线材/棒材
（来自钢坯）和型材（来自大钢坯）之前被重新
加热和除去表面氧化皮，轧机机组的数量和顺序
与壁厚压下量呈和性能相互匹配，随后可以进行
冷轧、除鳞、回火和剪切工艺。

成形
0.2EJ
82%

板坯和钢坯通过一系列的技术成型为库存产品，
包括挤压、拉丝、弯管、轧制和焊接等技术，成
型过程或许需要快冷以防止氧化，或接近熔化温
度以软化钢坯。

制造
11EJ
70%

库存钢材通过切割、弯曲、钻
孔、铣削、焊接和涂漆，以制
造成定制的组件，随时可以组
装到最终用途的产品中。

程图[8]

铝土矿开采+精炼
1.1EJ
2%

铝土矿主要是从露天矿开采，这些露天矿经过清洗和粉碎后在"蒸煮器"中溶解到热氢氧化钠（苛性钠）中。氧化铝反应生成铝酸钠，留下的残留物沉淀形成"赤泥"，同时将溶液冷却并除去水，留下白色氧化铝粉末。

电解
5.0EJ
100%

氧化铝在950℃时溶解于冰晶石（氟化铝钠），电流从悬挂的碳阳极传递到电解池内衬的石墨阴极，导致在电解池或罐底部的熔融铝沉积，并在那里被周期性地排出。

铸锭
0.05EJ
44%

熔炼后的液态铝通过半连续铸造被铸成方锭和圆锭，这里铸锭直接从水冷铸型中抽出。

废料重熔
0.04EJ
30%

清洁、加工过的和消费后的废料主要通过反射炉或感应炉被重新熔化。

废料精炼
0.15EJ
14%

废铝料在旋转炉或浇包炉中熔化，用盐类熔剂来除杂质产生熔渣，精炼厂主要生产铸锭，因此添加硅和金属，如铜和镁，以达到所需的成分。

合金锭铸造
0.03EJ
44%

合金元素，如硅，被添加到熔炼炉中的液态铝坩埚内，然后在铸造之前通过吹入气体进行净化，液态铝被铸造成更小的铸锭，用于成型铸造。

炼铝
总能耗，38EJ
电能能耗，39%

图 5.2 铝加

轧制
0.23EJ
72%

在轧制之前，锭料预热到500℃左右，需要若干道次轧制才能将锭料压缩到所需厚度（4～6mm）或板材。部分板材进一步冷轧至0.05mm用于铝箔，并在需要时用到退火炉和切割。

挤压+拉拔
0.09EJ
19%

挤压时，坯料通常被加热到450～500℃，并在500～700MPa的压力下通过挤压模具。挤压坯料的直径可达50～500mm。拉丝时，铝棒是通过一系列孔径逐渐减小的模具进行拉丝的。

成型铸造
0.17EJ
1%

制造
0.62EJ
70%

型铸造和压铸是模铸最重要的类型，砂模是一次性使用的，而压铸模通常可以重复使用，一般都是用铸铁或钢制成。锭后熔化，熔融的铝被倒入模具中，在铸过程中可以施加压力。

铝库存产品被切割、弯曲、钻孔、铣削、焊接和涂漆，以制造定制组件供装配成最终产品。

程图[8]

图 5.3 零部件生产制造过程中能源需求估计[3,4]

这里通过图 5.3 来展示制造铝罐和轿车钢制门板过程中总能源需求 / 所耗总能源的估算，并以此作为这一部分的总结。对于这两种产品，液态金属生产工艺环节所需的能源是占主导地位。所以，我们有明确的关注焦点：（a）液态金属生产中的能源效率；（b）寻找减少使用液态金属的方法。这基本概况了我们所说的睁开一只眼或两只眼看问题的情况。

钢铁和铝生产过程引起的 CO_2 的排放

除了能源，我们还对排放感兴趣。表 5.1 给出了钢铁和铝材生产过程各工艺环节 CO_2 的排放强度，即在金属生产的每个单元加工过程中有多少 CO_2 被排放。在工业生产中的能源消耗量可以精确地测量出来，通过现场记录仪记录一定周期内每个生产环节燃料或电力供应，除以同一时间内这一生产环节的金属总量，这样就可以清楚各个环节的能源消耗。正如前面讨论的，有些原因可以解释为什么这些消耗值只能作估算值，但任何公司要想弄清楚其能源消耗的根源，完全可以由精确测量获得。

对于 CO_2 的排放量也是一样的，尽管在实验室可以准确测量其排放量，但是在实践中难以操作，所以 CO_2 排放数据只能是估算或是推断。来自燃料燃烧或还原矿石得到金属的化学反应产物 CO_2 直接排放，可以通过消耗的矿石和燃料的质量计算到合理的精确值。发电过程中间接排放 CO_2，通过追溯回电力的来源也能收集到，因为可以通过计算发电量得到，涉及化学能转换为电能过程，但需要付出较多努力。然而，发电厂的 CO_2 排放量变化幅度较大，例如，水力发电的（常用于熔炼铝）排放强度最低，而燃煤发电则是最高的。所以，同样生产过程在不同地方的排放强度可能完全不同。对于生产钢铁和铝的主要过程，其排放强度已被钢铁公司、行业协会，以及学术机构广泛研究。表 5.1 中的数据则反映了对这些研究结果的估计。

事实上，在排放量配置背后涉及的电力购买是一个深远的、政治性的问题，它的重要性却少有人问津。假如在一个国家有多种类型的发电站，每个发电站的气体排放量都不同。那么，一个最低排放量的供电公司索要其应得的利益，是否合乎情理呢？

表 5.1 钢铁的主要生产过程对应的 CO_2 排放量估计[5]

工艺过程	排放量 / (t/t)	工艺过程	排放量 / (t/t)
高炉炼铁	0.5	原板轧机	0.1
焦化	0.2	小型轧机	0.2
烧结	0.4	型钢轧制	0.2
直接还原	1.2	镀锌厂	0.2
氧气底吹转炉炼钢	0.2	镀锡厂	0.04
电弧炉炼钢	0.5	挤压加工	0.2
废料准备	0.01	粗磨机	0.1
平炉炼钢	1	成型加工	0.1
连续铸造	0.01	钢件铸造	2.4
铸锭	0.05	铸铁件铸造	1.7
热轧带钢机	0.1	制造	1
冷轧带钢机	0.4		

这就是铝冶炼中发生的情况：炼铝企业声称生产过程中的大部分电能都是从 CO_2 排放量非常低的水力发电站直接购买的。然而，假如那些熔炼厂在当地停止运行，那么那些水电也会被重新分配到这个国家的其他用途。在我们看来，一个国家内对于所有类型的电力应该只有一个平均的排放强度，且所有的（电力）用户平均排放强度应该相同。如果发生这种情况，那么炼铝行业的 CO_2 排放量将会增加。显而易见，炼铝行业不会同意我们的观点，因为它们是 CO_2 排放量数据的主要来源，如表 5.2 所示的数字表明了目前报告的排放强度。

表 5.2 铝的主要生产过程对应的 CO_2 排放量估计

工艺过程	排放量 / (t/t)	工艺过程	排放量 / (t/t)
铝土矿开采	0.02	铸造铸锭	0.2
氧化铝生产	1	热轧机	0.2
阳极生产	0.1	冷轧机	0.2
电解	5.4	挤压	0.3
废料准备	0.3	拔丝	0.6
废料重熔	0.3	型铸和二次铸造	0.5
废料精炼	0.6	箔材轧制	0.9

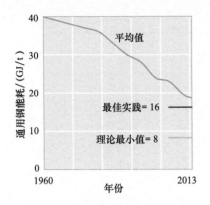

图 5.4　通用钢生产中能耗改善的
历史[6]

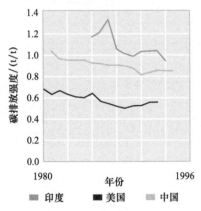

图 5.5　部分国家钢铁工业 CO_2
排放的历史数据[7]

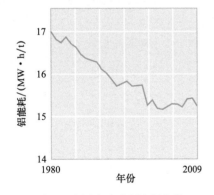

图 5.6　原生铝生产历史耗电值

表 5.1 和表 5.2 中的数据表明两种金属生产过程中液态金属生产环节产生了最大排放量。对于金属的下游加工，对 CO_2 排放的影响相对高于能源，因为下游加工所用的主要能源是电能。

全球能源和排放历史及其预测

自从现代生产工艺发明以来，我们有钢铁和铝总体生产方面的数据记录，但是缺乏历史上能源使用的数据，而且完全没有全球排放的历史数据。我们对全球钢铁冶炼过程中的平均能源强度有个粗略的概念，从图 5.4 中的数据看出，过去的 50 年中，钢铁的生产效率不断提高，并不断趋近稳定。图 5.5 为不同国家的 CO_2 排放强度的发展历史，因为碳排放强度还与许多因素有关，包括技术重组、电力结构的改变以及任何效率的提升，所以我们并不能十分确定这意味着什么。

自从 1980 年开始，IAI（国际铝业协会）统计了铝冶炼的耗电值，从中可以看出铝的能耗在好转。尽管我们一般都报道初次能源数据，但在图 5.6 中我们使用了最终电能值，来显示随着时间的推移，由于能源效率的提升所带来的改善（不存在电力类型组合的变化）。与此同时，我们看到能耗的显著改善，但是这种改善的速度正在放缓。

在前一章中，通过预测结束了对需求的分析。在此基础上，我们对未来材料的回收利用的可行性做了一个评估，以预估将来材料的一次生产与二次生产的比率。这为预测将来的能源消耗量和气体排放量奠定了基础。假如能源消耗量和气体排放量仍旧保持目前的规模，工业产品结构保持不变，那么我们可以应用前面表中的过程（工序）的耗能和排放因子，来预测 2050 年的能耗值和 CO_2 排放量。通过绘制图 5.7 和图 5.8，为预测两种金属未来排放量提供参考。这些图表证明了我们为什么要写这本书：如果没有其他变化，两种金属的排放量将显著增加。尽管预测显示，由于通过回收废料而产生的液态金属的比例增加，使得排放量的增长略有减缓，但是如果想要将排放量削减 50%，显然困难重重。

将能源和排放数据分配到产品中

现在再次回到原子俱乐部，当其他人都回家后，只留下了老板鲍里斯（Boris）一个人，这时鲍里斯打开了来自比利时布鲁塞尔的一封信，就是这封信"毁"了他的一整天。布鲁塞尔的官僚们要求老板鲍里斯给每个离开俱乐部的人提供一个碳排放证书，以准确判断他们访问俱乐部后产生的 CO_2 排放量。可怜的鲍里斯好像每天做数钞票和向伏特加酒中兑水等工作还不够忙，还要向俱乐部会员分配 CO_2 排放量，那么公平分配的基础是什么？每个俱乐部会员的 CO_2 排放量是多少呢？也许我们需要从每个俱乐部会员的能源消费来推测其对应的 CO_2 排放量。这个俱乐部仅使用电力，但鲍里斯有两个供应商，其中一个是当地的一家风力发电站，它们每3个月会发送一次电费账单。所以，鲍里斯需要提前估算接下来3个月的用电量，并且合理地平均安排到消费者身上。但是，鲍里斯并不知道接下来的3个月里俱乐部会有多少消费者。而且他还怀疑，只有在当地铝冶炼厂能够购买与风电场电力相关的"绿色"门票的情况下，他们才会来俱乐部。毫无疑问，银行家们会根据未来25年的排放量来购买门票。制作材料及装修俱乐部需要能量，这应该怎么安排才合理呢？老板鲍里斯该选择哪种交通方式上班呢？骑自行车和开车究竟对 CO_2 排放量的影响有多大？俱乐部的乐队的 CO_2 排放量又是多少？

事实上，鲍里斯遇到的问题是比较难解决的，他不可能将俱乐部的 CO_2 排放量准确地分配到每个消费者身上，因为：（a）他不知道下个周期俱乐部总的 CO_2 排放量；（b）不知道下个周期能来多少消费者；（c）不能清楚地确定他该对哪些 CO_2 排放负责；（d）不清楚每个消费者的 CO_2 排放量是多少：5min 的访问应该与 3h 的停留获得相同的积分吗？尽管如此，布鲁塞尔的官员们都把 CO_2 排放归因于产品生产和服务行业。关于这一部分参见本章后面的图框故事。

其实，这种围绕排放归属的工作毫无意义，我们始终关注的是全球的 CO_2 排放量。因此，对任何选择或是决策的利弊评价取决于它们在全球范围内的影响是好是坏。假设通过采取措施增加二次生产的量，同时减少一次生产的量，比如在产品生产中用二次铝来替

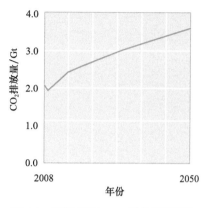

图 5.7 炼钢过程中 CO_2 排放量预测值

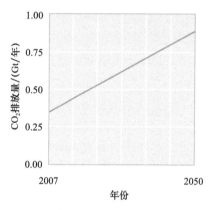

图 5.8 炼铝过程中 CO_2 排放量预测值

代一次铝，必然会对全球排放量产生差别。为了达到这个目标，我们必须找到一个能循环再利用的资源以确保材料供应。假如把北海的一个新风场的风能从国家电网转移到我们的工厂，这样对国家的总体 CO_2 排放量并没有什么影响，因为这些风能还是被别人利用。唯一的指导原则就是确定我们的举措能否使全球的 CO_2 排放量显著减少。所以，我们非常质疑将任何 CO_2 排放直接归因于产品，这是因为很难以一种完全一致的方法确定所有归属的各种排放之和与实际所有排放之和（即总排放）完全一致。

我们一直在俱乐部做一些比较纠结的估计，大家试图帮助老板鲍里斯按照布鲁塞尔官方的要求，来解决大量 CO_2 排放的问题，每个人都已经筋疲力尽，是时候休息了——明天该去购物放松放松。

将排放归因于产品

在现实应用中，有 3 种方法可将 CO_2 排放从加工过程分配到产品和服务业中。如果归因于产品的所有排放之和等于所有工业排放之和的话，则这些方法或许是合理的。

● "碳足迹"法，即碳元素跟踪，以 CO_2 的克数来计算某一项活动中的直接或间接的单一 CO_2 排放量。目前，还没有一致的方法来计算这样的"碳足迹"，虽然如英国碳基金会这样的非政府组织，也在试图确定其计算方法。在消费品中，"碳足迹"越来越多受到关注和报道，同时鼓励消费者比较不同消费品的碳指标。然而，这在方法论上是模糊的，消费者对这种碳元素标记缺乏理解，所以他们的目的还不是很明确。

● 相比较而言，生命周期分析技术（Life Cycle Analysis, LCA）已经发展的较为成熟了，已在国际标准化组织（ISO）14040 条中被定义。ISO 标准假定 LCA 是用来比较两个类似的方法去完成相同的产品。对于这两种方法，要围绕足以包含替代产品之间的所有差别的系统定义一个边界范围，调查这一范围内所有的加工过程，并计算任何环境问题驱动因素的数值。LCA 可以预测两种不同方法之间的差异，同时预测了这种差异又是如何对环境带来损害的。这种方法比较明确、严格。然而，目前 LCA 的所有使用者几乎都没有正确地将这项技术应用于比较，相反，他们宣称这项技术只能用于某些特定产品的绝对影响。因此，目前所有已经报道的 LCA 研究都有误导性。由于 LCA 研究很依赖于所用的边界（范围），因而容易被随意操控而获得任何答案。所以，还有待开展一项对环境污染造成最大影响的公司能够赞助的单独的 LCA 研究。

● 投入和产出（Input-Output, IO）分析法，将 CO_2 排放量分配到各个资金流中，同时在最初的生产到最终需求的生产系统中跟踪 CO_2 排放量。这种分析方法比较全面而完整，允许我们以始终如一的方式将生产排放转换为消费。然而，将碳排放量分摊到现金流中也很容易发生误导。尽管 IO 方法在逻辑上是一致的，但是需要一个庞大的数据集，这通常在细节上是很难获得的，或者要耗费数年。每个环节的分析都是由不同的部门来完成，所以，很难对一个产品生产过程做出一个比较综合的分析。

近年来开发了 LCA 和 IO 相结合的混合技术，但其数据仍然存在同样问题，如可靠度低，详细度低，应用范围小等。

注释：

在钢铁和铝零部件生产制造过程中的能源使用情况

［1］钢铁生产过程的能源数据来源广泛，包括由恩斯特·沃雷尔（Ernst Worrell）和他的同事们对于选定工业行业的世界最佳能耗的报告（Worrell et al., 2008）和一个 IISI（世界钢铁协会的旧名称）（国际钢铁协会，1998）的报告。将最佳的实际值乘以系数 1.1 转换成预测的平均值。

［2］铝生产的能源数据来源广泛，包括恩斯特·沃雷尔和他的同事们最佳的实践报告（Worrell et al., 2008）及一份由美国能源部出具的报告（BCS, 2007）。

［3］制造过程的能源数据是基于我们为金属产品及其供应链案例研究收集的数据，并发表在已出版 *Going on a metal diet*（Allwood et al., 2011a）一书中。

［4］制造零部件的能源数据是基于我们为金属产品和他们的供应链案例研究收集的数据，并发表在已出版 *Going on a metal diet* 一书中。

钢铁和铝生产过程引起的 CO_2 的排放

［5］钢和铝生产过程的能源数据、排放数据是自一个很广泛的范围整理收集的。对于铝，大部分的上游数据取自国际铝业协会（IAI）分析（IAI, 2007），大部分下游数据取自美国能源部的报告（BCS, 2007）。对于钢，大多数值取自欧盟《综合污染预防与控制指令》报告和加拿大钢铁行业研究（加拿大钢铁生产商协会，2007）。

全球能源和排放历史及其预测

［6］此表中的数据由世界钢铁公司提供（2014）。

［7］这个数字来自基姆（Kim）和沃雷尔（Worrell）（2002），但它包含技术改变的影响（例如，从平炉到碱性氧气转炉），所以不能只描述由于能源效率引起的进步。

图像

［8］这些图中的一些图像改编自世界钢铁协会的图形。

6. 资金的去向

——谁参与了这些投资呢

大部分人都没有直接购买过工程材料，一般都是购买由工程材料制成的零部件以及由零部件装配而成的商品。那么，当我们购买汽车或是房子的时候，有多少资金流向了材料生产商，都有谁参与其中呢？

"早上好，我想买一幢写字楼。"

"好的，先生，请问你是要 4 层还是 7 层的呢？"

"我要 7 层的吧，精装修的。"

"先生，这是一个非常好的选择，那是一座 7 层的钢结构办公大楼，拥有先进的三层玻璃、铝合金幕墙、白色屋顶平台、自然循环系统，同时，你的名字会被激光投影在周围的墙壁上，在服务接待处还有 3 个大盆景。"

"工作之余，我可能会在旁边给手机电池充充电，吹吹空调。"

"完全没问题，总共……约 1400 万英镑。"

"天哪，你们这些家伙真能提高利润。我认为这个写字楼每平方米地板空间可能会耗费 100kg 的钢铁量，钢价约 400 英镑 /t，那么也就是 40 万英镑。"

"我明白了，先生，我们有一对被抛弃的木屋，在你所说的价格范围内，这是你想要的那种吗？"

办公楼里都包含有什么呢？假设这幢 7 层办公大楼占地 1 万 m^2。在招标建造办公大楼时，建筑承包商有各种估算材料用量的经验法则。一般而言，对于钢框架型建筑物，如第 3 章中我们在建筑产品一览中所看到的，每平方米面积需要投入 100kg 的钢铁。对于钢筋混凝土建筑来说，每平方米需要使用混凝土约 1900kg。与此同时，还要为框架结构提供面积为 4600m^2、厚 4mm 的三层玻璃，以及 46t 支撑玻璃的铝框架。我们不知道写字楼里究竟都有些什么金属材料，如加热器、空调、通风设备、家具、地毯等。但根据对金属用途的分类，假设对金属材料的使用范围已覆盖了85%（按体积算），因此还要增加15%。我们对该建筑使用材料的成本做了一个估算，如表6.1所示，这个是近似的造价，与2009年英国物价相对应。估算出建造7层办公写字楼的成本是90万英镑，但是市场的供给价格是1400万英镑，为什么会这样呢？

表6.1 7层办公写字楼的成本估算

产品	材料需求量 /t	单位成本 /（£/t）	材料成本 /£	材料成本占建筑材料的比例 /%
钢铁	1000	410	410	3
铝	50	1100	55	<1
混凝土	4500	32	140	1
玻璃	140	2000	280	2
附加15%	810	—	130	1
合计	6200	—	880	6

答案显而易见，1400万英镑和90万英镑之间的差额源于工程每个阶段人工成本：砌砖工、木匠、电工、水管工、混凝土工人、粉刷工、工程质量监督员、大型设备操作工人、抛光工人、油漆工、钢筋工、项目经理、工程管理人员、测量员、土木/结构工程师、服务人员、特殊行业人员、设计师，所有的这些都需要支付人工管理、维持和培训的相关报酬。在甲方（业主）支付最后的工程款之前，建筑项目或许需要银行贷款，便于承包人购买施工材料，银行家们也希望从中分一块蛋糕。如果有盈余将作为利润分配给众多参与公司的所有者。

一幢建筑的建造过程涉及人数众多，还需要大量资金投入，建造办公大楼过程的谈判包括材料价格与人工费的权衡。如果人工费用比工程材料费用要高，那么施工过程中就会尽量降低人工费来增加材料采购。所以，这就是为什么要弄明白资金的流向，了解每个人有多关心节约材料。

事实上，除了业主付钱外，其他多个群体也对此颇感兴趣：例如，当地城市规划人员可能会关心新楼对于附近楼宇的影响；抗议团体和其他非政府组织可能会比较关心建楼对于当地自然物种的影响；社区团体会关注其社会影响。

为了了解材料供应的变化，必须知道施工过程中的每个参与者及其参与其中的缘由。本节中，我们的目标是从办公楼的例子中总结出两个问题：对于含有钢铁和铝的产品（包括大楼），在最后购买中所用资金最终流向何处？谁参与了提供含有两种金属产品的整个过程的业务？

资金流向哪里？

接下来，我们分两个阶段回答这个问题。首先，我们会问："通过谁得购买并加工这些钢铁和铝材？"其次，对于驱动消费的这些最终购买者，我们会问："购买包括钢材和铝在内的货物的资金最后都流向哪里了呢？"

在这两种情况下，通过一个投入产出 Input-Output（输入－输出）分析方法来给出答案。这项分析方法是 1936 年由华西里·列昂惕夫（Wassily Leontief）发明，他是一个获得过诺贝尔奖的俄罗斯人，出生于慕尼黑，25 岁移民到美国，在哈佛大学度过了余生。他用一个经济学表格模拟了一个经济体中的资金流动：资金流入一个部门正是另一个部门购买的结果。这一表格中的"列"显示了每个经济部门的生产清单：例如，为了制造家具，一个家具制造商可能需要向其他的供销商购买一些商品（木材、金属、财务服务等）、购买进口商品、支付投入资本的回报以及支付劳动报酬和税金。来自任意一个部门的所有支出（即表"列"中所有费用的总和，这被称为投入，因为这些资金是为了购买该部门活动的投入而花费的）加起来应该是那个部门的销售额（或产出）。这是表中的"行"所列显示的内容：它们显示了其他部门的采购，以及最终家庭、政府、出口商和企业的购买，而这些企业增加了它们的设备或其他商品的库存，从而在未来生产出更多的属于自己的产品。对于整个国家，投入－产出分析方法会有相应的调整，所以，如果将所有"行"的总数的总和（所有的销售）或者所有"列"的总数的总和（所有支出）加起来，就得到了国家经济活动的单一指标，即 GDP（国内生产总值）。表格图是一种观察商品交易的有趣的方法，然而华西里·列昂惕夫方法的特别创新之处在于它反复使用这些表格数据，目的就是探索最终需求的来源：如果设备制造商为他们的办公室购买了一些家具，那么这部分需求实际上是由购买的设备数量驱动的。那么是谁导致了设备购买，进而导致家具购买？如此等等。最终，用华西里·列昂惕夫的数学方法，我们能够展现出每个不同类型的最终需求（由家庭、政府等购买）是如何引起每个生产部门的活动的，或者反过来，对于每个生产部门，我们都能够找到需求的主要原因。

基于一个数字表的投入-产出分析方法显示了资金在国家各部门间的流动。这些表格的初衷是协调不同的 GDP 指标，故许多国家制定出此类表格作为他们国民经济核算的一部分。这些表格可以以各种形式发布，从原始数据到经过调整的"被平衡"的投入-产出表，以便使每个产品的供给等于需求，以及每个部门的投入等于产出。无论是原始数据的收集，还是调整、平衡过程都很耗时，这就限制了每个国家对此类报告发布的频率和详细程度[1]。

投入-产出分析法能够探索环境影响：假如把某些对环境的损害归因于某个特殊的部门，那么假定环境损害的责任是伴随着资金流动的走向，而这一资金是通过购买进入了该部门。因此，最后可以找到是哪种类型的最终消费支出造成了环境损害。这也是第 4 章中提到的约翰·巴雷特（John Barrett）的方法，进而可以理解英国对与消费相关联的 CO_2 排放的责任所采取的方法。

因为研究需要，我们使用了一个包含 57 个部门的全球的投入-产出统计法[2]，使用全球的投入-产出表的重要性在于，正如从约翰·巴雷特的研究工作中看到的一样，如果研究英国的情况，可以发现其大量钢铁是进口的。因此，一旦资金流出英国，就不能追踪到资金的去向，但是使用全球性的表，则可以一直跟踪所有的资金并从支出回溯到它的源头。

接下来准备解决两个问题：资金流向何处？谁参与其中？在图 6.1 ～图 6.5 中给出了答案：图 6.1、图 6.2 给出了哪些部门购买了钢铁和铝材。从图 6.1 中可以找到钢铁的三大消费部门（领域），图 6.3 ～图 6.5 显示了购买钢铁或铝材的最终去向和使用领域。

图 6.1、图 6.2 展示了与早期金属流动桑基图相关联的内容：钢

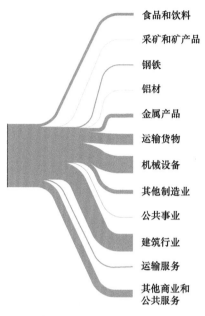

图 6.1　哪些部门购买钢铁？

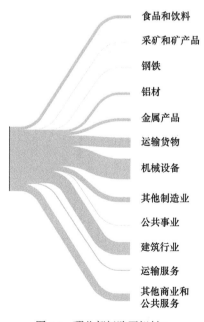

图 6.2　哪些部门购买铝材？

铁最终的需求领域主要集中在建筑、车辆、装备和消费品。但不同领域的权重按货币单位计与按材料单位计并不相同。这是由于它们完成不同类型的产品所需的加工过程不同，以及更多定制产品可以获取不同的利润空间。

图 6.3～图 6.5 说明花费在含有钢铁和铝的最终商品上的资金如何流向其他部门（领域）的。在 3 种情况下，综合 57 个部门的整体经济分析的结果来看，令人意外的是大部分支出在本部门之内流动。例如，在建造本章开始客户提到的那座 7 层办公楼时，他的钱或许首先流向一个代理商，然后流向一个设计顾问，再然后流向一个建筑师，接着流向一个承包商等——但迄今为止涉及到的所有交易都是在 57 个部门中的同一个部门之内进行的。

这些图的关键信息是：对于大多数含有这两种金属的商品，金属的价值占最终购买价格的 4%～6%。本章开头的例子中，所有原材料的总成本为最终购买价格的 6%，这一比例基本相同，这些图告诉我们投入的其余资金都到什么地方了。

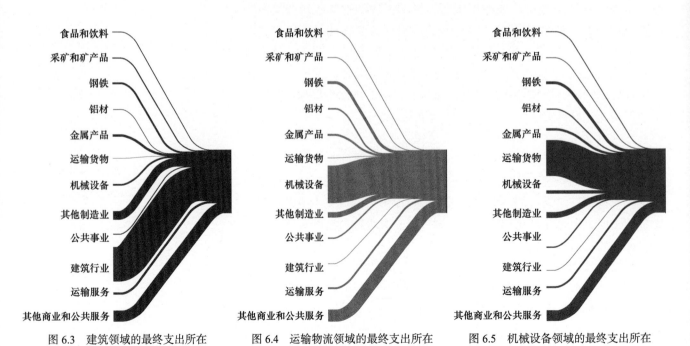

图 6.3　建筑领域的最终支出所在　　图 6.4　运输物流领域的最终支出所在　　图 6.5　机械设备领域的最终支出所在

从以上的分析我们知晓了非常重要的事情：与所有包含两种金属的商品的最终价格相比，两种金属的最终成本是很小的。其结果与决定价格的其他方面的成本，尤其是劳动力成本相比，使用金属的决策不应该是首先考虑的。因此，通过金属成本的高低来决定出厂商品的价格的说法难免牵强。反过来，这提醒我们：为提供既定的商务服务，可以一次性购买比实际需求更多的金属，这样做或许避免其他成本。

谁参与了包含钢材和铝材的商品交易？

让我们再次回到新的办公写字楼。为了更好地理解建造写字楼的花费为什么远远高于楼内所有材料本身的成本，我们列出了一个需要付款的所有参与人的详细清单。他们都为谁工作呢？为了建造大楼，在顾客和各种代理商之间经常会召开公开的会议。首先必须招标一个承包公司负责实际建设，一个建筑师，一个工程咨询师，在许多情况下还需要一家拥有该大楼所在处的房地产公司，或者该公司建造此建筑物的土地使用权，并以前述客户作为第一个租户。在建设过程中，建筑工程师必须遵从建筑法规、建筑标准认证、保险行业需求和规划法规。建筑承包商主要负责在施工现场浇灌和组装材料，他会与一个金属加工厂合作来制作各种形状的非标准型钢，包括建筑物基础里所用的钢筋笼子，以及钢框架建筑的钢结构部分，而此金属加工厂可能从钢厂或者通过一个批发商或进口商购买钢材，批发商再从钢厂购买钢材，钢厂通常与钢材生产链上的其他部分拥有相同的所有权，并返回矿石或废钢。矿石可能是通过商品市场从矿厂公司购买，废钢材来自废旧钢材回收利用公司。这些是直接的参与者，但是整个过程的完成需要能源供给，需要有很多专门的设备或装备供应商参与，同时，还有顾问、行业协会和其他提供相关信息的组织。为了保护公司员工的健康与安全，为了环境与安全问题，也为了确保产品质量，公司的整个网络系统需要监管，同时还可能会受到各级政府的影响。一些非政府组织，如游说组织、慈善组织可能会从不同的方面关切大楼的建造过程，包括建筑噪声、排放的环境影响、劳动者的就业条件等。

　　图 6.6 表明了钢铁行业广泛的业务范围。由于我们要研究由钢铁和铝所提供的服务在未来将如何发展，因此需要牢记这张图片，以便记住哪些组织或集团会支持或反对有可能出现的变化。

图 6.6　钢铁行业的树状结构描述

我们可以从国际劳工组织网站的在线数据集估算世界上炼钢炼铝企业的就业人员的总数，这份报告列出了不同国家按行业门类划分的相关就业情况，这些国家约占世界劳动力的33%。假定选择的这些国家可以代表全世界的基本情况，尽管中国和印度提供的数据不是很详细，所以全球估算指数可能不是特别准确。从统计数据中发现，全世界大约有1.2亿人参与了从矿石或废旧金属转变为成品金属商品的过程。另外，约有2.5亿人参与了建筑建造行业，其中大部分涉及钢筋，包括钢筋混凝土中的钢筋或建筑结构中的型材。因此，我们希望全世界有3.7亿人直接购买这本书，如果他们每个人如我们所认为的那样都特别喜欢这本书，每个人会再买2本，作为礼物送给他们的家人……。

当今钢铁工业的发展

钢铁的历史始于1856年的英国工程师贝塞麦（Bessemer）的发明，这项发明迅速为当时的钢铁业所采用，不久在英格兰和威尔士就有超过200家的钢铁制造商[3]。安德鲁·卡耐基（Andrew Carnegie）是最早的钢铁支持者之一，他带着这项钢铁技术去匹兹堡（美国）创办了卡耐基钢铁公司。美国不像英国那样有大量的比较活跃的中小企业，美国的钢铁行业被少数几个较大的钢铁企业所掌控，加里（Elbert H.Gary）和摩根（J.P.Morgan）领导的一个集团在1901年收购卡耐基的钢铁公司后，形成了当时规模最大的钢铁企业，占到美国钢铁产量的67%[4]。不久，在美国及欧洲一些地方的公司，钢铁的生产能力就超过了英国，国家间的差别导致了一段时间内的贸易保护主义时期[5]。随后，欧洲和北美一轮轮的关税削减，以及后来的自由贸易区的建立，降低了贸易壁垒，使得世界钢铁贸易在1975—1995年翻了一番。反过来，这使个体生产商能够专门生产高产量的特定产品[6]。欧洲国家从第二次世界大战以后经济恢复以来，全球钢铁产量以每年5%的速度增长，一直持续到1974年的全球能源危机[7]。这种能源危机使得钢铁行业一度萧条，再加上我们在第4章中讨论过的，发达国家人均钢铁需求量饱和，因此在20世纪80年代和90年代初的钢铁行业几乎停滞不前。然而，在20世纪90年代，中国及紧跟其后的其他金砖国家如巴西、俄罗斯和印度

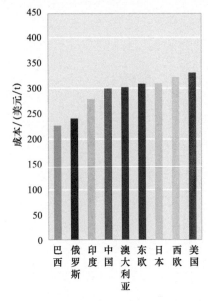

图 6.7　国际钢板坯成本比较

的经济开始迅速增长，使得2000—2005年，全球钢铁产量每年以7%的速度增长。这一增长推动了这些国家钢铁行业快速发展，导致相对产量的快速转移：金砖四国的钢铁产量在世界钢产量中的占比，从1999年的28%提升至2010年的58%[8]。

钢铁业是一个战略性产业，所以国家也会援助支持经营境况不佳的钢铁厂，允许其在类似国家间存在成本差异的境况下发展。例如，20世纪90年代的大部分时间里，德国每吨冷轧钢卷材的成本要比英国高出33%[9]。苏联的解体和欧洲其他地方的私有化浪潮，使得政府对钢铁企业的所有权从1986年的53%降低到1995年的12%[10]。然而，钢铁的地区差价依然存在，如图6.7所示。金砖四国经济体使用廉价的原材料和劳动力而具备较低的成本，还通过采用一些最新的、最有效的技术实现扩张，从中获益。

在20世纪90年代中期之前，钢铁行业一直是一个以本土为根基的工业，但后来一连串的合并和收购首先导致了区域整合，例如，1999年康力斯（Corus）集团、2001年阿塞洛（Arcelor）集团在欧洲创立，2002年JFE集团在日本成立。接下来是全球钢企合并，例如，2006年成立了安塞乐·米塔尔（Arcelor Mittal）跨国公司，塔塔（Tata）钢铁公司收购了康力斯公司[11]，更大规模的整合使钢铁公司将它们的活动扩展到下游，如塔塔集团现在也拥有汽车制造商捷豹、路虎，同时提高它们对于投入的议价能力。

尽管最近全球化趋势加速了钢铁企业的整合行动，但是整个行业的发展仍然令人担忧：十大全球跨国公司钢产量不到全球钢产量的25%，全球最大的钢企安塞乐·米塔尔只占到6%[12]。不仅少数几家占主导地位的钢铁制造商，而且许多较小的钢企，都参与争夺铁矿石和焦炭的竞争，所以，获得可靠的原材料供应是目前钢铁行业的一个关键问题。

从表6.2可以看出，相比炼钢企业来说，采矿行业的合并重组力度大得多：其中，三大采矿公司必和必拓（BHP Billiton）、巴西淡水河谷（Vale）、力拓集团（Rio Tinto）占据了世界百强矿业公司全部销售份额的25%。这些大型集团掌握了全球广泛的资源和67%的海运铁矿石销售市场[13]。铁矿石和铝土矿在地壳中的储量比较丰富，铁矿石矿藏主要分布在巴西、澳大利亚和俄罗斯。在中国和乌克兰也储藏了大量质量相对较低的铁矿石。澳大利亚和巴西也具有丰富的铝土矿，还有几内亚、越南和印度。2009 年，中国进口了全世界铁矿石出口总量的 67%，生铁生产约占世界生铁产量的 60%。

表 6.2　各个行业的领军企业

序号	公司 *	市场资本额 /10 亿美元	公司 +	出口 /Mt	公司 +	出口 /Mt
	采矿		钢铁		铝	
1	BHP Billiton	210	Arcelor Mittal	78	UC Rusal	4.1
2	Vale	170	Baosteel	31	Rio Tinto Alcan	3.8
3	Rio Tinto	140	POSCO	31	Alcoa	3.4
4	Shenhua	84	Nippon Steel	27	Chalco	3.0
5	Anglo American	61	JFE	26	Hydro	1.3
6	Suncor	58	Jiansu Shagang	21	BHP Billiton	1.2
7	Xstrata	57	Tata Steel	21	Dubal	1.2
8	Barrick	41	Ansteel	20	China Power Inv.Corp	1.0
9	Freeport–McMoRan	38	Severstal	17	Xinfa Group	0.9
10	NMDC	37	Evraz	15	Aluminium Bahrain	0.9

* 按市值递减顺序列出，+ 按总产量递减顺序列出。

当今铝工业的发展

　　铝工业的发展受到高质量铝土矿的开采和廉价电力的驱动。最近的一个趋势是大型炼铝公司收购矿业、电力和氧化铝企业。十年前，美国铝业公司 Alcoa 占据着铝土矿开采的最大份额。如今，它仅排名第 26 位，这是因为矿业公司主导着铝土矿开采并在铝生产中占据了相当大的股份。2007 年，超级集团 Rio Tinto 收购了铝业公司 Alcan，同时组建了现在第二大铝企业 Rio Tinto Alcan，而 BHP Billiton 已经扩大了其铝生产规模，成为全球第六大铝生产商。正如在第 5 章中讲到的，将铝土矿炼成氧化铝的工艺以及将氧化铝熔炼为铝的工艺，二者都是能源密集型的，其能源采购费用约占全部成本的 33%。因此，铝制造商在巴西等一些铝土矿储量丰富和电价便宜的国家建立了铝冶炼厂。铝的生产可以因具体情况有效地与水电使用的灵活性相匹配，但需要高功率的水电。事实上，在铝的生产中电力的使用已被充分体现出来了，故能进行交易和出口，而无须支付额外的配电费与成本。

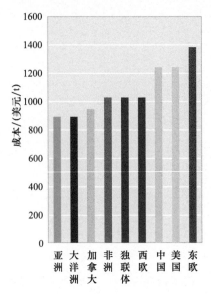

图 6.8 国际铝板坯成本比较

即便是炼铝公司购买电力而不是自己生产电能，但因为所购买的电能数量巨大，他们可通过商谈长期合同降低电价，而这也关系到主要金属的价格，这些合同的形成对总成本有重大影响。图 6.8 比较了不同区域生产铝的成本，显示出亚洲和东欧国家工厂的冶炼成本差异高达 500 美元 /t[14]。

大多数的冶炼公司会与氧化铝供应商签订长期的购货合同，以商品铝价的一个固定比例（10% ~ 15%）来确定氧化铝的价格，这样有助于降低成本突变带来的风险。高品质铝及铝合金的贸易，通常是在生产商与用户之间的长期合作上交易的，其价格是根据伦敦金属交易所提供的指数再行确定。这一将价格与基础金属成本联系起来的做法会进一步向下游产品延伸，如铝罐价格就是金属价格的一个标记。这意味着，至少在短期内，铝的生产成本和铝中间产物的价值会受到基本金属价格的强烈影响，所以这个（铝）行业是极具成本竞争的。

铝的区域生产的变化类似于钢铁，从世纪之交开始，由于来自中国的需求，2000—2002 年铝的生产量以平均年增长率 24% 的速度迅速增长[14]。与此同时，美国的降低产量促进了（铝）生产从西方向东方的转移。与钢铁相比，全球的铝业更是为大公司所掌控，排名前十的生产商生产了全球产量的 85%[15]。

钢铁和铝的全球贸易

将钢铁和铝这两个行业简短的历史与我们先前对钢铁和铝的主要业务描述联系起来，我们已经看到在生产主要金属方面的少数较大公司的重要"整合"。但对于最终消费者来说，业务比较分散，较小的公司服务本地的市场。但是也有明显的例外，如在汽车行业中，四大汽车生产商制造了超过一半的新车[16]。在建筑行业中，尽管有少数几家国际公司，但是建筑行业的发展更趋向于本地化。其中，法国公司 Vinci 的营业额为 310 亿美元[17]，包装行业尽管有几家大型企业，但仍处于类似的分散状态[18]。

公司的规模如此之大，世界各地的金属产品的流动会如何呢？图 6.9 给出了从矿石到金属再到金属产品的各个阶段贸易的货币价值的路线图。每种商品最大的两条贸易流向显示出来了。该图表明了从南半球到北半球的一般性流动，但当矿石被加工成更完整的货物时，贸易的价值就增加了，其中，中国很明显既是一个铁矿石、废旧金属以及机械装备的进口国，又是一个汽车出口商。同时可以看到，美国是一个主要的废料出口国。

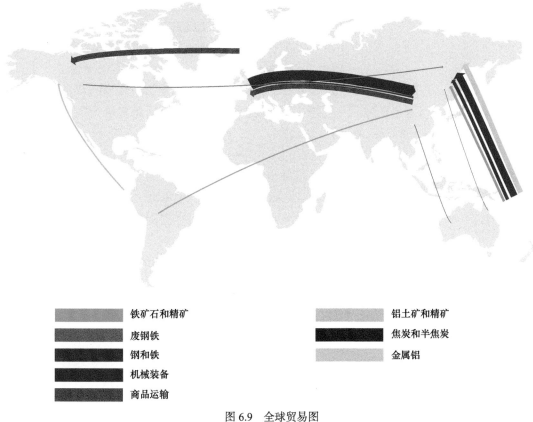

	铁矿石和精矿		铝土矿和精矿
	废钢铁		焦炭和半焦炭
	钢和铁		金属铝
	机械装备		
	商品运输		

图 6.9 全球贸易图

注：图中线宽代表 100 亿美元（钢）或 10 亿美元（铝），箭头按比例缩放。

展望

通过对产业结构、发展历史和贸易过程的考察，我们已经看到，文章开头我们的朋友考虑购买一座新的办公大楼，如果他攒够了钱继续做下去，会引发一个波及全球活动——为完成、交付这一建筑物，需要涉及大量的企业，而购楼的几乎所有资金最终都会通过发放工资的形式体现出来，用于交付竣工建筑所需的大量业务成本。一系列的法规和其他游说团体将考虑每个就业者和受该过程影响者的社会需求。那么，从一个完全不同的角度重写我们的草图而结束吧！

"早上好，我想在全球范围内寻找 4500 个就业岗位，每个人约 6 个月。"

"当然可以先生，您还有什么特别的事吗？"

"嗯……我不太在意这个，但我想确保他们在合理安全的、社会可接受的环境中工作，同时能享受到一个公平的工资待遇。"

"这个主意非常好，我们将会尽最大能力确保所提供的所有的就业岗位处于良好的监管，也支持几家积极的慈善机构关注我们的劳动条件，从而达到目标。"

"非常好，他们的任何想法都要付诸实践才行！"

"嗯，我认为如果我们策略实施得当，那么建造一座 7 层的钢结构办公大楼，拥有高级的加厚玻璃、铝幕墙、白色屋顶平台，自然循环系统，你的名字会通过激光照射在周围的建筑物上，同时在接待大厅摆有三大盆盆栽植物。"

"这正是我想要的东西——我有了一个新的办公室。现在是不是可以将所有想法、所有情况都汇总起来了，你知道这一切会怎样吗？"

注释：

资金流向哪里？

[1] 英国国家统计局最后在 1995 年发布了一套完整的投入–产出表，选择年度的供应和使用表（投入–产出表不平衡的组成部分），作为蓝皮书（国家统计局 2010 年发布）的一部分发布（ONS·2010a），并允许学术界为构建全套平衡表而竞标资金。例如，UK-MRIO 项目（Wiedmann et al., 2007）根据每年在蓝皮书（ONS 2011）上发布的供应和使用表为英国制作了一套 1992—2004 年投入–产出表。英国的供应和使用表覆盖了 123 个部门，这意味着有超过 1.5 万个数字需要收集。大多数国家都会公布某种形式的投入—产出表格，但各个国家、地区的部门分组各不相同，信息披露协议可能会限制公开可用的数据量。数据收集，验证和表格平衡的艰巨过程（在文献中称为"优化"）并不止于此，要真正理解由英国消费的产品（或相反地，英国生产的商品的最终需求来源）所引发的购买链，需要考虑贸易。排列新一轮数据的困难是：需要一个平衡表来匹配不同国家的不同部门，并综合考虑所有因素，即在全球范围内，在当适当调整关税、运输成本等因素后，进口量应等于出口量。在这

项任务上，全球范围内已经有了一些倡议，如 GTAP 数据库（GTAP，2011）、EXIOPOL（n.d.）和 EORA（Kanemoto，2011）。

［2］我们使用的数据集是被广泛采用的国家投入 – 产出表的集合，称为 GTAP 数据库（GTAP，1997）。为了创建一个全世界的投入和产出数据，需要将每个国家的投入和产出数据累加起来统计，注意避免重复计算与贸易有关的活动。

当今钢铁工业的发展

［3］英国国家钢结构行业组织制定了钢铁建筑史，以表示对金属百年的纪念（BCSA，2006）。

［4］美国钢铁公司（US，Sted）仍然存在，这一信息摘自该公司网站的历史栏目（美国钢铁，2011）。

［5］由 BCSA（2006）所产生的钢铁业历史陈述：1904 年威尔特·张伯伦（Austin Chamberlain）建议对进口钢铁征收 5% ~ 10% 的关税，目的是防范其他国家（这是他们自己设置的贸易壁垒）回英国市场倾销过剩产量。这一政策在英国实施很多年。

［6］1998 年艾伦（Aylen）跟踪的国际钢铁市场的趋势。

［7］如上面的注释 6。

［8］每年世界钢铁协会公布的数据（世界钢铁协会，2010），包括年度按地区和方法划分的年度产量。

［9］2008 年蒂姆·博凯（Tim Bouquet）和拜伦·奥希（Byron Ousey）详细描述了成立安塞乐·米塔尔钢铁公司的历程。

［10］1998 年拉涅利（Ranieri）和吉贝列里（Gibellieri）对新千年钢铁行业进行的评论。

［11］2006 年英国议会委托编写了一份钢铁工业全球化的报告。

［12］世界钢铁协会（2010）的年度统计出版物提供了排名前 49 的钢铁公司的生产数据。

［13］采矿业分析师 Barry Sergeant 收集的数据。

当今铝工业的发展

［14］Zheng Luo 和 Antonio Soria 为欧盟委员会提供炼铝行业的综合性评价和分析。

［15］2011 年工业分析师 CRU 提供的数据。

钢铁和铝的全球贸易

［16］数据分析中心对于各个行业提供的常规工业研究报告（2007），其中包括全球汽车制造商。

［17］每年《英国金融时报》按市场总值评出世界 500 强公司，并获得这些公司的行业明细账目。

［18］2008 年数据统计中心给出容器和包装行业的分析报告。

第二部分　睁开一只眼

7. 能源效率

钢铁和铝的生产属于能源密集型行业，要降低成本，获取最大利润，必须从生产工艺入手，采用一切方法降低工艺流程中的能源消耗。现在所有的方法几乎都已经尝试，我们需要重新思考影响能源效率的因素，以及如何消除这些因素。

8. 捕获热能的机会

将矿石变为金属，需要一定能量驱动的化学反应，其余大部分是用于熔化或软化金属以及扩散的热能。此过程中，所有的热能都随空气散失，是一种浪费，理论上，可以收集这些散失的热能供在以上工艺过程中循环利用，或者将之运用于需低温加热的工艺过程。而这一设想实现的可能性有多大呢？

9. 新的工艺路线

如果能够发明一种从矿石中提取液态金属的新方法，那么能否找到新的减排途径，或者能否用电力来驱动化学反应？我们能找到降低总排放的清洁电力的来源吗？

10. 固碳

如果没有其他的金属制造途径，还要继续扩大生产，是否可以不通过节能，而是通过将 CO_2 与生产中排放的其他气体相分离，捕获并将之埋到地下的方式，从而减少 CO_2 的排放？

11. 未来的能源利用与排放

　　如果将现有钢铁和铝生产路线上已经确定了的降低能源需求和排放的方案综合起来，需求也如我们预期的那样增长，那么，到2050年能达到50%的绝对减排吗？

7. 能源效率

——现有工艺流程中的能源效率

钢铁和铝的生产属于能源密集型行业，要降低成本，获取最大利润，必须从生产工艺入手，采用一切方法降低工艺流程中的能源消耗。现在所有的方法几乎都已经尝试，我们需要重新思考影响能源效率的因素，以及如何消除这些因素。

有一档职场创业型真人秀节目《学徒》，是通过情节的设计来测试候选人的商业才能，主要是销售能力，比如向已趋饱和的零售企业推销香水、杂志、鱼、巧克力等商品。传授创业方法的朋友们曾经告诉我们，大多数一年内就倒闭的新公司，它们倒闭的首要原因是缺乏销售和推广经验，这也是《学徒》节目情节设计的初衷。在公司成立次年倒闭的原因主要是在产品交易过程中没有有效地控制成本。成本控制问题虽难以成为精彩的电视节目素材，但它们是加工行业所有商业决策的根源。在该行业内部，人们已经制定了钢铁、铝、水泥、纸张和塑料的国际标准，其中严格规定了产品的构成、加工工艺和性能，所以产品没有本质的区别，所有的供应商在规则之下都是平等的，竞争使得每个人的供货价实际上只能维持在最低价格上。如果供应商不能控制价格，那么利润只能取决于控制成本。所以，如果有机会主持电视节目，我们会把《学徒》这个节目的题目变为"成本管理者"，让参与者更专注于自身的发展。

图 7.1 和图 7.2 展示了钢铁和铝生产成本组成。从图中可以看到，能源采购成本约占钢铁和铝生产成本的 33%，因此 100 多年来能源密集型产业特别重视能源的使用效率，同样促使管理者或业绩较差的企业不断提高冶炼技术，把自身标准尽量提高至行业翘楚的水平。

在第 5 章的原子俱乐部里，我们看到我们需要能量来驱动反应，

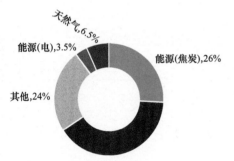

图 7.1　钢铁生产成本

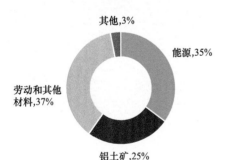

图 7.2　铝生产成本

进而提高温度，促进扩散，最终成功变形。本章中，我们将从定义冶炼两种金属的最低能耗入手，评估从矿石和废料中提炼金属的现有工艺过程的效率。

我们如何用较少的能量来制造金属制品？

铁和铝都是元素周期表上的元素，由于铝和铁对氧有极大的亲和力，除了在陨石之中，自然界中很少有物质以纯铁和铝的形式出现。因此，我们开采到的矿石是金属铁和铝与氧原子紧密结合后的氧化物。

赤铁矿石

铝土矿石

自然界中有几种形式的铁矿石，最常见的是磁铁矿石和赤铁矿石，这两种氧化物的区别在于铁和氧原子数之比不同。矿床的挖掘开采也很复杂，一般矿石占到开采岩石的 25%，其余的是必须去除的石英（SiO_2）。为了将二者分离，首先，要压碎开采出来的岩石，然后采取不同的方式进行分离：磁铁矿使用磁选，赤铁矿利用水中浮选进行处理。其次，通过化学反应萃取铁，即在空气中燃烧焦炭（焦炭是在低氧 1000℃的高温环境中，烘烤煤粉去除水分、煤气、煤焦油制成）；最后，在加热条件下将铁氧化物与大量 CO 混合反应生成铁，如图 7.3 所示，当温度达到 2000 ℃左右时，FeO 中的氧原子比矿石中的 Fe 原子对 CO 气体中的碳原子吸引力更强，所以氧原子与 CO 结合形成 CO_2 气体，留下了较纯的液态金属铁，称为"生铁"，也叫"高炉铁"，含碳量约为 5%，是一种硬而脆的金属。实际上，与铸铁相比钢算是形式较纯净的铁。如前所述的贝塞麦的发明专利，是向液态生铁中吹入纯空气，通过氧气与铸铁

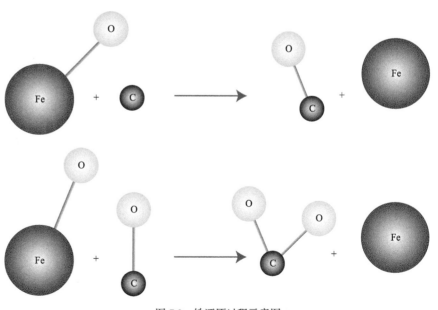

图 7.3 铁还原过程示意图

伊维图特的冰晶石矿

中剩余碳反应，借助燃烧生成 CO 或是 CO_2，达到去除碳元素的目的。1948 年，瑞士工程师罗伯特·德勒（Robert Durrer）发现炼钢过程中注入氧气比空气效果更佳，这一发现成为现在炼钢工艺的基础。

地壳中，铝经常以氧化铝的形式存在于铝土矿中，氧化铝含量约为铝土矿（也称为铝矾土）的 33%。铝原子对氧的吸引力强于碳或铁，因此无法按照炼铁的方式将铝从其氧化物中轻松分离。相反，氧化铝在电解槽中以霍尔－埃鲁（Hall-Héroult）法电解分离之前，要先行经过拜耳法纯化处理。1887 年，在俄罗斯圣彼得堡工作的卡尔·拜尔（Karl Bayer）发现，如果将铝土矿石在氢氧化钠溶液中进行洗涤，铝土矿会溶解，再经过过滤、干燥后加热至 1050℃，铝土矿变成白色粉末。铝土矿在氢氧化钠溶液中处理后剩的是"赤泥"，大约是氧化铝的 2 倍，在第 1 章中说过"赤泥"是强碱性的，会引起环境问题。氧化铝的熔点在 2000℃ 左右，但是在液态冰晶石（冰晶石是一种冷硬的石头，听上去像是詹姆斯·邦德电影里的一项发现，1799 年在格陵兰岛西部的伊维图特首次被发现，是一种由钠、铝以及氟元素组成的化合物）中 1000℃ 就能溶解，然后运用电解提炼出纯金属铝。格陵兰岛最高温度记录是 30℃，1987 年在格陵兰岛上连接两个城镇的唯一一条道路尽头的冰晶石矿床被开采殆尽，小城市也随之废弃。目前，铝生产中广泛采用合成的冰晶石，由此可见格陵兰岛的开采业务已经崩溃。

电解过程就是在含氧化铝的液态冰晶石溶液中，从碳基阳极向石墨负极通入电流后，铝和氧分离开来（图 7.4）：铝在电解池的底部形成液态金属，氧与碳在阳极表面结合，生成 CO_2。

这些化学反应的细节证明炼铁、炼铝都需要高温，同时都会释放 CO_2。在关注这两个过程的效率时，切入点是理解反应能量的需求限度，可以借助 19 世纪后半叶耶鲁大学的工程师约西亚·威拉德·吉布斯（Josiah Willard Gibbs）的研究来了解这一点。进行任何化学反应必须有能量供给来确保反应发生，如同在煮好咖啡之前将水加热到 100℃ 所需要的能量是一个限制，即使花再多的钱也没人能推翻这一定律。吉布斯（Gibbs）向我们表明从矿石中提炼金属同样需要一定的最低能量值。

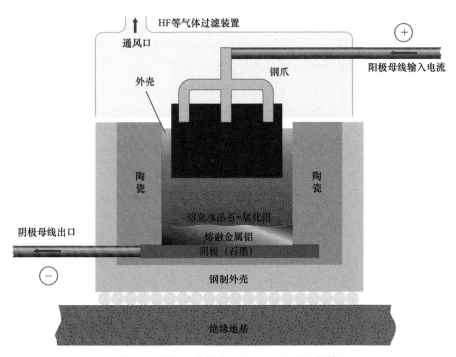

图 7.4　霍尔－埃鲁（Hall-Héroult）法电解槽

　　吉布斯研究了诸如将金属氧化物转变为金属的许多化学反应后发现，化学反应涉及与外界的能量交换——能量可以在反应过程中释放，像燃烧或氧化过程一样。如铁生锈时，反应结束后储存在气体和固体中的能量（燃料中的原子或与氧原子成键的铁原子）是低于单独的燃料或铁和氧的总能量。或者，像脱氧反应后金属和氧气中储存的能量之和高于它们结合时的能量，其原因是氧化反应可以在没有外部能量输入的情况下释放能量，这也是金属在自然界中都是以氧化物的形式存在的原因。吉布斯证明了脱氧反应所需能量是由金属氧化物生产金属时的最低能量限度所决定。以此类推可得出从矿石中制造钢的绝对最低能量是 6.7GJ/t，而从所生产的液体金属熔液中制造铝的绝对最低能量是 29.5GJ/t[1]。

　　今天从铝和铁的氧化物中提取纯铝和纯铁的最好技术的能耗标准是吉布斯所计算的绝对理论最小值的 2 倍多[2]。相比之下，普通汽车的运行效率低得多，差不多是其理论最小值的 10 倍。达到吉布斯预测的绝对最小值，是一个难以实现的过程：没有任何杂质的纯氧化物的开采，完美的隔热，以及在无限的空间和时间内实现完美的能量收集。实际上，目前最好的技术与理论极限的比率非常之低，既意味着制造钢铁、铝技术的日益成熟，这在研究这两行业的发展时是非常重要的。

平均能耗和最佳能耗之间的差别

在从矿石制造金属的过程中，吉布斯就能量的绝对极限效率给出了一个非常重要的定义，目前最好的做法是将其控制在极限值的 2 倍左右。在第 9 章中，将研究如何开发新的加工方法，使效果更好更接近极限值。然而，在回顾之前，提出一个更简单的问题：提升目前的平均水平以达到最佳的标准需要什么？来自荷兰乌得勒支（utrecht）的同事恩斯特·沃勒尔（Ernst Worrell）教授为解答这个问题多年来付出辛勤努力，发表了大量的文章，对两种金属的能效方面进行了全面的调查研究，提供适用于大多数情况下能效改善措施，包括改进的过程控制和更好的操作调度。在冶炼金属的过程中，提高能效的许多具体措施都与热能有关，就是降低热能消耗，或是循环利用余热，这也是我们下一章的主题。接下来，将探索沃勒尔教授的调查研究所揭示的 5 种方法：炼钢过程中焦炭的替代；更有效的铝电解生产；副产品的高效利用；使用节能炉；高效的电机驱动系统。最后，我们将会对使用各种能源效率手段后所能达到的总节能情况予以评估。

炼钢过程中焦炭的替代

高炉炼钢所用焦炭的生产过程既耗能又昂贵。如果用向高炉中直接喷注煤粉、天然气或石油替代焦炭，则可以降低成本，因为用劣质煤制备研磨煤粉的能耗很小。在一些国家，作为燃料的石油和天然气可能比焦炭便宜，同时天然气燃烧释放的 CO_2 气体每单位热能也比较少。但作为能源燃料和化学反应还原剂（从铁矿石除去氧气）的焦炭，还有在高炉中化学反应过程中充当骨架支撑结构的作用。与煤炭相比，焦炭在高炉内高温下仍然坚硬，并形成了一个开放的结构为热气流的快速流动提供了通道，从而加快反应速率。焦炭作为骨架结构的作用无法替代，所以化学反应时常保留一些焦炭。实验表明高炉中可以是一半焦炭，一半煤粉[3]。目前，焦炭替代，特别是煤粉注入工艺已广泛应用，且有逐步增加的可能。

更有效的铝电解生产

造成初级铝生产中的低效率的原因很多，因此要保持电解槽中氧化铝稳定的浓度，及时地排除电解过程中产生的气体，避免这些气体增加电解池中溶液的电阻，同时要保持各项操作条件处于最佳状态。为连续少量地添加氧化铝，越来越多地使用了点进料装置，这样在电解槽的中心附近保持恒定的量，有助于维持恒定的氧化铝浓度。电解槽横向开槽插入阳极，有利于电解反应中所产生的 CO_2 的排除。高效运用计算机控制一系列工作参数，包括电解温度、电流和电解质的浓度，可提高电解槽的工作效率。

副产品的高效利用

在将矿石或废料冶炼成液态金属的过程中，会产生其他副产品，如可燃的气体，可以用它驱动涡轮机，还有拥有化学能和热能的固体炉渣。在钢铁生产流程中释放出的能量约80%包含在废气中，其大部分是可以燃烧的气体中的化学能。炼焦过程中释放出的热气体中含有丰富的 H_2 和 CO，可以用作炼焦炉的燃料，还能取代综合炼钢厂中一部分天然气。与传统燃料相比，来自高炉和碱性氧气（转）炉的气体的能量含量较低，所以燃烧前通常与天然气混合，可以用于现场发电，或是用于炼钢加工的下游工序的加热炉中的燃料，如热轧。高炉煤气可达到约 0.25MPa，如果驱动高炉煤气余压涡轮机，可以产生 20% 左右效率的电能。与其他部门开展固体废料贸易的方式在一些国家已广泛使用，可以不同程度提升能源效率。特别是，高炉炉渣颗粒化后用作水泥熟料的代替品，而不会影响其性能。水泥中可能含有高达 85% 的矿渣，与英国平均水平相比，这样可以在水泥制备中节省 2GJ/t 的能量[4]。在丹麦的卡伦堡这种类型副产品交易的例子非常典型，被称为"工业共生体"，下面图框故事将进一步描述。

丹麦卡伦堡的工业共生体

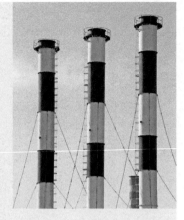

"工业共生体"是指企业之间交易废料的行为，希望在这样的交易中，通过节约成本为企业寻找互惠互利的机会，以及通过资源总消耗和废料的减少而有利于环境保护。

"工业共生体"最著名的例子位于卡伦堡的丹麦工业园区，在那里能源、水和副产品在阿斯尼斯（Asnaes）电厂、挪威国石油公司炼油厂（Statoil refinery）、诺和诺德（Novo Nordisk）制药厂、凯隆堡市政当局、塔湖以及其他单位之间进行交易。例如，来自精炼厂的冷却水被输送到发电厂，在电厂锅炉中得到处理，产生蒸汽和电，之后热水可用于这个城市的集中供暖。

这些伙伴关系始于1959年，政府或其他机构很少干预其发展。对于以上交易结果的分析，尤其水的利用，表明主要的经济利益并不是来自出售废料所产生的税收，而是来自各企业内部的节约，比如避免昂贵的废水处理[16]。

使用节能炉

图7.5是带有热回收的对材料持续加热过程的示意图。首先在室温条件下装入材料，在熔炉内加热，经历必要的反应后，在高温状态下退出加热炉。在炉中，氧气与燃料一起燃烧，炉中材料以辐射或是热对流形式加热。作为燃烧过程的一部分，必须有能量输入使燃料的温度达到燃点，所以可用的热能小于燃料中的化学能。通常情况下，只有30%～50%的燃料化学能为这个过程提供有用的热能，20%～30%预热空气，其余的大部分热能在废气中损失，还有其他损失包括加热炉本身通过炉壁传导至外部环境，导致热气体逸出，以及通过冷却水吸收，以确保关键设备不会过热。设计有效的熔炉是众所周知的有效选择，主要考量因素有：正确的空气燃料比，使用纯氧而不是空气；从排气中回收利用热能；增加容量和持续运行熔炉，以减少所需的启动能和通过墙壁的损失；选取好的热缘材料；通过改进装料系统和更好的密封设施减少空气泄漏；通过改善控制和检测系统减少热能需求。使用这些策略可以制造出非常高效的熔炉，使热效率（传递材料的热能除以燃料所含的化学能）接近70%。然而，目前材料加工行业中使用的熔炉许多比较老旧，操作水

准远低于这个最佳水平[5]。

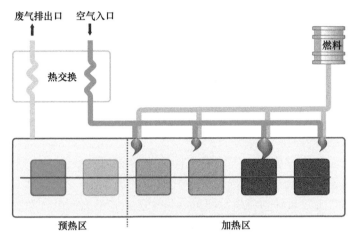

图 7.5　带有热回收的对材料持续加热炉

对于某些熔炉，热能损失实际上是避免设备损坏的需要。在铝熔炼过程中，为了保持隔热和保护（电解）槽壁处的冰晶石固体层（液体冰晶石具有极强的腐蚀性，尤其对于钢）有意进行散热。其他的小容量分批炉仅是间歇性工作，在每次停炉后再开炉时，需要额外的能量再加热炉子。下面的图框故事将讨论在这些情况下如何降低能耗。

国际能源署对能源效率分析发现，在炼钢工业中大部分改进是针对高炉进行的，在炼铝工业中的改进有一半是针对冶炼技术的改进，如采用更好的隔热层。所以，高效的熔炉已经成为最优先的选择。

▌▌▌尽量减少间歇炉的热能损失 ▌▌▌

在小型分批炉中，因频繁的加热和冷却循环，在每个循环中大量的能量用于将炉壳加热到操作温度[17]。加热炉子所需的热输入（Q_T）是炉壁的平均温度乘以炉壁材料（通常是钢材）的质量（m）和比热容（C_p），其公式为

$$Q_T = mC_p \left(\frac{T_{内} + T_{外}}{2} \right) \qquad Q_w \approx \frac{k}{w}$$

加热厚壁比加热薄壁需要更多的能量。但这必须与通过炉壁的热损失（Q_w）相平衡，Q_w主要取决于炉壁的厚度（w）和绝热材料的热导率（k）。厚的、绝热性好的炉壁损失较少的能量。当炉子连续运转时，就像大多数大型熔炉一样，加热炉壁的热能可以忽略不计。

高效的电动机驱动系统

工业用电中约 60% 是用于各种电动机驱动系统[6]，但是对于这一平均水平，炼钢、炼铝行业是例外，因为电弧炉二次炼钢过程及一次铝冶炼对电力需求很大。然而，我们估算在制造钢铁产品中（结合钢铁工业与下游的成品制造业二者的能源需求），全部一级能源的 19% 用于电动机驱动系统，而铝制产品对应的数字约为 5%[7]。

电动机在理想状态下可将电能完全转化为机械能，效率近乎完美。通常，每台电动机都设计了其对应的速率和功率，所以在"最佳工作状态"意味着该电动机处在设计的额定最高值上。图 7.6 证明了大功率的电动机比小功率的电动机效率更好，其次也表明了当电动机在远低于其能力标准使用时会变得效率低下，这种情况经常发生，一方面是因为实际要求的变化，如负载变化幅度比较大；另一方面是设计师故意调高发动机的功率，确保它们不被烧坏。然而，众所周知，这种低效率促使相关部门着手努力推广"变速驱动器"，从而在更广泛的负载范围内提高发动机的整体效率。

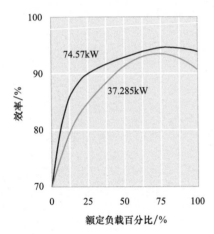

图 7.6　发动机的效率随负载的变化

变速驱动在其他的地方也有广泛的应用[8]，但要思考电动驱动系统效率的另外两个方面：我们能否降低电动机额定的工作总量？我们能否确保电动机仅在需要时运转？国际能源署报告提到，要根据实际扭矩和速率来选择发动机，避免过度使用发动机，这样可省 20%～25% 的电力消耗。为了确定能否降低发动机的规格，我们对电动机驱动系统进行了详细的研究，包括用于水泵、风扇、成型和机械加工、装卸设备、压缩机和制冷机等。调查发现，在与用泵输送相关的应用中，管径增加 25%，弯头减少 67%，在材料成型和拆卸系统中，负载通常可以减少 50%[9]。

图 7.7 是对丰田公司所使用的机床的分析，纵坐标轴表示输入的总电能值，横坐标轴表示所用机床容量的分数。值得注意的是：即使机器没有做任何有用的工作，它也使用了 85% 的最大功率。这令人难以置信，但实实在在发生了，因为与运转机器的冷却、润滑和材料装卸系统所做的功相比，加工、切割金属块所做的功显得非常小。然而，即使机器没有进行生产性工作的情况下，所有这些都

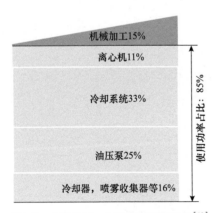

图 7.7　丰田公司一台机器的能源需求[18]

保持开启状态。类似的情况在其他的机床上也存在[10]，这反映了两种情况：因为能源效率不属于设计内容，在设计机械的时候，设计师没有考虑机械非工作状态时要关闭辅助系统；另外，机械也有一定的惯性，启动或稳定存在周期。即使没有运转，也要保持辅助设施的运行来克服惯性的延迟。显然，这也可以通过不同的设计来解决。

我们猜测：在金属加工的早期大型电动机的使用率很高，例如，为热轧机提供动力的电动机。然而，到了下游的制造业和建筑业，提高效率的方法更多，比如制定正确的使用规范，减少工作中的负载，以及停用时对电动机的高效管理。我们估计，在整个钢铁和铝制品生产的链条上可节省电动机所有主部能源的50%，这可转化为钢铁产品总能耗的9%和铝产品总能耗的2.5%。

能源效率选择概述

回顾讨论过的制造金属过程中导致其性能变化的五大原因，国际能源署指出：如果将所有薄弱环节都升级到最好的技术，则炼钢可以减少13%的当前排放，炼铝可以减少12%[11]。除此之外，通过改善发动机动力系统设计，钢铁产品总能源节省了9%，铝制总能源节省了2.5%。

以一个小小的告诫结束这一节：我们在这里研究过的效率选择都能节约能源，但是金属生产的一个特征可能会增加能耗。钢铁和铝生产需要付出巨大的努力才能在岩石中研磨和分离其天然形成的碱性氧化物。随着越来越多的矿石被开采，导致将来就必须开发含有更多杂质的不太理想的矿源，这将导致能耗增加。铝行业在过去的10年里由于可开采的铝土矿质量的降低[12]，生产1t初级铝（原铝）所需的电力逐渐增加。

尽可能高效地回收利用

这一章开头定义了3个子部分，其中之一就是从矿石中提取液态钢铁和铝的化学反应，现在需要回到本节开始时的反应，那儿提到了一个回收利用的重要问题：当我们正在熔化已用过的金属或不同成分的合金时，能否去除掉所有不想要的元素？或者只能靠稀释来处理这些不需要的元素吗？从熔融的铝液中去除金属元素比较困难，稀释是常见的方法。所以，混杂的熔体必须被"降级"到级别最高的合金，可以用我们搅拌过的任何成分制成。铸造铝合金比锻造铝合金中的硅含量要高，所以，未分离的铝通常回收到铸造合金中。我们看到，早些时候从饮料罐回收铝可以在"闭环"内完成并循环利用，但即便如此，熔体也得加 5% 的纯"原生"铝来"糖化"（即成分调整），以确保其成分在规定的范围内。在回收的废旧钢铁中，锌（Zn）和锡（Sn）是常见的污染物元素（Zn 用于电镀锌，Sn 为镀锡的包装材料），但是在废旧钢熔化前，我们有办法去除这些表面包覆。

去除熔融合金中不需要的杂质元素比较困难，由于回收废金属制成的产品质量取决于杂质元素的分离，所以最好在回收时将不同的合金分类收集。早期的金属桑基图表明，主要的回收金属是生产过程中的角料和剩余部分，并非废旧金属，部分原因是生产废料更容易获得，而且因为易于分类、排序，更方便利用。然而，在第 4 章中，我们预测废旧金属的回收量会增加，因此，要想最大限度地回收利用，对不同金属元素的分离技术就变得尤为重要。今天的设计师需要考虑好产品后期的回收再利用问题，但要防止质量下降。为此必须大幅提高二次生产的能力，我们要制造最先进的设备，同时使回收过程与制造新金属（用到一次生产的）更接近。将来还可以引入更复杂的废弃物分离技术，使合金中各种元素分离。目前，这种技术已经存在，但其成本和分离速率还并不具有商业吸引力。

回收涉及熔化及调整液态金属的成分。一般而言，钢铁和铝采用不同类型的熔炉，大部分的废钢是通过电弧炉回收冶炼的，在这个过程中（因其噼噼作响又伴着亮光闪闪，听起来像是在潜艇上燃放烟花），首先一股强电流通过废旧金属，引起火花四溅，待到能量足够，金属开始熔化。这种冶炼方式不但可以去除金属表面的污染物，还比其他方法更节能，很受大家的欢迎。相比之下，回收铝面临的挑战是铝在加热时会迅速氧化，在熔化过程中，除非氧化物被排除之外，否则相对较纯的铝原子会和氧原子结合。我们可以在惰性环境中操作这一过程，将氧从熔体表面排除，从而最大限度地减少这种氧。或者，当熔化具有高表面积与体积比的小块时（比如铝屑），可将其沉入熔池，可以防止与氧气额外地接触[13]。铝回收炉多半使用天然气作为能量供给，有 3 种类型：反射炉，一般用于进料，如已知成分的废料，靠覆盖在铝液上燃烧气体的热流喂料；旋转炉，顾名思义，就是采用旋转加热模式，用来熔化更广范围的废料、原料，同时也需要更多的熔剂来清除其中的杂质元素；感应炉，采用电能而不是气体，这种炉用于铝回收的概率很小，通常仅用于非常洁净的废料。

正如在第 4 章中看到的，钢和铝到达使用寿命周期后，回收量可以达到 90%，罗伯特·艾尔斯（Robert Ayres）指出，能否实现这一目标取决于新分离技术的发展水平，可否从回收的钢材中分离铜[14]。熔炼技术的改进可能减少回收金属的能耗，另一个重点是从废物流中分离出不同类型金属废料的技术。由于钢铁材料本身具有磁性，所以即使很少量的废旧钢也很容易分离出来。铝没有磁性，目前采用涡流分离，这种方法不尽如人意。未来铝回收的主要挑战是增大对少量铝材的回收利用，例如，包装层铝箔，以及将锻铝合金从铸造合金中分离出来[15]。

展望

现有的金属生产工艺，无论使用的原料是矿石还是废料，都是非常高效的，因为强烈的降低采购成本的商业动机促使它们进行广泛的研究和技术改进。虽然很难发现更有效的化学反应，但可以提高熔炉的设计和运行，并可以将电动机驱动系统的用电减半。随着我们将废物按合金类型进行分离，金属的回收利用将变得更加有效。

下一章，我们将讨论能否在生产链上对热能进行更好地管理，从而进一步节约能量。如果你是一个已经被燃烧了的气体分子，我们会再次使用你的热能，而不是再把你当作气体来回收利用，就像前面《学徒》节目的结尾可能会说的一句话那样："你被解雇了（燃烧了）！"（译者注：双关语，英文 fire 这个单词有两个意思，一个是"解雇"，另外一个是"点燃"）。

注释：

[1] 里韦罗（Rivero）和加菲亚斯（Garfias）（2006）最近更新了元素的标准化学可用能的教值（可用能（exergy）将在第 8 章中详细描述）。

[2] 沃雷尔（Worrell）等（2008）描述了选定的工业部门能耗的最佳实践值：14.7GJ/t，用于从铁矿石制造钢铁（2.2 倍的最小值）；70.6GJ/t，用于从铝土矿制造铸铝（2.4 倍的最小值）。这些能耗是直接能耗值（即在生产现场计量的燃料和电量），相当于由可再生能源或水力所产生的所有电力，这是一种实际的最小当量。如果使用初级能源值，假设发电和配电效率为 33%，则制造钢铁的能源消耗值略微上升至 15.9GJ/t（最小值的 2.4 倍），但对铸铝电力密集型制造的影响更大，其能源消耗值将提高至 174GJ/t（最小值的 5.9 倍）。然而，水电厂提供 50% 的电力用于铝冶炼（IEA，2009），使用国际能源署（IEA，2010c）的方法计算水电的总发电，给出了一个更现实的初级能源消耗 124GJ/t（4.2 倍的极小值）。

[3] 国际能源署描述了煤粉试验（2008a）。

[4] 哈蒙德（Hammond）等（2011）调查过英国材料行业，对于一系列建筑材料，确定了隐含能源和碳排放量的平均值（最佳实践值），其结果在他们的碳和能源的清单中定期更新。

[5] 基于美国能源部关于效率节约的工业技术项目的一部分（2007），该项目与工业部门合作，以确定和实施加热炉过程的最佳工艺。

高效的电动机驱动系统

[6] 从 IEA（2009）第 191 页可知，电机驱动广泛应用于工业领域，几乎占所有用电量的 30%。

[7] 美国教育部（USDOE）（2004）报告了钢铁工业中使用燃料/电的份额——大约 60% 的燃料和 40% 的初级能源以电能形式存在。减去电弧炉消耗，剩余的 60% 被用于电机（IEA，2009），钢铁产品供应链中约 19% 的能源应用于电机。沃雷尔（Worrell）等（2008）报道了在铝生产中有 80% 的初级电能，减去熔炼过程消耗的，发现在铝产品供应链中有 6% 的能源使用在电动机中。

[8] 现有的定义三相电动机效率分类的国际标准以电力电子制造商委员会（CEMEP）（2011）中描述的 IEC 60034-30：2008 为例。

[9] 通过更精确的电机规格来节能，在 IEA（2009）中有详细描述。库仑（Cullen）等描述了（2011）从电机负载减少来进一步节约能源的计算。

[10] 例如，艾弗拉姆（Avram）和希鲁查基斯（Xirouchakis）（2011）发现当铣床空

转时，消耗的能量最高。德沃尔黛芙（Devoldere）等（2007）发现一个折弯机在不生产零件的情况下有65%的能量消耗。

　　［11］这些数据来自国际能源署（IEA）（2009）关于"工业能源技术转型"的报告。百分比的计算是比较了2008年直接和间接钢生产的排放量（2.9GtCO$_2$）和2007年生产铝的直接和间接的排放量（360MtCO$_2$）。直接和间接的排放量不包括产品制造的排放，因为在制造过程中，找不到任何关于能源效率改进的信息。如果将制造排放量包括在内，减排的百分比会更小。

　　［12］2002年，铝生产所需的最低电（力）消耗为15100kW·h/t，但自此以后，电（力）消耗就一直较高。2008年，IAI（2011b）报告的电消耗为15400kW·h/t。

　　［13］保盈（Boin）和伯特伦（Bertram）（2005）给出熔融铝废料的产量范围估计，从铝箔的70%到建筑废料的95%不等。

　　［14］艾尔丝（Ayres）（2006）称，一旦找到一种消除微量污染物的方法，钢、铝和铜的回收率将接近90%。

　　［15］在美国，能源部正在支持对先进的铝分类和回收技术进行研究，特别是在车辆使用的锻铝量会增加的情况下。正在研究的两项技术是：激光诱导击穿光谱分开锻造和铸造废料，它采用激光蒸发少量的铝使其化学成分能被测量；选择性蚀刻和颜色分选来分离不同的锻造合金牌号，当用化学品蚀刻时，不同种类的锻造铝会变成不同的颜色（明亮、灰色或黑色）（Secat，2005）。

图框故事，图片和表格

　　［16］能源使用情况的细分基于丰田汽车公司的收集数据，并由古托夫斯基（Gutowski）等发表（2005）。

　　［17］阿什比（Ashby）（2009）更详细地报告了关于熔炉的理论分析。

　　［18］更多卡伦堡的详细资料由雅格布森（Jacobsen）（2006）提供。

8. 捕获热能的机会

——如何使用它

　　将矿石变为金属，需要一定的能量驱动化学反应，其中大部分是用于熔化或软化金属以及扩散的热能。此过程中，所有的热能都随空气散失，是一种浪费，理论上，可以收集这些散失的热能供在以上工艺过程中循环利用，或者将之运用于需低温加热的工艺过程。而这一设想实现的可能性有多大呢？

乐高积木

　　在这一章，从发明的特殊的"乐高积木"开始，每一个积木块代表由矿石转化为最终钢铁和铝产品的加工长链中的一个生产环节。金属以某些形式通过每个积木块，所经过的过程不断升级。每个积木块都会有其他（东西）输入，同时也会消耗掉一些副产品。我们能够一一列出这些输入和消耗——包括资金、能源、润滑剂、劳动力、化学药品等，这里考虑的其他输入是热能。通过激烈讨论，选取正确的积木块就能够搭建连接整个"加工过程"的模型。在上一章，提到如何高效利用现有的"每个积木块"，在下一章，要探讨是否能够发明新的"积木块"。本章关注的是"积木块"的相互关联——有效的"积木块"搭接方式，是否能够节约能源？目前，使用的每一工艺过程都是相对独立的，如果系统地设计整个生产过程中的所有工艺，会有所改变吗？例如，在参观位于英国北部的一家钢铁厂时，看到金属被加热至800℃，表面变红后进行轧制，然后在空气中冷却，但它们之后还会被再次加热。在英国的兰开夏郡，我们看到铝合金罐被加热熔化，浇铸成铸锭，在空气中冷却，然后被运输到杜塞尔多夫，在那儿被重新加热后再轧制。在威尔士，我们看到回收的废钢在电弧炉里熔化，浇铸成长条状的"花朵"，然后运至两英里外重新加热后再轧制。通过以上众多案例，我们发现只要经费充足，可以重置工艺流程，以利用流失的热能。好吧，那就让我们来实践生产过程的"乐高积木"吧！

产品的温度历程（案例研究）

如果由钢或铝制成的部件都各不相同，那么每个产品的制造必定采用一组不同的加工过程，这无疑给寻找更多移动"乐高积木"的方法带来困难。因此，应该先进行代表性案例研究，从而确定其中的关键点。如图 8.1 所示，我们分别以钢和铝为原料对 8 个案例进行研究，这些零件具有不同的几何图形和工艺路线。

锻制采矿零件

锻钢能够制造复杂、高强度的零件。坯锭经过加热后软化，然后在一定形状的模具之间被压缩，得到所希望的几何形状，经过淬火和回火的热处理获得一种强而韧的产品。

车身

对于轿车制造所用的钢和铝，二者都有严格的表面质量和成型性要求，表面必须无铸造缺陷，其性能主要通过后续的热轧和冷轧过程来保证。

钢筋

钢筋是由方形的铸坯，通过热轧成所需的直径，而所需的强度和塑性通过淬火和自回火工艺获得，其外表层快速冷却，形成脆性的高强度的显微组织，然后通过芯部回火而恢复其延展性。

饮料罐

铝制饮料罐要用成型性好的薄铝板通过拉延成罐形，板材的高强度可以减少罐体的厚度和材料成本，高的表面质量保证了罐体的美观。热轧和冷轧加工可以提供均匀成型性，而冷轧的加工硬化作用增加了材料的强度。

钢丝

钢丝沿其长度具有较高的强度和塑性，铸坯被热轧成棒材通过控制冷却和加工硬化获得所需的性能。

箔材

薄铝板通过连铸和多道次的冷轧成型，需要经过退火工艺来恢复板材的延展性，以实现其厚度的减小。

重型机械底盘

厚钢板是先铸成厚板坯再经热轧达到所需的强度，然后通过切割、弯曲和 / 或焊接等制作过程生产出最终的底盘零件。

挤压窗框

形状复杂的铝合金窗体是通过一个成型模具对铝坯料挤压而生产的，随后通过时效硬化热处理来增加强度。

● 钢制零件　　　　　　　　　　● 铝制零件

图 8.1　产品设计案例

我们与相关的公司进行了交流，了解到这些零件制造过程中的热能需求，从矿石到成品零件的整个工艺过程，依次记录每个节点的温度，如图 8.2 和图 8.3 所示。不同的制造商或许对同一产品采用略微不同的温度循环（这里的一个循环是图上加热和冷却的单个峰），所以应尽可能广泛地收集数据，图中主要关注的是每个循环的峰值温度，而非持续时间，所以时间轴是随意的。两个图中，除了对于每个零件需要添加不同的合金元素来得到正确的成分外，所有的线在达到铸造温度点时都是一样的，因为它们都需要经历同样的初级加工过程，而且这并不影响加热温度。温度曲线都从铸造温度开始发散、分叉。

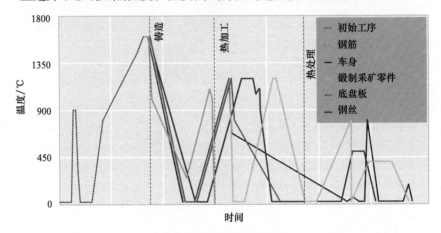

图 8.2　钢材时间 / 温度记录

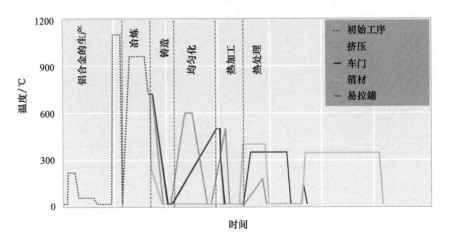

图 8.3　铝合金产品时间 / 温度记录

接下来探索制造这些零件的工艺，首先来检查两个热循环中的峰值温度是否合理。在第5章的原子俱乐部相关内容中，可以看到在制备金属的过程中需要能量的原因有3个方面：首先是驱动化学反应、允许扩散和软化或熔化金属以使金属比较容易成型。在上一章，看到将金属从矿石里提炼出来所需要的化学反应在其熔点以上会更快发生，这个温度对于钢和铝合金分别约为1500℃和660℃；其次是扩散，即原子在固态金属晶格内的运动，其速率与温度有关，甚至在室温也有可能发生，然而，当温度接近金属的熔点时，扩散速率显著加快，如图8.4所示；最后是金属的强度随温度升高而降低，即软化，是以图8.5所示的曲线变化发展的。在这种情况下，钢的强度在约1200℃，铝的强度在约550℃会发生急剧降低，比如降低到室温的10%。研究案例产品的两张往年温度记录图表明：铸造和初级（一次）生产过程都发生在熔点以上，后续流程都发生在允许明显扩散的温度以下，当需要变形时，则温度较高——所以，这些图与理解"为什么热能是必需的"有密切的关系。

现在已经了解到金属加工对温度的要求，对于图8.3案例研究的产品，已经能够构建产品加工链的乐高积木模型了，这里只展示车门（钢）和窗框（铝）的两个模型（图8.6、图8.7）。这些图有助于估计对于"积木块"的热能输入。通过查看温度记录图，以及与加工公司核实，数据中也可以显示所丢失的热能。

在将能量流加入这两个加工链的过程中，可以发现制造车门需要700MJ热能，制造铝合金窗框需要4880MJ热能。然而，这些能量中的大部分都"丢失"了，在排气管中被丢弃，通过管壁而辐射，或者以热金属在空气中冷却的形式而丢失。众所周知能量既不会凭空产生也不会凭空消失，因此这些"丢失"的能量不能真的被"丢失"。考虑到这一点，我们能够捕获和再利用多少这些废弃能源？又如何节省投入？

整个钢铁和铝部件生产过程的火用能流量

看起来好像我们刚刚在标题上犯了一个打字错误。在此的"火用能"是指"能量"吗？不是！"火用能"是斯洛文尼亚的佐兰·兰特（Zoran Rant）发明出来的词（译注：Exergy在工程热力学中常

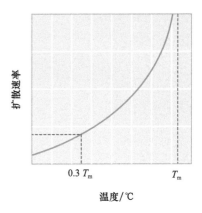

图 8.4　温度对扩散速率的影响

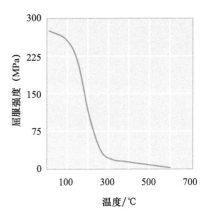

图 8.5　温度对 AA6061-T6 铝合金屈服强度的影响

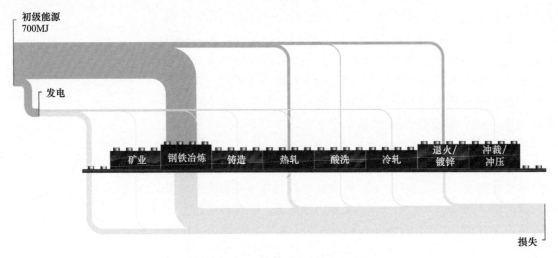

图 8.6　用于钢制轿车车门生产的能源

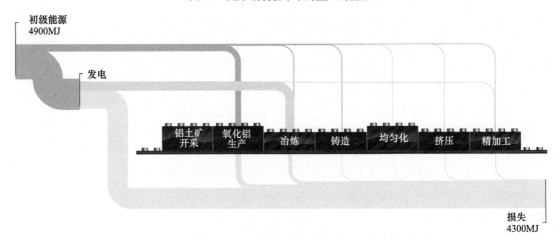

图 8.7　用于铝制窗框生产的能源

被称为"㶲"，也可称为有效能或可用能，这 3 个译名是等效的，此外还有译为放射本领的。综合考虑，在本书中，统一译为㶲）——这个词条在很大程度上是我们不熟悉却非常重要的一个词。为找出其中原因，在此借用我们系教授热力学的同事罗伯特·米勒（Rob Miller）博士的一件逸事：

假定你在酒吧，一个穿着旧外衣的骗子悄悄靠近你说："我的面包车后面有几兆焦耳热能，有兴趣吗？"当然有了，因为我们都会关心家里取暖的费用，所以对便宜的热能自然感兴趣，对不对？但你的第一反应不应该是问"多少钱？"那样问就不对了。第一个问的应该是"温度是多少？"如果那些热能是处在更高的温度的话，那么多花些钱买同样数量的兆焦耳热能是值得的。

相同的热能，在较小质量但较高温度的材料里，比在较大质量但较低温度的材料里更有价值（图8.8中以㶲的洗澡时间的例子来说明）。这是因为较高温度的能量可以被用来加热或者转换为其他有用的能量，比如动能。相反，较低温度的能量不能有效地被转换或被交换。

本章主要关注热能，但将金属矿石转化为产品时，我们感兴趣的其他形式的能源有：

●化石燃料燃烧时释放的化学能。

●以电流形式用以驱动铝熔化以及大多数工业设备中使用的发动机和泵的电能。

●包含在移动物体内的机械能，如轧机上的轧辊。

能否从熔炉的废气中，或者从生产热金属的过程中"捕获"热能，并在较低温度下使用，或者把它转换成这3种形式能量中的一种？

想象一下：想利用在酒吧里提供的为数不多的几兆焦耳的热能来驱动火车，能不能把热能转换为机械能，取决于热能的温度。从1824年尼古拉斯·伦纳德·萨迪·卡诺（Nicolas Léonard Sadi Carnot）写的《火的动力思考》一书中，我们知道不能避开这一问题。1815年在拿破仑最终失败后（这为他的侄子拿破仑三世的最终就职铺平了道路，将在下一章内容中介绍），卡诺从法国军队被释放。卡诺证明了从热能中所能获得的最大功取决于比率$(T_1-T_2)/T_1$，这里T_1是提供热能的绝对温度，T_2是操作环境的温度，对于T_2，我们难以改变，因此，最大功取决于所提供热能的温度，所以温度越高越好。

因此，尽管能量不会被凭空创造或凭空消失，但也并不是所有能量都是相等的：电能能够转换为热能或动能，化学能能够用来产生热能或电能，较高温度的热能比较低温度的热能更有用。佐兰·兰特的术语"㶲"让这个问题得以解决。㶲的定义是指我们能

100L, 5℃

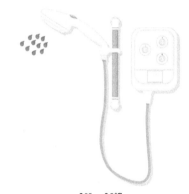

20L, 25℃

图8.8 浴盆和淋浴器需要相同的热量，但我们宁愿使用热水淋浴器！

够从某些能源中提取的最大的有用能量[1]。事实上，我们应该在以往每一次关于能源效率的讨论中使用㶲——不想要所谓的"节能"家园（energy efficient homes），希望它们是"高效能的"（exergy efficient），因为如果能够使用在较低温度下燃烧作为房子取暖的燃料，就可以节省最珍贵的高温燃料用在真正需要的地方。为此，在第 2 章中的桑基图显示了全球能源向有用服务的全球转换，该图采用㶲的单位——最大功，即从供给系统的每种能源所能获得的最大功。

在本章，我们把对㶲的兴趣与前边章节讲的吉布斯的工作联系起来，吉布斯探索了从一种化合物到另一种化合物的化学转化所需能量的最基本限制，即现在被称为吉布斯自由能。最近，波兰工程师詹恩·沙尔古特（Jan Szargut）将吉布斯自由能与环境中存在的化合物相关联，以确定化合物的标准化学㶲。发现化学㶲和物理（热）㶲密切相关并一致：化学㶲指的是靠分离和重构原子键从它们的自然状态形成化合物所需做的功的度量，物理（热）㶲指的是给定的热能由一定温度冷却到室温所能做的功的度量。

不同于能量，㶲是不守恒的。以瀑布水流为例，水从高处流下时，潜在的势能首先转化为动能，之后转化为热能。能量在整个过程中是守恒的。然而，在瀑布的底部，不再有安装水轮来提取有用能的可能，因为其能量已经降到较低，已经"失去"了一些㶲。试想一想：运动能把你的能量消耗到极限（即再不能做什么了）。

因此，㶲是钢和铝部件制造过程热流的正确度量，现在再回到之前讨论的两个制造工艺链上的乐高模型。图 8.9 和图 8.10 中两个修改后的乐高模型显示了㶲流：包括金属的化学㶲、每个乐高积木块的物理㶲输入和输出，还有每个过程散失的㶲。在高温的上游过程，如在高炉中炼铁或者铝的熔化过程中，可回收㶲以易燃气体和热金属流以及废气的形式输出。这些输出应该可以提供有用的服务。例如，热的废气能用于预热进入工艺流程的空气。相比之下，低温度的下游加工过程几乎没有可回收的㶲。

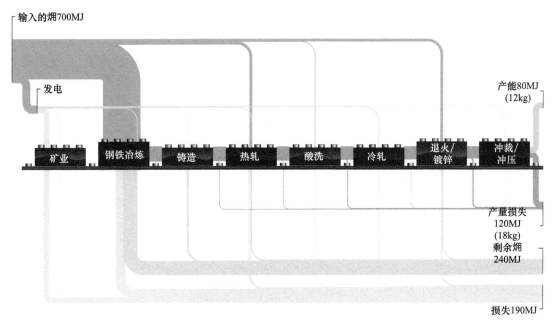

图 8.9 钢制轿车车门生产中的㶲流

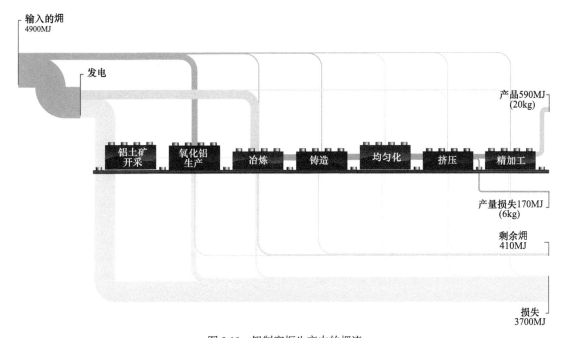

图 8.10 铝制窗框生产中的㶲流

为了介绍烟的概念，迄今主要集中在轿车车门和金属窗框两个产品案例。然而，在本书的第一部分，我们集中了有关钢和铝零件制造过程中的足够信息去估计烟，如图 8.11 和图 8.12 所示。化学烟流与之前的金属流桑基图很相似，因为一旦液态金属从矿石中被提取出来，其化学烟几乎不会再改变，不会进一步发生化学反应。除了这种化学

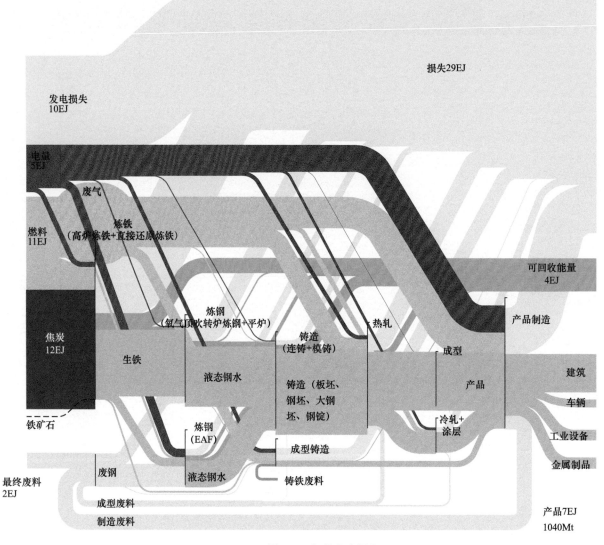

图 8.11　钢的全球烟流

烟流外，还可以看到整个过程中与燃料和电力使用有关的㶲流。如果看到的是能量流而不是㶲流，那么能够看到能量从一些过程被丢弃，但却无法"估价"它——因为它处在低的温度，就不能用它做什么。相反，这两张图显示的是㶲流，因此，被丢弃的㶲至少能够被回收，以进行有用的工作。我们可以看到，在钢和铝中大约10%的输出㶲

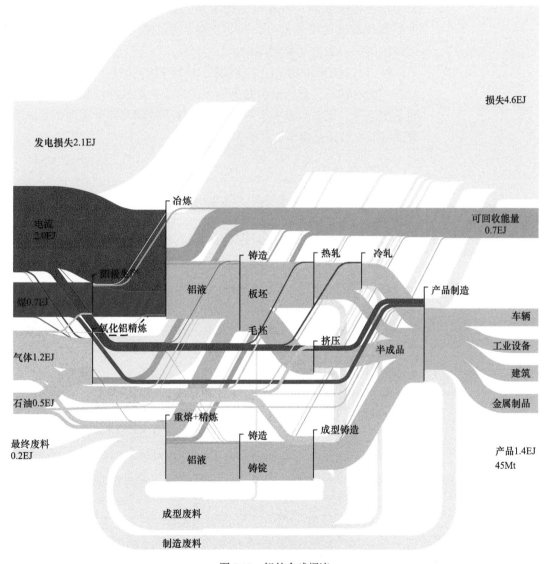

图 8.12 铝的全球㶲流

是可以回收的，这是基于流体离开过程时的温度作出的上限估计。此外，一些输出的烟已经被回收，这将在本章后面看到。剩余部分的烟会损失——稀释为无用的低品质的热能，通过炉壁而耗散，以及被化学反应自身损失。

图 8.11 和图 8.12 烟流图的关键信息是，在过程的下游部分由电力供应的能量做功，并转换为低温热，这些热量能供使用的很少。然而在供应链的早期部分，作为高温加热的能量损失具有显著的剩余烟价值——我们想要利用它。

所以，对于烟的使用已经展现了两个可能：如果能减少制造零件过程中的热循环，就能减少对烟输入的需求；如果在较高的温度造成热量的浪费，那么也浪费了有用的烟。接下来的两部分将探索是减少热循环的次数还是能争取那些失去的烟流。

切断热循环

理想情况下，制造所有的钢和铝产品时只需要控制良好的热循环过程：加热矿石以提取液态金属、调整液态金属的成分、浇铸、成型和为所需的扩散提供时间，待金属冷却到常温时它就完全可以使用了。这一理想情况的唯一不变的阻碍是一些冶金处理还依赖于第二次热循环。比如，铝合金的时效硬化和钢的回火需要高温来进行扩散处理，但是这些处理必须在淬火（快冷）到一个较低温度之后进行。类似地，退火之类的热处理必须在冷塑性变形之后进行，来恢复金属的延展性来保证其成型能力。即使在这种情况下，这些热循环也不需要像我们的案例研究产品那样的"深度"——如果扩散多半在低于熔点 33% 的温度停止，就不需要将它们冷却至常温。

即使在需要第二次热循环的情况下，仍然使用了超过工艺必需的热循环，这里有 3 个充分的理由：也许没有把必要设备设置在合理的位置；难以调整好金属的流动使其在正确的时间恰好通过所有适当的设备以赶上合适的温度；一些设备必须在常温下运行。接下来将通过几个工艺创新的实例来研究。

在早期的炼钢过程中，贝塞麦（Bessemer）工艺以及后来罗伯特·杜勒尔（Robert Durret）的氧气顶吹处理都是自高炉之后在一个单独的热循环中进行的。由于成本高昂，因此现代炼钢工业将两者结合起来：将来自高炉的生铁以液态形式转移至吹氧转炉中以减少额外的热循环。但是，霍尔－赫鲁特（Hall-Héroult）工艺在铝冶炼过程中需要大量电能，因此产品生产场地一般靠近廉价电力的来源地。这些地方可能远离下一个加工地点，因此铝在冶炼厂被铸成 100% 的纯铝锭，运输到铸造地点，然后再重熔。全球约 25% 的铝都是通过这种方式进行重熔的，这样做不会提高冶金效益，仅仅是由于设备不在同一地点。从小范围看，铝的回收过程常常要用纯铝锭来调整成分，类似于作为固态的生铁被加进电弧炉中。在这两个案例中，工艺过程从固态开始而不是液态开始，这一点没有任何好处，如果回收设备能够与液态金属的加工工艺共同定位、共同协调，就可以避免固态金属重熔从而节约能源。

下一个可以切断热循环过程的机会是在铸造和热轧之间，从金属流动的桑基图中可以看出大多数金属都需要进行轧制，目的是控制产品的形状并破坏铸造的晶粒结构。过去，在铝合金和钢的生产中，首先是液态金属被铸成锭并冷却，然后在热轧前重新加热。钢铁行业已经开始抛弃这种做法，不是铸造铸锭，而是使用"连铸机"铸造更长更薄的钢带。这有双重优势：一方面可以使液态金属更快冷却，另一方面减少了在随后轧制中所需要的变形量。这样的带状钢材可以切成板，不需冷却即可进行重新加热准备轧制，被称为热装轧制，这样节省了冷却和重新加热铸造材料（板坯或锭）所需的能量。意大利最近有一项创新（见图框故事所述），跨越了"热装"这一步，将连铸机直接连接到热轧生产线进行钢带的生产。因此，这个过程切断了铸造和热轧之间的热循环，如图 8.13 中的乐高积木模型所示，其结果是减少了能源投入的总需求。

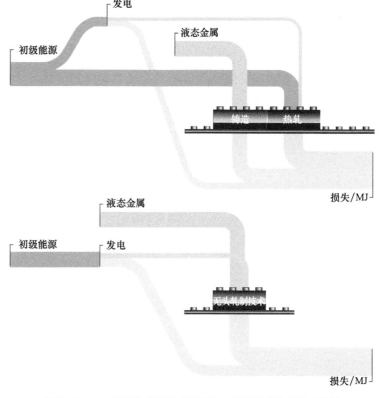

图 8.13 Arvedi 无头轧制技术和铸造、热轧两步生产技术比较

在铝工业中，世界上大约30%的铝板和铝箔制品（占所有铝制品的15%）是不经热轧，而是经双辊铸造生产的。下面的图框故事说明了这个过程并略述其优点。这种工艺对几乎为纯铝的合金最为适用，因为很低的合金含量对应很小的凝固温度范围，其次，对于纯的合金，下游的加工并不重要。直接铸造的带材更容易出现表面缺陷，如孔隙和"表面渗液"等，此处的液态金属会穿透薄的已凝固表面。这些缺陷的产生是由于在快速冷却时难以保证一致的凝固速率，而且不像传统厚板铸件那样，在双辊铸造之后几乎没有移除表面或再经轧制的机会。未来，双辊铸造倾向于低合金、可热处理的铝产品（或许是轿车车身的内部面板）和微合金化的钢产品，这样可以省掉热轧所涉及的热循环，因此可节省 2 ~ 3GJ/t 的能量。

Arvedi 无头轧制技术[7]

薄板坯连铸技术通过均热炉将连铸机和轧机连接起来，在均热炉中板坯的温度均匀，并且熔炼和轧制车间的生产可以分开以方便安排，铸件中保留的热能降低了轧制过程再加热需要输入的能量。然而，最大的能源节省是由意大利克莱莫纳的 Arvedi 无头轧制技术（Arvedi Endless Strip Production，ESP）实现的，在那里铸坯直接送入集成式轧机，以生产"连续不断"的带材。

这一工艺具有快速的浇铸速率，通过单一生产线实现高生产率，液态（尺寸）的减小和在连铸机出口处的高压缩提高了内部质量，以及内联感应加热有利于温度的精确控制。

大规模的产品可以通过 ESP 工艺进行铸造和轧制，与之前将冷的带坯重新加热的工艺比较，可节约 1.25GJ/t 能量。其他的优点包括减少金属表面上氧化皮的形成，这是由于缩短了金属在高温下停留的时间；得到更均匀的金属箔卷，因为整个带材经历了相同的温度和变形过程，比传统最经济的工艺制作的厚度要小。

大多数铝（占全球产量的85%）没有采用双辊铸造，而是铸造成大型铸锭，通常尺寸约为 2m 宽、0.5m 厚、8m 长。由于铸锭体积大，凝固过程通过表面向中心逐渐进行。因此，金属成分随厚度而变化。快的冷却速率会在表面形成不同的微观结构和合金浓度，因此，铸锭的每个表面必须被移除或"扒皮"（修整），在此过程中，铸锭必须冷却至常温，因为我们还没有高温下工作的刀具。这很耗费能量，因为下一个工序是在高温下操作的热轧，所以我们增加了一个额外的热循环。

双辊铸轧：液态金属在一个工艺过程中制成带材

双辊铸轧是铝和钢铁连铸薄带的最广泛的方法。液体金属被送入两个冷却的反向旋转的轧辊之间，在与轧辊表面接触时发生凝固。两个表面薄壳形成并朝着轧箍的方向延续，最终在热和压力的共同作用下融合成薄板。一般钢材厚度为 2 ～ 4mm，成型铝材为 4 ～ 8mm。这一工艺最早由亨利·贝塞麦（Henry Bessemer）提出，于 20 世纪 50 年代由约瑟夫·亨特（Joseph Hunter）在铝带生产中实现商业化。今天，铝双辊铸造机用于全球 30% 以上的铝板和铝箔产品。这一加工方法在较短的冷却时间范围内得到的合金效果最好（低合金含量），所以主要用于制造非热处理铝合金。

由于要求更高的工艺温度，铸造钢带需要更长的时间才能制造出来，但全球有几家工厂已经展示了低碳钢和微合金钢的制作工艺[5]。相对于传统方式，双辊铸轧已显示出巨大的节能效果，但是在实现高质量和一致的表面光洁度，以及在改善关键部件的使用寿命上（特别是铸造用辊和液体金属的容器方面），仍然存在着实际困难。

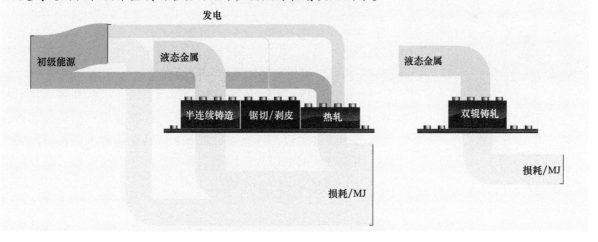

铸造和热变形之后，在产品案例研究中剩余的热循环就是热处理。各种创新都是要减少对这些循环的要求，特别是将热处理整合到热变形后的冷却期。对于案例研究中的机械底盘板和锻造采矿零件，钢材通常是先淬火（快速冷却形成称之为马氏体的一种强而脆的晶体形式），然后再重新加热以进行回火（此时的扩散允许马氏体中的原子发生一些重新排列，以增加它的延性和韧性）。在一项技术创新中，生产钢筋时淬火和回火发生在轧制生产线上：热轧钢筋表面通过喷水在钢筋的表层产生马氏体，钢筋的芯部仍有足够的热能，使其温度达到平均值以便回收。这种淬火和自回火过程可以节省 $1 \sim 1.5GJ/t$ 的热能，并且理论上适用于所有情况，但是在一些锻件中实施有困难，这是因为锻件中的热应力会引起变形和开裂。

我们已经看到，当朝着只有一个热循环的理想目标时，可以切断大部分的热循环，但是许多实际限制仍然存在。还有一个明确的商业上的限制：对于某一特定的产品———种合金、一种几何形状、大量生产的产品，建立一个单一的热循环工艺是最容易的，但是，客户需求的现实否认了这一情况。当生产链必须生产不同种类的产品时，很难把它们高效地协调在一起。更短的生产链是可能的，而且由于节约能源，应该竭尽所能去实施。

热能回收和热能转换

在考虑了切断热循环之后，该如何利用从生产中的各个过程被丢弃的热能？可以在一个过程与另一个过程之间交换热能吗？如果不进行交换，可以用这些热能做些什么事呢？

在日常生活中，热交换器是很常见的。汽车的散热器（在车的前部，空气流动最大的地方）通过热水循环把发动机的热能和外部空气进行交换。反过来，发动机把热能传递给冷却水以实现发动机降温。冰箱背面的散热片把冰箱内部的热能与厨房的空气进行热能交换。室内取暖的暖气片把锅炉里的热能与房间内的冷空气进行交换。

热交换器传递的能量取决于它的面积（越大越好）、传递热能的材料（液体→液体或气体→气体的传递通常更好，而固体→气体或气体→固体的传递则较差），以及它们之间的温差（越小越好）。如果试图捕获并重新利用在钢和铝生产过程中的热能，上述最后的一个条件会带来一个问题：一个小的温差就可以传递大部分能量，但是如果想要让能量传输加快（因而也是经济的），就需要一个大的温差。因此，我们必须在热能的快速的传输和有效的回收之间找到平衡。

如何在热的气体或者固体与冷的固体之间实现有效的热能传输呢？图 8.14 和图 8.15 从我们早期的桑基图上展示了"可回收的㶲"，这两张图包含了全球的㶲流动以及为提供有用服务而回收热能的选项。

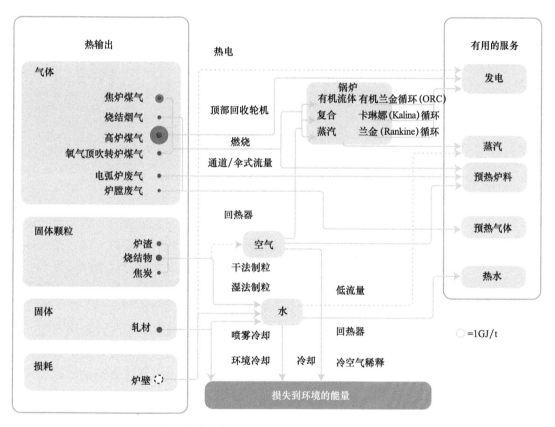

图 8.14　来自钢铁生产输出的能够获得的㶲和废热回收的可能路径

热流输出的形式有废气、冷却液、废物副产品（通常为固体颗粒）和金属本身。在钢铁生产中，废气中的㶲占主导，约占输出的可回收㶲的 80%。在铝合金生产中，尽管温度相对较低（250℃），

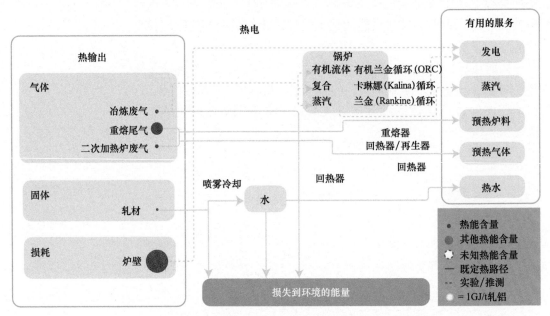

图 8.15　来自铝生产链输出的可能获得的㶲和废热回收的可能路径

但是铝熔化过程中通过炉壁的热损失是最为显著的，最常用回收能量的方式是利用这些热能去预热输入加热炉的物质（可以是气体、燃料、装入炉内并被加热的材料）或者去发电。这些方法可以与串联式热回收（回收的热量先在高的温度下使用，然后再在较低温的过程中使用）相结合以达到进一步节省的目的。

废气中的热量通过回热器和蓄热室转移到空气或者燃料中。蓄热室更适合更高温度和更耐污垢的应用场所，因为它们不易受腐蚀和污垢的影响。进入的（固体）材料也可以通过直接接触废气来进行预热，例如，（让废气）通过堆积铝的重熔器进行预热，或通过下面图框故事介绍的康迪斯电弧炉（Consteel®）进行预热。开发利用这些能源需要投资预加热的容器或传送带，并且预加热温度必须控制，以免脏废料产生有害的挥发性有机物。预热能够提高熔炼炉的生产率，并可以从废气中捕获粉尘颗粒将其重新引入熔体中来减少金属的损失。

康迪斯电弧炉废气回收能量[8]

康迪斯电弧炉（EAF）将热废气导向一个绝缘通道内，通道内有输送带，输送带用来运输废料。通过热传递和废气中剩余CO的燃烧[6]的结合，可将进入的废料加热到300～400℃。预热后的废料从传送带上落入电弧炉中的钢液熔池中，被进一步加热熔化。这种方法减少了加热废料所需要的电力，据报告节能为0.74GJ/t。

除了节约能源，预热还可以减少给定电流下的熔化时间，从而提高熔炉的生产率；通过捕获粉尘颗粒并将其重新引入熔体中，使废气中的金属损失减少；并且当熔炉一直持续有熔池（一个"留钢"）时，噪声也降低，因为没有发生像往常在一堆固体废料上产生火花、迸裂的情况。

到现在为止，我们已经寻找到了捕获热能并在同一行业内重新使用的机会，但有可能需要在不同的行业之间交换热能。本书主要关注5种材料：比如钢、铝和水泥需要很高的温度（水泥熟料生产大约1450℃）；但是造纸业的纸浆只需要加热至150～200℃来蒸发水分；塑料制造也在较低温度下进行（大多数热塑性塑料熔化温度低于200℃）。在瑞典的乌克瑟勒松德和吕勒奥，工业废热被用于邻近家庭的取暖[2]。此外，还有一个试验项目，就是研究利用废水废气来种植藻类与钢铁生产共生，在那里藻类也可以吸收一小部分的CO_2[3]。所以，如果能够自由支配预算，就能够创建综合材料加工设施，在多个行业共享热量，正如在上一章介绍的卡伦堡企业那样，共享工业副产品。在化学工业中一体化的热循环设计比较常见，在那里大多数热量在液体与液体之间实现传输，这也是最有效的换热方式。一种称为"夹点分析"的方法常被用来优化此类设计。图框故事有"夹点分析"方法的一些细节，我们预计对于材料加工行业的更广泛分析能够为热交换带来新机遇。

最后，将讨论是否能够开发一种热回收技术来利用固态热金属的热量？这是可能的——用辐射传热使液体沸腾，用对流传热预热空气或者通过固体表面传导热能。遗憾的是，尽管上图表明在被加工的金属中含有大量的㶲，但是实际回收有很大的困难。高效的热传输需要高的接触压力，这会破坏产品的表面。若让金属更缓慢冷却是有利于热交换的，但这会导致有害的表面氧化层的生长以及晶粒的尺寸不符合要求。

钢铁和铝工业夹点分析（pinch analysis）

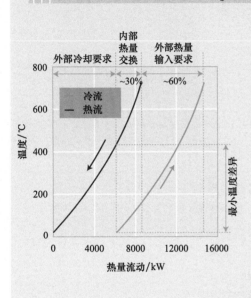

在化学工业中，夹点分析常用于为站点范围内的能源消耗提供一个目标，这一目标是基于能被回收的热力学最大热量。将材料的热流（处在高温下具有可回收的热量）和冷流（需要被加热）进行调查并组合成一个在不同温度下热（量）可用性和需求图。基于流动的性质（固体、液体、气体）和热交换的成本（面积）的最小温差，定义出"夹点"，这些复合流将有一个重叠的区域，表示理论上的最大热回收量。而在重叠区以外，加热和冷却要求必须由外部提供来源，对于钢和铝，是在炉内加热、空气中冷却。

为实现最大热回收的目标，应该避免通过夹点温度传递热量。研究已经发现，进一步的能源节约在超越现有技术的情况下有可能实现，但是为实现这些节能，需要一个更复杂的热交换网络。

在这部分内容中，可以看出钢铁和铝工业中的废气、副产品和被加工金属中有大量的㶲，但很难被利用，主要是因为这些能量存在于气体或者固体中，实际上希望这些能量可以通过转移传入到固体中。因此，现实中关注的重点是冷、热气体之间的热交换或者废气用于预热废（钢、铝）料。

用废热发电

除了热交换，还可以用废热或新型的热电电池发电，而发电本身就会丢弃废热，那能不能把它（废热）与其他过程结合起来呢？

在现代电站中，涡轮机由 500℃约 30 个大气压的蒸汽来驱动。高炉气体不能达到如此高的温度或压强，但是近来的研究表明，可以通过苯或者氨这样液体（代替水）的蒸汽来驱动涡轮机。一项相关的研究表明，高炉炉渣可以用空气代替水来进行冷却，由此产生的热气流也可以用来加热工作流体。

热电转换提供了一种不同的，直接以热发电的方法，该方法采用固态半导体将热流转换成电能。迄今为止，商业使用的热电设备效率低下，大约为 5%，并且价格非常昂贵。然而，这一方法可以利用不能被其他路径利用的废热，从而提高其效率。比如，热发电可以被用来开发在铝冶炼中必须通过（电解）槽壁的热量，以保持一个未熔化的固态层，避免耐火内衬的腐蚀。

发电站的废热能，可以用一种通常称为"热电联供"或"热电联产"（CHP）的方法用于生产过程。一般来讲，发电产生的热温度较低（200℃），这对于需要高温的钢和铝工业不是非常有用。然而，在铝的生产中，这些热量可以产生蒸汽并用于拜耳法净化氧化铝工艺的初始阶段，这一应用可以节省当前 15% 的主要燃料消耗[4]。综合钢铁厂有自己的发电站来燃烧产生的初级废气，也可以生产蒸汽供现场使用。

展望

钢铁和铝的生产需要许多热循环，这些过程的废气和热输出均含有有价值的烟，在许多情况下减少热循环的次数是可能的，但这可能需要新的投资，并且可能因生产过程的适应性问题而受到限制。尽管理论上热交换很有吸引力，但实施起来很困难，主要是基于热流所在处热量的可用性和必需性。

这一章从乐高积木开始，顺带提到了拿破仑三世，那时，在他的叔叔被废黜时，他已经 4 岁，如果该乐高积木是在 130 年前发明的，想必他会一直玩乐高积木，那么现在让我们看看他成年后是如何发展的……

注释：

整个钢铁和铝部件生产过程的㶲能流量

［1］更详细地说，㶲总是相对于某些参考状态来定义的，比如环境温度和海平面压强。当某个能源进入与周围环境同样的状态（温度、速率、电压、压力）时，㶲是从该能源可以提取的最大功。例如，在金属铸造中，液态金属的㶲可以定义为当它冷到室温时，由液体金属中的热所做的最大功。

热能回收和热能转换

［2］瑞典奥克隆德钢铁公司利用它们生产中的废气给乌克瑟勒松德和吕勒奥70%的人口供热。

［3］塔塔钢铁公司和谢菲尔德大学在斯肯索普（Scunthorpe）钢铁厂进行了一项研究，根据赞迪（Zandi）等（2011）描述，发电厂富含CO_2的废气通过海藻生物反应器沸腾着，海藻通过光合作用生长并且吸收CO_2气体。

［4］基于节省15%初级能源的预测，罗（Luo）和索里亚（Soria）（2007）为欧盟完成了热电联产的研究。

图框故事

［5］纽柯尔钢铁公司（Nulor Steel）在加利福尼斯·克劳福德维尔（Crawfordsvilla）运营的Castrip®法已经成功地用双辊铸造铸出了薄钢板并已售出。目前的等级和性能由索辛斯基（Sosinsky）等记录（2008）。

［6］梅莫利（Memoll）和费里（Ferri）于2008年描述了Consteel®技术，并记录了预热通道中的废气和残余CO的燃烧，通过分析来确定二者的热交换方式及节能模式。

图片来源

［7］图片来源：西门子新闻图片。

［8］图片来源：特诺瓦康钢（Tenova Consteel）电弧炉厂。

9. 新的工艺路线

——清洁能源

如果能够发明一种从矿石中提取液态金属的新方法，那么能否找到新的减排途径，或者能否用电力来驱动化学反应？我们能找到降低总排放的清洁电力的来源吗？

在 19 世纪 50 年代，若到拿破仑三世家里做客，法国的政要、国家的王子们及普通贵族们都要使用金盘子吃饭，他们认为自己是幸运的。但是当拿破仑三世想举行盛宴时，如迎接暹罗王的到来，他却没有太多选择，因为黄金实在太普通了。为了引起轰动，他将最好的餐具拿了出来：铝盘子[1]。

1825 年，汉斯·克里斯蒂安·奥斯特（Hans Christian Oersted）第一次从矿石中提炼出铝。听到这个消息后，拿破仑三世就投资进行开发，亨利·圣克莱尔·德维尔（Henri Sainte-Claire Deville）在法国开始商业化生产。但他采用的是一种低效率的化学还原法，成本巨大，因此在 19 世纪 50 年代，铝和铂一样昂贵。1886 年，俄亥俄州年仅 22 岁的化学系学生查尔斯·霍尔（Charles Hall）在注入氧化铝粉末的熔融冰晶石中通入电流，产生了一些铝金属小球；两个月以后，保罗·赫鲁特（Paul Héroult）完全独立地得到了同样的结果。此后，这一工艺被称为霍尔 - 赫鲁特法，商业化以后铝的成本大幅下降，因而增加了铝的应用，这一方法仍然是当今铝生产的核心技术。

拿破仑三世和他的黄金珠宝

钢铁行业也有着相似的历史，尽管我们已经找不到有关皇家"眷顾"的故事了。铁也已经广泛使用了几千年，但是性能易受天然杂质（如碳、硅和锰）的损害。在 1855 年，工程师兼发明家贝塞麦（Bessemer）获得了大规模去除这些杂质的专利，那就是向液态铁水中吹入空气。空气中的氧气与杂质反应，或者形成气体从金属中溢出，或者形成固体氧化物收集成渣。值得高兴的是，加入空气并没有使液态金属冷却，发生的氧化反应还产生了热量，提高了反应速率，并进一步释放更多的热。结果，所得到的钢比原来的材料更纯净，极大地改善了性能，因此，贝塞麦的发明让钢铁得到了广泛的应用。这种工艺一直沿用了一百多年，直到1948年罗伯特·杜勒尔（Robert Durrer）在瑞士宣布，用纯氧代替空气的工艺是更加有效的。现在，钢生产使用的是杜勒尔的"碱性氧吹钢"工艺。

我们以钢铁和铝制造方法的两个阶梯式变化的故事开始，是因为想做一个合理的猜测：是否未来还可能发生进一步的阶梯式变化？在俄亥俄州有没有另一位学生正等着被一场伟大的演讲激励，然后去发明一种新的工艺？按照经济界朋友们的说法，这个问题很简单，答案永远是肯定的，真正的问题在于"需要提供什么样的刺激来激励下一个改进？"这听起来很合理，因为目前汽车的燃油消耗量就是如此，但在加工材料上，有些基本的物理限制是无法克服的。无论多大的激励，标准的3kW电热水器是不可能在2min内把1L10℃的水烧开的，类似地，对于制造钢铁、铝和其他关键材料所需的能源，也是存在绝对限制的。

在第7章中看到，追求现有工艺的能源效率和减少 CO_2 气体排放强度的所有选项使我们朝着生产液体钢铁和铝所需最低能量的方向慢慢前行，但能不能通过开发新技术获得更大的收益呢？

钢铁制造新工艺

如今，世界钢铁制造商正在探索3种新方式来制备铁，即直接还原、熔融还原和电解；3种减少焦炭使用量的方法，即可替代燃料、氢和顶部气体回收。

最早的制铁工艺可以追溯到公元前1000年，方法是用煤或天然气加热矿石，不是用焦炭。燃烧释放出的氢和一氧化碳可以起到还原作用（将氧原子从铁氧化物中去除），制成的是"海绵铁"。这种粗金属含有大量的碳和其他杂质，所以3000年前的铁匠在热的时候用锤击、折叠和再锤击的方法，将"海绵铁"中的碳氧化掉，并使其他杂质均匀分布在金属中。因此，钢铁生产新方法的一个选择是"回到未来"，从直接将矿石还原为"海绵铁"开始，现在被称为直接还原铁（DRI），如图9.1所示。由于还原反应发生在较低的温度下（通常是800～1000℃），与高炉相比，不需要生产焦炭，所以它比高炉消耗的能量要少得多。但是，直接还原铁中含有的碳和杂质浓度过大。海绵铁可以在氧气顶吹转炉中精炼，但这是能源密集型的，因为直接还原铁生产的是固体而不是液体。替代的方案是，直接还原铁被热装入二次炼钢的常规电弧炉中。由于要用到电弧炉，直接还原铁路线所需要的初级能源总量要高于常规炼钢，但是，由于不用焦炭，其总排放较低。然而，大多数直接还原铁现场使用天然气加热和驱动反应，这使废弃的 CO_2 浓度增加，但此时 CO_2 可以被捕获并储存。如果电弧炉由清洁电力来驱动，这将进一步使排放降到最低水平。

熔融还原包含两个过程，第一步类似于直接还原成海绵铁。然而在熔炼还原过程中，海绵铁不是继续在电弧炉中精炼，而是被送入一个紧密相连的铁熔池中通过进一步加热被熔化，如图 9.2 所示。液态海绵铁的还原反应（去除碳和杂质）进行得更快，并通过直接将磨细的煤粉和氧注入熔融液体来驱动。磨细的煤粉迅速转变

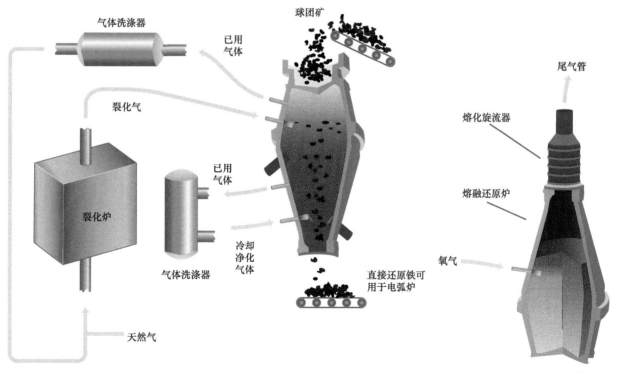

图 9.1　直接还原铁生产 [15]

图 9.2　熔融还原过程 [15]

为气体并与氧气结合，这驱动了还原反应的进行，并提供了还原反应所需的热量。像直接还原铁一样，熔融还原省去了焦化过程，但需要更多的能源，这个过程用了更多的煤和纯氧，而纯氧本身是一种能源密集型的产品。因为熔融还原使用的是氧气而非空气，并且所有的其他气体在还原容器中完全燃烧，废气含有高浓度的 CO_2（可以储存）。

第三个新的工艺路线是通过电解的工艺从铁矿石中生产铁。如图 9.3 所示，有两种电解铁技术：电解冶金法或电解沉积（制取），在这一工艺中，强电流经由未经精炼的氧化物的阳极端子进入液体中，使得纯铁沉积在阴极上；铁矿石热电解法（Iron one pyroelectrolysis），电流经由一根惰性阳极进入 1600 ℃的熔融铁矿石中，使液态铁在阴极形成，同时纯氧被释放。电解法无须焦化和矿石的制备，但却是电力密集型的，所以只有在使用低碳电力驱动的情况下，才能减少排放，而且迄今为止，它只在很小的范围内被证明。

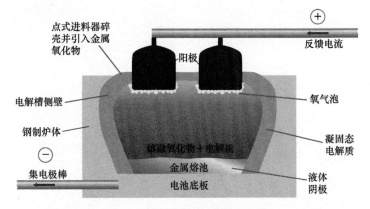

图 9.3　铁矿石热电解冶炼示意图

一些在传统高炉中使用的焦炭可以被木炭、生物能源或者废弃塑料替代，如图 9.4 所示。在第 7 章中已经看到，焦炭对矿石的作用，是产生热能、释放碳并触发还原反应。这些替代物都可以实现这部分功能。废弃塑料，实际上是"油"，它燃烧产生热能，我们稍后会看到，如果能与其他材料很好分离，任何一种塑料都可以回收利用，但废塑料通常是混杂在一起的，因此焚烧可能是一个很好的解决办法。生物能源和木炭都是焦炭的良好取代物，但是大规模地扩大使用受到收获速度的限制。假如将英国 30Mt 钢铁消费所用的焦炭全部替代掉，需要将英国近一半的地表用以生产木炭[2]。尽管生物能源取代焦炭在技术上可行，但这不是一个"可持续"的解决方案。

另一种焦炭替代的可选择途径是利用氢而不是碳来驱动还原反应。这将消除过程中的排放，因为铁矿石与氢反应生成铁和水蒸气（图 9.5）。然而，此选项的整体排放取决于氢的生产方式和高炉加热到操作温度的方式。目前，大规模的氢取代焦炭的选择看起来极不可能，即便是在 2050 年[3]。

图 9.4　可能的燃料替代品

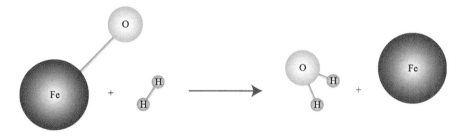

图 9.5　氢还原铁矿石

降低焦炭需求的最后一个选项是采用炉顶气体回收（图 9.6）。从高炉中排出的气体是多种气体的混合物，包括 CO 和其他气体等。在炉顶气体回收中，CO 与其他气体分离并重新回收至高炉中，它可以还原铁矿石，形成 CO_2。在这种情况下，CO 是作为还原剂，而不是新的焦炭。在传统高炉中，预热空气是为燃烧过程提供氧气，大量的氮在排放的气体中抑制了 CO 的分离。如果是用纯氧气，而非空气，则废气中没有氮气，CO 的分离将会更容易些。炉顶气体回收可以减少来自高炉 CO_2 排放的 5% ~ 10%[4]，但是，如果是用氧气而不是空气，则高炉可以与 CCS（CO_2 捕获和储存技术）相结合。在这里已超越了第 7 章中的最佳可用工艺。对现有的高炉可以进行改造，以减少焦炭的使用或者回收利用炉顶气体，这将减少 10% 的排放。或者，将来通过直接还原法、熔融还原法、电解或氢还原法取代高炉直接从矿石中提取金属。其中，直接还原的方法在一些有天然气供应的国家，已经被广泛采用；熔融还原也已经被规划（荷兰艾默伊登的试验装置，见图框故事）。从吉布斯那里了解到，现有的钢铁生产已经实现了能源的高效利用。毋庸置疑，这些新的工艺没有一个能大量节能。相反，它们可以被转化成能释放含有高浓度 CO_2 的废气，而这些 CO_2 可能会被捕获和储存。

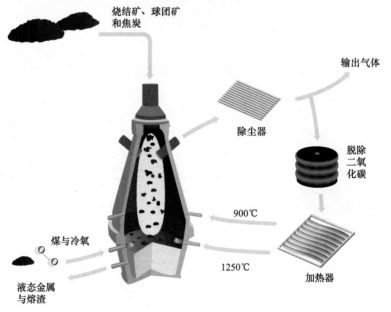

图 9.6　炉顶气体回收[15]

制造铝的新工艺

为了减少电力消耗，铝工业开发商的目标是减少霍尔－赫鲁特电解槽中阳极和阴极的分离，这可以用惰性阳极与可湿润性阴极相结合以及阳极倾斜系统来实现。多极槽可以提高生产率，碳热还原法和高岭石还原反应这两种化学反应路线，都能提高铝生产的效率。

40 年来，铝工业一直在努力开发惰性阳极。已经研究了许多材料，特别是二硼化钛导电陶瓷，与现在使用的碳阳极比较，惰性阳极在电解过程中不会被消耗，从而避免了 CO_2 以及碳阳极生产和使用所产生的 PFC（全氟化合物）排放。此外，由于惰性阳极使用时不会改变形状，电解槽内阳极和阴极的间隔可以减小，这可以改善能源效率。使用惰性电极需要避免阳极（正极端子）与接触阴极（负极端子）的液体金属之间发生短路。有两项技术可减少这样短路的可能性，即用可湿润性阴极[5]和阳极倾斜系统[6]。

惰性阳极也有可能使用多极电解槽，如图 9.7 所示，许多平行的阴极和阳极在同一个电解槽中，这将提高生产效率和电气效率，还能允许在较低温度操作电解槽。

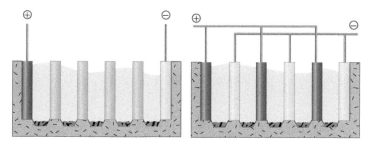

图 9.7 多极电解槽

艾默伊登（Ijmuiden）的 HIsarna 装置

HIsarna 是荷兰的艾默伊登（Ijmuiden）熔融还原法生产钢铁的装置，现已投产，截至 2020 年每年的产量可达到 6 万 t[7]。不同于常规的高炉，HIsarna 装置有两个还原阶段：预还原反应在旋风转炉中进行，最终还原反应在熔融氧化物浴槽中发生。省去了焦炭制备和烧结的步骤，减少了 HIsarna 装置工艺过程的排放，将来有望与 CCS 工艺相结合。

　　碳热还原法包含过程，在这一工艺中氧化铝和碳在1900℃左右反应，形成一种氧化铝—碳化铝的混合物，该混合物在2000℃左右进入第二个反应器，碳化铝在此反应器中被氧化铝还原成铝，如图9.8所示。该工艺将比现有工艺产生更多的CO_2，但是需要的电力较少，因此总体上减少了排放。目前，发展受到所需高温的限制。作为另一种选择，高岭石还原法是在一个电解槽中被还原成铝之前，氧化铝先转变为氯化铝的方法。高岭石还原法仅能少量减少CO_2的排放，但是较之霍尔－赫鲁特法可以利用低品质的矿石。

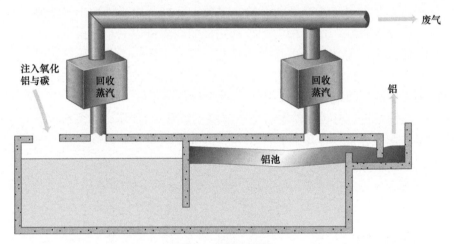

图9.8　碳热还原法

　　电是制造铝的主要成本，为此而开展的有关工艺创新的研究至少有40年，但是还未能付诸使用。该行业是否能克服工艺中的问题目前还不清楚，尽管预测能减排15%～25%，但我们还不能制订计划来实施。

利用"清洁"电力驱动流程

　　钢铁和铝的生产过程都需要消耗大量的电力，如果能使用没有原始排放的"清洁"电力，排放会大大减少。要了解这一点，可以直接查看大卫·麦凯（David Mackay）的《可持续能源的事实与真相》[8]一书。以下是我们的简短摘要：

• 有许多可以产生可再生能源的方式，如从太阳光、风、海浪、潮汐、水力、植物或藻类中获得。所有这些都为大量的土地提供了较少的能量。关键数据如表9.1所示，显示了某些国家单位面积消费电力能源情况。为了仅以可再生能源发电来满足英国的总能源需求，目前最有效的选择就是用太阳能电池覆盖所有土地面积的1/4，或者一半以上的土地上都安装上风力涡轮机，但这很难实现。

19世纪后期，被炼钢工厂污染了的谢菲尔德市

• 核电可以提供几乎无碳的电力并被广泛应用。反对扩大核能的主要观点是：①安全质疑；②担心核能枯竭；③电力公司对核能不承担保险，核电全部由政府补贴，这些补贴用在其他领域更能发挥作用。大卫·麦凯提供的证据表明①和②是不正确的观点，而③是正确的，它只应该与特定的②一起考虑——这些钱应该花在哪里？核能可能是创造几乎无碳电力的一个很好的选择，我们应该非常高兴能有这个选择。

表 9.1　可再生发电的土地需求

可再生电力来源	单位面积可产生电力 / (W/m^2) [9]	国家	单位面积消耗能源 / (W/m^2) [10]
雨水	0.2	澳大利亚	< 0.1
植物	0.5	巴西	< 0.1
风	2	加拿大	0.1
离岸风	3	中国/美国	0.3
潮汐池	3	法国	0.6
潮汐流	6	英国/德国	1.3
太阳能光伏电池板	5 ～ 20	日本	1.9
聚光太阳能（沙漠）	15	世界	0.1

• 对于炼钢，以上我们讨论了碳捕获和储存（CCS）的第一部分——如何从炼钢中获得纯 CO_2 气流？出于完全同样的动机，发电厂研发人员着眼于在煤或天然气燃烧过程获得纯 CO_2 气流，我们将在下一章深入讨论这一内容。

因此，核电是成熟的技术，能够快速地获得发展，碳回收与储存技术也许要在未来才能展开，但是，到目前为止没有在任何地方获得规模化应用，而可再生能源的密集程度低，对于土地的需求较大。核动力工业材料是解决当前一切问题的答案吗？也许，其他行业也在期待。第2章中的全球能源图表明，目前核能提供了全球6%的能源，若其全部用于发电，约占全球电力的15%。如果所有现有的工业都由核电提供动力，则其现有容量，还需要增加5倍。预计到2050年，工业产出需求将会翻一番，从而核电扩张到10倍。此外，猜测一下未来汽车工业的低碳模式如何规划？如果电力采用了可再生资源、核电或者碳回收储存能源，电动车当然是低碳的，假定未来的所有车辆都由核电提供能源，核电容量的数字还将翻倍。为达到这个目标，房屋建造者将推广地源热泵和空气源热泵作为实现低碳的方案。换句话说，不只是未来所有的电力，而且未来所有的能源都必须来自核能。因此，如果需求翻倍，需要在未来40年内将全球核设施的规模扩大32倍。当前，全球有约422[11]个核反应堆在运转，到2050年我们将需要1.34万个反应堆，这就需要每年新建约320个反应堆（另外还要将所有钢厂改造成新的电力技术工厂）。这大约是世界历史最快建设速度的10倍[12]，虽然技术上可行，但是让人难以置信。

尽管我们可以设想未来的材料工业仅靠核能供电，但这似乎不太可能会发生，因为有太多的其他行业也在竞争同样的"无碳"电力。所以，让我们继续寻找其他答案，在第11章和第19章汇总对材料加工未来的预测时，再来讨论对核能的需求。

展望：这些新工艺会被采用吗？

在这一章，我们已经把重点放在了对技术可能性进行的讨论上，来看看需要采取什么样的措施来鼓励创新。现在回到激励机制。钢铁和铝工业会采用新的工艺，碳捕获和储存（CCS）或电气化，如果采用电气化，是否会有足够的核能？能期待市场选择最好的解决方案吗？历史告诉我们：不能，因为有许多劣质技术成功的例子（我们正在输入这本书内容的QWERTY（键盘）就是它们之中最典型的一个）[13]。这些技术之所以能够成功，是因为它们早期在市场上获得了立足点。随着市场份额的增加，他们从规模经济中受益，通过经验来实现成本削减，从更大的宣传和辅助技术的发展中受益。这些优势（被经济学家称为规模收益递增）放大了偶然事件对结果的影响。实际上，这意味着没有一种技术可以被认为是最好的，它只能在特定的环境中体现得最好，但是这种环境本身就会受到所选择的技术的影响。这种逻辑破坏了新古典经济学的公理，并促使经济学家转向进化论来理解"过渡"[14]。在这种背景下，政府的作用，用复杂性经济学之父布莱恩·亚瑟（Brian Arthur）的话来说，"不是一只沉重的手，不是一只看不见的手，而是一只轻轻推动的手"。问题是，进化需要时间，而我们没有太多时间来推动它。

在这一章中发现了一些新工艺的发展，但是没有一个提供的是"逐步改变"，也没有一个是接近大规模开发的。这一章的一个主题是金属制造和发电过程中的 CO_2 的分离。在讨论应对气候变化时，分离和储存 CO_2 是普遍的选择。

注释：

[1] 尽最大的努力寻找这个故事的原始参考，发现它有很多不同版本形式。关于拿破仑三世，对于不同的访客，对餐具有很多不同的选择——盘子、刀叉、装菜的餐具等，它们都是铝的，而不是金的。最早的参考资料是 1936 年 2 月出版的《大众科学》（*Popular Science*）中埃德温·蒂尔（Edwin Teale）的一篇文章，相信拿破仑只有铝叉，但他给了西姆国王一个铝质怀表作为礼物。铝盘子作为常见的餐具被使用——正如历史系的同事所说，事实远不如你告诉他们的方式那样重要，让它从现在开始吧！

钢铁制造新工艺

[2] 平均来说，每年从每平方米的土地上可以收获 1kg 干燥的生物质（Vitousek 等，1986），需要 10kg 生物质来生产 1kg 木炭（部落能源和环境信息交流中心，2011）。英国的"钢铁足迹"（产量）约为 30Mt，生产这些钢铁需要 10Mt 焦炭。为了生产这些焦炭，需要 100Mt 的生物质，这是 10 万 m^2 的平均产量。这大约是英国国土面积的 40%，所以这是不可能发生的。木炭不具备在高炉中支撑矿石的强度，因此不能代替目前使用的焦炭量的一半以上。然而，"生物煤"这一种新的加工木炭可能有足够的强度来进行完全替代（IEA，2009）。

［3］根据最近对英国钢铁企业技术减排潜力的评估，"从技术上讲，基于氢的炼钢技术是充分的，但仍没有足够规模的低碳/无碳源"。即使在2050年的时间范围内，业界也认为这不太可能实现（Adderley，2011）。

［4］这些估计来自对钢铁制造的低 CO_2 排放技术的概述（Xu、Cang，2010）。

制造铝的新工艺

［5］这里的湿润是指液体和固体界面之间的相互作用。例如，一个不可润湿表面的液滴将保持为一个完美的球体，而可润湿表面上的液滴将会扩散形成一层薄层，如图9.9所示。在可湿润性阴极中，采用新的材料使阴极表面更加润湿，使电解时形成的液态铝更均匀地分布，从而减少阳极和阴极之间的距离。

［6］当液态铝在电解槽的槽底形成时，电解槽内流体和设备的运动导致铝液产生波动。因此，阳极和阴极之间的距离必须足够，从而避免铝液的波动造成短路。阳极倾斜系统的目的是将阳极倾斜以与铝液中的波相同步来避免这一问题，如图9.10所示。

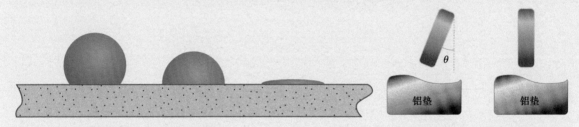

| 图9.9　润湿性 | 图9.10　阳极倾斜系统 |

利用"清洁"电力驱动流程

［7］HIsarna试验厂的现状在塔塔钢铁公司的新闻稿中有描述（塔塔，2011）。

［8］大卫·麦凯的书（2009），是由UIT出版社出版的，也可以在www.withouthotair.com上在线免费下载。

［9］这张表来自大卫·麦凯对可再生能源的分析（表25.1）（麦凯，2009）。

［10］单位面积的能量等于每个国家2008年能源使用量（来自美国的UIA，2011）除以联合国统计部门的人口统计年鉴（2008）的表3中报告的土地面积。表中这些国家的电力消耗占全球电力消耗的70%。

［11］欧洲核协会报告称，截至2011年1月19日，共有422座核反应堆正在运行，65座正在建设中。

［12］大卫·麦凯估计，世界上核反应堆的最快建设速度是在1984年，当时30GW核

动力或 30 个 1GW 反应堆已经完成（麦凯，2009）。

　　展望：这些新工艺会被采用吗？

　　［13］Arthur（1989）引用的其他成功的劣质技术的例子，包括交流电、英国铁路的窄轨和编程语言 FORTRAN（程序语言）。

　　［14］参见 Arthur（1999）对复杂性经济学的解释。

　　［15］这些图形中的一部分已经根据世界钢铁协会的图像进行了改编。

10. 固 碳

如果没有其他的金属制造途径，还要继续扩大生产，是否可以不通过节能，而是通过将 CO_2 与生产中排放的其他气体相分离，捕获并将之埋到地下的方式，从而减少 CO_2 的排放？

写作本章时我们有过一些争论："我们必须附上更多的图片""我不喜欢这些颜色""这样政治性太强了""那个比利时人的笑话，草莓和糖浆太不合适了"，等等。我们已经有了很多争论，公关顾问们也建议我们注意对不同观点的表达方式，要保持相互尊重等，我们为了表达做了太多的努力，所以要压住不满，咬紧牙关继续下去。

欢迎来到固碳的世界（也被称作储碳）：有环境问题？别担心，埋掉它。对于核污染，在地下挖个洞将其埋掉；对于赤泥，放在人迹罕至的湖泊。对于有毒的化学物质，排入下水道。人们习惯于表面解决问题，如果担心碳排放，为什么不捕获 CO_2，然后将它掩埋于地下呢？

将 CO_2 埋入地下，听起来似乎回避了真正的问题，这种短暂的推迟，只是把更严重的问题留给了我们的子孙后代。但是在某种程度上，我们没有其他选择，至少能把部分问题隐藏起来。在固碳讨论的面前，煤炭是主要的问题。全球范围内越来越多的国家使用煤炭发电，世界上 75% 的煤炭储量掌握在美国、俄罗斯、中国、印度和澳大利亚[1] 5 个国家。到目前为止，俄罗斯、中国和印度稳步增加对煤炭的使用，以推动其经济的发展，而在美国或澳大利亚还没有足够的政治意愿抑制煤炭的进一步开发。对于单位能源的产生，煤电比任何其他发电形式排放出的 CO_2[2] 都多。［英国在 20 世纪 90 年代的减排促使当时的英国首相布莱尔（Blair）首先签署了《京都议定书》，而这主要是因为发电方式从煤到天然气的转换。］如果不能减少煤炭燃烧，那么减少排放的唯一方法就是捕获 CO_2 并将其掩埋。

对于材料生产，我们必须做什么呢？钢铁和铝的初级生产如果不能避免 CO_2 的排放，也许就要响应"洁净煤"运动的号召，使用在前一章中提到的那个新流程来分离 CO_2，然后压缩、运走并储存起来。

碳捕获和储存（CCS）技术正处于早期的发展阶段，如果把减排的所有希望寄托在这种未经证实的方法上，会存在严重的风险。因此在这一章里，我们旨在审视 CCS 技术思路的后半部分，即可以用哪些方法储存碳？它们的风险是什么？成本如何？如果能对这些问题做一个综合的考虑，就能对未来材料生产中减少碳排放的方法进行更好的评价。

CO_2 可以储存在哪里？

世界上的自然碳循环是在四大"池"之间持续进行的，四大"池"包括大气、海洋、植物和土壤。它们之间的碳流量很大，比人为燃烧化石燃料所产生的碳排放量要大得多，但它们基本上是平衡的。例如，植物通过光合作用每年从大气中吸收 120Gt 左右的 CO_2，通过呼吸作用释放约 60Gt，并以生物质形式在土壤里储存约 60Gt。反过来，土壤通过呼吸释放约 60Gt 碳到大气中。与此同时，海洋与大气每年交换约 90Gt 碳。这两个周期本质上是平衡的。所以，正如乔治·布什所说："有什么问题呢？化石燃料排放相对于自然的排放是微不足道的。"的确如此，但化石燃料燃烧产生的排放并没有通过从大气中的等量排放来平衡。所以，在这里谈论储存时，特别需要关注的是那些超出地球自然循环之外不断产生的额外的碳。顺便说一句，如果乔治·布什正在阅读本书，还应该提醒他另一个容易混淆的概念：这里我们说了碳的质量，而书的其他部分考虑的是 CO_2，或 CO_2 的质量。那么，是 1t 碳质量大还是 1t CO_2 质量大？当然它们的质量是一样的（乔治也是这样认为的）。但每吨 CO_2 只包含 270kg 的碳，因为一个氧原子比一个碳原子重 33%。所以，将碳排放转化为 CO_2 排放，需要乘以 11/3。

对于储存工业过程的排放物我们还能做些什么？一种方法是依靠光合作用从大气中提取碳，但我们会忽视这些一般的方法，因为我们的重点是掩埋材料加工工厂所捕获的排放。其他方法包括将气

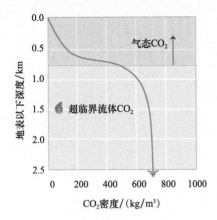

图 10.1 增加压力和深度时 CO_2 的行为

体埋在地表之下，图 10.1 说明了这一点的好处：当你沿地表而下，无论是在海洋里还是在"地下水位"之下，周围压力增加，这会压缩 CO_2 气体，最终它变成了液体，相比大气压下，其体积缩小了 370 倍。

有 3 个主要的储存方法可以选择：可以把 CO_2 泵入地下涌流或者以前的油气储层、煤层或其他多孔岩石中；可以把 CO_2 溶解在海洋中或把它作为一个"湖"储存在很深的地方；可以通过矿物碳化把 CO_2 气体变成固体，在工业过程中消耗它或用它来培育用作生物燃料的藻类。

石油和天然气储存在地球表面之下已经有几千年，所以我们大概可以用储存的 CO_2 代替它们。这可能在采油过程中发生（如果用"提高采油率"的方法注入 CO_2 来推动，那提取石油可能更容易些），或者也可能在一个油气耗尽的地方发生。实际上，我们可以反向运行这一提取过程，把 CO_2 推进去。这两个方法已经在实践中进行了尝试，在下面的图框故事中可以看到更详细的描述。油气田是潜在的储存地点，因为它们的地质条件已经得到了很好的研究，它们位于不渗透岩石密封层的下面，而一些必需的基础设施（井、管道）也在合适的位置。然而，从油气的开采转变到储碳将需要做更多的开发工作[3]。

煤炭行业对 CO_2 注入深煤层特别感兴趣，特别是那些不利于开采的深煤层。随着 CO_2 被吸收进了煤炭，甲烷（天然气）被释放。然后如果我们收集这些气体，并将其燃烧，就可以抵消一些 CO_2 注入的成本，尽管这样做会释放 CO_2，从而减少净储存量[4]。但很明显的是，如果煤层继续开采，燃烧煤炭，这个措施是没有意义的。

同样 CO_2 可以注入任何致密的多孔岩石中，如图 10.2 所示。通过测试废弃的矿山、盐洞穴、玄武岩层和页岩地层，发现都不适合大规模储存。最有希望的位置似乎是多孔岩层深处的盐湖（盐水层），在那里 CO_2 会被岩石物理捕获，并随着时间的推移溶入水中。一些数据表明，世界各地的存储能力足够满足几个世纪期间人类活动所排放的 CO_2[4]。然而，与化石燃料地质学相比，对相关岩层的地形和认知程度较低，导致我们尚不了解 CO_2 是如何与周围的矿物质和微生物发生反应的。

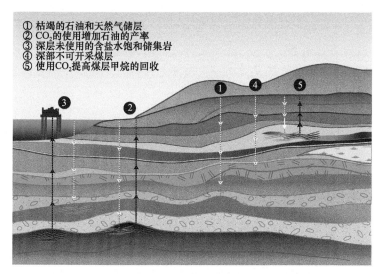

① 枯竭的石油和天然气储层
② CO_2 的使用增加石油的产率
③ 深层未使用的含盐水饱和储集岩
④ 深部不可开采煤层
⑤ 使用 CO_2 提高煤层甲烷的回收

图 10.2　CCS 的地表储存选项[11]

　　海水吸收 CO_2 使深海层成为地球上最大的碳储存天然 "水池"。可以将 CO_2 注入深海（地表以下数千米或更深），并释放它，其形成的气泡可以被海水吸收。这些气体的释放可以通过现有的石油运输系统来实现，例如，从带有扩散阀门的固定管道或巨大油轮后面的管道释放。我们不知道这种形式的储存在数百年内将如何影响海洋生物，海洋会释放所储存的碳，最终达到与大气的平衡。这种类型的储存试验曾在挪威和美国的夏威夷尝试过，但由于当地的反对而被迫停止。

CO₂ 储存试验地点

　　全球有 3 个地点开展过大规模的 CO_2 储存试验（测试至少五年，每年超过 100 万 t）。每个项目预计储存总计 20MtCO₂：

　　● 在挪威北海的斯莱普纳西（Sleipner West）油田，自 1996 年以来，从排放气体中分离出来的 CO_2 被注入含盐水层（位于气层之上）中。

　　● 在加拿大的韦伯恩（Weyburn）油田，通过一条 320km 管道运输来自北达科他州边境煤炭气化产生的 CO_2，将其注入油田以增加石油产量，并储存起来。类似的项目正在得克萨斯州小规模实施。

● 在阿尔及利亚的萨拉赫（Salah）气田，从排放气体中分离出来的 CO_2 被重新注入气田，尽管是进入了一个邻近天然气储层的含盐水层。

这些实例表明，对于像钢铁和铝厂这样固定的地点来说，储存是可行的。然而，需要 2800 个这样的设施来储存目前从钢铁和铝生产中排放的碳（2.8Gt/每年的总量除以 1Mt/每年的设施容量）。即使压缩到 $800kg/m^3$（最高密度的 CO_2 注入），这需要 35 亿 m^3 的储存量，相当于目前每年提取的原油 75% 的体积。这仅仅是钢铁和铝的排放，也只有能源和生产总排放量的 10%……

在更高的压力下，液态 CO_2 的密度高于海水的密度，所以在海平面下大约 3000m 处形成一个液体湖并沉在海底。以这种方式储存的 CO_2 将慢慢溶解到水中，可能储藏 10000 年，因为海洋在这个深度更稳定。这种方法尚未经过测试，如果有深海洋流搅动 CO_2 湖泊，则 CO_2 的储存时间会减少到只有 30 年[3]。

许多地球表面的岩石是含有金属氧化物的硅酸盐（硅和氧原子的化合物），它在很长一段时间内与 CO_2 反应形成石灰岩或其他碳酸盐（一个 C 原子与 3 个 O 原子键合的化合物），通过提高温度或压力可以大大加速这个过程，因此可以作为把 CO_2 固化来储存的一种手段。矿物碳酸化的吸引力在于产生的固体是永久稳定的，所以 CO_2 不会再重新释放。然而，它是能源密集型的，几年可能会消耗掉一个发电厂所产生的所有能量，同时所需要的硅酸盐的质量是储存的 CO_2 质量的 2～4 倍。为了封存目前每年 28Gt 的排放量，每年要开采 84Gt（$84 \times 10^9 t$，即 840 亿 t）的硅酸盐，大约相当于目前提取化石燃料的 5～7 倍[5]。这个过程也使用像盐酸这样的强烈中间产物，因此，它不利于环境的可持续。在新南威尔士州，一个示范项目已经启动，将 CO_2 与该地区丰富的蛇纹岩相结合。以碳酸镁的形式储存 CO_2，碳酸镁可以用作建筑材料。然而，在矿物碳酸化成为一个可行的方案之前，需要进行重大技术改进。

一些工业过程使用 CO_2 作为溶剂或制冷剂。为此，我们明智地选择使用捕获的 CO_2，而不是投资工业来制造 CO_2。不幸的是，这些产业所需的 CO_2 的总量很小，每年不超过 200Mt，而且 CO_2 通常在一年内会重新释放，所以这种方法显得有些鸡肋[4]。

最后，我们可以在池水中通入 CO_2 来刺激藻类的生长，CO_2 可以被藻类吸收并转化为生物燃料。但这种方法尚在初期阶段，目前的产量很低，需要阳光和水，还有大面积的土地。我们需要 $50km^2$ 的水池来储存一个 100MW（小型）发电站的碳排放[6]，所以这种方法可能代价高昂。

当前，全球来自能源使用过程的 CO_2 排放约为 28Gt/ 年，或不到 8Gt/ 年。表 10.1 显示，上述方法可能有足够的容量储存多年排放的（这个数量的）CO_2，但是风险多大？成本如何？暂且未知。

表 10.1　不同储存方式的全球容量估计

储存方式	全球 CO_2 储存能力下限估计 /Gt	全球 CO_2 储存能力上限估计 /Gt	储存的完整性（持久性）	环境风险
石油和天然气储库	675	900	高	低
煤层	3 ～ 25	200	中	中
盐水层	1000	可能 10000	中	中
海洋	1000	每 2000 增加 pH 值 0.1	中	高
矿化作用	理论值很高，但是高能耗和需要原矿		最高	高
工业过程	0.1	0.2	低	低
藻类	受土地需求限制		低	中

储存 CO_2 的风险是什么？

如果你坐在一个气球上，正常情况下它最终会破裂。如果我们在大气压下用全球每年 30Gt 的 CO_2 吹一个气球，这个气球的体积将有 1.67 万 km^3，足以覆盖比利时国土 0.5m 的深度，或与世界第二大淡水湖坦噶尼喀湖（Lake Tanganyika）体积大致相同。如果我们把它压缩 370 倍，正如前面所讨论的，则其体积降低至每年只有 $45km^3$，是我们目前石油产量的 11 倍左右。如果我们永远坐在上面，会发生什么？

坦噶尼喀湖

地下储存这种高压气体存在泄漏的风险。可能是在泵入储库的地方，或者从多孔岩石中缓慢逸出且在地质断层处快速逸散。这种泄漏的影响是双重的：首先，排放将重回到大气中，加快全球变暖；其次，由于 CO_2 气体的密度比空气略高，当 CO_2 作为浓云雾释放时，会留在地表，直到被风驱散。我们的肺只能以一定的速率排斥 CO_2，如果大气中 CO_2 的浓度太高，将无法吸收足够的氧气而死亡。不幸的是，在 1986 年 8 月 21 日，约 1.6Mt（或 $1.2km^3$）的 CO_2 从喀麦隆的尼奥斯湖（Lake Nyos）自然释放出来——湖内有高浓度的 CO_2。聚集的 CO_2 被驱散前，大约 1700 人失去了生命。显然没有人会投资于碳储存，除非他们能够确保这样的灾难不会重演。所以，人们已经做了大量的模拟计算和试验，来研究储存的安全问题。已经有模型预测显示，99% 以上的 CO_2 将能储存 100 年[3]。然而，这个数字与建立模型所作的假设相关，所以，在有更多的实践经验之前，安全仍将是一个问题。

如果把 CO_2 从排放的地方运到储存的地方，它会从管道中泄漏出来吗？在这方面我们已经有了一些经验，如美国，用管道运输 CO_2 用于提高原油的采收率。到目前为止，管道运输 CO_2 已被证明与运输天然气一样安全，但（CO_2）流质中硫和其他杂质会增加管道腐蚀的速度，所以必须定期进行检查。

最后，如果 CO_2 储存在海洋中，它可能会改变水的酸度和某些物种的生存环境。我们还不了解增加（海水中的）碳含量或水酸度这两方面将如何影响海洋生物，但较高的碳含量或水酸度会导致生物死亡，就像哺乳动物一样。各种物种暴露在 CO_2 中的试验会产生复杂的结果，从回避到吸引再到死亡。可能深海鱼类呼吸更慢，比起接近地表的同类呼吸更少，它们受到碳或水酸度增加的影响可能较小，但这也仍然是未知的[3]。不足为奇的是，海洋保护条约组织 OSPAR[7] 在 2007 年宣布禁止将 CO_2 储存在海床上[4]。

储存 CO_2 的能源和资金成本是多少？

由于 CO_2 的储存方法仍在开发中，所以无法确切地预测其成本。但是我们知道，它需要的设备和基础设施类似于现有的天然气开采、储存和分配系统，如果你曾经在 5 岁的生日聚会上负责吹气球，你会意识到它也需要大量的能源。

首先考虑处理所需的能源。表 10.2 显示，大多数捕获的方法有类似的能源需求[8]。捕获后，需要能源驱动来压缩气体，从 10 个大气压到超过 200 个大气压，即使加上运输所需的能源，与捕获碳

相比还是很小[3]。唯一需要大量能源输入的储存路径是上面讨论
过的矿化法。

表 10.2 不同碳储存和捕获方式的能量估计

过程	能量需求 /（GJ/t）
燃烧后分离（化学吸收）	2.7～3.3
预燃分离（物理或化学吸收）	2.3～5.0
氧化燃料	3.2～5.1
压缩	0.4
矿化作用	1.1

运行该系统的成本包括分离和捕获的资本及运营成本、驱动这
个过程的额外能源成本以及储存的成本。同样，这些仅仅是估计
的，但表 10.3 和表 10.4 列出了当前来自 IPCC[3] 估计的范围。

表 10.3 不同碳捕获技术的成本估计

场所与捕获技术	捕获成本 /（美元 /t）（2002）
炼钢高炉	
预燃烧（DRI）	10～25
燃烧后	18～30
电站（用于炼钢和炼铝的电炉）	
预燃烧	11～35
燃烧后	23～35
氧燃烧	16～50

表 10.4 储存成本估计

储存选项	估计成本 /（美元 /t）（2002）
石油和天然气储库	0.5～13
煤层	0.5～8
盐水层	0.2～30
海洋	5～30
矿化作用	50～100
工业过程	—
藻类	土地成本

除了成本之外，为了影响全球净排放，也需要考虑发生变化的规模以引入足够的储存空间。前面的内容提到了每年的 CO_2 排放量，一旦在高压下压缩成液体，将是当前石油产量的 11 倍。所以，如果我们想达到排放目标（在需求增加一倍的情况下到 2050 年绝对排放量削减 50%），还有 39 年的时间来建立一个必须是当前石油行业规模 10 倍的行业，这是一种极大的挑战！因为在强大的经济驱动力推动下，石油行业发展至今，尚且花了一百年的时间。

展望

我们在争论中开始了这一章，没有听从公关顾问们的建议——把问题隐藏起来。在探索碳储存过程中，我们通过对相关问题的分析得出了一些事实，即储存的目的是能够以我们希望的速度继续排放 CO_2，而不是减少排放。不过，这只是事实的一部分。一方面，储存看起来像是处理来自煤炭燃烧排放唯一可行的方法，除非有一个非常强大的推动力量改变这种做法，否则拥有最大煤炭储备的国家将继续燃烧下去。另一方面，碳储存的研究还处于初级阶段，只有3 个地点在规模化运作，并且大多数是我们之前讨论过的技术、风险和成本都是基于前瞻性的研究。在德国施瓦茨（Schwarze）发电厂的一个试验表明可以有效地捕获碳，但迄今为止的事实是碳被释放而不是被储存——见图框故事。我们已经看到许多可能的储存方法，但要大规模实现它们来产生巨大的影响，还需要以空前的速度付诸行动。

无论是从商业角度还是政治角度来看，碳储存都充满吸引力。如果能够实现，就可以解决排放问题的担忧，而不需要做出任何改变消费者或选民的行为。这种方法为彻底解决问题似乎提供了无限的可能；虽然现在还仅仅是在讨论阶段，而不是真的去解决问题，但是起码已经把"谁来付费"的问题，转化成"我可不付，你必须付"的问题。通过不回答"谁付钱"这个问题，每个人都可以推荐 CCS 成为我们未来的一个重要部分。令人难以置信的是，作为一个还不存在的技术，国际能源署（IEA）就已经在预测，到 2050 年 19% 的排放量将被封存[9]，这是他们所有减排规划预测的基础。

对于钢铁和铝行业，无论是从初加工或从发电过程储存碳，作

1976 年由壳牌石油子公司建造的"Batillus"号是有史以来最大的船舶之一，净重 275268t，长 414m，宽 63m。满载时，可载近 500 万桶石油，约为全球一天产量的 7%。如果用船运输每年排放的 CO_2，就需要 5.6 万个这种规模的油轮，如果把它们头尾相连，将从南极延伸到北极

为一种"完全捕获"的解决方案，碳储存同样具有吸引力，只要有人为此买单，那这个问题就解决了。在欧洲，我们设定了积极的减排目标，但不提供任何界限来保护我们的行业，尤其是钢铁行业必须不可避免地追求储存，如果没有储存，就无法实现减排目标，但仍要继续生产下去。这种状态将随着边境管制而改变，以确保在欧洲任何地方为客户提供服务的钢铁制造商与欧洲的生产商一样，接受同样的目标。

再次回到我们的论点，我们实际上有确凿的证据（来自公关顾问）证明解决问题的方法是不要隐藏问题。在过去的30年里，我们一直在全世界范围内培育制造业的学生，丰田的商业成功背后最大的秘密是要让它们的生产系统暴露问题，然后找到问题，解决问题，并让这些问题不会复发。如果问题是CO_2排放过多，那么减少排放不是比掩埋更好吗？或许有人不同意，有人同意。

德国黑水泵 CCS 演示[12]

2008年，在德国施瓦茨泵业的一个试验工厂被委托演示煤的氧料燃烧30MW产生的CO_2（卖给邻近的造纸厂）和相对较纯的CO_2气流的捕获和储存。该演示实现了90%的碳捕获率，虽然现场的CO_2被储存在罐中，可以使用卡车运输，但仍会被释放到大气中。唯有解决长期储存问题，才能实现该计划[10]。

注释：

[1] 数据来自年刊BP（英国石油公司，2011年出版）。

[2] 来自国际能源署（IEA）的数据显示，虽然初级能源供应的27%来自燃煤，但使用这种能源所产生的排放量的43%来自煤炭，超过其他任何来源。"燃料燃烧造成的CO_2排放——亮点"，IEA（2008b）。

CO_2可以储存在哪里？

[3] 政府间气候变化专门委员会编写了一份针对CCS的特别报告，IPCC（2005）。它

通过详述捕获、运输和储存过程，提供有关流程、物流、风险和成本的数据。

［4］国际能源署编写了调查 CO_2 存储的可行性和规模的报告。这些段落中的信息来自 IEA（2008b）"CO_2 捕获与储存：关键碳减排方案"。

［5］瓦茨拉夫·斯米尔（Vaclav Smil）的著作《能源神话与现实》（Smil，2010）巧妙地总结了许多碳储存技术的现状，并计算数据以正确看待问题。

［6］藻类生物质储存 CO_2 的概算已由 IPCC（2005）完成。

储存 CO_2 的风险是什么？

［7］《东北大西洋环境保护公约》（OSPAR，1998）是目前管理东北大西洋环境保护的条约。它基于过去的海洋污染限制协议。奥斯巴委员会由政府代表组成，依据《公约》开展工作。

储存 CO_2 的能源和资金成本是多少？

［8］这些数值主要是从采用 CCS 技术的燃气和燃煤电厂中得到的。准确的能源消耗取决于发电厂的配置、捕获的精确技术以及待分离气流中 CO_2 的浓度。这些实例中 CO_2 浓度的典型范围是 3%～14%；根据丹洛伊（Danloy）等的报告，ULCOS（译注：ULCOS 是由国际钢铁协会组织各大钢铁公司和研究机构参加研发的超低 CO_2 排放技术）高炉的目标是使进入分离器的气体中的 CO_2 浓度达到 40%，因此应该能够实现较低的碳捕获能量利用率（2008）。为了比较，目前高炉 22% 的 CO_2 浓度，详见高炉质量和能量平衡，http://www.steeluniversity.org。

展望

［9］国际能源署（2010b）包括预计的能源使用、碳排放和"技术路线图"，概述了可以采取哪些改进措施和节约措施来减少它们。

图框故事

［10］该项目的详细信息提供于公司网站（Vattenfall，瑞典的能源公司，2011），斯特伦伯格（Strömberg）等对该项目进行了更详细的分析（2009）。

图片来源

［11］改编自 CO2CRC（http://www.co2crc.com.au）。

［12］图片作者：我，斯伯尔（SPBer）。其使用遵循知识共享许可协议《署名 2.5 通用协议》（http://creativecommons.org/licenses/by/2.5/deed.en）。

11. 未来的能源利用与排放

——睁开一只眼

如果将现有钢铁和铝生产路线上已经确定了的降低能源需求和排放的方案综合起来，需求也如我们预期的那样增长，那么，到2050年能达到50%的绝对减排吗？

前面4章，我们已经探索了"睁开一只眼"就能确认的所有选项，通过这些选项，我们打算尽所有可能提高效率来确保对金属的任何需求能够得到满足。然而，到2050年CO_2的绝对排放量减少50%的这一目标正在紧随其后。欧洲钢铁和铝工业界肯定感到，严格的排放法规正在欧盟实施，这让他们疲于奔命，越来越难坚持了。在能源效率选项调查中，我们是否已经找到了足够多的改进方案，并通过这一机会把它们整合起来，以达到进一步的改善，还是要应对来自不同领域的更多困难？

这一章的工作是仔细地做加法。从一开始我们已经清楚，由于所使用的每个数字都有不确定性，所以加法也必须反映出这一不确定性。但是我们也看到一些东西并不是不确定的：无论何种手段，无论动机是什么，没有人能够用少于标准化可用的能量从矿石中提取金属；尽管全球需求不断增长，我们可以继续增加我们的回收量，但绝对无法完全实现循环经济或闭环经济。

我们将分两阶段进行预测。首先，将预测2050年金属经济的特点。然后，依此来预测即将排放的CO_2的量。

2050年的金属经济会是怎样的？

如果知道生产的金属有多少、生产采用了哪些工艺、生产过程中每单位产出消耗了多少能源，就可以预测2050年的碳排放量，包括直接排放是多少，因为使用能源而产生的排放量（即间接排放）是多少。我们已经在前几章里研究了这些问题，所以这里将收集一些证据，对做出预测所需的参数进行选择。

在第 4 章中对两种金属的未来需求进行了预测，并根据国际能源署的预测，将其作为钢材和铝的需求量分别在 ±10% 和 ±20% 范围内的平均值。这里将使用第 4 章中的库存和产品寿命模型来计算未来的废钢可用性，并假设消费后废钢收集率提高到 90%，那么就可以预测排放较低的二次生产所满足需求的金属比例。

在第 7 章中，研究发现驱动化学反应从矿石中提取金属，所需的能源只能节约一小部分，在高炉管理上节约一部分，在主要用于下游的电动机工序的能源上进一步节省。然而，在预测从这些工艺改进获得的有效收益方面，我们不知道目前的操作效率在世界各地的分布情况：平均水平与目前的最佳水平的差距是多少？在第 8 章寻找热捕获和热交换的机会探索时也导致了类似的不确定性。通过国际能源署从能源效率获得的收益预测，已经解决了这一不确定性，此收益预测包括除电动机以外的其他一切。因此，通过能源效率，可以为钢铁生产节省 13% 的碳排放，为铝生产节省 12% 的碳排放。不会对这些价值限定取值范围，因为它们源自成熟的技术，并且具有明确的经济激励措施，因此 40 年后可能会被普遍采用。

在第 9 章中，我们发现目前在炼钢方面的大多数关于创新的努力都是与碳捕获及储存有关的，这主要是因为现有的工艺路线与吉布斯绝对极限相比非常有效。用电解法生产钢铁是一个例外，且这种工艺路线距商业化运作还有段距离。同时，也看到了铝生产的候选创新工艺已经为人们所知，但是阻碍其发展的问题还未解决。在表 11.1 和表 11.2 中，已对第 7 ~ 9 章中两种金属生产的能源效率和工艺创新的减排潜力进行了总结。

表 11.1　钢铁生产中能源效率与新技术的减排总结

选项	CO_2 减少潜力
能源效率——最佳可用技术	所有流程的 13%
直接还原铁	与高炉相比减少 20%
熔炼还原	与高炉相比减少 20%
采用核能电解	与消耗低碳电力的高炉相比减少 80%
炉顶气体回收和燃料替换	与高炉相比减少 10%
电机制造	能量减少 20%

表 11.2　铝生产中能源效率与新技术的减排总结

选项	CO_2 减少潜力
能源效率——最佳可用技术	所有现行流程的 12%
惰性阳极与可湿润性阴极	冶炼中减少 30%，但需要双阳极
碳热还原	冶炼增加 12%，但无须阳极
电机制造	能量减少 50%

　　未来钢铁和铝的生产能够以清洁能源作为动力吗？虽然核电可能会发生扩张，但是可再生能源产生的电力不太可能为未来的材料加工提供动力。但清洁能源的其他选择，以及其他工艺创新的所有其他选择都需要碳捕获和储存（CCS）。关于未来碳捕获和储存的实施速度，根据第 10 章的内容，可以选择任何我们喜欢的数字：乐观的是，可以说碳捕获和储存的规模是巨大的，可以把它应用到所有的工业生产过程，以及所有的发电过程，事实上未来的电力输出将增加 3 倍，因为在未来会有电动汽车，也会使用电动热泵来为我们的家庭供暖，我们需要解决这些问题。但是令人遗憾的是碳捕获和储存已经在世界范围的 3 个地方进行了尝试，但都没有关联到工业过程或发电站，而且这将使每一过程的功率输出减少 25%[3]，同时由于成本高昂，存在风险，公众可能不会接受。即使有人真的用碳捕获和储存发电，且所有其他行业也采用这一电能，这样对于工业来说就不会有任何剩余（的排放）了，这似乎是我们探索关联到材料加工过程未来排放的唯一合理方法，就是选择零排放，即完全的回收利用。如果不采取其他的方法，而仅仅依靠碳捕获和储存来解决这个问题，这种方法的风险就太大了。所以，我们支持碳捕获和储存的智能开发与评估，以增进我们对碳捕获和储存技术成本、运输方式以及对实施难度的了解。但是，不要理想地认为它能够解决所有的问题。我们只是将它暂时搁置，并对我们所有的预测有一个警告，"除非碳捕获和储存得到大规模实施"。然而，假设全球电力系统会出现一定程度的脱碳，这也是有风险的假设，因为电力的需求随着人口、经济发展和燃料的转换而剧烈增长。鉴于目前强有力的政策指标，

以及我们可以通过更多的核能发电来实现这一目标，假设到2050年世界10% ~ 30%的电能是无碳排放。

从这里开始，即将探索到2050年将生产多少金属，采用哪些工艺，消耗多少能源并产生多少排放。回顾了我们的选项之后，将用来做预测的参数显示在表11.3和表11.4。我们排除了不确定性，假设所有剩余的能源效率选项被完全采用，到2050年回收率将上升到90%，对于所有其他的选项，表中给出了系列值。为了反映未来40年预测的不确定性，我们对每个数字都给出了乐观的、平均的和悲观的数值：乐观的数值包括最少的需求预测，最积极的可能实施的减排方案，所以会导致我们所能想到的未来最低排放量；悲观的数值则将导致可能的最高排放预测；当然，还有中等的数值介于两者之间。

表 11.3　未来钢铁产品生产特点的预测

项目	低	中	高
需求预测 /Mt	2300	2500	2800
电力脱碳 /%	30	20	10
具有炉顶煤气回收和燃料替换的高炉 /%	50	60	75
直接还原铁法减少的铁产量 /%	20	20	15
熔融还原法减少的铁产量 /%	20	15	10
电解 /%	10	5	0

表 11.4　未来铝产品生产特点的预测

项目	低	中	高
需求预测 /Mt	110	130	150
电力脱碳 /%	30	20	10
常规霍尔 - 赫鲁特法实施减少的铝产量 /%	0	25	50
惰性阳极技术实施减少的铝产量 /%	85	65	45
碳热还原技术实施减少的铝产量 /%	15	10	5

钢铁和铝行业的排放预测

现在可以开始进行 2050 年的叠加清算。首先，根据表 11.3 和表 11.4 的值，对第 4 章全球需求的预测进行了调整。然后，使用运行库存和回收的模型来预测由主要和次要途径生产的两种金属的数量。采用表中的能源和排放强度，并酌情将电力转换为排放量。与钢铁和铝行业的预测不同，在计算中包括了下游制造业和建筑业，因为这些行业是需求的主要驱动力。最后，通过相关的金属流量乘以每个过程的排放强度，然后将过程总量相加，对未来排放量进行预测。对这两个表中的乐观、平均和悲观的 3 种设置重复以上的运算，以达到 2050 年预测排放的系列值。为了比较，我们还预测了"一切照旧"情况下的排放量，假设需求会增加，但排放强度并不会改变。

图 11.1 和图 11.2 是我们的研究结果，这是灾难性的：我们已经做了能在钢铁和铝制品制造中改善能源效率和减排的每一种可能；但如果需求像我们预测的那样增长，那么削减 50% 的目标将无法达到。

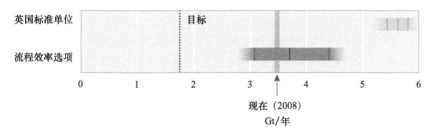

图 11.1 钢铁行业的 CO_2 排放预测

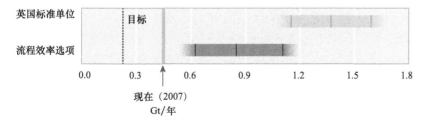

图 11.2 铝行业的 CO_2 排放预测

对于钢铁来说，如果我们坚定地承诺去追求表 11.3 中确定的能源和过程效率选项，尽管钢铁需求增加近一倍，但 CO_2 排放量也将保持在目前的水平。然而，这将是一个惊人的成就，因为所需的变化涉及这个行业的巨变。20% 的铁将直接由天然气驱动的 DRI（直接还原铁）炼制而成，所有的高炉都将进行炉顶煤气回收改造，并将整合以适应进一步的燃料替代。在熔融还原和电解的商业化发展方面需要巨大投资，需要优化所有下游电动机。所以，我们建议广泛采用高炉以外的炼铁技术来大幅减少炼焦厂和烧结厂，同时需要大量投资来拓展新的炼铁技术和回收利用的能力。

对铝行业的预测表明，我们的表现可能将远离目标，随着对铝需求的增长，CO_2 的排放量几乎翻了一番。即使达到这样的排放水平，也需要生产技术的重大改变。期待已久的惰性阳极系统是实现这些减排的关键，并将取代大多数常规电解法。我们需要将现有的初级生产能力提高一倍，并进一步提高铝回收材料的二次生产能力。为了达到预测的排放水平，铝行业在增加产能的同时，必须开发和部署一项过去 25 年一直难以确定的技术。这将是一个前所未有的成就。

在预测中，最不确定的变数就是不同技术被产业接受的速度。正如在第 9 章所讨论的，许多新技术正处在早期的开发阶段，需要大量的科学突破，使之在商业上可行，所以预测可能是乐观的。我们也知道这些新技术的减排潜力只能在全面实施后才能得到评估，所以真正用于新工艺性能的量可能是被高估了。

当然，可以通过说"好吧，现在已经知道我们能够从效率中获益多少，这告诉我们需要多少碳捕获和储存"来重新解释结果，但我们不认为当前的技术状态能够满足需要。然而，这些图告诉我们，如果不把希望寄托在碳捕获与储存上，就无法通过效率措施达到减排目标。如果气候科学家呼吁削减全球排放量的 50% 来避免严重的全球变暖问题，这是正确的，图中有两个后果：考虑我们正在对孩子未来的生活造成不可逆的伤害，要么继续向前，要么接受这个结果，即随着全球变暖变得更加严重，各国政府将采取大胆的行动限制排放，最终限制钢铁和铝行业的产量。正如在本书开头所说，我们使用 CO_2 排放作为环境损害的一般性指标：如果你关心其他抑制未来可持续发展的问题，无论是对水和土地的排放，或资源枯竭，还是国家安全，我们都期待相似的分析导致相似的结果。如果你想在全球需求增长的情况下减小副作用，仅仅致力于让材料产业更高效，似乎难有大的改观。

我们写这本书的初衷是要睁开双眼看世界。如果假设必须满足未来对新金属的任何需求，那么不能完全依赖于通过行业内推行效率措施将影响降低到可持续水平。我们必须做点别的事情，例如，提出上述配给（亦即限制行业产量）的"威胁"，因为在危机中，任何事情都会发生。在第一次世界大战期间，英国的居民被要求放弃任何他们拥有的多余的铁或钢来为军事力量提供生产材料——例如，铁栅栏迅速消失[1]。当被强制执行时，我们运用配给制来应对，才使我们的生活得以幸免于分崩离析。

但是我们不想生活在产业效率和最终配给这两个不稳定的极端之间，如果我们睁开另一只眼睛，就不必如此了。如果假设生产必须随着需求而增长，而我们又无力应对，为何不考虑用更少的生产来满足需求呢？这就是本书所说的双眼看世界，特别是我们想探索用"材料效率"去平衡目前一只眼所能看到的"能源效率"。我们采购钢铁和铝制品作为用于提供服务的商品的一部分，这称为"物质服务"，如"在剑桥和伦敦之间运送我们"或"在镇上提供舒适的靠近我同事的工作空间"。制造材料的目的不是拥有材料本身，而是提供物质服务。因此，睁开双眼，我们能否在满足不断增长的需求的同时，减少对材料的需求？这是本书剩余部分的主题。在第三部分中，我们将睁开双眼来审视钢铁和铝提供的服务。在此基础上，将在第四部分扩展至水泥、塑料和纸类，然后在第五部分反思如何做出足够的改变。

让我们用以赛亚的话来翻页，"那时，瞎子的眼睛必睁开……在那里必有一条大道……在那里必没有狮子……悲伤和叹息都将消逝"。

第二部分明确的结论，就是我们只睁开一只眼是不能做出足够的改变，需要睁开双眼去看。

为战争收集的铁栏杆[2]

注释:

钢铁和铝行业的排放预测

[1] 约翰·科尔(John Cole)是第二次世界大战期间住在伦敦的一个孩子,他描述了1943年,在飞机制造部部长比弗布鲁克勋爵(Lord Beaverbrook)发起废旧金属收集运动之后,街道前花园中的锻铁栏杆被拆除用于战争(科尔,未注明出版日期)。

[2] 这张照片显示了1942年从白厅路休闲场地移除的栏杆(橄榄球广告牌,1942)。

[3] 大卫·麦凯(David Mackay)指出,清理燃煤发电站的气体并在地下储存 CO_2 "将使交付电力减少约25%"(麦凯,2009)。

第三部分　睁开双眼

12. 通过设计使用更少的金属

我们使用了很多金属，也已经设计和优化了生产流程，使其有较高的效率。然而，这种效率的一个特征是，批量制造相同形状的材料比制造形状各异的不同材料要便宜得多——这一经济性既来自与模具成本相关的生产规模，也来自连续而不是离散加工的速度。因此，制造几何形状简单的零件比使用较少金属的零件成本要低一些。

13. 减少产量损失

与组件设计不同，金属流动图表明至少 25% 的液态钢铁和 40% 的液态铝从未被制成产品，因为它们在制造过程中被作为废料切掉。我们能怎样做来减少这些损失，以及能节省多少？

14. 改变金属生产废料的用途

目前的生产中，产量损失很大，缺陷和超额订购也造成了额外的报废，那么，除了将废料熔化回收，能不能用在别处呢？

15. 金属旧件再利用

在研究了不通过熔化途径将生产废料改变用途之后，我们现在来考虑，是否可以把类似的方法用在寿命到期的产品构件上？对于较大的构件，特别是对那些在使用中一般不会损坏的建筑钢梁，或许不需要通过熔化来回收它们。那么它们可以直接为我们所用吗？

16. 长寿命产品

经济发达的国家，对金属的需求基本稳定，他们购买金属物件主要是用来替代其他产品。所以，如果金属产品能够拥有更长的寿命，就会减慢替换速度，从而减少对新金属的需求。然而，真的可以延长产品的使用时间吗？

17. 减少最终需求

假如通过提高能源效率或材料效率还找不到方法来实现减排目标，那么就需要考虑减少需求量了。这是否自然而然地意味着与发展背道而驰，或者还有其他选择吗？

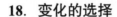

18. 变化的选择

既然我们已经确定了"睁开双眼"这一选择，让我们回到本书第一部分的产品目录中，检验每一种策略在每个产品上可以应用到什么程度。

19. 未来能源的使用和排放

现在我们用上一章"调音台"上的"滑块"把第11章的分析重新做一遍，从而得到提高材料效率和减少材料需求的方法。

12. 通过设计使用更少的金属

我们使用了很多金属，也已经设计和优化了生产流程，使其有较高的效率。然而，这种效率的一个特征是，批量制造相同形状的材料比制造形状各异的不同材料要便宜得多——这一经济性既来自与模具成本相关的生产规模，也来自连续而不是离散加工的速度。因此，制造几何形状简单的零件比使用较少金属的零件成本要低一些。

1903 年，霍克·威尔伯（Wilbur）和奥维尔·莱特（Orville Wright）在北卡罗来纳州实现了人类首次动力升空实验，而在几百英里之外，亨利·福特（Henry Ford）在底特律郊区密歇根州迪尔伯恩成立了福特汽车公司。莱特兄弟对飞行的主要贡献是发明了三轴姿态控制，但他们也研究机翼的几何形状和降低飞行器的质量的方法。为了降低飞行器的质量他们移走机身上所有可能的支柱，使剩余部分尽可能地轻，使用合适的材料并自主研发引擎——感谢拿破仑三世的（有关用铝的）前导——该引擎采用铸铝发动机缸体。为了飞行，莱特兄弟必须学习设计出最轻飞机，自此开始，航天航空工业一直在追求轻量化设计。与此同时，亨利·福特正准备在迪尔伯恩生产 T 型汽车，该车于 1908 年推出，改变了汽车世界。这是第一次，汽车便宜到连福特工厂的工人都买得起。靠执着地追求标准化，亨利·福特把汽车从豪华奢侈品转变为经济实惠品，将奢侈品变成了商品，自此开启了 20 世纪制造业的历史进程。众所周知，福特产品的口号是"你可以要任何颜色的汽车，只要它是黑色的就行"。事实上，福特发现并利用了生产中的规模经济：生产大量相同的零件和商品比生产各种各样的产品要便宜得多，因为一个零件到下一个零件没有延迟，而且生产这些零件的人员、工具和系统都随着经验而得到改进。

因此，1903 年在工业方面有两个典型案例：一个是莱特兄弟尽一切可能降低飞机重量；另一个是亨利·福特在尽一切可能实现汽

莱特兄弟的飞行器

亨利·福特的 T 型车

车生产的标准化。标准化的零件通常比优化的零件重，这就提出了本章要讨论的主题：能否通过优化组件设计来减少金属使用量？如果要优化设计，我们会付出怎样的代价呢？

我们将从优化重量开始，并尝试建立最小重量零件的设计指南。由于大多数组件没有完全优化设计，本章将研究一组案例，以了解在实践中节约金属是如何体现出来的，并试图了解现在为什么还没最大限度地减重。然后，重新审视这些设计原则，从而制定一些实用的指导方针，并运用这些方针来预估通过优化设计可以节省多少金属。最后，看看节约金属的商业案例：既然金属成本高，那么为什么不抓住每一个机会少用金属呢？

轻量化设计的基本原则

自20世纪70年代以来，在"结构优化"这个领域，人们已经开发出了各种计算机辅助工具来设计更轻的部件。这是个很好的主题[1]，但是实施起来比较困难，因为对数学知识的要求很高，所以总是需要最好的计算机。虽然对于做任何一个特定的问题，不可能用自己的双手来击败计算机，但是，如果太过于依赖计算机，就学不会手工解决问题。所以，除了航空航天领域，优化并不多，通常只限于需要迅速移动的小零件。例如，喷墨打印机头值得优化，因为减少惯性力可以让打印速度更快。因此，在本节中，将尝试不同的方法，看看是否能够找出一些通用性的原则。

图12.1就是一个最简单的例子：悬臂梁固定在坚固的墙壁上，在臂上距离墙壁一段距离处，施加一个点载荷，它所产生的偏转，也就是弯曲，会达到一个极限值。这张图可能代表起重机、建筑物上的阳台，或机器人的手臂。因此我们必须确保手臂具有足够的刚度，但通常刚度设计比强度设计的要求更高。

图12.1中的悬梁臂是均匀的，所以它最有可能在靠墙处折断。对于一个更结实的悬梁臂，应使得它在靠近墙壁处的梁的厚度更大一些，在靠近负荷处的厚度小些。事实证明，如果想要的是刚度而不是强度，这个逻辑也是适用的。图12.2显示了一种更优化的设计：悬臂的厚度是变化的，使悬臂在顶端承担载荷时尽可能坚硬。这种

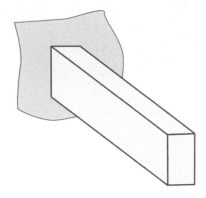

图 12.1　简单的悬臂梁

设计比上一种设计减轻了 16% 的质量，这对于莱特兄弟来说已经是个好消息了，但对于亨利·福特来说是坏消息，因为这将增加加工制造的难度。

第一根悬臂梁会在墙端破坏，而第二根梁在最大载荷下将沿其长度方向受到破坏。然而整个悬臂梁并不是立即破坏，破坏将从上下表面开始。如果你手上有一捆意大利面条，可以很容易展示这一点，牢牢抓住一束意大利面的两端，并稳定弯曲成一条弧度越来越大的曲线。哪一缕意大利面条先断裂呢？一束中总是最外面的一缕先断，而中心的一缕可能最后断。与我们的悬臂梁相似，失效最有可能发生在上下表面。因此，这是梁最关键的位置，而悬臂梁的中间部分我们则可以减薄。我们的第三种设计结合了这种材料的布局与图 12.2 的设计，现在悬臂梁的横截面看起来像一个大写的"I"（译注：大写的"I"和汉字"工"字形似，后文全称为工字梁）（图 12.3）。这是用于建筑结构钢的标准形式。但是，鉴于考虑亨利·福特的理念，通常用等截面梁，不是这里显示的变截面类型。工字梁通常通过特殊形状的轧辊轧制而成，这更方便使它们沿其长度方向具有相同的横截面。如果我们把图 12.1 所示的梁设计转换成具有同样刚性的等截面的工字梁，我们将节约 54% 的材料，但是如果设计为图 12.3 所示的可变高度（亦截面）工字梁，我们现在就已经节约了 85% 的材料。

可变高度工字梁开始看起来像两个翼梁，最终极力朝向一个点，类似于一种"桁架"：诸如我们所熟悉的机场、铁路桥梁大跨度建筑物的屋顶支撑。所以现在让我们转到图 12.4 这种最简单的桁架结构。在这个设计中我们有两个选择：桁架中两个杆体之间的夹角是多少，以及其横截面面积应该是多少？对于最强刚性设计，如果我们假设结构是对称的，杆之间的最佳角度应该是 90°（或者等同于我们的图片中的角度，α_1 和 α_2 都应该是 45°）。严格来说，下支杆存在一定的屈曲危险，所以可能需要一些额外的支撑。在这个角度上，墙壁上两个支撑之间的距离将是负载与墙壁距离的 2 倍，如果需要在此桁架下面节省空间，这可能是一个问题，但是我们担心随后的约束问题。

桁架的转向设计是非常有效的。如果我们再次拿起那束意大利

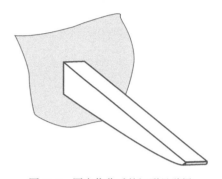

图 12.2 厚度优化后的矩形悬臂梁

图 12.3 高度优化的工字悬臂梁

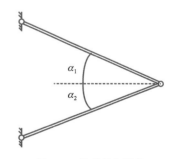

图 12.4 铰接桁架结构

面条，并牢牢握住两端，不过这次只是拉，然后每缕面条经历相同的荷载，那么很可能等同地破裂。这意味着我们正在非常有效地使用材料：如果可以，尽可能保证构件轴线与荷载成一条直线，避免构件弯曲，这将始终使用更少的材料。如果图 12.4 中的铰链是无摩擦的，桁架中的载荷与翼梁完美对齐，那么我们可以使用具有恒定横截面的构件（这对于亨利·福特来说是个好消息），其面积刚好足以承受荷载，并且没有材料被浪费（对莱特兄弟来说是太棒了）。

我们几乎完成了简单的案例研究，将以安东尼·米歇尔（Anthon Michell）所开发的一种非凡的理想设计来结束研究。他是一位澳大利亚工程师，发明了广泛使用的"米歇尔轴承"，并成立了米歇尔轴承公司，此外，还探讨了"最小框架"的设计。与本章的主题相符，米歇尔在 1903 年就做了这项工作，并表明所有最小框架都包含杆体并形成"正交系统曲线"。因此，我们对示例问题的最终解决方案就是图 12.5 所示的米歇尔桁架（Michell trusses）。该设计包含两种总是相互正交的线条——这就是"正交系统曲线"的含义。对于莱特兄弟来说，这个设计看起来很有趣，但是对于亨利·福特却正好相反，因为这个桁架系统需要一整套复杂的更短的杆件。

通过简单的例子确定了两个节约材料的关键原则：

（1）通过使用桁架来避免弯曲。沿着长度加载的桁架梁总是比弯曲加载的构件更有效率。

（2）如果一个构件必须经历弯曲，那么它应该被设计成一个使材料尽可能远离其弯曲轴线的形状（像一个工字钢）。如果弯曲变形沿着构件变化，那么也应该有一个可变的横截面。

这两个原则为我们设计组件提供了一个很好的较少使用金属的起点，在进行案例研究之前，还可以再加 3 个附加原则，以指导我们在节省金属方面的探索。

首先，一旦选择了基本的有效设计，就必须选择每个构件的横截面，随着荷载的增加，或要求的挠度减小，面积必须增加。因此，在开始设计之前，我们应该努力减少所需的荷载并增加允许挠度。这看似容易，但在实践中，客户或者代理人经常提出"为了安

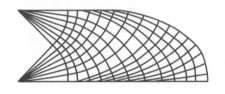

图 12.5　米歇尔桁架

全起见"的要求。当我们在飞机上时，那样的考虑会感觉到很安心，但是如果我们的办公室强固得足以在每一层装备（即都能承载起）一个游泳池，这可是相当浪费的。

其次，以上简单的示例要求我们只支持一个负载。但如果还要在同一个基础上再支撑第二个负载该如何做呢？我们应该用第二个独立的结构来支撑，还是应该用同一个结构来支撑两个负载？在大多数情况下，将使用一个组合结构来节省结构材料，而不是采用两个独立的结构。

最后，我们还没有讨论用来制造杆体的材料，当然，如果使用更强更硬的材料，可以减少材料的使用量。材料选择是一个大课题，正如在第3章中提及的那样，要考虑的性能非常多。幸运的是，和以前一样，可以回归到我们的同事迈克尔·阿什比（Mike Ashby）教授那里，他的书籍和相关软件及数据库向我们展示了如何选择最好的材料[2]。我们将通过上述简单的桁架设计方案来说明他的方法。设计必须在不发生破坏的情况下承受所需的荷载，并且不超过一定的挠度变形（刚度限制）。如果将荷载设定为材料的强度极限，那么其挠度将随着刚度的增加而减小，或者等效地可以说，挠度与强度和刚度成正比。图12.6中，在强度与刚度的轴上绘制一些材料的性能，其中沿轮廓线（译注：图中的虚线）的强度与刚度的比值是常数。

在这种情况下，同一轮廓线上的材料会有类似的性能，如钢或铝，箭头的方向显示了选择最好的材料的方向。根据图形显示，最好的材料是石头。考虑到其他性能，我们可以进行类似的搜索：例如，密度、自重、成本或是可用性均是该桁架所受荷载的重要组成部分。

现在，我们已经通过简单的例子做了足够多的工作，得出了5个使用较少金属来设计产品和组件的原则：

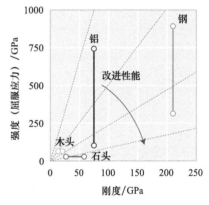

图 12.6　材料选择图或阿什比（Ashby）图

使用较少金属的 5 个原则

- 尽可能地用更少的结构支持多个荷载。
- 不要过度地规定荷载。
- 尽可能保证构件轴线与荷载成一条直线，避免构件弯曲。
- 如果弯曲不可避免，则沿着构件优化其横截面。
- 选择最好的材料。

这些原则在现实中如何应用？为了找出答案，我们就来看看在今天的现实中发生了什么。

在实践中探索使用较少金属的案例研究

为了通过有效设计来探索节约材料的现实，我们对 5 个案例进行研究：通用梁、深海油气管道、轿车车身碰撞结构、钢筋和食品罐体。在全球范围内，这些部件每年使用约 400 万 t 的钢铁和铝，占两种金属总产量近 40%。通过了解这些零件公司当前的使用情况，然后再应用上一节提出的几项原则来进行一种新的更轻的质量设计。然后，回到这些公司，看看他们对我们的建议有何想法。

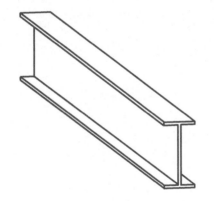

图 12.7　标准通用梁

标准通用梁： 如图 12.7 所示，标准通用梁是钢结构建筑的关键部件。它们是为弯曲刚度的特性而设计的，并用作支撑地板或屋顶的水平横梁。它们以标准化的系列几何尺寸制造，并列在钢铁生产商提供的目录中。然而，它们具有一个恒定横截面积的几何形状，这样可以便于制造，所以并非完全有效，正如前一节简单的例子中看到的那样。

在这个案例研究中，为了估计通过优化设计可以节省多少金属，我们设计了一系列梁来应对一套标准荷载的情况，然后与建筑行业专家一起评估我们的调查结果。不同的梁设计如图 12.8 所示，包括标准工字梁、复合楼板梁（其中，混凝土楼板是这一弯曲系统的一部分，允许使用较小型的钢截面）、空腹托梁（适用于较轻载荷的桁架结构，如屋顶）、圆孔型蜂窝梁（在横梁的腹板上切出某种形状的单元形状以节省质量）、变截面梁（其梁的高度或宽度的变化，是针对给定荷载进行优化的）。

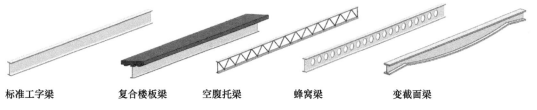

标准工字梁　　复合楼板梁　　空腹托梁　　蜂窝梁　　变截面梁

图 12.8　不同梁设计的比较

结构工程师根据标准机构编写的规范来设计建筑物，以确保建筑安全。在英国，设计必须满足欧洲建筑规范（欧洲钢结构设计规范 3）。所以，我们优化了梁设计[3]，以在地板和屋顶两个方面满足这些规范。最后的结果总结在图 12.9 中，图中显示了每种设计所需钢的质量。

目前，复合楼板梁是英国最常见的楼板解决方案，因此可以将其作为楼板载荷情况的参考。对于屋顶的载荷情况，目前的标准设计是标准通用梁。研究结果表明，通过应用我们的设计原则可以实现至少减轻质量的 30%，并且在使用复合楼板梁的情况下可以减少更多的质量，但目前尚未使用。当我们与建筑设计师讨论这些结果时，他们说改进后的设计在技术上是可行的，但成本会更高。显然这是事实，但是如果波音公司能够用数百万部件来制造一架 747，这是可以做到的，记住在第 6 章开始的简要概述，与建筑物的总成本相比，额外的成本将相对较小。

所以，按照莱特兄弟的理念，可以减少钢结构建筑中钢材的数量，但是亨利·福特会怎么想呢？前面提到过，工字梁目前是用特殊形状的轧辊通过热轧制造的，所以当开始考虑这个问题的时候，我们也在实验室里进行试验，并且找到了一种新的轧制优化工字梁的方法，希望亨利会认同。

虽然在这个案例研究中我们的研究目标是优化受弯曲变形的梁的横截面，但不要忘记其他设计原则：我们应该组合荷载，并避免超过规范要求。2012 年在伦敦奥林匹克运动会赛车场上的图框故事表明，组合荷载（支持座椅和屋顶在同一结构）是建造高效、实用建筑的一个关键策略。

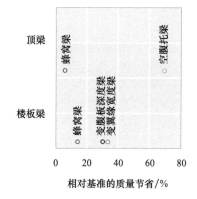

图 12.9　替代梁设计的质量比较

我们的原则也告诉我们不要过度地规定负载。由于一个称为"合理化"的过程，在施工中常发生超规范的情况。通常，一个敏锐的年轻土木工程毕业生根据标准规范设计建筑物，并选择最佳的梁。然后，一个有成熟经验的设计师审查了设计，并减少了所需的不同截面梁段的数量，因为这样做简化了建筑承包商的工作。在发达国家，与劳动力成本相比，钢材的成本较低，因此节省劳动力成本（通过避免施工现场的多样性）通常比节省材料有更高的性价比。

伦敦 2012 奥林匹克公园

由于通过节能措施能降低与建筑物使用有关的 CO_2 排放量，所以建筑中隐含碳排放越来越受到关注。在 2012 年伦敦奥林匹克公园，超过 90% 的隐含碳排放来自三种建筑材料：混凝土、钢筋和结构钢。每种材料碳排放量约占总量的 30%。减少建筑项目中隐含碳排放的有效手段是设定早期目标，最好是在设计任务简介中就指明。我们在奥林匹克公园找到了两个不同的故事。

自行车赛场的建筑师有一个希望，即围绕运动员和观众建造一个最小的结构建筑，即"收缩包装"建筑。因此，所需的几何形状是由轨道布局和视线决定的，这种"马鞍"形状允许使用轻型的索网结构屋顶系统，钢材用于张力拉伸，其在支架之间的跨距达 130m。尽管最初担心成本和风险，但承包商可以通过使用该系统和顾客认可来节省资金和时间。索网结构屋顶系统在替代钢拱支架过程中将节省 27% 的钢铁。结合屋顶、看台和立面的支撑系统、座椅结构的高级动态分析表明，虽然比规定建议的轻，但是性能还是能达到可接受的范围内。

设计水上运动中心的合同授予一位签约建筑师，他被要求为 2012 年伦敦奥运会设计一座标志性建筑。屋顶是关键——起伏的屋顶像波浪一样从地面向上延伸，因此，屋顶的形状只能由传统的桁架系统来支撑。尽管在设计中进行了优化，但屋顶的质量仍然是自行车场质量的 5 倍，尽管二者有相似的跨度和面积。

伦敦奥运会上的这两个体育馆的故事表明，在合同早期指定轻量化设计，可以节省大量材料：这样从一开始就找到一个有利的形式，比之后再精选一个更重的选择能带来更大的节约。

根据可信的数据，我们最初的研究表明，这种两阶段合理化的过程会导致大量钢材的额外使用。

所以，在对钢结构建筑梁的探索中，我们看到了使用较少金属的重要机会，但由于材料和劳动力二者之间的相对成本，我们目前没有追求这些机会。

深海油气管道将离岸钻井平台连接到岸上，并可能在海底 2km 以下的深度铺设。在这些深度处，管道需要承受非常高的水压，如果管道为空，就有可能会被压碎，但是当使用时，油或气体跟外部相似的压力通过管道被输送。管内的石油和天然气支撑着管壁，使之存在一个小的压差，因此管壁可能相当薄。通常在这种情况下，管道壁厚的选择是为了避免腐蚀带来的危险。

但是，决定钢材数量的不仅仅是管道的使用需要。我们也要解决一个不同的问题：如何在海面下 2000m 处安装 250km 长的管道？2000m 的位置会产生大约 20MPa 的压力，同时在那个深度，没有太阳光，温度在 −5℃ 左右，你可能碰到一个驼背鲈（黑犀鱼属），所以这是一个对于钢管的排布和焊接都非常困难的环境。

因此，深海管道不是在海底"原位"安装，而是自海平面向下去安装的。通常，管壁由 30～50mm 厚的高等级钢板制成。在热轧后，将板通常切成 9m 或 12m 长度，再滚压并焊接成长度约为 10m 的管段。这种类型的管道不可能在不损坏的情况下盘绕起来，所以通过将每个新的管段焊接到现有的管子上，当船缓慢驶向目标油（气）井的过程中，把管子从船上放下来。这条管道"串"最初是挂在船和岸边之间，随着"管串"的延伸，慢慢地下沉到海床上。右图显示的是世界上最大的管道铺设船之一——萨伊博姆（Saipem 7000）铺管船。

在正常使用过程中，管道必须承受管壁内外的压差。但是在铺设的过程中，焊接在已有"管串"上的最后一段管子必须支撑着约 2.5km 长"管串"下沉时的重量，直到这段管子到达海床的指定位置，此时管道在沉降到海底之前也经受了很大的弯曲变形。为了减轻管道的重量，它被空置，因为管道内空气的浮力有效降低了其质量。即使如此，在安装过程中由于自重和管道（一端或部分）悬挂在海床上时产生的弯曲，使管道在铺设过程中的荷载大大超过了在使用过程中会遇到的荷载。

不同截面的管道

驼背鲈（黑犀鱼属）

萨伊博姆（Saipem 7000）铺管船[6]

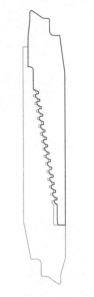

管道连接器的机械原理图

现代汽车车身

"路斯特七号"轻型车

将减少金属的设计原则应用到这个案例研究之中，我们考虑了是否可以减少荷载，以及是否有任何其他材料的选项。我们可以尝试在安装过程中，对内部管道进行加压来减轻铺设时的荷载，经过计算表明，这可以将管道的质量减少约30%。然而，从工业合作伙伴那里了解到，防腐蚀的需求可能会将这些节省降低到10%，并且在铺设过程中，管道内部产生20MPa压力，可能会导致安全隐患。

或者是安装期间（非使用期间）的负载决定了金属的需求，那么是否有一个不同的安装系统可以减少金属的使用？在较浅的水域，通常使用管道连接器在海床上构建一些管道。那么这种做法可以延伸到更深的水域吗？或者可以用不同的材料制造管道，以增加其强度来抵抗破碎压力，或提高其耐腐蚀性？可能"是"，但这两种解决方案都需要具体的研究。

这个案例研究揭示了通过设计来节省金属的重要障碍：今天使用的管线用管超重，不是因为设计中的过度规定荷载（正如我们在建筑梁上看到的），而是因为管道在安装过程中承受的荷载比在使用中所承受荷载高得多。

车身结构最初包括一个刚性底盘和在其上竖起的车身。然而，尽管这是卡车和重型车辆设计的基础，但今天的大部分轿车都是没有底盘而是基于整体式的车身设计。围绕乘客区域的笼架要比相同重量的基于底盘的设计提供更好的安全性。当我们看车时，是看不到这些的。相反，看到的带装饰性的车身面板只是轻微地连接在一起，如果损坏可以很容易更换。它们的主要功能是托起车漆！整体式车身的优先设计要求是它应该在碰撞中吸收能量，并为正常行驶提供足够的强度和刚度。然而，整体式车身具有许多附加功能，例如，为发动机、动力传动系统和轮子提供安装以及乘客舒适度和吸引顾客的美观形状，并且必须以可接受的成本制造车身。因此，车身结构的设计非常复杂，这涉及相互竞争因素之间的一系列权衡。如果将这种权衡转向减轻车重，我们能节省多少？

伟大的汽车设计师科林·查普曼（Colin Chapman）简单的回答了这个问题，他是路斯特汽车（Lotus car）在英国的创始人。查普曼的设计原则是"简化并轻盈"，有一条我们并不赞同但众所周知的理念是"任何一辆能够支撑整场比赛的汽车都太重了"。

质量为 500kg 的"路斯特七号"(现由凯特汉姆生产)是当今最轻的汽车之一。它的轻盈通常有助于提高加速度,但是在最近的燃油效率竞争中,"路斯特七号"参加了经济竞赛,只更换轮胎,以不同的驾驶方式,每加仑能达到 160 英里。因此,查普曼致力于减轻质量的承诺正激励我们寻求一个既能减少燃料消耗,又能减少金属需求的可持续发展的未来。

我们希望部门主管能购买一辆"路斯特七号",这样就可以更多地了解轻量化设计的知识,我们将关注一个更常见的车身结构部分——车门,并回到之前讨论的使用较少金属的原则上来。车门必须方便乘客上下、支撑车窗、容纳包括扬声器在内的各种电子器件以满足各种电子功能。我们依次应用以下 5 项原则:

● 同一结构支撑所有荷载:传统的汽车门是设计成与"门皮"分开的支撑结构。如果这些分开的结构组合起来则可以变得更轻。

● 不要过度规定荷载:撞击荷载由碰撞测试中的国家标准指定,因此取决于道路上行驶的其他车辆的平均值。将来,在道路上要重型车辆和轻型车辆分离,这将使轻型车辆的安全性得到极大改善。

● 尽可能将荷载与构件对准,以免弯曲:车门受到周边支撑,因此不可避免地承受弯曲荷载。如果门尽可能小,则弯曲变形会减至最小,但客户喜欢较大的门,因此该策略在短期内几乎没有可能实施。

● 如果弯曲是不可避免的,那么就应该优化横截面,并允许其截面变化:如果中间加厚而两头减薄,门将变轻,但这可能与乘客舒适度或外部美观性相冲突。上述的侧面示意图表示传统车门设计的各种替代方案,这样可以减轻质量。但这些设计因需要将原门内的窗户逐个撤走,目前被禁止。

● 选择最好的材料:使用阿什比(Ashby)教授的材料选择工具,可以为车门研究各种不同的替代材料。碳纤维复合材料或镁薄板可实现等效的能量吸收还可以减轻质量。然而,制造这些材料不仅需要更多的能量,而且排放也更大,并且复合材料不能回收利用。因此,在生产和使用二者的排放量之间存在一个权衡,我们将在第 16

可选的车门设计

章讨论寿命的延长时详细探讨这一点。（车门）用复合材料制造也比金属更复杂，因此成本也会增加。

我们的原则已经揭示了减轻车体结构质量的许多选择。为了验证这些选择，我们花时间与捷豹、路虎（Jaguar Land Rover）的团队合作，来审查这些车车门的设计，他们现在的目标是在未来五年里减少门重的30%。其方法的细节是保密的，但他们的坚定信心证实，一项重要的减重计划还可以在这些熟悉且已经高度工业化了的组件上得以实现。

钢筋，这些通常被称为"螺纹钢"的建材，被广泛用于建筑物和基础设施中的混凝土中，起到结构加固的作用。混凝土抗压性能强，抗拉性能弱，因此钢筋嵌入其内部就可以提供拉伸强度。就像先前在结构梁的案例研究中看到的那样，钢筋的设计通常受到强度的限制而不是刚度的限制，所以如果使用较强的钢材来制造钢筋，则需要的钢材质量就会减少。

我们提出的使用较少金属的5项设计原则，其中两项特别适用于钢筋：材料选择和避免超规格使用。

目前，中国对钢筋的使用量较大，占全世界钢筋产量的60%，大多数钢筋是由较低强度的钢材制成的，大约是欧洲使用的钢筋强度的67%。如果将中国螺纹钢，从现在的强度组合升级到欧洲那样的标准，将节省约2300万t，占全球钢筋产量的13%。为何之前没有这样做呢？因为提高中国钢筋的强度需要成分上的变化（特别是用作合金化元素钒的增加）。钒是昂贵的，但即使如此，这一升级也可以将成本降低20%左右。然而，当地生产商不愿意投资用于预应变、热处理以及改进控制所需的设备，所以中国钢筋仍然具有较低的强度。

我们使用的钢筋数量是否适量？在建筑结构中讨论了荷载的超规格，但钢筋又出现了另一个问题：即使整体上建筑设计没有超标，设计师、详图设计人员和承包商也可能会做出选择而导致钢筋使用量过多。这是因为在简单的几何形状中，以单一间距并且尽可能少的不同直径的钢筋来布置，会更容易、更便捷。当然，简单的布局也会降低犯错误的风险，并使检查更容易。亨利·福特和莱特兄弟会怎么做呢？

钢筋

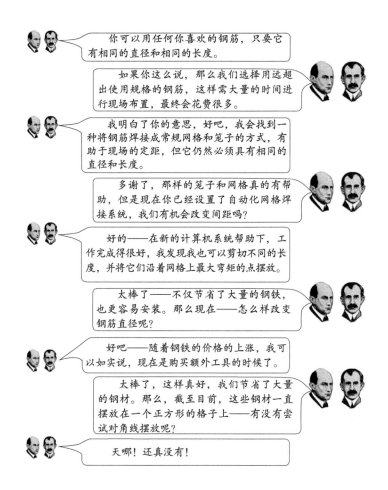

……这就是我们今天使用钢筋的目的。通过精心设计，除了最简单的应用，钢筋还被焊接成网孔和网格，以确保正确的间距和分割。如在图框故事中介绍的双向有线电视系统（Qube）中使用的现代计算机控制系统，可以设计成不同长度、间距和直径的网格，但是到目前为止我们仍然只使用与方形网格对齐的那种网格，并无对角线摆放。

然而，这可能是目前最好的情况，在实践中不一定会发生。经过与行业专家的讨论，我们估计，如果优化钢筋解决方案，可以在65%的建筑项目和50%的基础设施项目中得到应用。通过真正优化尺寸和布局，可以再节省全球15%的钢筋生产，如果转向非正交的布局，节省更多的钢筋也是可能的，但会增加项目的复杂性和成本。

食品罐在仓库中受到的负载比
家里更大

食品罐：每年生产约 1000 亿个食品罐，与饮料罐（过去 30 年来，饮料罐已经变轻了 20% 左右）相比食品罐的质量只有轻微的下降，与一个具有相当体积和高径比的饮料罐相比，仍然大约重 30%。可以使用现有的制造设备来生产更轻的饮料罐，但为什么没有这样做呢？

食品罐的性能规格取决于下游加工的要求，食品制造商装满罐头，盖上盖，然后在一个称为"蒸煮"的烹饪过程中将所装的食品进行杀菌，再将罐头叠放至一定的高度储存。在蒸煮的过程中，由于烹饪炉中的压力，食品罐承受约 0.1MPa 的冲击压力（相当于海面以下 10m），随后由于罐内食物的升温和膨胀，会产生接近 3 个大气压的爆炸压力。之后，当罐头堆放在仓库中时，罐头必须承受上面所有罐头的重量——可能多达 50 个。在罐头销售给最终客户之前，以上食品罐头装载的两个特征与其他食品包装的处理不同。例如，铝袋、塑料罐和利乐包装纸盒，这些是在大约 0.5 个大气压下的平衡蒸煮过程中灭菌，装箱而不是堆叠，处理更小心。如果食品罐也是这样的话，罐体可以减轻 30%，在某些情况下，罐头可以用箔盖封头来代替。

一旦安全地进入客户的家，食品罐就不需要比饮料罐更强固了，就像上面的深海油气管道一样，它们的质量由在最终使用前所发生的荷载决定。可以减少食品罐的这些额外的负载：用于箔食品袋的平衡蒸馏过程可用于罐头，在现有流程中，可以为轻型罐提供额外的支撑，也可以使用额外的（可重复使用的）支撑件来减少堆叠总负载。英国目前之所以不这样做，是因为现行的罐体制作方法比支付额外的金属会便宜得多。但是，如果我们在节省金属或者支付碳捕获和储存所需要的基础设施和能源成本之间做出选择，那么金属节约则可能会更便宜。

加强钢筋优化

钢筋混凝土设计通常包括钢筋选型和布局在一定程度上的"合理化"，即在较大面积的情况下，使用相同直径和相同间距的钢筋，以简化安装钢筋的设计、标识、铺设和检查。这通常比严格满足性能和规范要求需要的钢筋要多 15% ~ 30%。Qube 设计通过使用先进的有限元方法和使用 Bamtec（德国开发的一种布置屋面板和地基板增强筋的方法）预卷制钢筋地毯系统，从而最大限度地减少了这种超规格设计。Bamtec 地毯通常由较小直径的钢筋组成（除了正常的库存范围外，还包括 14mm、18mm 和 22mm 直径），这些钢筋以较小的间距放置，实现设计所需的相同的加强面积。Bamtec 的"卷制地毯"是通过机器人从详细图纸读取的加强件进行制造的。复杂的钢筋序列被用来显著降低平板的合理化程度，而不会有任何的刚度损失，并且可以增加对裂纹的控制。在制造期间，每根钢筋点焊到薄规格的钢带上并卷起，以便在现场快速铺开。这样的"卷制地毯"预制边缘裁剪和保持架主要是在场外制造的。Qube 的设计方法和 Bamtec 地毯系统的组合是智能创新带来真正的材料节省的典型案例[7]。

通过设计来减少金属使用的实际障碍以及克服障碍的方法

通过设计减少金属使用的 5 项原则，我们在每个案例研究中都发现了使用较少金属的更多可能，但也发现了因为各种各样的实际障碍，我们没有抓住这些机会。其中的一些障碍与成本有关：使用过量金属比支付减少使用的成本更便宜。然而，本书研究的目标是展望未来，假定金属需求翻番的前提下，运用所有可能的措施，到 2050 年将排放量减少到当前水平的 50%。我们预计其中一些措施不会立竿见影，有些或许已经开始实施。

总结一下我们在案例研究中发现的障碍，并看看我们如何克服这些障碍。

● **最终使用前的要求支配着设计**：金属部件提供的服务通常是多方面的。如果组件的设计还必须满足其他标准，则其最终用途可能会被过度规定；食品罐在蒸煮过程中必须承受比在货架上更高的压力，而深海管道在铺设过程中遇到的压力要高于泵送气体或油时的压力。然而，在这两种情况下，我们已经看到了通过减少这些额外负载以免添加金属的方法：在蒸煮和堆叠过程中可以用支架来支撑罐；管道可以连接在海床上，而不是以"管串"的形式悬落。所以，为了响应使用前的要求：寻找替代方法以减少最终使用前产生的负载。

● **使用较少金属的不对等风险**：对于一个过度设计的组件而言，所产生的额外的材料成本要比承担组件故障的风险更小。因此，设计师本质上是保守的，在参与制造最终金属制品的公司链条中，这种保守主义被重复应用。例如，我们看到，最终在建筑物中使用的梁在被反复"合理化"后，可能明显地超出规定。这个问题的解决方案是契约性的，并且依赖对于更高风险的认同。例如，目前英国的建筑法规规定了承担给定载荷的最低要求的截面或钢筋的设计。结果是每个参与的人都超过了最低限度。但是，如果建筑规范被更改为指定一个目标截面，或钢筋要求不再是最低要求，则不会有超过最低限度的动机。所以，回应不对等风险：编写标准时，不应是最低设计要求，应为指定的目标。

实验室中一种新型柔性纺丝工艺

加工切削

● **按最小质量的设计来制造可能导致成本更高**：从亨利·福特和莱特兄弟之间的对话中我们发现，制造可变截面结构梁可以减轻质量，但是生产成本更高。我们发现目前使用的钢筋是材料成本和制造工作的折中方案。同时发现，为了产生更多使用较少金属的最优设计，在制造过程中存在创新的空间，在成型过程中可以创造出灵活性[4,5]。如果优化的零件从大块体材料中切出，就难以节省金属，正如航空航天制造业那样。对于飞机而言，质量减轻的价值尤其重要，以至于材料的成本变得无关紧要，通常飞机制造商将它们所购买的高质量铝材的 90% 进行了加工切削（称为金属切屑）。因此，为应对制造成本的担忧：开发新的柔性的金属铸造、成型和制造工艺。

在与案例研究中的公司进行的讨论中提出使用较少金属的另外两个障碍：客户可能会觉得质量更轻的产品其质量较差（例如，这是豪华车厂商的一个担忧），并且优化的组件可能不如产能过剩的部件结实耐用。这两个问题都可以通过良好的设计来解决。

在这些案例研究中，实现材料节约的关键是促进所有涉及将液态金属转化为最终部件的公司之间更为紧密的合作。如果产品设计师、零部件供应商、制造公司的老板、设备制造商和中间金属库存产品的生产商——液体金属和最终使用之间的所有实际决策者——在材料服务要求的定义上，对风险的评估上以及制造成本的增加上进行合作，有证据已经证明这可以克服妨碍金属节约目标达成的所有障碍。

我们可以节省多少金属，这对排放有什么影响？

表 12.1 总结了我们在 5 个案例研究中可能的质量减少的预测，

平均约为30%。如果假设这一预测值也适用于我们案例研究中未涵盖的剩余60%的钢铁和铝，那么通过设计减少金属的使用量看起来是一个节省材料的绝佳机会。所以，可以少使用30%的金属，且保持现有材料的供应服务水平，要做的只是优化产品设计并控制产品使用前和使用过程中的负载。事实上，如果估算的减重适用于所有金属材质的产品，它可以直接转化为减排，优化设计可导致与钢铁和铝生产相关的所有排放减少30%。在第11章中，我们揭示了即使只睁开一只眼睛，通过提高现有生产系统的效率，就能减少当前排放的10% ～ 30%。在第1章中，我们睁开双眼，发现了一个比这更大的机会——尽管这个战略不会被金属行业本身所采用。

表 12.1 案例研究的产品质量节省的估计预测

产品	全球需求 /Mt	可能的节省 /Mt	
梁	49	8 ～ 21	20% ～ 50%
管线	25	3 ～ 8	10% ～ 30%
车体	48	10 ～ 20	20% ～ 40%
钢筋	170	51	30%
食品罐头	8	2	30 %

事实上，由于案例研究中确定了三方面的共同利益，我们发现在金属生产上节省30%的结果实际上比目前估计的排放更少。

●在任何产品移动的应用中，特别是在运输方面，燃料效率随着车辆质量的增加而增加，如图2.2所示，可以看出轻型车辆使用较少的燃料。节能汽车是轻型（遗憾的是，最近的汽车制造表明，我们通过使用较高强度的材料来减少车身结构的重量，但为了销售，不断装备更多的车载奢侈品，于是平均车重还是增加了。作为商品，用户都希望车内有空调、电动窗帘、出色的音响系统、座椅移动按钮等，毫无疑问，五年内超级迷你版的车中都会安装背部按摩座椅……）装置。如果能停止对汽车进行豪华装饰，以减轻汽车质量，才可能生产质量更轻、燃料消耗更低的汽车。

●质量更轻的产品可能有更好的性能：轻型车的加速、制动和转向会更好，质量较轻的机器人工作更快，质量较轻的集装箱能够更快地提升。

●一个较轻的零件可能带来另一个更轻的零件，二者组合叠加自然会减轻质量：在办公大楼里就是这样，大楼的自重超过了用户的质量，这一点也适用于石油钻井平台，水平面以下的结构的质量取决上部石油钻机的质量，以及轻型火车能降低轨道磨损。

我们无法估计这些共同利益的影响，将在第 16 章中再次对车辆的燃料消耗与金属使用量进行权衡。

使用较少金属的商业案例

可持续发展并不意味着成本更低或收益更高，尤其在以利润驱动为核心战略的一些行业，如制造铝质饮料罐，降低金属使用量一直是一项核心战略。因此，在这里，我们要对 3 种降低金属使用量的商业案例进行研究：饮料罐、汽车和火车。

首先，将预测降低金属使用量的终身效益。减少 1kg 金属，就节约了 1kg 金属的采购成本。对于饮料罐来说，这是唯一的好处，但如前所述，汽车和火车在整个寿命期（服役期）还可以从减少燃料消耗中获益（如汽车 10 年、火车 7 年的特许使用寿命）。其中，质量较轻的火车通过减少轨道磨损进一步获益。图 12.10 显示了对于最终的消费者，这些成本如何加起来构成一个预期收益。

从表面看，火车制造商有最大减重动力，而轿车车主和罐头购买者也应该有同等的动力。真是这样吗？

今天的铝饮料罐比 30 年前质量轻了 35%，主要原因在于制造罐头的成本约 67% 是用于购买铝。我们大量使用这些铝罐（仅在欧洲，我们每年使用就超过 500 亿个），所以对于制罐行业来说，降低铝的用量是值得投资研究开发的。令人惊讶的是，罐头制造的合同可以将罐头价格与材料的价格联系起来：罐头制造商实现的任何质量的减轻都会减少材料的购买，为购买者节省了资金，但对制造商没有任何好处。此外，罐头制造商也可以与塑料瓶生产商合作，因此有动力继续减轻质量，以保持其在饮料包装市场占据整体的份额。

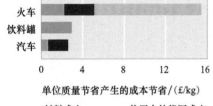

单位质量节省产生的成本节省/(£/kg)

━ 材料成本　　　━ 使用中的能源成本

━ 维护成本

图 12.10　金属产品的成本节约分配

FLEXX Eco 生态转向架

基于 20 世纪 90 年代初期英国铁路研究院的早期转向架的开发工作，庞巴迪（Bombardier）的 FLEXX Eco 生态转向架（以前称为 B5000 转向架）就是轨道行业部件轻量化的一个例子。集成设计将转向架重量减少了 30%（平面图的蓝色与灰色对比），每个转向架减少质量大约 2000kg。更重要的是，对于轨道损坏、非簧载质量，与没有悬架的轨道直接接触的质量减少了 25%，每个转向架质量约为 1000kg。FLEXX Eco 生态转向架作为庞巴迪的 ECO4（一种通过将可持续发展的四大基础——能源、效率、经济和生态组合在一起的环保技术）的一部分而开发的，即能源、效率、经济、生态计划，旨在节省能源成本、网络接入费用和维护成本。庞巴迪估计，新的转向架会使生命周期的成本节约 25%。在英国，预期的轨道损坏会影响网络接入访问费用，与传统转向架相比，预计轻型转向架可以在 200km/h、16t 轴载等级下节省 17% 的费用。轻型转向架设计适用于通勤，区域和高速铁路应用。全球有超过 1000 个这样的庞巴迪的涡轮轻型转向架在运行。挪威铁路公司（NSB）和新庞巴迪涡轮星公司（Turbostar）正在制造更多的机组。

在过去 40 年里，汽车变得越来越重，现在一辆典型的家庭轿车的质量大约比 20 世纪 70 年代同类汽车质量增加了一半。质量增加主要源自舒适度改善、功能增加、性能提高、尺寸增大和安全性提升。当然，这些变化是消费者想要的：燃油效率通常在消费者喜好列表中排名第九，远远落后于性能、舒适性、风格和安全性。虽然，汽油发动机可以提供更高效的燃油消费，但是，其他功能没有改善的前提下，消费者将为使用柴油发动机支付更多的费用。如果消费者不优先推动轻量化（因此节省燃料）汽车的发展，那么它们必须通过立法来推动——这正是欧洲现在正在发生的事情，到 2020 年新车的目标 CO_2 排放量设定在 95g/km，而目前的平均 CO_2 排放量为 145g/km。

20 世纪 80 年代，英国的火车有一个恒定的质量，但这几年增重了 25%，以提供更高的可靠性（例如，在同一列车上配备更多动力的车辆），更多的空调和乘客服务系统，更好的安全性和更高的性能，包括倾斜转向架。然而，考虑到移动更轻的火车所需功率的降低带来的双重好处，可以减轻轨道磨损，从而降低了轨道维护和更换成本。因此，（英国火车的）质量的增加是令人惊讶的。我们发现，英国对列车质量减轻的重视程度似乎是由轨道交通行业私有化的方式决定的：轨道由一家公司拥有，机车车辆由另一家公司拥有，列车运营由第三家公司负责。因此，车辆公司想要具有高剩余价值的多功能列车（通常较重），轨道公司会喜欢更轻的火车，这样引起的磨损更少，而运营公司希望在较短的特许经营期内利润最大化，因此运营周期内不足以影响机车车辆发展。

总之，我们的 3 个案例研究表明，在这 3 个不同的行业中降低金属需求的动机或反对降低金属需求的动机完全不同，而且与我们预期的成本无关。不仅仅是减轻质量带来好处的大小，而是这一好处相对于其他成本的大小（仅对于罐头制造商，金属采购占成本的很大一部分），还有消费者对于燃料效率的偏好（对比其他功能）以及行业的结构。所以，与我们的预期相反，即预测火车的车主对于减少重量应该有最大的意愿，但这种情况只在饮料罐行业发生了，而火车和汽车都变得更重了。

展望

在本章中看到，可以定义一些简单的原则，即用更少的金属来设计商品，如果应用这些原则，似乎可以在不损失最终服务的情况下将全球金属产量减少 30%。我们已经确定了采取这种变化可能遇到的障碍，并表明这些障碍是可以克服的，并且也看到减轻重量的其他好处。然而，我们已经看到，合同、消费者和行业结构可能会阻止采用减重措施，这表明我们可能需要政策制定者的帮助。鉴于碳的捕获和储存的大规模实施还需要政策制定者的帮助，这并不可怕，在完成探索之前，我们将抛开政策，努力寻找可供变化的机会。

如果没有 1903 年的莱特兄弟和亨利·福特，这一章的内容将会很少，所以不要忘记，在 1903 年，当 5 岁的莫里茨·科内利斯·埃舍尔（M.C.Escher）与他的家人搬到阿纳姆（Arnbem），他手里可能握着 1903 年发明的第一只泰迪熊，他的蜡笔盒子也在 1903 年首次制作，与此同时，他学习了绘制细节，后来这些都成为他在艺术世

界的重要组成部分，这也是下一章对制造业的产量损失进行探索的
核心问题。

注释：

轻量化设计的基本原则

［1］2003 年，本德索（Bendsoe）和西格德蒙（Sigmund）对拓扑优化领域做了全面的介绍。可以在网站 http://www.topopt.dtu.dk/ 上了解更多关于拓扑优化的介绍。

［2］2005 年，阿什比（Ashby）和琼斯（Jones）提供了材料选择的详细分析。通常设计者将指定材料的关键参数，如强度和刚度。通过比较不同材料和材料类别之间的这些参数，选择最合适的材料。

在实践中探索使用较少金属的案例研究

［3］我们使用的设计案例是 5m 长的梁，地板荷载为 50kN/m 或 5m 长的屋面梁承受7.5kN/m 的荷载。

通过设计来减少金属使用的实际障碍以及克服障碍的方法

［4］2006 年，奥尔伍德（Allwood）和宇都宫（Utsunomiya）详细总结了日本的柔性成型工艺，其中许多工艺目前正在进行更广泛的探索。

［5］2011 年，卡鲁斯（Carruth）和奥尔伍德（Allwood）描述了我们轧制优化工字梁的方法。

图片

［6］图片作者：特差诺（TeeGeeNo）。其使用遵循知识共享许可协议《署名 3.0》（http://creativecommons.org/licneses/by-sa/3.0/）。

［7］感谢 Qube 设计图片。

13. 减少产量损失

——使用更少的金属制造同样的东西

与组件设计不同，金属流动图表明至少 25% 的液态钢铁和 40% 的液态铝从未被制成产品，因为它们在制造过程中被作为废料切掉。我们能怎样做来减少这些损失，以及能节省多少？

阿尔罕布拉宫纳斯瑞德宫殿上的马赛克

68 岁的埃舍尔说："填充二维平面已经成为一个真正让我狂热的事，并为之痴迷，有时甚至难以自拔。"埃舍尔对镶嵌方式特别感兴趣，因为在这种镶嵌图案中，可以规律性地复制少量的图像，无缝隙填补一个完整的平面。同时，他受 14 世纪西班牙格拉纳达摩尔人的阿尔罕布拉宫（Alhambra place）中的装饰所启发。阿尔罕布拉宫如今已被 1812 年惠灵顿种植的美丽的英国榆树森林环绕，3 年后他击败拿破仑一世（所以正如我们所知，为拿破仑三世就任并推广铝铺平了道路），这里的墙壁、天花板和地板都用马赛克瓷砖装饰：伊斯兰艺术并不代表芸芸众生，所以"人间天堂"的极乐典范即是把重复几何学的想法带到一种超凡的极致。莫斯科农业研究所地质学教授叶夫格拉夫·斯捷潘诺维奇·费奥多罗夫（Yevgraf Stepanovich Fyodorov）1891 年证明了这条结论，14 世纪，阿尔罕汉布拉宫美术馆的艺术家已经确认共有 17 种可能的平移对称性形式，并将其全部应用于瓷砖上。

以镶嵌一词作为本章的开始，正如我们所看到的，钢铁和铝工业生产的中间库存产品，包括金属平板和金属薄板卷，它们在制成零件之前都必须切成一定的形状。如果这些形状的平面拼块不能完全嵌合，那么一部分金属就会废弃，所以我们必须制造出比想要的更多的液态金属。事实上，镶嵌不是这么做的唯一原因：作为正常生产实践中的一部分，我们也切除了大量的铸造金属，通常是因为我们只是想用优质的金属，或者是因为钢和铝工业高效率生产的型材（如大尺寸的轧板等）并不是客户最终所需要的型材。

第 4 章的金属流动桑基图表明：低劣的组合镶嵌、质量限制和切除组合等，导致我们报废了 26% 的液态钢和 41% 的液态铝。因此，本章的目的是弄清楚这是不是绝对必要的。我们将基于对一些产品案例的研究，以检查全球产量损失的数量作为开始，然后确定产量损失如何影响组件中所蕴含的能源及排放，进而可以探究目前生产系统中产量损失的原因，寻找减少产量损失的方法，评估减少产量损失的排放效益，最终调查商业案例以获得更好的收益。

车门面板

产量损失的案例研究

目前，还没有关于产量损失的全国性数据。所以，为了解金属废弃量，我们进行了一系列的案例研究。从一个制作完成的组件开始回溯，沿着生产过程，追溯到所有的制造公司，直到回到液态金属。希望我们的案例研究跨越钢铁和铝，并涵盖薄板和厚块产品，所以我们跟踪的部件是工字钢、由钢或铝制作的车门面板、铝制的饮料主体罐（即没有瓶盖和开罐器）以及飞机上的铝制机翼蒙皮。在每个阶段，我们都要询问每个流程相关联的产量损失以及能源和 CO_2 排放，以建立那些生产过程中的完整的图像，这些数据不可避免地具有商业敏感性。所以，即使我们的数据反映了当今真实的商业实践，但仍不能确定数据的来源。

工字钢

在定义产量损失时，我们必须非常谨慎。这并不仅是表面上的敏感，客户也许能在谈判价格时利用产量信息，而且在大公司中这个数字有时被用作不同生产地之间的比较，因此当地管理者希望对他们自己的产量损失给予一个乐观的态度。在生产废料可以重熔的早期更是如此：在一个利用回收废料制造液态金属的场所，我们发现每批次的液态金属中大约有 20% 被丢弃，冷却为固态后，然后立即回收。在我们看来，这是一个主要的产量损失，因为这一过程所使用的能量的 20% 是在加热熔化金属，且围绕一个回路循环下去。然而，当地的经理告诉我们，他关于产量的报告只计算了进入工厂的金属与离开工厂的产品质量的比率，所以我们所看到的 20% 的产量损失并没有在他的报告中出现。因此，在本章中，我们的数字是过程产量损失：对于每一个工艺过程，产量损失是所有进入这一过

饮料罐

飞机机翼

程的金属总量与进入到下游的下一过程的金属产品的质量的差，即产量的减少量。

如图 13.1 所示，我们总结了 5 项产量损失的研究。在每一种情况中，我们对结果进行标准化处理，从 1t 液态金属开始，每一列不同颜色的柱段展示了不同工艺阶段的金属损失。工字钢是非常高效的，大约 90% 的液态金属成为成品零件；对于板材产品，车门面板和饮料罐，累计损失大约达到铸造金属的 50%；对于机翼蒙皮面板，损失甚至达到 90%。正如上一章中所看到的，对于航天工业而言质量至关重要，人们尽一切可能来减轻质量：如果我们按质量来估量飞机制造商的产量，则其主要产品应是切屑以及加工过程的废料，飞机只是一个副产品！

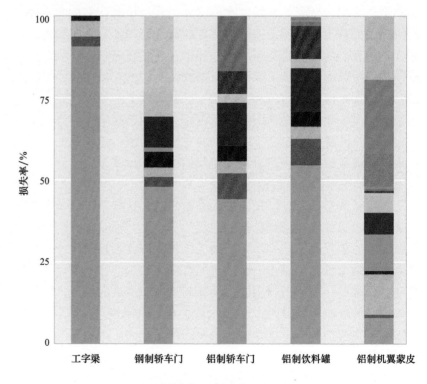

图 13.1　案例研究产品的产量损失

我们的案例研究已经证实了在第 4 章金属流动桑基图中所观察到的产量损失的总体预估值，并关注了航空工业的极端损失。金属流动图上显示的总损失比例在表 13.1 中示出。铝的成型部件中的产量损失比钢的要大，因为铸造铝锭必须去掉表皮，铝制品对表面光洁度通常要求更高，而且更多的铝质部件是通过挤压和直接铸造而成的，这种成型方式比轧制有更多的产量损失。制造过程中的产量损失取决于由库存到成品的几何形状上发生的变化，因此取决于产品设计和工艺路线，但这两种金属产量损失是非常相似的。

表 13.1　钢铁和铝生产的全球产量损失

工艺流程	钢		铝	
	产量 /Mt	产量损失 /%	产量 /Mt	产量损失 /%
液态金属	1400		76	
成型	1280	9	54	28
制作	1040	18	45	18
合计		26		41

本章其余部分的目的是探究我们该如何减少这些损失。然而，在这样做之前，通过观察这 5 个部件中各个的隐含能量，可以从所研究案例中得出一个更有趣的见解。

产量损失对产品隐含能源和排放的影响

在第 2 章中讨论了将排放量归因于个别产品或服务的难度。本章的案例研究中，将详细地研究每个步骤中所发生的实际情况，因而我们可以得出原因。我们只是收集了有关过程的数据，并且没有人告诉我们每个工厂的能源消耗还有哪些驱动因素，所以，无法将这些工厂中所使用的能源分配到它们所生产的产品上。例如，与我们非正式交谈过的管理者告诉我们，在下游制造企业中，他们一半的能源购置是为了在工作中保持人们的舒适度（温暖或凉爽），而这种能源从未分配给产品。

仅使用过程数据，我们可以展示如何积累所需要的能源来完成一个部件的制造，与此同时，产量损失减少了原有的铸造金属在部件中存留的比例。我们将定义累积能源除以剩余金属质量作为零件中的隐含能源。当金属被切成废料时，我们不会把任何能量损失归因于废料，因为我们所关心的是制造该部件所需要的总能源输入，这就是我们所说的"隐含"（零部件中的隐含能源与产品中的隐含能源有很大不同）。隐含能源是可以从金属中恢复的能量，正如在第 8 章中所述的那样，这是它的㶲（exergy），主要由其成分决定，并且不受所有其他加工处理的影响。

为了在我们的案例研究部分中展示隐含能源是如何形成的，我们绘制了图 13.2。其中，x 轴显示的是留在零件中的质量与铸造的质量的比值，y 轴显示了涉及制作该部件的所有过程中的累积能量。我们也用金属铸件的质量（不是每个阶段的剩余质量）来标定（测量）此轴，测量时两个轴采用特定的数值进行缩放。这使我们能够绘制 y 轴对于 x 轴恒定比例的等值线，它等于这个部件中的累积能源除以剩余金属质量的值，并且这些等值线显示了这些部件中的隐含能。我们把案例的研究结果绘制在了图 13.3 和图 13.4 中新的轴上，在两种情况下，制造液态金属消耗了大部分能量，所以截断了 y 轴。

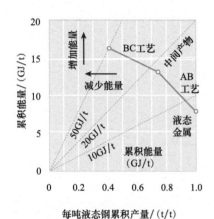

图 13.2 能量与产量的示例图

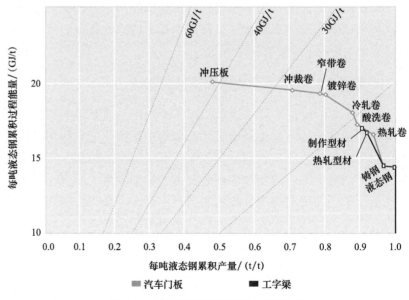

图 13.3 金属产品的累积储能与累积产量

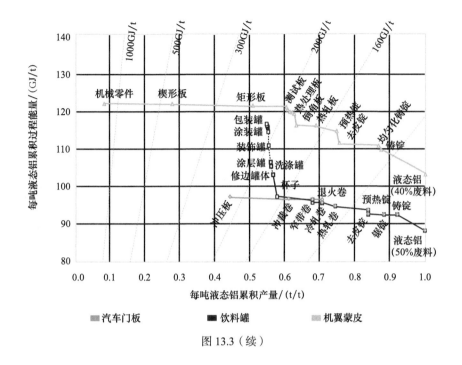

图 13.3（续）

这些图中显著的信息是液态金属过程在累积能量中占据主导，而产量损失在隐含能源中占据主导。在机翼蒙皮面板的最极端情况下，铸造液态金属需要 100GJ/t，但最终面板的隐含能是 1500GJ/t，因为 92% 的液态金属已经被废弃。更典型的是，由于产量损失超过 50%，板材产品的隐含能（罐体和汽车门板）几乎增加了 2 倍。

正如在第 7 章所看到的，液态金属的生产已经得到高度优化，从图中可以看出，如果想大幅度减少隐含能，减少产量损失将会比提高能源效率更加有效。为了说明这一情况，在图 13.4 中，我们重新绘制了铝制门面板的图形，且用绝对的累积能量与质量作为坐标轴。在图中，效率的提升将会降低成品零件的纵轴高度。我们在图上绘制了 3 条线：铝制汽车门面板（位置最高的第一条线，同前面的图完全相同）；所有下游制造过程中的能源效率提高了 20%（中间位置的曲线）；产量损失降低了 20%（最低位置的第三条曲线）的面板。产量的提高将使累积储能大幅降低，因为该面板需要较少的液态金属。

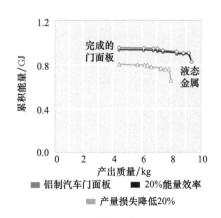

图 13.4 铝制汽车门面板累积能量与质量的绝对值

液态金属中所包含的能量决定了其可回收的能量。然而，铝的案例研究图有两个不同的起点，表明在这两种情况下，产量损失对驱动力的影响是相似的。毋庸置疑，我们想尽可能高效地制造液态金属，这就是我们"睁开一只眼"策略的关键所在，但是这种案例研究表明：产量损失大幅增加了液态金属的需求量，并且因此极大地提高了成品零件的隐含能量。

我们可以从这些图中吸取教训。当为了案例研究而参观制罐公司时，他们给了我们用外部油漆和内部漆涂覆罐体所需工艺能源的评估。这两个过程都需要一个烘烤周期，在涂装后将涂层硬化。上面的铝图表明这种焙烤周期是能源密集型的。事实上，在液态金属制成铝罐后，烘烤增加的累积能源与制造阶段所需要的能源相同。我们对车门板也有类似的评估——在自卷材制造汽车车身的过程中，烤漆操作是最耗能的过程。回顾第 2 章，我们研究了全球和中国的总能源使用情况，发现从库存产品制成零件使用了大约 5% 的工业能源（钢的比例为 25%，铝的比例为 3%）。如果烘烤周期（以及其他熔炉）是制造业能耗的主要驱动力，那么金属成型和切割对能源总需求的贡献必定较小。因此，为支持可持续的未来而开发的成型和切割工艺应优先降低产量损失。

造成产量损失的原因

为什么会产生如此之多的废品呢？ 25% 以上的液态金属，以及 50% 的铝从未被制造成零件，取而代之的是永远重复着的一个内部循环，在每个循环中消耗着能源并产生排放。出了什么问题呢？

从我们的案例研究中看出，产量的损失来自金属表面的质量问题，来自钢和铝生产过程中产品的形状不匹配，来自金属成型时对工件进行固定的要求，以及缺陷和错误。对此，我们将逐一进行论述。

当液态金属凝固时，它们是从外表面到内部逐渐进行的，对于含有复杂成分的液态金属，在这个过程中其剩余液体的成分会发生变化。如第 8 章所述，铝锭表面和中心的冷却速率不同会导致不同的微观结构和成分，导致制造的铝锭质量较低。因此，目前每个铸造铝锭头部和尾部都要切割 150mm，并通过"剥皮"从顶部和底部去除 20mm 的外层（剥皮是一种机械加工方法，通过车、铣等机加工手段把表面有缺陷的一层金属去掉）。这个问题不会发生在钢材上，虽然在轧制过程中，钢材表面快速生长的脆性氧化皮（称为铁鳞）从表面剥落会引起一些钢材的损失。在铸造后，大多数的钢和铝至少要轧制一次，而轧制有巨大的吞吐量，轧制的变形作用在每个卷材或板材的中间部分是最有效的——所以任何轧制材料的头部和尾部总是被切除，轧制过程中开裂的边缘也会被切边修整。总的来说，表面上的这些问题，造成了钢材[1]中全部产量损失的 25% 和铝中全部产量损失的 40%。

造成产量损失的第二大原因是钢铁和铝业所制造的库存产品的形状错误。库存产品一般为通用形状，因为这样能够实现规模化、经济化生产，但很少有顾客真的想要他们所购买的库存产品的形状。在我们的案例研究中，最极端的例子是铝制机翼蒙皮，我们看到铝供应商生产的一个完美比例的厚长矩形板。但是这个完美的板被加工成为楔形，因为飞机翼的边缘比其中心更薄，所以大部分完美的板材便马上"报废"了。事实上，飞机制造商从不需要一个规格一致的板材。罐体制造者想用圆形的铝片来制造罐体，但收到的是 2m 宽的卷材，并从中冲出圆片，然后将 15% 的卷材送回进行重熔。汽车车身面板制造商不想要连续的卷材，想要镂空的形状来形成面板，通常在窗户所在的位置带有孔便做成窗户。他们在下料后（切割出他们真正想要的形状）也返回了 10% 或者更多的卷材进行重熔[2]。事实上，所有库存产品的材料去除过程都会导致产量损失，这是因为中间产品的形状错误（不是最终想要的形状）。

供应的片材和板材是平的，但通常在使用中并不是平的，而是需要以某种方式进行成型。图 13.5 所示为最常见板材成型方法——"拉深（即深冲）"，这种方法将平板材成型，并且可以产生令人难以置信的形状变化，如由一片板材成型一个杯子或盒子且无接缝。如果在没有牢牢固定其边缘的情况下成型一片厚板，只能在板材被撕裂前做一个非常浅的杯子。同样，如果根本不固定边缘，当开始成型杯子时，边缘可能会起皱。所以，深冲过程需使用拉延筋

下料[6]

用圆锯切割铝

铝加工和产生切屑

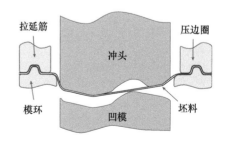

图 13.5 深冲

固定板材的边缘来工作，从而防止起皱，但允许板材向内移动以防撕裂。拉深是一个奇妙的、高效的方法，但材料受到了拉延筋的固定，每个零件的周边 25mm 必须被切除，这导致了一个典型深冲零件 15% 的产量损失[3]。

最后，没有一个制造过程是完美的，但客户想要完美的零件，所以制造中的任何错误、缺陷或瑕疵都会导致产量损失。这是每一个企业都有很强的动力去改进的地方，但是错误持续存在，所有产量损失中大约 5% 是由于缺陷和错误造成的。

减少产量损失的选择

为准备本章内容，我们访问了各种公司。在讨论产量损失时，他们的直接反应是"当然很好，如果没有必要，我们不会产生废料，所以我们当然无法改进了"。严格地说，应该是："我们不会产生废料，除非我们这样做更便宜"，因为欧洲的劳动力成本高，决策是建立在材料成本和劳动力成本之间平衡的基础之上。但是，当继续沿着漫长生产链去探究产量损失的累积效应时，可以发现，我们访问过的公司中很少有了解他们的供应商或客户的产量损失的。看来，目前的产量损失似乎是一种习惯，也是一种必然。

我们观察了每个金属零件使用寿命期的 3 个阶段，看看在某个阶段中不同的实践是否会影响在其他地方的产量损失：零部件的设计师能对制造中的产量损失产生影响吗？铸造几何形状设计的产品是否能减少下游产量损失？我们能否发明新的制造工艺来减少剪裁、切割、加工的需求？

我们可以返回到阿尔罕布拉宫。目前，金属零件的设计者大多数都没有意识到他们的几何选择对于产量损失的影响，但有可能使用镶嵌或接近镶嵌的形状进行设计，从而从根本上减少产量损失。这可能会限制产品的几何形状，对于消费者可能无法接受，但目前在设计师的心中不会考虑这么多问题，因此会有一些显著的收益。一个简单的例子是左图中汽车的车门：集成式车窗的车门将比窗口向上的敞篷车需要 2 倍以上的金属量。我们还幸运地得到一个英国新兴厨房明星罗萨纳（Roseanna）的帮助，她在图框故事中展示了她的六角形果酱馅饼模具的材料效率。

敞篷汽车的门通常没有围绕
窗户周围的框架

……传统汽车

罗萨纳（Roseanna）的六角形果酱馅饼模具？

1. 擀出两片一模一样的面饼

2. 两片饼的大小约为275mm×320mm

3. 把六边形刀具放在一角上

4. 继续切割六角形直到填满饼片

5. 用圆刀片切出另一片

6. 把切好的片放入抹油的馅饼盒

7. 检查哪个模具的产量损失较低

8. 填满两个果酱饼，200℃下烘烤15分钟

9. 放凉，端上，看你的朋友喜欢哪个果酱饼

镶嵌有明显的局限性，目前我们还不能用正方形或六角形材料制造饮料罐，所以在短期内我们切割板材时还不能得到接近完美的产量。因此有很大的空间来改善，如同钣金生产商一样，纸张制造商生产宽度恒定的长卷库存产品，然后根据客户的需求进行尺寸切割。经过多年的发展，他们已经学会了优化产品的二维切割，以达到浪费的最小化。可以说这是一个比金属板材用户更容易遇见的问题，因为大多数的纸是以矩形形状使用的，这种形状自然可以嵌合好。然而，服装和纺织业面临着与金属板材制造商同样的挑战，现在可以使用复杂

从一卷纸上切下边角

数控机床切割和织物打孔

的计算机算法来最大限度地提高由面料卷制成服装的产量。事实上，先进的服装制造商现在不仅实现了布料布局自动化，还实现了切割自动化，使用快速激光切割机将优化的下料模式转化为实际操作。

我们从研究"二维下料"问题的数学家学到的一个经验是，当最可能的形状完全嵌合时，产量会提高。这是显而易见的，如果你有更多不同的形状，你就增加了机会，将会找到小碎片来填补大块之间的空隙。目前，金属产品设计的两个特征可以缓解这一问题。首先，产品设计师倾向于优化每个零件的材料选择，一辆典型汽车中的200个钣金部件将由许多不同种类、不同厚度的合金制造而成；其次，从金属卷料切割零件所用的冲裁机设计成从卷料上切割一片，然后板材向前移位，再切割相同的一片。这为细分提供的机会非常小。因此，如果汽车设计师使用更少的合金和更小厚度，他们当然会提高产量比率，如果下料的新方法能允许更加复杂的镶嵌，这一点就会实现。现在的金属激光切割，虽然在詹姆斯·邦德（James Bond）的电影中便已常见，但速度相对缓慢，所以布料切割的方法，还不能转换（应用）于金属板。在冲裁压力机设计中，如何能一次切割多个形状，这有很大的创新空间。

减少产量损失的另一个完全不同的策略是，首先将液态金属成型为接近最终部件的形状。我们已经找到了3种方法：连续薄板铸造，即液态金属在两个冷却辊之间的夹隙中浇铸成连续带材；模内直接铸造；增材制造。这些方法的目的是使用较少的工序和减少产量损失来制造零件。但遗憾的是，它们都不如现有的工艺路线好。薄板铸造避免了热轧前的再加热需求，对于铝也可以避免去皮、锯切和热轧中的产量损失。然而，这是很难控制的，并且得到的箔材通常表面质量较差，除非它们是相当纯的合金。烹饪用的铝箔几乎是纯铝，它是经过薄带铸造、轧制和卷取而制成的。但是这种方法还不适用于成分更复杂的合金。直接铸造要求所制零件的几何形状必须足够简单，以确保可以完全填充模具，正如在第3章中所看到的，钢和铝的性能取决于成分和加工工艺。没有变形，是不可能通过破碎大晶粒或提高加工硬化来增加直接铸造零部件的强度。因此，直接铸造零部件的性能不能与那些通过传统工艺路线（如热轧等）所取得的结果相匹配。

许多增材制造技术正在发展中，在过去的 20 年里，"3D 打印"研究领域吸引了人们极大的兴趣。这是一个很容易有"卖点"的话题，因为未来可能不只是以某种方式在互联网上订购商品，而是在家里用家用 3D 打印机把商品打印出来，这是一件引人注目的事情，我们所需要的是可以在家中就变成詹姆斯·邦德的"魔法粉"！这个梦想的某些部分是相当真实的：图片显示的是一个增材制造的零件，航空航天工业正在追求用钛制造复杂零件的技术。"选择性激光熔化"工艺（一种常见的增材制造工艺）是将一层粉末放置在一束扫描的激光下，该激光扫描"绘制"产品层的图案。激光熔化并粘结粉末，然后再铺一层新的粉末，重复该过程。遗憾的是，这一工艺的缺点是：该工艺与金属粉末配合使用，粉末必须由液态金属在一个能源密集型过程中进行喷射和冷凝而获得；激光器本身就是能量密集型；因为每个商品是逐层建立的，生产效率很低；如同直接铸造，产品的性能受到未经历变形过程的限制；表面光洁度差，必须通过后续操作加以改善。

在增材方法中我们感兴趣的是与产量损失相关的能源效率。图 13.6 中对比了一个由传统工艺链制造的零件（有产量损失）与一个选择激光熔化方法制造的零件（无产量损失）其能源利用的比较。该图显示了低碳钢、不锈钢和钛的结果，因为铝零件现在还不能以所需要的密度进行制造[4]。对于钢件，如果使用常规工艺有超过 75% 的产量损失，增材方法则导致了更低的隐含能。相比之下，在选择性激光熔化工艺之前，只需要 20% 的产量损失，就可以为钛零件节省能源，因为这种方法生产的零件具有可以接受的性能和商业吸引力。对钢制零件，将不会节能，因为目前还不能克服上面列出的其他缺点。

所有 3 条接近近净成型生产的路线都将继续发展，但是我们还没有一个明确的制胜技术来取代现有的钢铁、铝部件的生产路线。钢铁和铝行业将因此继续销售需要后续成型的中间（库存）产品。

如果在很大程度上限制现有的库存产品，我们是否可以通过下游找到新的具有低产量损失的制造工艺？上面讨论了在拉深后需要修理的问题：是否有可能以一种不同的且不需要修理的方法来代替拉深工艺？传统的、较慢的金属旋压加工工艺可以制造出与拉深成型

在砂型中直接铸造钢件

增材制造的零件（选择性激光熔化）[5]

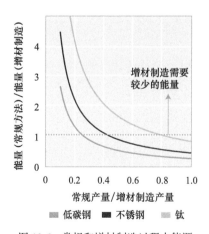

图 13.6 常规和增材制造过程中能源利用率的比较（显示出对工艺产量的依赖）

相似但不需要修理的零件。所以在未来，或许新的旋压衍生工艺将会取代拉深成型。通过切屑来移除材料（钻孔是一个最简单的代表）的加工方法之所以还会应用于制造，这是因为在上游成型加工中制造的零件的几何形状或质量不够好。在我们所参观的公司中，机械加工去除了大部分所购买的金属，通过让金属成型时接近其最终形状可以减少金属的切削加工。例如，用于制造机翼蒙皮的铝厚板轧机，利用现代控制系统可以适应轧制可变厚度的铝板，从而减少加工步骤。

看来减少产量损失有许多选择，尽管在近净成型铸造取代现有的工艺之前，还需要更多的发展，但我们已经看到了设计师可以靠镶嵌来减少产量损失，或通过工艺创新以减少废料这两方面的机会。这些节省将如何影响排放量以及是否具有商业意义？

通过减少产量损失来节省排放

在本章开始探讨隐含能源时，我们发现产品的隐含能源随着产量损失而明显增加。在大多数情况下，相比下游生产所用的能量，产量损失是一个更大的隐含能源驱动力。所以，减少产量损失应该对总排放有着显著的影响。

的确是这样，目前由产量损失所产生的废弃金属大多得到了回收。因此，减少产量损失的效果是减少了回收金属的供应，而这也减少了我们对同样数量液态金属的需求。换言之，产量损失形成了在第 4 章的两种金属流动桑基图中的永久循环，减少产量损失就相应缩小了这个循环的规模。在第 12 章中我们所研究的用较少金属来设计产品的策略导致了对所有液态金属需求的整体减少，但是相比之下，降低产量损失的策略仅仅是减少了作为生产废料在二次生产路线中永久循环的金属的数量。表 13.2 显示了产量损失的消除会如何减少钢铁和铝行业的总能源的需求，以及与其相关的排放。

表 13.2　消除钢铁和铝全部产量损失的全球能源与排放效益

项目	钢铁	铝
节能 /%	17	6
CO_2 减排 /%	16	7

提高产量的商业案例

企业对于产量损失问题研究的最初反应是，"如果能节省，我们会去做的"。然而，在本章中我们的研究工作表明，通过协同设计和工艺创新，可以找到更多的方法来减少产量损失。对金属生产链中产量的损失进行综合性检查并不昂贵，而且我们估计，由此产生的方法也将是廉价的，并且可能会立即获利。其他的商业案例将取决于规模经济与产品规格多样性增加之间的权衡。一般来说，生产中的规模经济的损失，可通过开发更具灵活性的设备来补偿，我们已经证明这一点是可行的。

本章的理想目标是将产量损失降为零。这将会消除生产废料，而且以同样的速率减少回收量，同时减少对（钢铁、铝等）二次生产的需求。然而，在我们到达阿尔罕布拉宫马赛克艺术家的"人间天堂"之前，还有很多工作要做。在下一章，我们将寻找机会利用废料，然后将其通过熔化进行回收。

注释：

造成产量损失的原因

［1］根据国际钢铁协会（Worldsteel）（2009）收集的数据，钢铁工业产量的提高。

［2］根据所要制造的零件，冲裁损失可能高达80%，对于大多数批量生产的汽车零部件而言，损失将大大降低（塔塔钢铁汽车公司，2010）。

［3］由于深冲后的边缘修整，拉伸凸缘的尺寸和精确的产量损失取决于零件和工具的几何形状，所以对于典型的汽车深冲件，25mm边缘修整和15%产量损失的数据被引用。

减少产量损失的选择

［4］我们假设制造钢和不锈钢的金属粉末需要40GJ/t，钛的金属粉末需要45GJ/t。数据来自剑桥工程选择（Cambridge Engineering Selector）软件，CES（2011）。

图片

［5］感谢雷尼绍（Renishaw）公司提供的图片。

［6］感谢塔塔钢铁（Tata Steel）汽车公司提供冲裁过程的图片。

14. 改变金属生产废料的用途

——在熔化回收之前

目前的生产中，产量损失很大，缺陷和超额订购也造成了额外的报废，那么，除了将废料熔化回收，能不能用在别处呢？

欧洲喜鹊

欧洲喜鹊是一种了不起的鸟，被认为是最聪明的动物之一，它的新纹状体，即大脑中负责处理新奇或突发情况下所需执行功能的区域，与人类是相同的。喜鹊的颜色是黑白相间的。英国的两支足球队，即纽卡斯尔联队和诺茨郡队，他们的队服颜色都是黑白相间的，因此也被称为"喜鹊"。最让我们感兴趣的是，喜鹊有着小偷和囤积者的名声，尤其是对闪亮的物品感兴趣。在罗西尼（Rossini）的歌剧《鹊贼》（*La Gazza Ladra*）中，可爱的小女孩尼内塔（Ninetta）洗脱了强加于她因偷银器而被判死刑的罪名，因为真正的罪魁祸首"喜鹊"被抓获了。

快速调查了国内的车库和棚屋后，就会发现事实上我们都是"喜鹊"。我们经常被那些经过我们手的闪亮或不那么闪亮的金属物体所吸引，并将它们储存起来，因为"它们可能会有用"。我们会本能地认为旧的金属物品是有价值的。

我们能更聪明地囤积闪亮的金属废料吗？如果选择保留废料，而不是将其熔化，会找到一种其他的用途吗？我们将在两章中分别回答这个问题。在下一章，将寻找在零部件的第一个使用寿命期结束时再利用的机会，但是在这一章中，将研究是否可以改变金属生产废料的用途。我们已经在金属流动桑基图中以及上一章关于产量损失的内容中看到，这些废料的供给有多大——最好的办法是把它们在回收循环中熔化，还是以最少的能量将一些废料重新投入使用？

我们将从检查废料的产生开始：产物如何？规模如何？然后，将寻找将不同类型的废料改变用途的机会，并最终着眼于研究增加废料改变用途的阻碍。

金属废料在哪里，以什么形式产生？

在英国民间传说中，喜鹊象征着不幸，是坏天气来临的前兆，是死亡降临的预言者。那么，收集金属废料是好消息还是商业厄运的预言呢？与喜鹊青睐的消费后的废料不同，制造商们确切地知道生产过程中所产生的钢和铝废料的成分和历史，因此可以避免把不同的合金混合在一起。这样的废料通常情况良好，没有表面的腐蚀（虽然它可能被润滑油覆盖），而且没有组装成产品，所以不需要拆卸。因此，与在使用之后相比，我们很有可能会有更好的运气来寻找改变金属生产废料用途的机会。

下料后剩余的典型骨架

根据钢铁流动的桑基图，30%的钢废料来自钢铁工业的成型过程，从铸件开始到结束，以及从卷料的头、尾和边缘的修剪。其余的则是出现在制造之中。上一章的研究表明，像工字钢这样的长产品，产量损失较小，因此，最大部分的钢废料是来自轧制钢带下料时非嵌合形状的切除以及成型后的修剪。在冲裁后留下的薄板和板材被称为"下料骨架"或"冲裁骨架"，这可能是最有用的钢废料。有一半的钢废料来自轧制卷带和钢板，在上一章中，我们假设这一半是由于成型后的修剪带来的，因此每年大约有60Mt的钢材作为下料骨架被废弃。下料骨架中能取出哪些有用的部分呢？答案如图14.1所示，如果想要切出同样形状的小尺寸板料（在这种情况下，直径约为原来的15%），这将减少大约一半的下料骨架废料。根据这个简单的估计可以推断，如果能找到使用这一较小形状板料的客户，大约30Mt的钢板下料骨架可能会被转移到使用中。

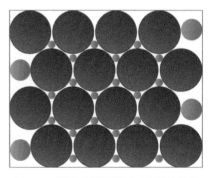

图14.1 圆形冲裁下料后剩余材料的可能应用（蓝色区域）

铝流动的桑基图讲述了一个不同的故事，在铝工业中有67%的废铝来自切割铝锭的头部和尾部，铝锭"剥皮"，以及铸铝加工零件。只有33%的铝废料来自下游的制造和加工中。铸锭去掉的头部和尾部都是以大块形式存在的，但剥皮和切削加工的废料是以碎片或铝屑形式存在的。前一章的产量损失案例研究表明，铝汽车门面板的金属铸件大约有10%变成了切削屑。然而，超过60%的金属铝铸件的机翼蒙皮面板被转化为切削屑，并且对于直接铸造的产

铝加工切削屑

过剩订购的材料性能良好，但
被运送至废品站

品，所有的废料都将以切削屑的形式出现。因此，查看全球的桑基图，我们估计每年生产的 76Mt 液态铝中约有 10 ～ 20Mt 成为铝屑废料。

最后一个重要的废料来源是过剩订购。这在建筑工程中很常见，如果有材料延迟到货，工程将会因延误付出高昂的代价。过剩订购的材料通常会得到有效地收集和再利用，当然也可以转售。在 2012 年伦敦奥运会的施工过程中发生的废料转移就是一个典型例子：主体育场的屋顶桁架是由过剩订购的石油和天然气管道建成，关于此内容的更多细节在我们的图框故事里介绍。

我们不知道过剩订购的钢铁和铝部件被送去回收的数量，然而，通过走访英国的金属废料场，我们发现，越来越多的废品商将这种优质材料单独保存，与此同时寻找能够直接使用它的客户。

通过对废料的调查，我们发现了两种有趣的大流量废料：钢骨架和铝屑。我们能把这些废料改变用途投入使用而不熔化吗？

伦敦奥林匹克体育场的桁架结构

伦敦奥林匹克体育场的桁架结构使用了 2500t "非优质" 钢管，来自石油和天然气管道项目中的过剩订购。最初的体育场设计已经指定了大直径的钢管，但建造者担心购买新钢材的时间过长，制造这些专门型材的难度较高，可能会延迟工期。因此，奥运会筹建局和体育场建设团队选择使用这种过剩订购的库存来消除工期延迟的风险，并减少场馆内的隐含排放量。这些二手钢管是未经确认供应的，所以钢管测试中用了从每根管子上切下的较小长度的钢管，以确认它们的力学性能。每 12m 的管经过测试，然后焊成 15m 宽的跨距，同时修改了桁架的结构设计。额外的设计时间是适度的，尽管必须过度规定一些结构构件，但没有增加该结构的额外质量。结果是，在体育场使用的钢中，有 20% 由废料改变用途而来。尽管他们的动机是为了降低项目风险，并且进行了额外的设计和测试，但是体育馆建设团队很高兴地发现，重新使用回收的钢材可以减少总项目成本。

有哪些机会可以改变金属废料的用途而再利用？

根据莎士比亚的《麦克白》(Macbeth)，在他日益疯狂的时候，"占卜师和知心的亲戚会通过喜鹊、红嘴鸭和白嘴鸭带来神秘的嗜血之人"。所以，喜鹊能够揭露谋杀案，我们能从闪亮的废料中提取有价值的东西吗？

废弃的钢结构型材

下料后的骨架能提供优质的材料，从中可以切出更小的毛坯。除了前一章讨论的冲裁压力机的设计问题外，在这方面没有技术上的困难。对于从下料骨架改变废料用途的最好解决方案将是采用冲裁压力机来利用每片废料的最后一部分。然而，这需要工艺开发，目前，在冲裁加工线上，骨架被切成小块以便更容易地被收集。该骨架能从压力机上完整卸下，将其交付给一个单独的公司，并将它切成大块。在这方面，如在图框故事中所描述的在凯特林（Kettering）的艾比钢铁公司已走在前面，它们已经用了 30 年的时间，从英国的汽车制造商购买了冲裁骨架和其他修剪废料（如门板上的车窗下脚料）。然后，他们从这些骨架中切割出规则的形状，并将其作为毛坯提供给制造小零件的公司。艾比钢铁公司提供了改变冲裁废料用途可获得利润的案例，并告诉我们只要它们能说服更多的汽车制造商提供它们的生产废料，他们可以为更多的客户提供服务。

另一种可能被改变用途再利用的重要资源是铝屑，这听起来相当不乐观：孩子们的几只天竺鼠晚上睡在一堆木屑上，即使是喜鹊也不会用铝片来装饰它的巢穴。当然，除了熔化，没有人想要铝屑。然而，几年前我们获悉，在波兰的沃克劳由 Gronostajski 教授和他的儿子研究了铝屑之间固体结合的一系列试验。铝是一种非常活泼的金属，正如我们在第 3 章中所了解到的，在正常情况下，裸露的铝会迅速与空气中的氧原子发生反应（结合），形成一层薄薄的铝氧化物保护层。然而，如果我们能够在无氧的情况下把两块裸露的铝表面贴合在一起，那么两个表面间会相互反应，并结合在一起。因此，纯铝在室温下会自动焊接，这让我们有机会可以在不熔化的情况下重复使用铝屑。

阿比钢铁铜公司

当汽车零件的毛坯从板带盘卷上切割下来时，因为这些零件没有完美地嵌合，所以有10%甚至更多的材料被浪费。当它们随后被冲压加工时，有50%的材料会由于切口（如车窗玻璃）和边缘修整而废弃。位于英国斯蒂夫尼奇（Stevenage）的家族企业阿比钢铁（Abbey Steel）公司，30年来一直在购买、修整并每年重新销售约1万t的此类再加工的下料（冲裁）骨架产品。它们被制造商用于生产非关键的小部件，包括文件柜、电气连接器和货架等。阿比钢铁公司支付超过废品的价格来收集这些被裁剪的下脚料，再根据需求将它们修剪成矩形块，并以相对于新库存的折扣价格出售。如果其冲压车间能转售加工更多的下脚料，该企业的业务将增长更多。

关于铝屑的固态结合技术仍在发展中，我们与在多特蒙德大学的同事们一起正试图更好地研究并理解它（更多细节在图框故事中）。但是，由于有 10 ～ 20Mt 的铝屑可供使用，这看起来对未来可能是一个很有吸引力的选择。

在这一节中，已经看到两种主要的改变废料用途的途径，即熔化路线和更低能耗且可以在不熔化时利用废料的处理路线。

改变废料用途的困难之处在哪里，这些困难能被克服吗？

喜鹊在韩国是好运、坚定精神和繁荣发展的象征。从技术上讲，上述两种改变废料用途的途径都是可行的，但都还没有带来广泛的应用和发展。仅仅是因为缺乏一种坚定的精神，阻碍了改变废料的用途吗？

大多数下游加工和制造企业并不认为废料是他们核心业务的一部分。通常，废弃处理系统是为了防止中断生产而设计的，并且尽可能快地发送废料。一般来说，生产线的设计都不考虑废品的价值，因此，为了便于处理，较大块的下料骨架被切割成小块，加工车间的切屑是按金属类别来区分的，而很少按照合金分类。一家飞机制造商告诉我们，它们把所有的合金与切屑都混在一起，并以它们当初所支付的大约1%的价格出售，而金属切屑占其总量的90%。

早期的固相结合试验所
创制的一个盒形管材

如果进一步发展固态结合工艺，该制造商将来可能会制造出与产品加工生产线相邻的挤压机，将金属碎屑转换成已知的单一合金成分的棒材。这些棒材既可以直接使用，也可以通过熔化来回收，其产量和价值要比目前高得多。

在上游生产中，我们看到了对不同合金的认真分类处理，但只有在"熔铸车间"铸造铝时才会这么做。在这里，不同合金的锭头、尾部和剥皮切屑都经过仔细的区分，这样它们就可以在不破坏成分的情况下将废料加入到熔体之中。

由于缺乏意识，目前的废料处理系统的设计，以及在废料流中的合金混杂，所有这些都阻碍了通过熔化回收废料的机会。此外，可能有必要在回收之前清洁废料，去除铁锈、涂料或润滑油，因为废料现在只在熔化回收之前交易，要为下料骨架寻找客户可能需要时间，并且需要大量库存。

固态金属结合试验

在正进行的试验中，我们与多特蒙德大学的合作伙伴一起开发并评估固态结合，目的是推广这项技术，使其成为熔化铝屑进行回收利用的一种商业替代。

我们已经用 AA3104（饮料罐体材料）、AA6060（汽车装饰件切割料）、AA6061 和 AA7070（航空加工碎屑）测试了这一过程，所有的测试都产生了高质量的样品。这张图呈现了来自挤压的 AA3104 金属碎屑所制成样品的拉伸试验数据。固态结合材料与参考材料的性能相似，其极限拉伸强度降低约 10%，延性降低 15%。我们预期随着进一步的发展能够减少这些差异，与此同时我们正在评估该过程的可靠性。

在许多应用场合（如铝窗框或装饰材料），原始铝材料的整体强度和延展性都不是必要的，因此可以使用潜在的固态结合材料作为替代。我们目前正与一家领先的汽车制造商合作，为一款新汽车提供光亮饰件，这些材料来自航空航天的加工碎屑。

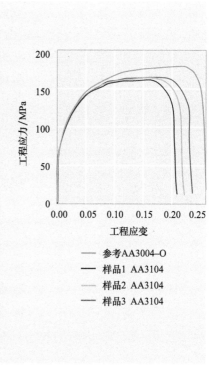

参考AA3004–O
样品1 AA3104
样品2 AA3104
样品3 AA3104

如果我们能减少所使用的合金成分的多样性，那么废料的转移以及所有的回收都将被简化。金属供应商之间的竞争倾向于产生相反的效果，每年市场上的合金数量都会增加。每一种新的合金都是针对特定的应用进行优化的，正如在第 12 章中所看到的，仔细选材可以促进较轻的结构设计。然而，这种多样性限制了使用和再回收，所以现在的设计师和未来的政策制定者可能会选择较小的合金范围。

展望

我们估计，多达 30Mt 的钢材下料骨架和 10 ~ 20Mt 的铝屑可以用于其他用途，而不是通过熔化来回收。这在技术上是可行的，但是受到当前实践中各种特性的限制。如果我们能够实现这一改变，它将如何影响这两个产业的全球排放数据？

改变废料用途将会在金属流桑基图中创造一个新的循环——从废弃的材料返回到制造。这将减少金属进入二次生产的流动，同时减少该路线所产生的金属需求。在这一章中，对废料改变用途的两种选择几乎不需要额外的加工能源，因此与现有的回收过程相比，它们可能为每吨钢节省 11GJ 能量，为每吨铝节约 13GJ 能量，或者相当于为生产这两种金属每吨减少大约 0.7t 的 CO_2 排放。

改变废料用途可能是一项重大的减排策略，正如我们在第 13 章所看到的，将金属从二次生产中转移（而不是从初级生产中转移），对总排放的影响要小于通过设计来减少对金属的总需求，正如第 12 章所讨论的那样。

在挪威的民间传说中，喜鹊扮演着非常多样化的角色：狡猾，偷盗，与魔鬼及家庭的守护者有关系。对于任何消极的内涵我们现在都有武士刀来让喜鹊永久地安静下来，而让它扮演一个积极的角色：一个顽皮的、大声的挪威喜鹊是一个好天气的使者，所以我们会继续进行固态金属结合的研究，以及倡议通过改变金属碎屑和下料骨架的用途，来改善天气。

注释：

[1] 20世纪90年代，科学家们对金属的剧烈塑性变形进行了研究，提出了一种生产直径小于1μm的超细晶粒方法，以提高强度。但是，由于所涉及的压力过高，大多数的生产工艺只适用于小试样。然而，萨伊托（Saito）等（1999）为块体材料的强烈变形开发了一种可重复进行的轧制变形，这个过程被称为累积叠轧。

15. 金属旧件再利用

——在不熔化的前提下

在研究了不通过熔化途径将生产废料改变用途之后，我们现在来考虑，是否可以把类似的方法用在寿命到期的产品构件上？对于较大的构件，特别是对那些在使用中一般不会损坏的建筑钢梁，或许不需要通过熔化来回收它们。那么它们可以直接为我们所用吗？

剑桥白砖和普通红砖

剑桥的房价很高，建设规划有很严格的限制，所以镇上有一批建筑商专门从事房屋扩建。阁楼搭建、厨房扩建和车库改造比比皆是，因为大家都在努力让我们在有限使用面积上的生活空间最大化。在 1800—1950 年间，随着剑桥城镇人口从 1 万人增至 9 万人，剑桥对房屋进行了大规模的扩建，所用的建筑材料是"剑桥白砖"[1]。然而当我们今天扩建房子的时候，遇到了一个问题，就是剑桥白砖已经不再生产了，尽管可以从当地的建筑商那里便宜地买到普通的红色线切砖，但我们更愿意使用剑桥白砖，以便让房子的风格保持一致。所以旧的剑桥白砖有着较活跃的市场，目前每块旧白砖的价格约为 0.85 英镑，普通砖的价格为 0.50 英镑。剑桥白砖在过去 100 年的使用中并未破损，所以拆除时都小心翼翼地进行，以保护砖块的完整，因为 19 世纪的石灰砂浆不像今天的波特兰水泥这么坚固，所以剑桥白砖能够轻松地拆下来。

剑桥白砖的故事为我们引出了本章的关键问题：由于市场对旧的剑桥白砖有需求，建筑商们就去拆解而不是拆毁旧建筑物。大多数砖都没有被损坏，简单地清洁之后就可以重新使用了。那么，这种再利用的方式，如何应用在钢铁和铝行业呢？

在上一章中，我们研究了尚未使用的废料和零部件的转化情况，而在下一章将着眼于研究延长整个产品使用的寿命，这也是一种再利用形式。还有一些物品，如运输集装箱和钢板桩（见图框故

专为长期重复使用而设计的集装箱

事），这是为今后能够再利用而专门设计的。与这些方法不同的是，在本章中，我们将考虑零部件在被充分地使用之后还能够再利用的机会。我们的目的是显而易见的：对于钢铁和铝，熔化回收与从矿石中冶炼金属相比更能节省能源，但仍然是能源密集型的；如果所需的唯一能源是用于拆卸和重新组装（参照剑桥白砖的例子），则可在没有熔化的情况下再利用，这可能会取得低能耗的部件。是否有重新使用钢铁和铝的机会？如果有，范围有多广？我们如何进一步开发？

别出心裁的钢铁再利用和内布拉斯加州的车阵[9]

　　其实，钢和铝已经在以不同的方式被重新使用了。举两个极端的例子，右上图的图片是一个较贫穷国家里的金属制品的创造性再利用，右下图是在较富裕国家里的奢侈的"艺术品"金属再利用。但是这两张照片都没有说明未来的商业模式，所以，让我们来看一些更为商业化的例子。

　　●汽车拆解商和废弃物回收公司将损坏或旧的车辆拆解，并将零部件低价格转售。随着互联网的普及，这种方式的发展动力十足，对于老款车辆来说需求特别强烈。

　　●铁路轨道上的钢轨定期重复使用。首先是在一条轨道上左右侧钢轨交换使用，因为火车轮仅磨损轨道的内边缘，然后通过"级联"重复使用，当铁轨不再适用于干线使用时，它们经过超声波探测裂纹，切割后再焊接到一定长度，随后在车流量较低的支线线路上重复使用。图框故事描述了重新利用铁轨的一个新策略。

钢板桩

　　施工现场采用钢板桩作为临时结构支撑，用于挡住沙土或水以保证地基或挡土墙的建立。当永久结构达到一定强度，钢板桩就可以拆除、清洁，以及进行翘曲部位的修整，然后以备重新使用。这个过程每年可以重复5～6次，之后，英国主要的钢板桩制造商将以预先商定的价格回购状况良好的板材。

卡尔伍德公园

回收的船板准备再轧制

• 英国建筑钢结构协会在卡尔伍德（Carrwood）公园新建的总部大楼是我们发现的几个例子之一，其新的钢框架建筑物是用旧钢建造的。事实上，我们认为，建筑钢材再利用的机会非常重要，本章下半部分将完全集中在建筑结构上。

• 有一件广为人知的事情，世界上约有一半退役的船在印度西北部的阿朗海岸搁浅，被拆解后，主要部件重新出售，船体钢板用氧乙炔切割成可以人工从海滩上抬起的板，经过加热、再轧制后，可以重新使用。这种钢材的去向没有明确的文档记录，但我们了解到，其中大部分作为钢筋被广泛地用在印度各地的建筑上。2008年，拆船所得的钢材贡献了印度钢铁需求的12.5%[2]。

• 根据法律规定，安装在北海的所有石油钻探设备必须在其寿命到期时予以拆除。2007年，英国石油公司的西北赫顿钻井平台退役，由英国的阿贝尔公司在蒂赛德拆卸。阿贝尔公司选择将钻井平台的"上部组块"重新作为他们自己的办公室，并将钢架（支架）拆成可以再次轧制的钢段。2万t钻机平台中有25%以上被充分利用。

正如在剑桥白砖的例子上看到的那样，钢铁和铝部件的再利用已经是可行的，我们的每个例子都包括：①将寿命到期的产品分离成组件后拆卸；②清洁和处理旧组件以备重用；③投入到一个有重新使用前景的市场。我们可以通过研究这3个特征来理解重新使用组件来减少液态金属生产需求的可能性。

一种新的轨道设计以增加再利用

轨头磨损是轨道常见的失效机制。更换轨道通常仅仅是因为表面材料的退化。可重复使用的设计旨在延长剩余材料的使用寿命。一个想法是重新设计新的双重或四重轨头形状的轨道，用一堆连续的混凝土代替原来的枕木做支撑，如此安装以使其在磨损时可以抽回和旋转，以提供新的接触面。我们已经研究了这种设计的总隐含排放——考虑到混凝土使用量的增加和钢材的使用量的减少，如果旋转设计使钢轨使用寿命成倍增加，那么每年使用的轨道总隐含排放量将大大降低。

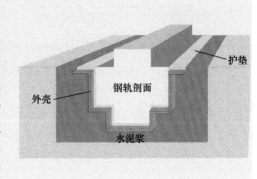

解构已到寿命周期的产品，以提供可再利用的组件

哪些组件可以重复使用？如果能够在英国的金属废料场安排一些学生，并要求他们详细记录一年左右发生的一切事情，我们就可以很好地回答这个问题。值得注意的是，世界各地的几位学生准确地做到了这一点，我们向他们致敬！幸运的是，我们可以以不同的方式做出有效的估计。在本书前面的内容介绍了金属成为产品的流动过程，并对不同类型产品的寿命进行了估计。借助于每个主要行业的生产历史，我们可以预测，目前正在被报废并送去回收的产品类型，它们或许能被重新使用。图 15.1 中列出了我们的估计值[3]。这个分布已经不同于第 3 章的产品目录，因为有些商品比其他商品的寿命长。

为了重新使用组件，需要在不损坏的情况下低成本地提取它们。我们可以通过切割或将产品拆卸成零件来提取，因此很明显，现在的产品应该设计成机械连接（如螺母和螺栓），以便以后拆卸。然而，还有其他几个要求，主要是由于拆卸比装配要贵得多。原因在于组装的任务可以标准化，以实现规模经济[4]，而拆卸时每个任务都是不同的，所以成本更高。英国每年报废 100 万个冰箱的设施（将在第 16 章重点讲述），面对大量的重复任务，在粉碎之前，先标准化地拆卸下关键部件。建筑物的解构必须在现场进行，所以总是"一次性"的；车辆拆卸人员必须处理每一台到达的车辆，因为通常每辆汽车都与前车不同。如果没实现标准化的拆卸，成本是昂贵的，除非产品在设计的时候充分考虑到将来的拆卸。比如，能够很容易识别零件并移除任何一个零件，而不必考虑移除的顺序。图 15.1 总结了通过设计支持低成本提取组件以便重新使用的情况[5]。

如果不计成本，则所有组装的产品均可拆解，并且表中的原则为现在的产品设计提供了依据，以便将来它们的组件更容易重新使用。如果从现在起想要重新开始使用组件，我们就必须应对当下设计中的缺陷问题。

准备组件再利用

将一个组件从其母体产品上分开，如何做到价值最大化

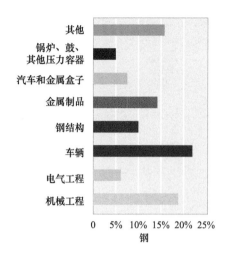

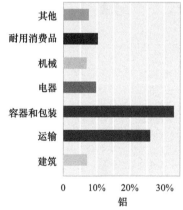

图 15.1 废料可用性的估计

切离

洗衣机面板　　　　　新钣金件

图 15.2　从回收产品中重新成型金属

（图 15.2）？汽车拆解人员所能做的不多，例如，一个有效的发动机组件，简单地将组件重新出售给其他人使用；或者他们可能需要重新喷涂车体面板，从技术上讲清理和重新喷漆已使用过的钢制食品罐是可行的。每个金属加工车间都存留一定量来自以往生产物品的下脚料或零件，可以将其切成更小块重新使用。前面我们描述了旧船板的重新轧制，多特蒙德大学的埃尔曼·特卡亚（Erman Tekkaya）教授和他的同事也已经证明，可以将二手车车身部分制成新的部件[6]。事实上，大多数薄板物品都保留了足够的延展性，因此可以进行重塑。就像在第 13 章中看到的，或者是在车身修理中发生的那样，曾使用过的小部件甚至碎屑都被制成较大的部件。因此，在转售和重新熔化之间有很大的再利用选择空间，我们已经总结在表 15.1 和表 15.2 中。

表 15.1　重新使用的不同选项

设计特点
适应性
使用灵活、开放的设计，将强度从其原有的功能特性中分离
标准化的零件间距和连接
仅在外部位置使用专门的零件（使用标准的固定装置），确保可以将其拆除
预计可能的未来需求和升级设计
易维修和解构
避免使用混杂材料和涂料
可快捷地更换零件，或者分离其产品或结构
将磨损表面和其他故障源头集中到小的易于更换的部件上
制订解构计划，以提高达到寿命期部件所含材料的价值
可追溯性
在组件上标记出合金的等级和质量，以实现重新使用而无须测试和认证

表 15.2　组件重新使用的不同选项（从上到下其成本递增）

没有变化：产品转售，如二手书籍和衣服的销售，模块化结构/解构
表面上的变化：仅改变产品的表面，如翻新的纸板箱（标签/打印/胶带去除）、热清洗、非磨料喷吹
减法：从原始产品中移除材料，如废旧纸板的染色切割、除锈、从旧钢板切出新的形状
变形法：组件重新成型，如重新成型钢柱、重新折叠纸箱、钢板再轧
加法：组件连接在一起，如铝屑的固体结合、焊接加工（选择性重铸、激光熔覆、电弧喷涂）、胶粘塑料和纸张
破坏法：常规回收

　　在发生危机时，我们将立即采取所有这些策略，以保存现有材料的价值。当今的制造业效率较高，以至于任何需要额外劳动力的再利用都不太可能与新材料的使用相竞争，因此这些选择大多处于搁置状态。

　　我们按照成本增加的顺序罗列出了相关选项，当我们展望减少液态金属总需求的方案时，可依表 15.1 和表 15.2 的内容为指导。表面上的变化——去掉旧涂层或者增加涂层，已经具有成本效益，特别是对于目前手工喷涂的较大的定制部件，而且"减法再使用"通常比变形再使

用经济得多，金属可以用一般的工具切割，但只能用昂贵的特殊工具来成型。

为了寻找再利用的机会，我们希望找到易于从母产品中分离出来的组件，之后可直接使用，或仅需要表面性的改变或简单的修整即可使用的组件。为了寻找候选组件，现在回看图15.1。如果成本低，且无须任何改变就能重新使用的组件都会被再利用，所以，如果新旧组件之间的相对价格差异扩大了，或者劳动力成本相对低于新组件的制造成本，则再利用概率增加。车辆和设备在图15.1中占有显著地位，但由于不同的原因，这两者都是难以实现的目标。汽车车身面板可能是大量二手钢板的潜在来源，但是在汽车报废时，它们的设计通常已被取代，因此，不作改动的零部件转售市场很小。如果将来汽车设计采用通用构架设计，面板再利用可能是有价值的，但目前仅适用零配件市场，没有其他更多机会。设备组件的再利用也很困难，设备采用各种各样的特殊部件组装，所以任何特定部件的市场都很小。随着标准化程度的提升，情况可能有所改观。包装是使用铝废料的最大来源，特别是铝箔容器和饮料罐。然而，食品包装方面的规定，空包装的脆弱，以及回收已使用过的包装，在后勤运输方面的困难极大地限制了包装的再利用。

那么，我们应该在哪里寻找金属再利用机会呢？我们需要一种经过修整就可以使用的大块金属，它们属于在使用过程中未受损的标准化制品。毫无疑问，你会觉得这听起来就像是钢框架建筑的领域。的确，有人已发现这一点：来自东安格利亚萨福克郡的大卫·罗斯（David Rose）早已想到这一点，其家族企业Port Power已经进行拆除、恢复和重新使用单层门式框架建筑。看Portal Power的图框故事，会了解更多。

结构钢的再利用在我们看来是很好的机会，在不久的将来很有可能快速增长，稍后进行讨论。在关注这个特定应用之前，我们需要探讨剑桥白砖的开篇故事中提出的关于再利用的第三个方面：市场在哪里？

识别市场

剑桥白砖的再利用是由三方面"玩家"（参与者）的链条完成的：

决定出售旧砖块的老建筑业主；将拆除旧建筑物和清理砖块作为库存的零售商；指定重新使用剑桥白砖的新业主。同样，对于金属，如果也有这样的三方参与者有此意愿，那么再利用金属的市场将会逐渐形成：

- 报废金属产业链是成熟高效的，几乎所有在英国产生的废金属都被回收（通过熔化的方式）。因此，提供更多金属再利用而不是回收利用的决定，取决于能否为再利用提供更高的价格以支付拆卸和管理的成本。

- 全球范围内已有充足的库存商网络，可以满足现有制造商和建筑师对金属的需求。这些库存商们已经在市场上产生必要的联系，再利用金属的供应商自然也是如此，如果客户愿意支付旧金属的价格能够充分补偿、采购、修复及储存相关的任何额外费用，那么这些库存商也将这样做。图框故事表明，对于奥尔德姆（Olelham）的詹姆斯·邓克利（James Dunkerley）钢铁公司来说，确实有足够的补偿。

- 如果有价格激励或者品牌优势，客户、设计师、承包商或制造商将会指定再利用的材料。如果材料的质量经过认证符合他们的需要，他们才会考虑再利用的金属。

显然，我们已经定义了关于再利用的清晰的经济原则，如果价格是合适的，每个人都会这样做。显然这是正确的，但潜在的再利用也可能是由与模块化相关的商业模式的改变所驱动的，我们将在第 16 章中探索这个可能性。围绕标准网格有很多创建模块化设计的机会，这种方法通过增加潜在的第二次利用的机会，大大提高第一次全寿命到期时组件的价值。我们可以确定开发再利用的最大机会似乎是在钢框架建筑里，接下来进行具体探讨。

Portal Power

Portal Power 是一家专门从事门式钢架建筑设计和安装的企业。其 2000 ～ 3000t 年产出中有 40% 以上是之前在建筑中使用过的门式钢架。Portal Power 监督从解构、修补到最后架设在新位置安装的全部过程。解构通常比拆除时间长 3 ～ 6 倍，还有可能失败。例如，如果柱基已经嵌入混凝土中，则在不损坏的情况下取出它们成本较高。覆层绝缘标准的改变也妨碍了某些覆层板在商业建筑物中的再次使用。

解构后，Portal Power 等待买家的同时将那些钢材储存起来。找到客户后，Portal Power 可以修改其建筑设计，为他们的业务增加价值。Portal Power 向新业主提供结构图，并正在研究喷丸处理和重新涂覆回收钢，以进一步增加其价值。Portal Power 目前没有测试钢铁，它们出售的大部分重新使用的建筑物都是用于农业方面的。

建筑中结构钢的再利用

在世界各地，大型建筑都是基于钢筋混凝土或结构钢制成的结构框架。过去，人们曾使用大块石头建造，有巴黎的圣母院大教堂、秘鲁的马丘比丘、柬埔寨的吴哥窟、剑桥的国王学院礼拜教堂和阿格拉的泰姬陵。现在，我们的设计已远超从前，取而代之的是塔楼和机库。经过八千多年的发展，全球建筑已经形成一种十分和谐的风格，所以无论你身在何处，在城市里，你被"塔楼"包围；在商店、工厂、仓库或机场，你所在即"机库"。塔楼和机库是我们最大的设计成就，而建造它们仅有两种材料选择：钢筋混凝土和结构钢。

法国和意大利还是以使用钢筋混凝土为主，但英国已经逐步转向使用钢框架：混凝土在楼板上用的还是比较多，通常是用在内部核心处，但基本的结构是钢结构。

詹姆斯·邓克利钢铁公司（JDS）

JDS 是奥尔德姆的钢铁零售商。他们高达 20% 的库存是使用过的钢材，每年销售约 3000t 这样的二手钢型材。他们是英国知名的二手钢材的买家，拥有长期固定的业务。JDS 雇用一个全职采购员寻找拆迁现场，并为拆除下来的钢铁报价。该企业在废料价格的基础上支付一个溢价，以弥补解构所需的额外时间和精力。为了鼓励仔细拆解，付款之前钢铁要经过检验，然后从拆迁场地运往奥尔德姆的储存堆场。

JDS 不测试或认证回收钢，是将其规格"降级"为基本的低碳钢。库存周转一般为 3～4 个月，但标准尺寸钢材的周转期可能仅仅为一周。回收钢材的主要客户是民用工程公司，它们用回收钢铁做临时结构和道路板。JDS 也卖给当地的建筑商和开发商，并有一个制造车间为他们的顾客提供附加值。

钢框架的建筑物是用螺栓将型钢连接起来，构成了建筑框架梁（水平的）和柱（垂直的）。型钢在使用中不会退化，除非建筑物被火损坏，图框故事图中的钢材供应可用于建造新建筑物。此外，型钢是标准化的，40 年前制造的几何形状至今还经常被指定。虽然部分型材受到强度的限制，但是随着 40 年来钢铁生产技术的进步，钢材的强度已大大改善，但大部分型钢受到刚度的限制，其刚度并没有变化。现在，用 40 年前的旧钢铁设计钢结构建筑不存在根本性的技术障碍。

现在已经建造的少量钢框架建筑是再利用以前建筑物拆卸的型钢，我们在加拿大瑞尔森大学的同事马克·戈尔列夫斯基（Mark Gorgolewski）教授记录了其中几个。我们已经和他合作，估计了钢铁再利用的排放效益，后面的图框故事讲述了这些建筑物的故事。总的来说，我们发现，钢铁的再利用需要的能源很少，所以如果我们能够进行一对一的替换，重新使用 1t 型钢的排放效益相当于生产同等新产品的排放效益[7]。我们必须谨慎，正如下面的图框故事所述，不同建筑物的再利用的排放效益在每种情况下都不一样，主要是因为过度指定。这些之所以发生，是因为重新使用不是常见的做法，所以在有些情况下所使用的截面大于在新设计中选择的截面，因此使用的钢的总质量更高。解构和回收过程只需要较少能源，我们没有发现型钢的再利用对未来建筑物使用中的加热或冷却所需能量产生影响的证据。

图 15.3 显示了使用再利用的钢材建造新建筑物的简单流程。一旦旧钢到达制造商手里（他们将钢切割成一定长度，经过板端焊接

图 15.3 采用再利用组件设计建筑物的示意图

及其他方式固定以备组装），这一过程与建造新建筑物没有区别，所以再利用的关键阶段在于：旧钢的采购、拆解、回收、认证、设计。接下来我们逐个梳理各个阶段。

当房地产开发商购买一个地块时，他们首先决定是否翻新或者替换该地块上的建筑物，如果决定替换，他们设计一座新建筑，申请规划许可、确定承包商、等待开发直到出售新建筑。这个过程中，旧建筑空置，但是当所有 4 个要素都满足并且项目计划开始时，第一个到工地的承包商是拆迁代理人，他被告知尽快清理现场。任何拆迁中的拖延都会导致整个项目的延误，从而造成在承租人开始支付租金之前的昂贵费用。清理场地的最快方法是拆除建筑物，目前英国的健康和安全法律确保人们远离未完全拆除完的建筑物，直到所有的材料都落地。一旦建筑物沦为瓦砾，剩下的就是简单分类，尤其是将旧钢铁作为循环再利用物品进行分离和出售。因为它们会被熔化，所以在拆除型钢时损坏与否，并不重要。因此，如果我们想重新使用该处的型钢，那么我们必须解构该建筑而不是拆除它。

图 15.4 中的时间进程再次强调了拆除开始前建筑空置的时间，这是因为直到所有合同鉴定之前不会发生任何事情。但是，如果开发商对一个有旧建筑物的场地和一个干净的场地分别进行估价，则可以提前进行解构，如此不会延迟对新建筑的占用。因为解构比拆除所需时间更长、成本更高，所以即使有时间，拆迁承包商也只会在得到更多报酬时才会解构建筑。这有可能吗？图 15.5 显示了 2006—2009 年间英国新型钢的价格（顶部线）和送往回收的废品型钢（底部线）的价格变化情况。它们之间的差距是潜在的利润机会，以鼓励解构而不是拆除。在与拆迁承包商的谈话中，我们估计，与拆除相比，解构每吨钢铁要额外增加 100 英镑费用，同时每吨增加了 70 英镑用于清理这些已用过的型钢，以备转售。因此，蓝色区域显示出如果再利用钢材能够作为新钢材的替代品出售时的盈利机会。该图表显示，有足够的资金用于支付认证成本（将在下面讨论），并提供一些鼓励让购买者选择再利用钢而非新钢。正如前面的图框故事所述，尽管这个机会足以激发詹姆斯·邓克利钢铁公司，但英国的旧型钢再利用市场还没有"开花结果"。我们认为这很有可能发生，因为在图 15.6 中表明了英国对废旧钢的需求正在增长。

图 15.4　建筑拆迁时间进程

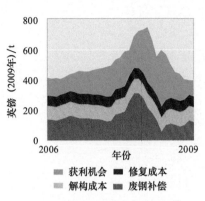

图 15.5 钢铁重复使用的获利机会

图例：
- 获利机会
- 修复成本
- 解构成本
- 废钢补偿

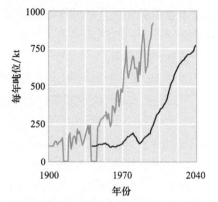

图 15.6 英国废型钢可用性预测

图例：
- 结构型钢的年消耗量
- 预测回收型钢的可用性

再利用型钢的建筑（图 15.7）

多伦多大学，多伦多：从附近的皇家安大略博物馆的解构中回收了 16t 结构钢，并用于学生中心的一个侧翼。

登山设备合作社，渥太华：约 90% 的旧杂货店原结构钢被重新用于矿山设备合作社商店的修建，建在同一个地方。

帕克伍德公寓，奥沙瓦：在将一个旧的办公综合楼改造成一个新住宅的开发中，约 90% 的原钢框架被再利用。

贝丁顿社区，伦敦：从当地拆迁地点回收了 98t 结构钢并用于住房和商业开发。

宝马销售服务中心，多伦多：在将旧工厂改造为宝马销售服务中心过程中，大约有 80% 的原钢框架被再利用。

罗伊斯蒂布斯小学，科基特拉姆：火灾后，罗伊斯蒂布斯小学重建，从解构的建筑中回收 466 根钢托梁以加快建设。

卡尔伍德公园，约克郡：一个办公园区的开发项目，从原有的建筑物和一个私人库存中再利用了 60t 结构钢。

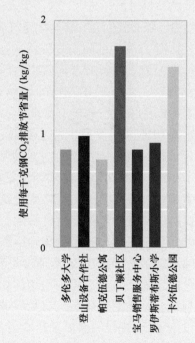

图 15.7 建筑物再使用所节省的排放量

在采购再利用的型钢上，还有许多其他商业模式。表 15.3 显示了客户已经找到的钢材可再利用的 4 种方式，其中 3 种不涉及库存商。事实上，我们正在尝试将另外一种选择发展作为示范：拥有自己建筑物的大型零售连锁店，目前预计这些建筑将持续使用 20 年左右，之后通过当地购物者的需求或竞争者的行为创造商业动力来重新建造商店。目前每个商店都是按照专门用途建造的，并在其寿命结束时被破坏性拆除。相反，零售连锁店可以保留建筑构件的所有权，并可在同一地点或其他地方重新配置它们，以保留材料的价值，并加快建造。

表 15.3　影响在建筑中做出再利用决定的因素

现有再利用模式	信息和认证	设计	时间和项目管理
建筑用钢的再利用			
现场再利用：购买过时建筑物，改造或解构以便组件可以再利用	减少测试需要：查看工程图纸，已知当前载荷	基于先前购买的已知材料的自适应设计。可再利用整个建筑系统	单一客户进行解构、设计和施工。时间一致
搬迁：钢结构解构后在其他地方重建，例如 Portal Power	减少测试需求：相同配置，相同负载	基于先前购买的钢结构的自适应设计	买方受制于卖方的项目进度，可能延误
直接交换：型钢或模块不通过中介直接出售供再利用	除非梁强度降级或买方信任卖方，否则需要进行测试和认证	材料预先订购或设计灵活的规格，以增加找到合适库存的可能性	买方受制于卖方的项目进度，可能延误
库存商：型钢、钢框架或模块购买后，修补、储存，等候需求出现	要求测试和认证，除非梁强度降级。只接受标准产品	材料预先订购或设计灵活的规格，以增加找到合适的库存的可能性	如果需要增加新材料以保证供应（这影响再利用），延期可以避免
生产废料的重新使用			
库存商：购买冲压加工后的下脚料，切割成标准尺寸，出售供再利用	材料属性已知，没有额外测试，出售用于非关键部件	不受影响，因为不规则的下脚料被切成标准尺寸	如果需要增加新材料以保证供应（这影响重新使用），延期可以避免

钢框架建筑中各构件通过螺栓连接在一起，同时制造商将每个钢梁或钢柱上带有足够精度孔的钢板焊成整体，这样该建筑物作为套件进行交付。如果我们需要快速拆除建筑物，没有现场人员拧开螺栓是不可能的，与之相反，照片中所示的设备则用来粉碎建筑物的外墙，然后将型钢切成小块。做这些事情必定是刺激的，尽管会令人沮丧，但它们是非常有效的。在通往当地火车站的路边，我们最近看到类似这样的一个工具，短短两天内拆除一座 4 层办公大楼。如果想要再次使用这些钢

—一种捣毁建筑物外墙的奇妙工具

铁，就需要一个不同的策略，并且随着健康和安全法律的相应改变，可以让人们返回现场，应用与建造新建筑物时相同的安全规则，拧开螺栓或者切割接缝。或者，可以寻找新的方法来连接钢构件，以便远程解构。后面的图框故事是关于当前该领域一项创新的调查，而另一个则专门研究将钢筋混凝土楼板与结构钢框架分离的问题。

从旧建筑中提取的未损坏的型钢需要进行一些修补矫正，之后它们在视觉上就与新型钢完全相同了。然而，它们存在一个重要的区别：新型钢具有质量保证，并允许将建筑物故障的责任从承包商追溯到钢铁供应商。对于再利用的钢铁如何实现这一转移呢？

新的钢铁材料的认证是基于对其钢铁厂的审核。从液态金属到最终产品的整个过程中的质量经过统计抽样进行定期测试，每个部分都被证明具有指定级别的性能。钢铁公司必须保证质量，否则如果建筑物因钢铁低于规定标准而发生事故，他们将负有法律责任。对于再利用的型钢，我们需要同样的质量保证。将来，通过健全信息也许能实现这一要求，尽管保证纸质记录的安全性或可查找性会很复杂。或者，通过每段型钢上的永久标记可以标识它的性能。对于上述的方法，保险行业必须确信该型钢的性能在第一次使用期间未改变。目前，他们不认同这一做法，所以必须通过测试每个再利用部分来提供保证。这需要从每根梁上切割测试样品，并在试验机上拉伸它以测量其强度。这个过程需要人工，成本进而增加，成为再利用的重要障碍。然而，正如图框故事中所述，还有其他更经济的方法来提供等同的测试，而我们正在进行的部分工作就是开发一种承担得起的，并为保险业所接受的再利用的钢铁的测试标准（重新认证）。

因此，有了未损坏的、干净的、经过认证的可再利用的型钢，设计师便可以继续进行新的建筑设计，但还不够。新的型钢不断被制造出来，所以使用新材料的设计人员可以指定任何长度，并且现在新材料横截面尺寸的可选范围比过去大很多。采用再利用型钢的设计可能需要对整体设计进行修改，以充分利用可用的材料。对于一些客户来说，这可能是一个优势，推广使用再利用的钢铁作为象征性声明是马克·戈尔戈列夫斯基（Mark Gorgolewski）案例研究目的的重要组成部分。一般来说，再利用钢和新钢的混合使用，能够为设计者提供新的设计方法，以降低能量消耗和排放。

可逆接头

以机械方式锁定的接头和螺栓较少的接头可能会更快、更安全地解构。下图显示了一系列通用和新颖的连接结构。接头分成两个系列：抵抗剪切力（通常用于低层建筑物）的简单连接和抵抗弯曲的力矩连接（如门架构造中所使用的）。Quicon、ATLSS 和 ConXtech 等新型接头简化了梁的拆卸。Quicon 提供简单的拆除，ATLSS 和 ConXtech 提供通过螺栓固定的螺栓/母互锁的稳定性。明确这些更新颖的接头在将来可以允许更大范围的再利用。

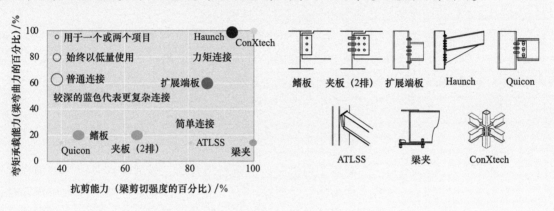

总体而言，在建筑业中钢铁再利用看起来是我们追求未来材料效率的巨大机会：再利用的钢铁可以作为新钢铁的直接替代品，通过开发重新认证的方法实现，型钢再利用的供应将增长。我们预计，在建筑业中再利用钢铁的动力也会增长。图 15.8 给出了零售建筑物年能源消耗与该建筑物隐含能源除以其预期使用寿命之间平衡的估计。绝缘、密封、加热和通风的改善正在推动年度能源使用的快速改善，而建筑物寿命缩短的发展趋势正在抬高年均隐含能源。建筑运营商已经意识到了这一趋势，因此，展望未来，降低隐含能源和材料再利用将带来最大影响。目前，用于证明建筑物能源效率的认证标准［英国的 BREEAM（绿色建筑评价体系）、本章末尾的图框故事，以及美国的 LEED（低能电子衍射）］对建筑物的隐含能源考虑较少，但是两个标准都在审查中，在这些标准中适当地反映出隐含能源将增加对材料再利用的推动。

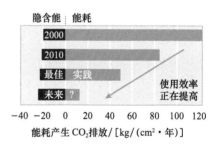

图 15.8　建筑物中能耗与隐含能源之间平衡的变化

复合地板拆卸

在英国，多层非住宅楼宇所用钢材约占建筑钢材使用量的45%。自20世纪90年代初以来，这些建筑中最受欢迎的地板设计是钢和混凝土板面的复合，将底部相对昂贵的钢的抗拉强度和顶部相对经济的混凝土的抗压强度结合在一起。然而，由于难以确保解构的安全性，以及与接头的快速切割或剪切相对应的缓慢拆卸的高成本，解构这种地板是困难的。新型接头允许地板模块从它们的支撑件中快速分离，混凝土从其连接的钢制工件中分离，如通过切割分段。一家大型专业拆迁承包商告诉我们，目前采用切割比传统拆除要费时 3 ～ 4 倍。

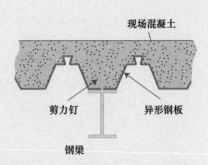

现场混凝土
剪力钉
异形钢板
钢梁

展望

本章从剑桥白砖的再利用开始，最后重点介绍了型钢在建筑中的再利用的巨大机会。为了推广它，我们需要一些大用户，也许有零售商出于寻求品牌优势，或政府通过其采购政策来刺激这样的需求。旧钢材的供应量将随着需求而增加，并且会随着拆迁量的变化而增加，要么是由监管改革来推动，要么采用新的降低成本的拆解方法。目前，英国正在努力鼓励和培养一批再利用的示范者。

再举一个例子，这可能是金属再利用最典型的例子，即著名的麦卡诺（Meccano）组件。弗兰克·霍思比（Frank Hornby）在 1901 年发明的第一套麦卡诺组件采用了可逆接头（螺母和螺栓），螺栓孔之间规则间隔，以确保组件间可以配合。此后，零件的数量略有增加，但设计的数量是无限的。那么再利用是不是限制了设计的创造性呢？

在过去十年中，我们看到的最激动人心的发明之一是由马尔科姆·史密斯（Malcolm Smith）教授发明并获得专利的惯容器。该产品是基础机械部件家族的新成员，其中包括弹簧、包块和阻尼器，并允许对汽车悬架进行新设计[8]。这是一个伟大的发明，照片显示了史密斯教授用麦卡诺组件做出来的第一个惯容器模型。再利用的设计有限制吗？不是我们能找到的！

麦卡诺惯容器

二手钢硬度的快速经济测试

维氏硬度试验是在 1924 年发明的，用以评估材料的硬度和屈服应力。将锥形压头压入材料的表面，维氏硬度定义为所施加的力除以压痕形状的面积。经验研究估计屈服应力为该硬度值的 33%。便携式硬度测试比目前用于重新认证回收钢的试片测试方式更快更经济。然而，硬度测试结果（注：是换算成估计的屈服应力）与实际屈服应力之间的误差往往大于 20%，这对于保险公司来说是无法接受的误差。多特蒙德大学特卡亚教授已经说明，通过考虑材料在压头周围变形时材料性能的变化，可以减小这个误差。对于一组给定批次的可利用梁，便携式硬度测试和少量试片测试的组合可以使材料性能得到令人满意的置信度。

英国建筑研究院环境评估方法（BREEAM）和隐含能源

诸如 BREEAM 等自愿性生态标准为建筑物的可持续发展特征提供了认证。对建筑物通过多项可持续性标准进行打分，然后将所得分数进行综合汇总，最终体现为及格、良好、非常好、优秀。

BREEAM 生态标准的材料类别部分包括对建筑物的具体生命周期影响的评估，但这不是基于公共可用数据，并且不设置最小目标。虽然在建筑结构中的隐含碳对建筑的寿命周期的影响通常占 20% 以上，但是令人惊讶的是，只有约占总量的 5% 用于减少其影响；相反，重点主要集中于使用阶段的节省。相比之下，澳大利亚绿色之星评级体系在 2010 年 2 月进行了修订，以推动钢铁生产和制造的最佳实践。绿色之星评级体系的性能标准包括钢筋和结构型材的最小强度，以及钢筋现场优化制造。

注释：

［1］我们的两位地球科学系同事提供了一个关于剑桥建筑材料的精彩介绍，见在线文章 "walking tour around the historic city centre"（Woodcock and Norman，n.d.）。

［2］较大的船板被热轧成较薄的规格以消除缺陷。更小的切成条带，加热并进料到模具中轧制成钢筋，重新轧制板出售多用于低等级建筑。没有认证的情况下，质量只有通过轧制机的轧制技术水平来保证。重新轧制板的价格约为认证产品价格的 60%。位于孟买印度理

工学院的阿索莱尔（Asolekar）教授在两篇论文中记录了这一做法对环境的影响［Asolekar et al.（2006）and Tilwanker et al.（2008）］。

解构已到寿命周期的产品，以提供可再利用的组件

［3］由于废物法规不需要在产品层面收集数据，因此该分析所需经验的废料数据难以获得。戴维斯（Davis）等（2007）使用历史产量和产品寿命期进行动态流动分析（MFA）来模拟商品的流出（退出使用），以确定英国的废钢流动，这些结果与 Hatayama 等（2010）得出的全球废弃钢铁的价值具有一致性。Hatayama 等（2009）得出来自欧洲、美国、中国和日本的废旧铝料的分类，再次使用动态 MFA 模型分析，确定这 4 个地区占全球铝消费量的 80% 左右。

［4］尽管丰田生产系统中最权威的书是大野耐一（Taichi Ohno）（1988）编写的，但麻省理工学院的史蒂夫·斯皮尔博士（Spear and Bowen，1999）写一篇非常好的文章，为大多数不熟悉日本文化的人提供了一个详尽的介绍，所以弥补了大野耐一书中的细节。

［5］再利用的设计原则取自阿迪斯（Addis）和斯豪滕（Schouten）（2004）的建议和案例研究、摩根（Morgan）和史蒂文森（Stevenson）（2005）关于解构的设计、凯（Kay）和艾塞克斯（Essex）（2009）关于建筑中的材料再利用，以及 WRAP（2010）的土木工程设计团队的建议和案例研究。

准备组件再利用

［6］特卡亚等（2008）研究了金属薄板材废料的再制造。液压机内的高压液体用于将钣金压在模具上，用来压平波浪状的金属板部件，如汽车引擎盖。增量成型用于已经平整的板状零件，如洗衣机面板。高野（Takano）等（2008）研究了非均匀板材增量成型的类似想法。

建筑中结构钢的再利用

［7］这有点微妙——在英国，实际上并没有用回收材料来制造型钢，尽管在美国是这样做的，但是考虑到用过的型钢将被回收，平均来说，若再利用减少 1t 可回收的金属，同时液态金属的需求也将减少 1t，所以从再利用中节省的排放量相当于二次生产的排放量。

展望

［8］惯容器看起来像一个普通的减振器，其中一端连接到车身上，另一端连接车轮组。当汽车在不平坦的地面上行走时，齿条和齿轮或类似的联轴器使飞轮在设备内旋转。当与弹簧和阻尼器结合使用时，惯容器减轻车体的振动，使汽车具有更好的地面抓着能力。我们控制工程组的同事史密斯（Smith）等（2004）已经记录了这种悬挂系统的优点。

图片

［9］作者：维基百科 Plumbago（http://en.wikipedia.org），使用遵循知识共享许可协议《署名 2.5 通用协议》（http://creativecommons.org/license/by/2.5/deed.en）。

16. 长寿命产品

——延迟更换

经济发达的国家，对金属的需求基本稳定，他们购买金属物件主要是用来替代其他产品。所以，如果金属产品能够拥有更长的寿命，就会减慢替换速度，从而减少对新金属的需求。然而，真的可以延长产品的使用时间吗？

卡弗萨姆路桥[13]

2011年新年庆祝活动的3天中，英国雷丁站附近的一条公路上，有着9条火车轨道的卡弗萨姆路桥被更换，其中的钢铁被回收。公众对拆除此桥梁没有异议，但是如果我们提议更换亚伯拉罕·达比三世建于1781年在铁桥峡谷修建的桥，那么我们不仅会招致公众的抗议，还会违反联合国宣布的世界遗产法。在英国，每年报废约200万辆汽车[1]，最终通过熔化回收利用，但是我们不会报废旧的E型"美洲虎"，因为它代表着令人难忘的汽车时代。1966—1979年制造了20架超音速协和飞机，它们已不再飞行服役，但我们永远都不会熔化回收它们。美国国家航空航天局把已经退役的剩余的4架航天飞机分别送到佛罗里达州、洛杉矶、弗吉尼亚州和纽约的博物馆，并一直保存下去。尚存的最古老的瓦特蒸汽机——建于1777年的老贝斯水车（Old Bess），现在在伦敦的科学博物馆展出，我们将继续维护它。

铁桥

我们通过故事、图片和手稿，也通过实物将过去联系起来。这种联系是全部文化的一部分，在某些时候是我们遗产的一部分，我们不再考虑它们是否应该被更新或被更好的物件所取代，之所以保留是因为它们是我们的一部分。我们个人和集体都是如此，就像国家的慈善机构和政府机构致力于保护重要的公有建筑和物品一样，我们私下里也在维护着家庭的传家宝。

我们知道，如果这样做，就可以使物品的使用寿命延长，在本章中，将探讨保持钢铁和铝制品及其组件更长的使用寿命是不是可

协和飞机

未能获得遗产地位的汽车
（报废汽车）

行，或者是不是一件好事。其动机如我们在第4章中看到的那样，在发达国家，对钢铁和铝的大部分需求是替换物品而不是扩大总库存。如果减少更换，将减少对新液态金属的需求，从而减少生产对环境的影响。

我们在之前的一篇文章中获悉了一个重要的故事，这个故事激发了在这一章中的讨论，在这个项目中，我们研究了未来英国服装和纺织品供应的可持续性[2]。2000—2005年，英国人每年购买服装的数量增加了33%。这个需求的增长当然不是由天气变化引发的，而是由于"快时尚"的转变引起的。2000年之前，时装业有夏季和冬季，因此推出两次新系列来搭配。现在"快时尚"允许每六周推出一个新的服装系列，甚至更快。这是一个了不起的成就，但大多数阅读本书的人都记得生活在2000年，不用担心衣服短缺。因为我们有条件买更多的衣服，结果是扔的更多。在关于服装和纺织品研究项目中，我们遇到了很多鼓舞人心的人，其中最主要的是凯特·弗莱彻（Kate Fetcher）[3]。凯特认为，因为衣服是不带任何个人意义的商品，所以很容易被丢弃，但假如在你生病的时候，母亲为你绣了一件衬衫，或者你给孩子针织了一顶帽子，那就不再仅仅是商品了，事件赋予了它独特的意义。

我们从凯特身上学到的东西适用于广泛的个人消费，但在钢铁和铝制品目录中看到，大多数金属是被企业购买而不是个人。所以在本章中，从凯特的灵感出发，我们需要研究与钢铁和铝制品长寿命相关的环境上的、技术上的和商业上的现状。

我们可以通过考虑更长寿命的汽车来预期本章的结构。首先，如果汽车的燃油效率越来越高，保持现有汽车更长寿命是件好事吗？还是应该更早地更换汽车，以获得更低的燃油消耗？我们需要更换汽车吗？因为它坏了，因为我们喜欢有一个新的，因为它不再满足我们的需要，或者因为它不再合法？我们要更换我们汽车的所有部件，或仅是一些部件？最后，作为车主或汽车制造商，长期拥有汽车对我们有何影响？

更长时间地保存商品是否更可持续？

保持商品的持续时间则降低了其更换的速度，对于使用中不需要维护和需要少量能源的产品，这样做比更换它们更节省能源。我们可以自信地说，减少与"北方天使"以及任何其他金属雕塑相关的排放的最佳策略是不替换它们。对于任何使用能源但尚未变得更有效率的产品，我们都可以这么说。然而，如果技术上的发展、立法或消费者的偏好已经导致出现了更高效的产品，那么我们必须考虑在生产新的替代金属产品而增加排放量与使用中降低排放量之间权衡得失。

图 16.1 说明了这个问题。在第一张（左）图中，对于具有高隐含能，而在使用中能耗低和很少改进的产品，其更换不应太频繁。在第二张（右）图中，使用中的能量大于生产需要的能量，且效率正在提高，所以产品应该更频繁地更换。我们意欲概括这两个图形的信息，并通过一个简单的计算来说明。

北方天使[14]

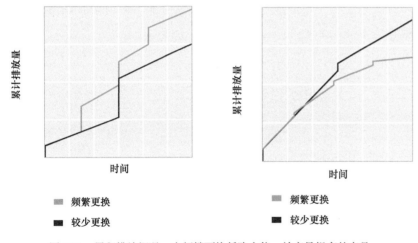

图 16.1　累积排放概况：应频繁更换低隐含能，效率易提高的产品

假设我们知道制造一些产品所需的隐含能，以及按当年模型使用产生的年度能源消耗。再假设，每年由于创新，隐含能和年度能耗二者均以稳定但独立的速率降低，比如作为该年的模型，年隐含能降低 1%，年度能耗降低 2%。现在假设所有者选择定期地更换产

品。例如，对于我们提供的改进率，如果所有者每 5 年更换一次产品，那么在 5 年的时间里，他们将会购买一个比本年度模型（指当年的该产品）少 5% 的隐含能和少 10% 的年度能耗的模型（新产品）。对于任何产品，如果我们知道当年的隐含能和年度能耗，以及两者未来可能的改善率，就可以计算出使需要的总能量最小化的更换时间间隔。

我们对图 16.2 中的取值范围进行了测试。图中显示，当隐含能与年度能耗的比率增长时，应该减少产品更换的频率（正如我们预料到的"北方天使"那样）。但是，我们还可以看到，随着隐含能或年度能耗的改善，这样的决定会发生怎样的变化。年度能耗改进的影响较小，图右侧能耗影响会更大；隐含能的改善在整个图形上都有很大影响。这似乎令人惊讶，但请记住，图形的基本形状已经告诉我们，要更频繁地更换年度能耗大的产品。如果年度能耗有所改善，那么改变替代期的影响很小，因为无论如何我们都将会承受大部分的年度能耗。但是，如果减少更换间隔，我们购买产品的总次数就会上升，每次都会承担全部的隐含能，所以对它的改进非常敏感[4]。

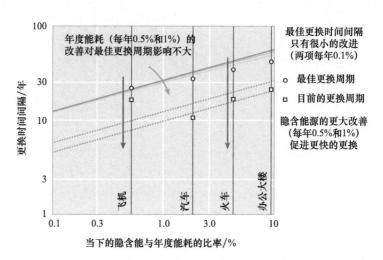

图 16.2　产品更换间隔预测，最大限度地减少能耗和隐含能

图 16.3 中展示了各种我们熟悉的产品——办公大楼、小汽车、飞机、火车，我们知道它们当前隐含能和年度能耗的数值[5]。对于每个产品，首先，展示了当前实际的典型替换间隔（圆圈）。其次，根据目前的改进率估算了最佳替换间隔（方框）。结果表明，在每一种情况下，尽管二者的差别在飞机方面来说是较小的，但总的来讲，实际更换速度比按照这个标准的更换速度要快，反过来，延长所有这些产品的使用期（到其全寿命期）将节省能源。这促使我们探索更换产品的其他原因，并在下一节中讨论。

图 16.3 提供了关于延迟产品更换的重要价值的一般性指导，现在可以将其作为探索任何特定产品寿命延长的开始。在本章的剩余部分，我们将假设处理的产品对其寿命延长是有益的，并专注于实现这一目标。然而，在离开环保案例之前，提出一个策略，如果不是更换整个产品，可以进行升级，以获得在使用中改善能源需求的好处，而不用承受全部隐含能成本或更换整个产品。图框故事研究了适用于特定车辆的寿命延长和升级选择，以确认升级的潜在好处。

我们能否预测未来使用和隐含能及排放之间的这种联系将如何发展？图 16.3 显示了建筑物、客运车辆和货运车辆在当前的寿命期内使用排放与隐含排放之间的比率估算，表明在所有情况下，总能源需求以使用为主。这是众所周知的，并且可直接联系到第 2 章中关于全球能源使用的饼形图。车辆和建筑物的使用是全球能源消耗三大类别中的两个，但与工业生产不同。目前，车辆和建筑的效率很低，我们有很多选择来提高它们的效率。因此，与制造建筑物和汽车的隐含排放量相比，未来它们的年度使用排放量将较小，因此，通过我们的分析，这将增加未来寿命延长的价值。

本部分的结论是：与生产需要的隐含能相比，如果产品具有较高的能源使用需求，或者技术上发生了快速变化，则延长寿命并非是好的选择。然而，对于大多数现有产品，延长寿命将带来净节约。因此，我们现在将重点放在寿命延长上，图 16.2 中数据所引发的关键问题是"什么造成我们过快地更换物品？"

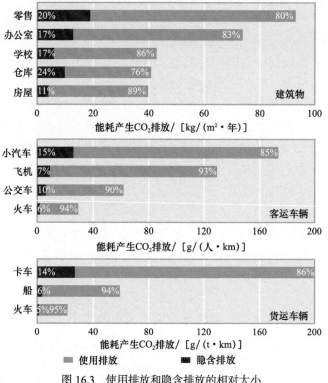

图 16.3 使用排放和隐含排放的相对大小

升级作为车辆延长寿命的策略？

在右图中，蓝线代表的是一辆典型的中型车（125g/kmCO_2尾气排放），设计寿命为10年20万km。在最开始、第10年和第20年，汽车被更换时，每辆汽车产生6.3tCO_2的隐含碳排放量。假设年使用排放量每年改善3.5%（符合汽车制造商的目标和欧盟法规），第一阶段每年CO_2排放为128g/km，在随后两个阶段CO_2排放量分别为90g/km和64g/km。30年的CO_2总排放量达到75t。寿命延长（紫线）至15年只需两辆新车。由于策略上采取延迟升级到最新的发动机技术，因此节省的CO_2排放量只有1.5t（2%），远低于实际节省的6.3t隐含排放。每5年升级一次（绿线）汽车的发动机（占一辆新车15%的CO_2隐含排放是0.9t），利用发动机改进技术，来减少隐含排放上的年度排放量，使其罚款变得最小。这一策略可以减少7t（9%）CO_2的排放量，减少量比一辆新车还多，同时对汽车制造商而言是一个有吸引力的商业模式。在这种情况下，与该期间的累积排放相比，总排放节省较小，但对于具有相对较高隐含能的产品，则可实现更大的节约。

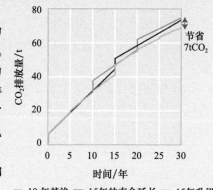

为什么我们更换现有商品？

一些人想要最新款的车，而其他人则愿意低价购买二手车，以更低的成本获得更好的功能。令人惊讶的是，现在新的牵引车、冰箱和卡车首先都在广告信息中突出其时尚风格作为卖点，其次才是其功能。但钢铁轨道的销售员所需的轨道主要信息是其使用寿命：我们不会因为其颜色而购买轨道。

我们已经看了几十个研究案例，探索不同情况下所有者更换产品的原因，可以通过提出两个问题来帮助他们阐明其不同的动机：

- 产品是否因其性能或价值而被替换？
- 被评估的产品是相对于购买时间还是相对于现在可用的产品？

将这些选项阐明列入表 16.1，从而定义了 4 种类型的"失效"[6]。表 16.1 所示为每种类型的失效情况。

表 16.1 失效类型

项目	……相对于它的购买时间	……相对于现在可用的产品
该产品的性能下降……	退化，例如铁路	劣质，例如洗衣机
该产品的价值下降……	不适宜，例如跑车	无用，例如单壳油轮

- 退化失效：当产品性能退化时就会发生退化失效，无法实现原有功能。对于服装和纺织品，是穿破用破了，金属制品主要是与表面磨损有关（两个金属表面彼此滑动时受损），但也可能是发生火灾造成的损伤、开裂（加载和卸载的重复循环后扩展）或过载损伤、冲击损伤等。

- 劣质失效：原始产品仍在按照原设计而运行，但是更新的产品更有吸引力，此时可认为劣质失效发生了。20 世纪 70 年代的紫色喇叭长裤在很大程度上遇到了这种模式的失效，由于创新的速度，计算机和通信领域也普遍存在这种失效模式。对于钢铁和铝制商品，这种模式通常会推动汽车和机械的更换决定。

- 不适宜失效：当用户的需求发生变化时，原来的产品不再对现有的所有者有价值，就发生了这种类型的失效。在服装和纺织品中，当服装（由于某种原因）不再适合所有者时，这种失效模式就会发生。同理，一辆双座车对于一对刚生完孩子的夫妻几乎没有什么价值。大多情况下，不断变化的客户行为可能会导致不适宜失效，如公共交通工具、电力分配，或者建筑物不再满足租户的需求。不适宜失效与产品对现有所有者的价值有关，但其他所有者可能会有不同的价值评估。

● 无用失效：产品仍然运作良好，但对所有者及其他人来说都不再有价值，会发生无用失效。这可能是由于需求的变化或立法造成的，例如为降低漏油风险，现有利于双壳油轮的立法已经导致单壳油船提前被更换，按照原始设计，这些油船还能继续使用，但是现在不需要了。

使用我们的失效模式词汇，现在可以回到第 3 章的产品目录，探究每个产品类型被替换的原因。为创建图 16.4，我们将所有可以找到的有关产品失效的原因汇集在一起，然后会同每个行业的专家验证我们的预测。我们发现，建筑物很少由于性能失效而被拆除，相反，是由于它们对业主或租户的价值已经下降了，不合适或不再需要。车辆和工业设备的二手市场繁荣，尽管原来的拥有者可能会因为不适宜或劣质而更换，但最终拥有者会在退化时抛弃它们。铝包装在使用中退化，因此被更换。在原有的设计负载下，电缆可能服役一百年，但由于人口和耗电需求的增长，老式电缆必须经常传输超出设计负载的电力，因此变得"不适宜"，它们过热、松弛、下垂，可能造成断电。

表 16.2 总结了图 16.4 中因 3 种失效模式（退化、劣化、不适宜）而丢弃的钢和铝的比例。4 种不同失效模式的数据帮助我们识别和区分钢铁和铝制品被替换的原因，我们很快将利用它来寻找延长产品寿命的机会。但在这样做之前，我们会问一个更有争议的问题：我们知道钢铁和铝总是用来制造零件，因此当含有两种金属的货物被更换时，是整个组合体失效还是仅仅几个组件失效？

表 16.2　两种金属的失效模式比例

失效模式	钢	铝
退化 /%	32	61
劣质 /%	14	3
不适宜 /%	54	36
无用		

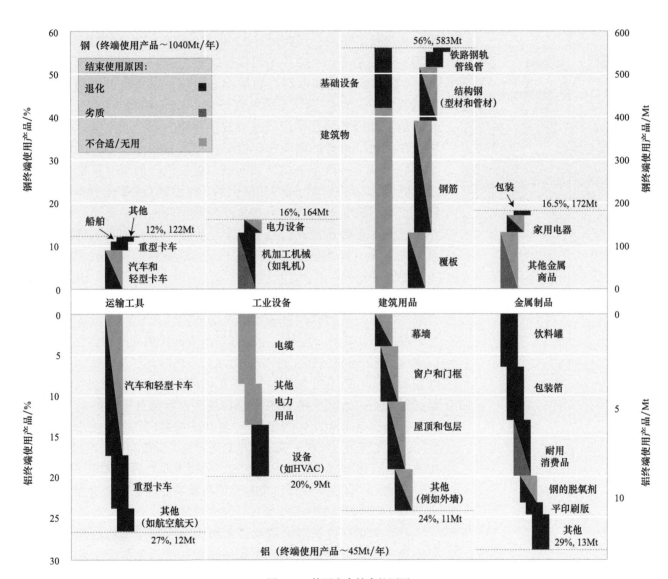

图 16.4　使用寿命结束的原因

哪些特定的组件驱动我们的更换决定？

在准备编写这本书前，我们去了一个冰箱粉碎线专用的金属废料场进行了访问。在英国有2200万个家庭，每个家庭都有一个冰箱，当使用10～12年的时候会将它们扔掉，所以每年丢弃约200万台冰箱。这些冰箱必须被小心处理，以免将制冷剂［以前的氢氟烃（HFCs）和现在的氯氟烃（CFCs）］释放到大气中，因此制造了专门的联合生产线来有效地切碎它们。效率是多么惊人啊！在英国，最好的冰箱粉碎线每年可以粉碎100万台冰箱，因为我们把从丰田汽车公司学到的高效制造汽车的所有技能都颠倒过来应用了。在英国，每年生产大约150万辆（主要是日本品牌）汽车，所以在制造业方面有非常高的效率吗？微不足道！我们每年报废的冰箱数量比我们造的汽车至少多33%，而我们的汽车产量正在下降，而冰箱报废率正在上升。好消息：英国的"低生产力"提高了！

这些冰箱怎么了？人们不需要了吗？不，我们都想要冰箱。不合适吗？不，我们有两种基本形状的冰箱，柜台下面或者橱柜尺寸，没有什么变化。次品？一些自卑的人购买相同的粉红色冰箱，以展示他们的创意个性，但本质上冰箱不是时尚产品。所以它们必须被淘汰？不是外壳，不是门，不是内部配件，不是热交换器，不是绝缘层……，几乎所有的冰箱在被丢弃时都处于良好的工作状态。我们丢弃冰箱的主要原因，或是因为橡胶门密封件的形状发生变化，或是因为压缩机（驱动制冷剂循环的电动机和泵）不起作用。压缩机是否完全退化？有压缩机损坏的情况吗？转子和定子中的金属？铜绕组？显然，压缩机中最常见故障的原因是轴承磨损，而这也是由于润滑剂泄漏而发生的。

丢弃和切碎这么多冰箱的真正原因是冰箱压缩机的几个小轴承中缺少几毫升的润滑剂。更换压缩机是劳动密集型工作，一般电动机设计为密封单元，因此不能更换轴承。但是当我们以基于寿命延长的不同商业模式来减少金属需求时，我们似乎在这里找到了机会：可以出售带有终身保障的冰箱，如果确定了故障的可能原因，就能在原始产品中设计一种简单方法以便修复

英国的冰箱粉碎行业，一个反生产的例子

它们。

　　冰箱是零件的组合体，在我们激烈的讨论中，已经认识到组件具有不同的失效模式。现在将尝试通过提出一个"洋葱皮"的产品模型来归纳我们在冰箱中看到的内容。许多产品的核心是结构框架，通常由钢或铝制成，这些柜架的预期寿命较长。在这个框架上附有不同层次的组件，我们将对它们进行组装，以便从洋葱的内核向其外层移动时，组件的预期寿命变短。如果产品的设计使得洋葱外皮中的组件，即那些寿命最短的组件可以很容易被更换，那么我们可以延长产品的使用寿命，并且充分利用寿命更长的内部零件。为了进一步完善这个想法，我们将同时创建一个显示成本份额的"洋葱皮"模型。如果更多的金属和更多的成本是处在洋葱的核心部位，我们将会找到更多的动力来延长产品的寿命，通过修复或升级外层的失效组件。

　　我们将金属和成本份额的"洋葱皮"模型应用于图16.5～图16.8中的4种不同的案例产品研究，其中包括钢和铝，像往常一样，通过与各个领域相关的公司进行详细的讨论来进行研究。板材轧机是洋葱皮模型解释延长寿命动机的一个很好的例子，大约一半的钢在轧机的结构框架和基础上，这是轧机成本的很大一部分。因此，轧机机架往往具有较长的使用寿命，而其他部件则在故障时进行维修或升级。相比之下，办公楼虽然大部分钢被用于结构核心，但钢材成本较小，因为以"不适宜"方式失效的办公室往往被更换而不是升级。同样，汽车的车身和传动系统也使用了较多的金属，但这是车辆上材料成本的一小部分，因此延长使用寿命的商业动机很小。然而，对于冰箱而言，零件的价值较低，没有明显的抑制作用，而是维修的成本起主导作用，从而促进冰箱被更换而不是继续维修使用。

　　在我们的4个案例研究中，平板轧机的寿命延长是正常的，其中一个原因是"洋葱皮"模型的价值份额与金属比例更为接近[7]。相比之下，办公室和汽车的"洋葱皮"模型核心的大部分金属通常在它们被丢弃时仍然能够良好地工作，但在总体价值中的比例较低。关于此，我们能做些什么呢？

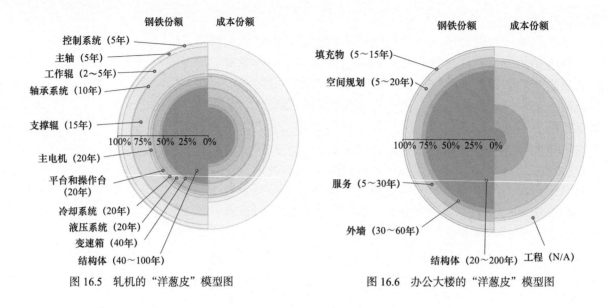

图 16.5　轧机的"洋葱皮"模型图　　　　图 16.6　办公大楼的"洋葱皮"模型图

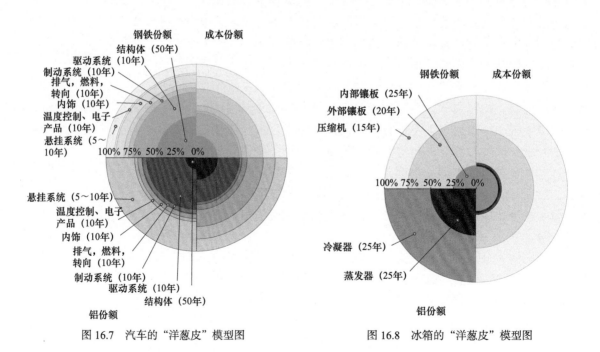

图 16.7　汽车的"洋葱皮"模型图　　　　图 16.8　冰箱的"洋葱皮"模型图

我们已经确定了有助于降低"剥离"洋葱成本的 3 个关键策略，从而可以更多地利用金属密集型零件延长其使用寿命。我们的策略总结在表 16.3 中。3 个解决策略是相对于产品的原始状态：耐久性（包括维护和修复）是关于保持原始状态更长时间；升级（包括模块化和适应性强的设计）旨在改进原有设计，与最近的创新竞争；级联的目的是，在目前的状况下为该产品找到新用户，此产品的状况可能与原始设计相同或部分退化。

表 16.3　"剥离洋葱"策略

项目	……相对于它的购买时间	……相对于现在可用的
该产品的性能下降……	耐久性 当退化时	升级 当劣质时
该产品的价值下降……	级联 当不适宜时	回收设计 当无用时

对于无用失效，这是最难处理的，或许可以级联或升级，但最终其寿命延长可能不可行，而我们应该推进能够高效重用或回收组件的设计。我们很乐意与汤姆斯·爱迪生（Thomas Edison）在他的任何努力方面完成合作，但是如果在 1877 年左右，我们就用当代的工程知识与他一起合作开发持续了 500 年的留声机，可惜这样做没有任何价值；如果我们将它设计成可易于回收的产品，那将会更好。

爱迪生的留声机[15]

制造更耐用的组件

如果组件退化，我们有 3 个干预机会：设计更改可能会延迟失效发生；修复组件可能会返回到其原始的规格；状态监测作为使用维护的一部分，可以更好地预测更换时间或修复组件。所有的这 3 种做法都已经在使用，并且可以更广泛地应用。

组件退化主要发生于滑动表面之间的磨损，循环加载或腐蚀引起的裂纹扩展。铁匠和车轮匠了解耐磨性的关键原理，用结实的马蹄铁和覆铁轮胎比马蹄或木轮更耐磨。"Archard 方程"[8] 预测，随着载荷和滑动距离的增加，磨损将增加，以及随着金属强度的增加，磨损将减少，所以，现代铁路轨道由高强度钢轨制成，正如图框故事所述，这大大延长了使用寿命。有了铁匠和车轮匠的经验，

通过覆钢提高木制车轮的耐用性

精心涂漆的第四公路大桥

图框故事也提到了瑞典生产的新型钢轨 ReRail 正在探索使用硬化的但可更换的钢轨帽，进一步延长铁轨的使用寿命。

腐蚀可能导致钢构件失效，简单的防护措施就是表面涂层，连续重新涂层的苏格兰第四桥，是这方面的典型例子。道路桥梁可能会出现不同的腐蚀问题，如果钢筋混凝土中渗入水会导致钢筋腐蚀，促使钢筋失去与混凝土的黏结。这是英国的一个重大问题：20 世纪 60 年代建成的几座公路桥梁使用错误的混凝土拌和物，以及钢筋布置得离表面太近，所以水会接触到钢筋，导致其生锈，迫使其提前更换。为了避免这个问题，我们需要更好地控制施工质量，或者可以使用耐腐蚀的不锈钢钢筋，但成本是一般钢筋的 4 倍。我们已经讨论了磨损和腐蚀，表明有很好的技术方案可以解决大多数的退化失效，如果正确地预见到产品必须承受的负载以及其运行的环境，通常可以找到耐用的设计。

如果发生退化后的组件可以恢复至初始状态，则有可能不需要整体更换。这在轮胎"翻新"中已为人知，如更换磨损的轮胎橡胶外皮，使得轮胎壁内的高规格钢丝使用寿命延长。在这种情况下，橡胶被修复，但根据"Archard 方程"电车轨道也会磨损，最终会损坏电车车轮，或危害安全。更换电车轨道的成本很高，但是如果在钢轨的磨损部位原位添加上新金属（埋弧焊），通过对金属的温度进行精准控制，选择正确的合金，则可以恢复轨道的高强度。事实上，如果熔敷钢的含碳量较高，则恢复的钢轨可以具有比原来更高的耐磨性。更为传统的修复技术，如添加涂层或改变其表面属性技术，都已得到很好地应用。

在诸如飞行等安全关键的应用中，由于组件失效会带来可怕的风险，不得不在组件必须更换之前尽早检查更换。这导致了一个被称为"状态监测"的技术开发领域迅猛发展，主要是为金属部件进行健康安全检查。就像医生通过技术尽早发现健康问题一样，金属状态监测技术旨在尽早识别潜在的故障，伴随技术的更加精确，还可以延长部件的寿命，降低风险。典型的技术包括超声扫描和用于检测小裂纹的 X 射线检测技术。例如，对飞机的机翼和涡轮机叶片进行扫描。或者，可以通过一系列传感器来测量位移，应变及其他影响因素，为监测诊断基础设施中的混凝土裂缝提供一定的支持。

喷气发动机中的涡轮叶片被监测以检测裂缝

　　我们有防止退化失效设计的很多选项，虽然通常会有成本上的权衡，但可以期待几乎所有组件的设计能够在无限期的时间内承受住预期的负载。如果组件失效，可以有越来越多的技术将其恢复到原来的状态，我们正在开发诊断工具，以测试正在使用的组件未来的健康状况。

轨道的耐久性和磨损

　　更换和维护铁路轨道的成本较高，不仅仅是因为材料的成本（仅占轨道更新成本的7%）以及运送物资和设备往、返工作现场的物流成本，还包括这条线路关闭期间失去轨道运行的经济损失。因此，增加轨道的使用寿命和降低维修的频率是铁路行业的重要的经济战略和环境战略。业界正在考虑4项延长铁路寿命的策略：

　　●使用强度更高、耐磨性更好的铁轨，以降低铁轨维护的频率并延长轨道寿命。下图对比两种类型的优质铁轨（热处理和非热处理）与常规铁轨来自材料生产和终身维护的CO_2排放量，表明即使在单个生命周期中也可以实现明显的减排。

　　●加厚导轨头（见示意图），通过增加可磨损材料的数量，延长铁轨寿命。假设传统的轨头和加厚轨头的磨损率是相同的，以这种方式延长铁轨寿命，可以延迟全新铁轨的制造，从而节省金属。

　　●加帽铁轨结合了前两种选择——使用更强的金属，但仅用于磨损表面。瑞典新型钢轨ReRail系统采用耐磨硼钢轨帽。有了这个系统，只有15%的铁路被更换，共节省了92%的碳排放。

　　●在腐蚀可能会降低钢轨寿命的环境中，可以使用高纯镀锌钢轨。使用这种方法，在繁忙的交叉口的铁轨寿命从3～6个月延长到超过16个月。

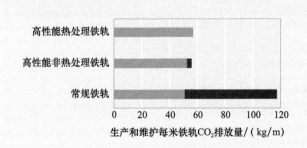

生产和维护每米铁轨CO_2排放量/（kg/m）

（a）常规铁轨
耐磨区域≈质量的20%

（b）加厚的轨头
耐磨区域>质量的20%

升级产品以延长其嵌入材料的使用寿命

当产品因劣质而失效时，它们依然可以发挥原来的设计功能，但更具吸引力的类似产品已经有了取而代之的趋势。正如我们已不再制造一分钱自行车，被称为 Penny Farthing（一种前轮大后轮小的）。如果一项创新导致了产品设计的完全改变，我们不会再努力延长其前身的寿命。然而，这种根本性的创新是罕见的，大多数设计进程是"渐进式"，整体设计有所变化但变化较小，以此来吸引新客户，而不是需要全部成本的重新设计，升级更有可能跟上这种渐进变化的步伐。

"洋葱皮"模型为我们的升级机会提供了明确指导，如果劣质组件在洋葱的外层，但内层具有重要价值，升级将具有吸引力。因此，旨在促进未来升级的设计取决于预期哪些组件可能需要升级，并确保这些组件可以更换。

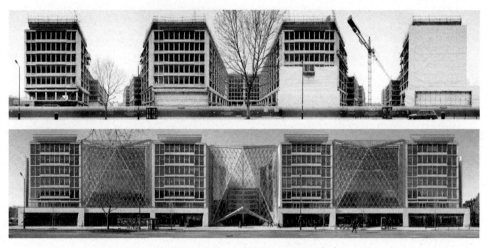

在贝克街 55 号令人兴奋的建筑升级[16]

为了展示产品的核心结构如何超越原始设计者的意图，我们来看两个研究案例。20 世纪 50 年代在贝克街 55 号建造的原办公大楼是混凝土框架结构，到了 21 世纪初，它变得不合时宜了，所以进行了升级：拆除建筑物的外层，包括窗户、覆层、内部装饰、供暖和供水系统；重组楼梯和电梯；楼板通过连接两个相邻的翼扩大；移除柱子；

安装了一个新的细长的加热和冷却系统，以增加天花板的高度。原有建筑结构的 70% 被重新使用，并且升级的时间比拆除和重建所需要的时间要少一年。在另一个不同的研究案例中，曼彻斯特商学院的乔纳森·艾伦调查了 20 世纪 50 年代建造的 7 个钢带轧机的服役故事，其中 3 个轧机现在仍在运作。自 20 世纪 50 年代以来，钢材强度变得越来越高，钢带几何尺寸扩大，每年轧钢量增长 80%。4 项变化支持了这一升级：通过该工厂内的更好协调，轧机更加密集使用；状态监测和定期维护减少了生产中断；到达该工厂的材料质量提高了，加快了换辊速度；更好地控制系统，缩短了非生产时间。

在这两个研究案例中，升级带来了寿命的延长，并且防止了经由不合适的方式引起的失效。然而，在某些情况下，产品无法升级。例如，空调原本是奢侈品，现在是新车的标配。空调体积大，所以很难升级一辆原先没有空调的汽车，因为没有足够的空间。我们是否应该过度设计产品，以便后期升级它们时有更多的选择呢？要回答这一问题，我们需要知道哪些失效模式会导致使用寿命的终结，还有会发生哪些创新，以及消费者未来的需求是什么？我们没有答案，所以必须务实，"洋葱皮"模型给予我们帮助：应着眼于产品设计，使预期寿命较短的组件容易分离；如果性能需求可预期，应该设计产品的核心来实现它们；如果没有，最好不要过度设计，而是计划重新配置。

模块化有助于重新配置，并有助于解决所有 4 种失效模式。模块化设计包括根据一些明确定义的架构连接的模块，以便可以独立更换每个模块，并改变产品中的模块数量。戴尔公司通过定义一套连接模块的规则："架构"，在 20 世纪 90 年代成为个人电脑的主要供应商。客户选择自己的模块，所以模块供应商可以独立创新[9]。施乐公司以模块化的方式生产复印机，因为购买者想要最新的型号，但复印机的核心变化缓慢。一台新施乐复印机中实际上可能已经使用过的模块多达 80%，但仍然是完全可用的[10]。凭借相关的商业模式，英国的 Foremans 翻新建筑模块，使旧模块中大约 80% 的钢材在原建筑失效后被重新利用。

因为劣质或不合适而导致失效产品的升级在技术上也是可行的，并且已经在业务中开展，但不是通用的解决方案，因为初始设计的核心可能会妨碍所需的升级。然而，允许具有子产品组合体系

复印机的模块化设计允许重新配置

结构的模块化设计，是一种具有吸引力的创建适当性设计方式，可以应对所有 4 种失效模式进行升级。

将产品级联到不同需求的用户之间

要求较低规格的所有者可能能够接受其当前所有者降级的产品，或者可以调整原来是较高规格的产品。在第 15 章中，我们探讨了级联铁轨的可能：将废钢轨转移到低负荷分支线路，以及通过旋转轨段来减少由于磨损造成的金属损失，也可以"级联"建筑物。通常这将涉及重新改装内部和功能区，同时保留大部分结构，但不像贝克街 55 号的升级版，级联也可能涉及使用上的变化。我们采访了一些关于这种级联的结构工程师，发现确定建筑在不同应用中价值的关键特征是入口、楼梯间和电梯井道的位置、柱子的间距、每层的允许荷载和层间高度。查看了不同类型建筑的这些特征的典型范围后，我们绘制了图 16.9，以表明在不同用途之间转换建筑物的相对难度。例如，厂房和仓库典型的宽敞高空间很容易适应其他用途。然而，通常具有较小的、更密封设计的住宅建筑物不容易适应需要大量不间断空间的其他用途。主要对角线并不总是绿色的，因为住宅和零售店经常被高度定制的。

当时尚和快速创新不是重要的需求驱动因素时，适用于不同性能要求的应用或用户组之间的级联产品。在洋葱皮的核心包含大部分隐含能的应用中，级联已被应用，并且可以有效地扩展。

寿命延长的商业案例

如果产品寿命延长在技术上是可行的，那么，为什么不更多的延长产品使用寿命呢？可以做些什么来推动呢？在本部分中，我们将探讨企业对购买的决策是如何支持或反对寿命延长的。在准备中，我们对工业机械和设备的生产商及用户进行了一系列结构化的访谈，以了解其采购和销售决策。

购买者眼中的寿命延长

如果您有机会升级现有设备或更换新设备，那么您将如何向您的老板介绍？您可能至少在 5 个方面对此做出评论：①新机器如何

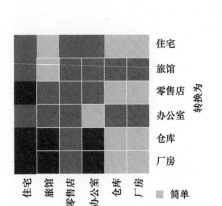

图 16.9　构建适应矩阵

影响维护等其他成本；②您如何考虑未来的利益；③现有机器是否已经在账户中"注销"了；④您认为您的需求在未来会如何改变，以及新机器能否满足需求；⑤如果您的需求发生变化，您决定出售新机器，您将获得多少收益。

●作为采购决定的一部分，要考虑哪些费用？更耐用和更可靠的产品通常以更高的价格出售，以期待降低维护、延迟处理和更换的成本。虽然在理论上知晓了全寿命成本计算，但在实践中，许多决定是在没有完全计算成本的情况下做出的。在极端情况下，如果用于投资的现金有限，则所做出的决定是尽量减少初始的购买成本。如果管理人员只允许在短时间内其购买的成本由所有权的利益偿还，则不会考虑到长寿命产品所产生的全部收益。投资回报期可以低至两年。

●如何评估未来的收益？图 16.10 显示了投资者如何研究"我们今天的决定中将要考虑未来更换成本的多少份额"的问题，这是基于我们所采访公司的 10%～20% 的典型贴现率：以 10% 的贴现率为例，今天的决策中仅考虑了 10 年内 30% 的更换成本。因此，对于诸如建筑物等具有较长寿命的物品，更换成本甚至不会在今天的决策中出现，所以购买更持久的产品没有经济效益。

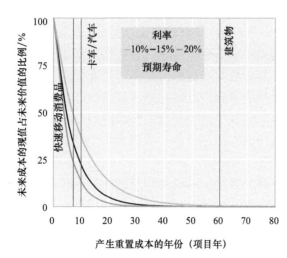

图 16.10 贴现率对未来成本的影响

● 现有产品是否已被"注销"？在公司账户中，购买的价值（比如说一件设备）会随着时间的流逝以一定的速度贬值。这种折旧在损益表中被列为成本，有利可图的长寿命设备可以在账面上"注销"，所以其报告值为零。会计师认为这是一个优势，因为设备的成本已经被充分考虑在内，管理者可能没有什么动力去维持它们所应拥有的价值。

● 这个产品将来能满足您的需求吗？对于适应性更强的产品，我们准备支付的金额取决于如何确定它们对我们将来是有用的。如果想推广更长寿命的设备，必须确信，它具有足够的灵活性以满足我们未来的需求。

● 将来您多少钱就可以转售这个产品？对二手价格低的担忧可能会限制我们购买寿命长久的产品。例如，一辆新车15%的价值在购买时就失去了，另外10%的损失在第一年年底，后续一年会损失10%。作为二手商品的买家，我们不相信业主向我们保证的产品状况，因为他们有夸大质量的既得利益。如果质量不容易测试，转售价格往往会趋低，反过来又阻止买家购买寿命长久的商品。

通过以上的5个问题，可以看出，有很多原因导致购买者可能会对更昂贵、更耐用的商品有偏见。更持久和更可靠的产品在行业中更有价值，一旦（它）中断则其代价更高，例如火车或轨道故障，将造成严重后果；如果电力发电机未能按照承诺交付，将被罚款。那么为了促进寿命长久产品的供应商增加业务，也许更好的是推销升级的产品？我们看到，已经有某些升级的产品（如轧机）在销售了。我们在研究案例中已经得出，升级的好处包括降低更换成本，更快更换和保持操作的连续性。特别是对于创新速度较慢的产品，升级可能更有吸引力。

通过一些商业案例，可以看到当产品失效时选择升级可能比在一开始就为寿命更长久的产品支付额外费用更有效，卖家能否利用好这个机会？

车辆升级的商业案例

该图显示了 3 种汽车替换和升级策略的累积利润率。我们假设升级成本是新车的 20%，并按与升级年份提供的能源效率技术相一致地来提高燃油效率（使用与本章开头的图框故事相同的燃油效率假定）。定期升级将年度维护成本降低一半，为生产者带来 20% 的利润（这符合汽车售后服务的利润）。升级战略被认为与 10 年更换周期一样有利可图，并提供更多的定期现金流。如果利润不如汽车售后服务那么高，那么制造商除非可以提高价格，否则会亏损。

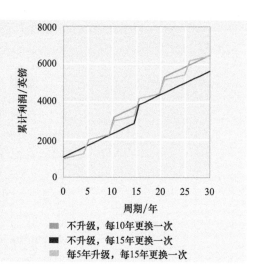

■ 不升级，每10年更换一次
■ 不升级，每15年更换一次
■ 每5年升级，每15年更换一次

卖家眼中的寿命延长

现在把你自己放在生产者的位置，你会选择出售更耐用还是更不耐用产品？如果你可以通过不同的所有者在不同的产品周期内来赚钱呢[11]？

● 故意缩短产品寿命？如果你正在服务于一个"饱和"的市场，大多数购买都是为了更换，你更有可能希望缩短产品寿命以产生更多的销售。但这意味着您必须在更短的时间内收回任何产品研发和设计支出，这在技术发展迅速变化的行业中较容易。你如何说服客户继续购买寿命短的产品？如果市场是集中的，你没有太多的竞争对手，客户更有可能同意这一点。所以，有计划的淘汰更可能发生在技术快速变化的、饱和的、集中的市场中。相比之下，在对没有这些特征的工业装备部门的采访中，我们发现，由于全球竞争以及建立质量声誉的重要性，计划淘汰不会成功。

● 战略性的，盈利的产品寿命延长？或者作为生产者，你可以通过合同（如租赁、长期维护合同或升级合同）销售你的产品，使你可以获得潜在的下游市场的利润[12]。这样的合同也让你承担产品故障的成本，从而激励你生产耐用、适应性强以及模块化产品。这些合同的潜在利益深远，包括有更稳定的现金流、更好的客户保留率、与竞争对手的更大差距，以及在某些情况下更高的利润。因此，这是一个非常不同的商业模式，而通常的生产者只关注初始销售。它也摆脱了

传统生产者的核心能力。只有将策略转变为服务模式，你才能通过这些类型的合同来追求产品寿命延长，并获得利润。

展望

在本章的开始，我们高兴地看到那些承载了国家历史和个人故事的文物级别的作品，我们愿意花钱无限期地保存它们。我们也看到，有很多的选择来维持密集型的产品，如大部分钢材和铝材，使其具有更长的寿命。我们可以使它们更耐用，如果它们的相对性能下降，可以进行升级，或者还可以在不同需求的购买者之间进行转让。我们还看到，保持商品长期使用的环保因素取决于其隐含能与年度能耗的比率，以及各自可能的改善率。在看待长寿命商品的商业模式时，我们已经得出，与最初多花钱购买的长寿命商品相比，购买者更容易选择升级的产品。而且我们已经看到，如果卖家可以用维修、维护和升级现有库存的收入来代替与更换需求有关的销售，生产者只会促进更长久的供应。作为购买者，我们现在可以选择把我们拥有的一切作为传统物品无限期地保持下去，而在大多数情况下，这将是一种更可持续的做法。这使我们有机会对生产者进行要求——通过不同的合同鼓励开发新的、耐久性更长的商品。如果我们可以购买大约 200 英镑标准的新冰箱，预计它将持续使用 10 年，但只质保 3 年，我们很难做到 100 年质保的冰箱支付 2000 英镑，但可能同意支付每年 40 英镑，永远保持和升级冰箱到最新标准。如果是这样的话，可以在一个更长的时间内为供应商提供 2 倍的收入——与没有承诺的一次性购买相比，前者可能会让他们兴奋。

注释：

［1］根据英国《报废车辆条例》（2003），2006 年下发了大约 100 万个销毁证书和销毁通知，但当年有超过 200 万辆汽车被限制上路（Car Reg, n.d）。

［2］奥尔伍德（Allwood）等（2006）以"穿着得体吗？"描述了一个由政府资助的项目，探索纺织和服装行业的实际变化，以改善该行业在一系列可持续性指标上的表现。

［3］凯特·弗莱彻（Kate Fletcher）是一位时装设计师，提出了慢时尚的理念。她的书

（Fletcher，2008）探讨了生命周期对时装业和纺织业的影响，并提出了实用的替代品、设计理念和社会创新。有关凯特工作的更多信息，请访问网站 http://www.katefletcher.com。

［4］假设在 t 年，制造产品的隐含能为 $E(t)=\alpha^t E_0$，其中 α 是每年的年度分数改进，必须小于 1，但仅为正。每年 1% 的改善意味着 $\alpha=0.99$。类似地，在 t 年制造的产品每年的使用阶段能耗为 $U(t)=\beta^t U_0$。只要 α 和 β 严格小于 1，如果我们每 T 年替换一次产品，则我们可以把总能量 Z 加和至无穷大，得出

$$\alpha=\frac{E_0}{1-\alpha^T}+\frac{TU_0}{1-\beta^T}$$

最佳寿命 T 是相对于 T 的导数为零的值，即

$$\left(\frac{E_0}{U_0}\right)\frac{\alpha^T E_0 \ln\alpha}{(1-\alpha^T)^2}+\frac{1-\beta^T+T\beta^T\ln\beta}{(1-\beta^T)^2}$$

给定 E_0/U_0、α 和 β 的值，我们可以求得 T，并且绘制 T 对 E_0/U_0 关系图。

［5］我们做出以下假设：办公楼有 3200kW·h 的隐含排放，年使用量为 340kW·h，根据 Ramesh（2010），使用寿命为 40 年；根据大众 LCA 报告（大众，2006，2010），该汽车的隐含能排放 CO_2 为 5.6t，年使用阶段排放 CO_2 为 2.6t，预计寿命为 14 年；火车的隐含能排放 CO_2 为 17t，年使用阶段排放 CO_2 为 3.7t，预计寿命为 30 年（Chester & Hovath，2009）；飞机的隐含能排放 CO_2 为 52t，年使用阶段排放 CO_2 为 100t，预计寿命 25 年；我们假设使用阶段改善率为 2%，所有产品的隐含改进率为 0.1%，飞机的使用阶段改进率假定为 0.1%，体现改进率为 0.1%。

［6］该矩阵基于所罗门（Solo mon）1994 年的观察，"替代决定源于产品实际价值的失效或期望状态的升级"，以及库珀（Cooper）2004 年关于对相对过时和绝对过时的区别。

［7］艾伦（Aylen）（2011）简要讨论了通过初始过度设计来促进轧机延长使用的可能性，例如，林茨工厂的轧机初始轧制能力较低，但被放置在过大的建筑物内，可允许在此建筑内的轧制生产线的扩容接近 40%。在博帕尔（Bhooplapur）等（2008）关于轧板机升级的论文中指出了轧机可以升级的第二个原因。微合金化是制备现代高强度等级板材的有效方法，在该工艺中，板材仅在轧制和冷却的后期阶段显示出较大的强度，这样就限制了轧机机架上的压力，从而允许高强度钢在原有（用于低、中强度钢轧制的）轧机架上轧制。

［8］Archard 方程式表明，在滑动接触下产生的被磨损掉材料的体积与其表面上的荷载乘以滑动距离再除以两个表面中较软者的硬度成正比。约翰·阿查德（John Archard）在皇家空军服役 6 年后转而致力于重载接触下的冲刷磨损和其润滑，定义了最广泛使用的滑动接触下金属磨损预测模型。

［9］玛格丽塔（Magretta）（1998）采访了迈克尔·戴尔（Michael Dell），他强调了戴尔"虚拟整合"战略在公司成功中的重要性。这一策略是以客户第一、供应商合作伙伴关系、大规模定制和及时交付为基础。

［10］克尔和瑞恩（Kerr & Ryan）（2001）探讨了施乐再制造模式的环境效益，发现再制造减少了 3 倍的资源消耗。

［11］我们知道，如汽车、卡车、机械和设备等耐用品在其服役寿命期间通常有多个用户：黄色货物通常会经过 3 ～ 6 个所有权转移，直到最终报废，而路虎公司估计，曾经制造的路虎捍卫者还有 2/3 的数量仍在路上。

［12］以这种方式向下游转移是有利可图的。丹尼斯（Dennis）和坎比尔（Kambil）（2003）的研究表明，在汽车行业，包括客户支持、培训、保修、维护、维修、升级、产品处理和销售补充品的售后服务的利润是新产品销售利润的 3 ～ 4 倍。

图片

［13］图片来源：英国铁路公司（由 Ramboll 提供）。

［14］作者：大卫·威尔逊·克拉克（David Wilson Clarke）。其使用遵循知识共享许可协议《署名 2.5 通用版》（http://creativecommons.org/license/by/2.5/deed.en）。

［15］作者：诺曼·布鲁德霍夫（Norman Bruderhofer）（http://www.cylinder.de）。其使用遵循知识共享协议《署名 3.0》（http://creativecommons.org/licenses/by-sa/3.0/deed.en）。

［16］图片来源：Zander Olsen，Make。

17. 减少最终需求

——对金属服务的需求

假如通过提高能源效率或材料效率还找不到方法来实现减排目标，那么就需要考虑减少需求量了。这是否自然而然地意味着与发展背道而驰，或者还有其他选择吗？

在本章中，先来谈一个和英雄有关的话题，在我们探索的道路上没有谁能比理查德·瓦格纳（Richard Wagner，德国古典音乐大师）更好地帮助我们。1876年，理查德·瓦格纳的歌剧《尼伯龙根的指环》第一次在拜罗伊特剧院完整演出，此时比贝塞麦（Bessemer）获得炼钢工艺专利晚21年，而比美国人查尔斯·霍尔（Charles Hall）和法国人保罗·赫鲁特（Paul Héroult）发现商业上生产铝的可行途径早10年。歌剧所讲述的故事一开始就很吸引人，尼伯龙根家族的矮人们在尼贝尔海姆地下洞穴的铁匠铺里辛苦劳作，贪得无厌的首领艾伯里克（Alberich）无情地监督着他们。虽然我们可以利用他们用莱茵黄金制造头盔和戒指过程中的低产量损失的工艺中学到一些东西，但最好还是让我们把注意力转向乔治·肖伯纳（George Bernard Shaw）所作的评论——《完美的瓦格纳》，在这本书中他对《尼伯龙根的指环》中诸神统治的结束（在最后的歌剧中，在第一部歌剧开始之前完成的众神的伟大宫殿［瓦尔哈拉神殿］在大火中轰然坍塌，被滔滔的莱茵河水吞没）和现实中资本主义崩溃之间的关系做了类比。在歌剧的开始，艾伯里克为了窃取莱茵黄金发誓永远放弃爱情，这象征着资本主义领导人为了追求利润已经忘记了他们更崇高的人生价值。歌剧的四个部分（《莱茵的黄金》《女武神》《齐格弗里德》《诸神的黄昏》）讲述了那些为了追求财富和权力而不惜牺牲一切，设计阴险骗局之人的故事。而当瓦尔哈拉神殿——资本主义体系——在大火中倒塌之时，那些人最终受到了应有的惩罚，受到诅咒的财富和权势幻化成了永恒的虚无。莱茵河少女也回到了无

公园里骑着战马的女武神

忧无虑的时光，指环又变成了莱茵河的黄金，沉在水底。

降低碳排放虽然是一件令人头疼的事，但这将会是我们人类历史长河中浓重的一笔。我们在本书中着手研究了为使在未来40年内将制造材料所造成的碳排放减半的所有可能的方案，但是在此期间人们对材料的需求量将翻一番，同时考虑到现有生产工艺的所有可能的效率，然后研究了所有可能的材料效率，显然，对我们所剩的警示性选项就是：简单生活、减少使用。为此，我们将探索三种不同的简单生活方式：第一，更加充分地利用产品，从而只需较少量的产品即可满足我们对材料的总体需求；第二，寻找使用更少的材料，但能提供相同服务的替代方法；第三，降低我们对材料所提供服务的整体需求。

在公共场合，任何商业领袖、政治家或政策制定者们不可能提出使利润降低或经济衰退的建议。但私下里，在喝下一杯酒和享受一顿美餐之后，和我们交谈过的几乎所有处于那些位置上的人都说："我们当然也知道消耗太多了。"在发达经济体中，我们都知道这一点，因为几乎所有的人都记得几年前消耗是不多的。如果我们在当地的墓地读墓碑上的碑文，不会找到一个碑文上写着："这是约翰·史密斯（John Smith）的墓，我们记得这个人是因为他拥有很多材料。"而且如果在发达国家，对我们的朋友和同事进行一个快速的心理调查，几乎没人说，拥有最多材料的人会比那些人际关系、家庭、感官和想象力最具活力的人生活得更幸福。所以，在瓦格纳歌剧音乐的激励下，让我们也像英雄一样走进减少需求的黑森林。

通过更充分的使用，以更少的材料提供更多的服务

《尼伯龙根的指环》第二部分歌剧的第三幕以著名的"女武神骑行"开始，有8位女武神，她们的任务是把死去的英雄送到瓦尔哈拉神殿，或乘着飞翼马驰向瓦尔基里岩的会议。当她们8人全部到达时，会议才能开始，她们的旅程大约需要8min。飞马在整个过程中几乎没有其他的事情要做，所以在大约15h的时间中它们只被使用了大约1%的时间。这一点与我们在英国使用汽车的情况相似：通常我们每人每年在一辆汽车上花费225h，在英国我们有2800万

"女武神之旅"
作者：约翰查尔斯·多尔曼

辆持牌汽车，平均每辆车有 4 个座位，而我们有 6000 万人口，所以一年当中平均每个持牌汽车的座位使用率是低于 2% 的。我们真的需要 8 匹飞马吗？如果飞马体格健壮，女武神身材苗条，那么两位女武神可以共乘一匹飞马，从而将飞马的数量削减到 4 匹吗？或者我们安排好女武神到达瓦尔基里岩的顺序，如从一开始不提及女武神和飞马，那么歌剧的第二部分可以早点开始，这样只需要一匹飞马就可以把八位女武神全部送到。人们在任何时间真的需要比实际使用的多出 50 多倍的汽车座位吗？这是一个多么好的节省材料的机会啊。

我们可以更充分地使用产品，或者提升使用产品在服役中的更多容量，或者增加使用它们的时间。图 17.1 中对这一点做了说明，图中蓝色部分表示一个概念产品的"使用概况"，即随着时间的推移其容量使用所占的分数。灰色的方框表示产品在其整个寿命期的全部容量（能力）。因此，蓝灰区域的比率是衡量我们对该产品利用的充分程度：可见的灰色区域的存在表明产品尚未被充分利用。我们能做些什么来更好地利用这些被闲置的容量？总的来说，有两种选择：要么充分地使用产品，要么设计出容量更少的产品。这些选择都在图中有所说明。

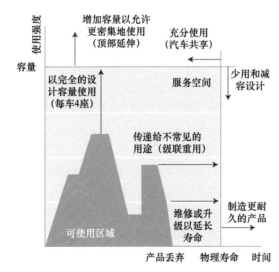

图 17.1 产品的使用强度示意图

通过更加频繁地使用产品（使蓝色使用区域侧向扩展到其物理寿命）和最大化地利用产品的容量（使蓝色区域向上延伸），这样更充分地利用产品是可能的。公共交通系统的设计逻辑是提供一个更大容量的共享服务，从而使我们对交通工具的利用率比每个人单独使用自己的车更加充分。

在前面的章节中我们讨论如何延长产品的使用寿命，而现在却提出要降低产品的使用寿命和减少赋予产品的容量，这听起来像是错误的。然而，如果我们正在生产的产品不可避免地要遭受"不想要的"失效，比如说由于技术或风格的过时，那么我们在设计产品的时候考虑为可回收的，应该使它的物理寿命与使用寿命相匹配，从而避免过度地使用材料。

如果增强对产品的使用，不会成比例地降低其预期寿命，那么更加充分地使用产品可以节约材料。这一点已经在更充分地使用车辆座位的图框故事中做了阐述。该事例表明，更加充分地利用汽车的容量（占据更多的座位）大大提高了汽车总的服务输出量（乘客里程）。然而，在载客量不变的情况下每年的行驶里程数加倍，这仅仅会缩短汽车使用寿命而其总的服务输出量不变。我们可以用在前面的章节所学的 Archard 方程来解释这个问题：汽车零件滑动表面的磨损与荷载和运行距离成正比；每年的运行里程增加一倍，直到达到临界运行里程时其寿命会降低一半；然而，如果载客量增加一倍，它对总体载荷的影响很小，因为车的质量比乘客重很多。

我们能否确定哪些产品最能通过更充分地使用而获益吗？为了验证这一点，我们绘制了图 17.2。该图表示的是钢铁和铝制品的使用强度（按容量的百分数）与使用寿命的关系。图中的轮廓虚线表示产品在满负荷全容量使用下的等效时间，数据点的半径与金属总的使用率成正比。该图表明，工业设备为这两种金属提供了最高的等效服役年数：工业设备通常被充分使用充分并且常常由于使用性能退化严重或者使用要求改变而被废弃。例如，传输电力的电缆几乎持续使用超过 30 年，只有当其不再适合时才会被废弃，通常是因为有更大的功率要传输的需要。

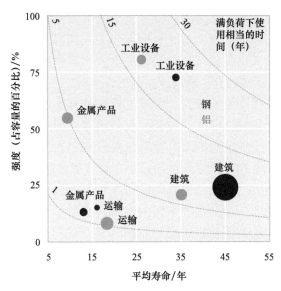

图 17.2　产品的使用强度和使用寿命之间的关系

更加频繁（充分）地使用汽车

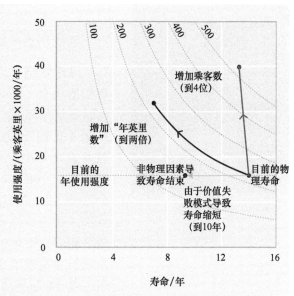

　　从图中可以看到，平均载客量从 1.6 增加到 4（橙色线）对汽车的物理寿命几乎没有什么影响（因为汽车的质量远超过乘客的质量），但汽车的服务输出量提高了 2 倍。加倍年运营里程（紫色线）使汽车的物理寿命减半，但不改变服务的输出量。这就降低了汽车在其物理寿命结束前被丢弃的可能性，比如说它已经过时。最后将汽车的平均使用寿命从 14 年减到 10 年，而其利用率不变（比如说由于事故或者是响应政府的号召，如英国的过期报废计划），总的服务输出量降低 30%（绿色线）。

　　类似地，卡车、火车、船只载货量的增加和洗衣机洗衣数量的增加，导致产品使用寿命损失较小，尽管不同的产品的利用率有所不同。办公室的使用率目前不到 25%，完全可以更充分地使用，这样是不会影响建筑物寿命的。

伦敦的自行车共享计划

然而，像汽车和家用洗衣机这一类的金属制品却提供了最低的等效服务水平。这可以通过共享所有权来提高吗？我们可以做到去洗衣店洗衣服来代替拥有一台自己的洗衣机吗？或者说我们可以借助汽车共享来代替拥有一辆属于自己的汽车吗？

共享所有权与租赁有关，实际上近期增长的城市自行车共享系统是短期租赁的便捷形式。然而，有效地建立起这样的系统是相当困难的。从一个奥地利汽车共享系统的研究中发现，简单地看一下出行成本，大约70%的家庭会通过拼车来节省费用[1]。然而，实际上汽车除了旅游之外还起到其他的很多作用，例如，是与人见面的一个方便的地方；一个存放东西的空间；或当作一个象征身份地位的标志等。综合考虑这些因素，只有9%的家庭将受益于汽车共享。

共享所有权为大量节约材料提供了可能性，但共享真正的困难是我们把所有权与发展联系在了一起：物质产品提供的部分服务是它们的即时可用性和便利性。共享所有权否定了这一点，所以需要增加一些自律性，并且到目前为止我们还没有发现人们觉得这很有吸引力。

寻找用更少材料，但提供相同服务的替代方法

讨论歌剧《尼伯龙根的指环》的创作过程总是为颠覆性的幽默创造机会，所以我们要避免讨论让女战神使用滑板以节省飞马的预算这类问题。相反，让我们探讨一个真正可怕的"异端邪说"。歌剧《尼伯龙根的指环》的创作成本是极其昂贵的：除了24位独奏者及其他7个女武神、1个Niebelungs和Gibichungs的合唱队、一支100人的管弦乐队外，我们还需要100多人的后台、前台工作人员以及生产和营销人员。如果每个人都参与了两周的排练和4场完整演出（三周当中有16个夜晚都在演出），按照英国的平均工资每周支付430英镑，在我们租借演出场地、支付广告费用或给明星歌手给予奖励之前，生产成本已经达到了54万英镑。所以使54万英镑再增加一倍，并除以1000个座位和4场演出，看一场完整的《尼伯龙根的指环》平均每个人的门票大约是270英镑。

因此现在这个"异端邪说"就是：由于计算机技术进步，声音采

集技术的发展，视频游戏和动画制作技术的崛起，也许我们不需要任何人或场地。相反，在 Xbox 上配备最新的 Kinect（微软 Xbox360 体感周边外设）传感器后，我们自己可以制作整部《尼伯龙根的指环》，让我们的朋友来扮演主角，并指导演出。在我们自己的起居室里（而不是艺术家所要求的演出场地），只需要将一个配乐的副本扫描到一个良好的音响系统，就可以创建整个乐曲、舞台、灯光等，而不需要一个艺术家了。

这的确是一个很可怕的"异端邪说"，虽然已经接近目前的可能，但是计算机模拟表演要真正取代实际的演出还需要数年（我们希望永远不会）。但从更广泛的意义上来说，金属产品所能提供的服务可以在没有金属的情况下实现吗？

避免使用金属的最显著的发展是使用视频会议来代替出差。我们无法想象找到一种非物质的替代品来代替建筑物，生产、生活设备或大多数金属产品，但我们很多人会很积极地想避免商务旅行：为什么视频会议不普遍？虽然在视频会议和航空旅行之间的替代上没有全球范围内的数据，但是基于在国家范围内的调查的研究表明，这一替代的比率很低，视频会议只占 1% ～ 3% 的商务旅行市场[2]。视频会议在某些行业（如银行、保险、IT、石油和化学工业）取得了一定的成功，尤其是取代了参加内部会议的出差旅行（仅占商务旅行的 10%），但是未能与商务航空旅行更广泛地竞争。主要的原因可能是，尽管用于视频会议的软件越来越先进，但是在拓展商务关系方面它们不能与线下会议相匹敌。所以视频会议不是一个可行的替代谈判和营销演示的替代品[3]。

随着互联网的发展，虚拟服务替代真实的服务已引起热烈的讨论。现实却不是我们所想的那样，尽管电子信息储存使我们有机会减少纸张的使用（在第 22 章讲解），但是纸张的使用量仍在增长。在钢铁和铝构件的领域里，我们发现很少有机会通过其他的方式来提供替代服务，以避免金属的使用。

减少对材料服务的总体需求

在《尼伯龙根的指环》的第四部分《诸神的黄昏》中，拥有过指环的人相继死去，瓦尔哈拉神殿轰然倒塌，病态的众神统治时代终结，一个充满爱的人类新时代即将来临，莱茵河又恢复了和平，或者按照我们所做的类比，那些对财富和权力的无情追求者已经毁灭了他们自己，一个集体的幸福观重新启动。

这是对的吗？如果我们从追求财富转向其他的幸福指数，那么我们会节约金属资源吗？会过得更好吗？在需求量加倍的情况下，为了确保能够达到降低 50% 碳排放量的目标，我们需要一个备用选项——减少需求。但这将永远不会成为公司战略的一部分，也不大可能成为一个突出的公共政策，因为按照我们的理解，目前的经济增长是用借来的钱（债务）推动的，而偿还债务的唯一途径是增大需求量。然而，在过去的一个世纪里，经济衰退已经成为碳排放量降低的一个可靠的预测[4]。图 17.3 显示了英国 GDP 的变化是如何与 CO_2 年排放量的变化密切相关的。经济衰退，或至少是避免未来的增长，将限制我们对能源和材料的需求，从而导致碳排放量的减少。萨里大学教授罗兰·克里夫特（Roland Clift）在他退休的演讲中开玩笑地提到，低碳生活方式会使我们将多余的钱都用在石雕上：石雕的能耗低但劳动力成本高。但是，我们能想象出整个国家都追求经济衰退会是什么情景吗？

令人惊讶的是，答案是肯定的，迅速发展的行为经济学领域正在研究听起来似乎无法定义的话题——"幸福"。我们可以为一个国家创造一个合理的幸福指数，因为我们使用的任何衡量手段似乎都有很好的相关性。我们可以从心理健康统计、自我评估、离婚率、药物滥用和其他许多社会福利措施方面来衡量幸福，这些因素在很大程度上是相互影响的，所以不同的经济学家将各种因素结合起来，创造了评判国民幸福程度的综合指数。一旦你拿到这个指标，第一个显而易见的感受就是"越富裕的国家人民越幸福"，图 17.4 中探究了这一点。该图提供了一个明确的信息（该图是综合考虑多种因素重新构建的）：人均国民收入达到约 1.5 万美元时，国民的健康、营养、住房和安全等基本需求得到满足，因此人民会更加幸福。超过 1.5 万美元（假如能够实现），幸福程度的进一步增加将会放缓。

我们离核心问题还有很长的路要走，如果这一话题引起了你的兴趣（就像我们一样），那么你还需要参考其他来源[5]。但是

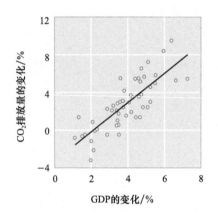

图 17.3　排放与 GDP 之间的关系

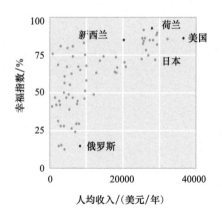

图 17.4　GDP 与幸福之间的关系

这一部分的故事是：如果为了达到减排的目标而选择减少对材料的需求，则我们可能不会比现在的幸福感有任何的减少。虽然很难看到政府或企业把这个当作追求的目标，但是它可以作为维持社会运转的合理基础，当汇编我们的预测时，需要保留它作为的"最后选择"，来保证能实现整体减排目标。

展望

在战争、自然灾害或其他危机中，人们也会迅速适应不同的行为模式，包括降低对合理需求的期望。然而，这主要是由于供应短缺，人们没有其他选择而不得不接受。在本章中，我们发现了两种可以减少金属需求的选择，这在发生危机时是可以接受的：通过增加使用强度和服务替代。我们还找到了一个依赖于社会重大变革的选择，即选择幸福而不是选择财富。

造成环境损害的行为与危害的显现这二者之间存在着时间上的延迟。我们是否有充分证据表明在危机出现之前，人们会自愿地选择降低需求来减少对环境的伤害吗？积极的方面是：我们看到世界上的宗教和慈善机构存在，富人限制自己的支出来促进世界的发展。消极的方面是：我们可以通过复活岛（公元900—1700年）的居民来说明，它们因为砍光了岛上所有的树而导致了自身的灭亡，这使人感到非常震惊[6]。是什么原因让这里的居民以这种方式伤害自己呢？或许他们通过燃烧树木来取暖？还是建房子让自己的居所保持干燥？这些都不是，他们所犯的致命错误是建造石像。看来，复活岛的人们是罗兰·克里夫特教授减排战略的早期预测。他们对石像建造的竞争是如此激烈（雕像尺寸的增加和更精致的设计就是证据），导致了他们文明的消亡。在这个故事中有两件事是明确的：一是人类的竞争天性是固有的，二是我们必须继续为这种行为找到一条低排放的、可持续发展的出路。

在提出了最后的选择是减少需求量之后，现在已经准备好了回到我们的累加过程，在不得不把指环扔回莱茵河之前，去查明是否有足够多的选择来达到减排的目标。

注释：

通过更充分的使用，以更少的材料提供更多的服务

［1］这项研究是由普雷滕塔（Prettenthaler）和施泰宁格（Steininger）进行的（1999）。

寻找用更少材料，但提供相同服务的替代方法

［2］Denstadli（2004）发现挪威的替代率是2%～3%，取消了1998—2005年之间的15万～20万次出行；罗伊和利亚特罗（Roy&Filiatrault）（1998）发现加拿大的替代率是1.8%。

［3］基于对中国台湾科技产业的调查，Lu和Peeta（2009）表示，视频会议对于信息交换、管理会议和培训通常是满足需要的，但是达不到对于商业谈判和销售演示所需要的面对面会议的要求。

减少对材料服务的总体需求

［4］鲍恩（Bowen）等（2009）研究了CO_2排放与GDP之间的关系，以预测2008年的金融危机对碳排放量的可能影响。他们发现经济衰退对能源的需求有两方面的影响：①对产量的需求下降，并因此要求能源生产的产量下降；②如果能源价格下跌，企业可能以能源替代用于生产的其他投入。他们预测，2012年英国的碳排放量将比没有发生经济衰退的时候降低9%。

［5］莱亚德（Layard）（2005）对幸福经济学这一研究领域做了介绍。

展望

［6］贾雷德·戴蒙德（Jared Diamond）所著的《大崩溃——人类社会的明天》（Diamond，2005）一书中记载了复活岛的故事。岛上的居民用树制成木制平台和绳子，用于将石头拖到目的地，并利用杠杆原理将石头放置在恰当的位置。人们大量砍伐树木，再加上岛上泛滥成灾的老鼠吃掉了种子，使得森林保有量锐减。复活岛的人们更愿意建造雕像而不是海上独木舟，这就使他们只能猎食小型哺乳动物和鸟类，从而破坏了这些动物种群的可持续性。作为授粉者和种子传播者的动物灭绝，最终导致森林的消失以及岛上食物储备的消耗殆尽。

18. 变化的选择

——主要钢材和铝材用品

既然我们已经确定了"睁开双眼"这一选择,让我们回到本书第一部分的产品目录中,检验每一种策略在每个产品上可以应用到什么程度。

在第11章中,如果只睁开一只眼睛我们就会发现,从现在到2050年,为了实现保持需求增长的同时削减50%碳排放的目标,没有足够多的方法可供我们选择。然而自第11章后,我们睁开双眼重新审视了钢和铝的世界,发现有一套全新且更为宽泛的方法可以选择,那就是提高材料的使用效率以减少需求。所以在下面一章我们继续做加法,看看是否可以把在第11章中应用的所有选项与新的思路结合起来,以达到目标。但是在这之前,首先需要看看我们的每一个新选项是如何应用到第3章目录中确定的主要产品组中的。

我们将继续利用第4章中对未来需求的预测,在没有任何其他细节的情况下,假设需求增长的预测不仅适用于产品总量,也适用于每一个产品:我们无法预测未来40年,汽车保有量的增长速度是否会与饮料罐的使用量增长速度不同。然而,当看到这些材料被用于提供一种服务而不是以材料本身为对象时,可以重新解释我们的需求预测是作为材料服务需求的预测。因此,选择更充分使用的产品可以在增加服务输出的同时减少材料的投入。如果把我们的预测视为对服务需求的预测,就可以从第17章的最后一节应用我们最后的选择:减少对材料服务的总体需求。

当我们看新选择如何适用于不同的产品时,需要意识到其他因素的变化。消费时尚和特定技术的变化预期已经超出了我们的控制范围,但回到第2章的饼状图,我们看到在工业领域之下,全球碳排放的两大领域是建筑物和车辆的使用。我们的目标是在需求增长的同时将工业排放量削减50%,必须期望未来建筑和车辆的设计者

一个排放预测的"调音台"

轻型汽车：路特七号（Lotus Seven）（上）和塔塔 Nano（Tata Nano）（下）[8]

们也有类似的削减目标。

我们为变化的选择设置一个"调音台"，用滑块指示每一个选项的程度。在本书的第 12～17 章每个产品都是一个滑块，在本章中，我们将对每个产品评估滑块的两个极端。下限值将显示今天的位置，上限值则显示可以实现的极限。例如，英国汽车目前的平均寿命为 14 年，但未来可能有 30 年的寿命。因此，我们将汽车寿命延长滑块设定在 14 年（现在）和 30 年（我们可以设想的未来最大值）之间的范围。同样，目前英国汽车的平均质量是 1.3t，但我们知道科林·查普曼（Colin Chapman）的莲花七号（Lotus Seven）质量 500kg，而目前大众的 L1 概念车（柴油混合动力配置可达到 189 英里）质量 380kg。因此根据使用更少金属的汽车设计，可以让滑块从现在的 1300kg 到最小值 300kg 之间变动。每个滑块都对应一个有代表性的产品，如"普通汽车"，所以我们保留了预测所需要的物理意义，但如果你的车现在有不同的质量或预期的寿命，你可以适当缩放滑块。如果在"调音台"的限制范围内必须应用所有 6 个滑块，但仍然不能达到目标，我们将进一步设两个"捕捉所有"滑块，即全方位滑块：一个用于碳捕获和储存（CCS）；另一个用于全球减少服务需求。

我们应该如何处理两种金属之间的替代，或者是它们之一与其他材料之间的替代？"钢铁比铝好，还是铝比钢铁好？"这一问题对我们来说不是很有趣，这是一个很小的问题，因为我们知道未来对这两种金属的需求都会持续增长。在过去的 30 年里，铝在汽车上的使用一直都在增长，除了极少数特例之外，现在大多数的发动机缸体都是铝合金，而大多数车身仍然采用钢来制造。将来汽车的材料成分会有进一步的变化，但不知道它会如何发展。汽车要获得更大的驱动力必须使车身更轻以达到更好的燃油经济性，这两种金属都可以实现该目标：双座 500kg（Lotus 7）汽车主要是铝制造的；四座 600kg 的塔塔（Tata Nano）汽车主要是钢制造。所以对未来产品成分的预测，我们会坚持第 5 章中的全球预测——钢铁需求将增长 170%，铝增长 250%，并且假定在任何特定的产品中，这两种材料的相对比例将总是以这个比例增长。

我们在第 3 章中看到其他材料的替代，发现确实没有太多的选择。在汽车中可能会使用更多的镁合金，因为镁合金具有良好的强度与质量之比，并且在注塑成型时产量损失较低。然而，为了从液态金属中排除所有的氧气（否则会燃烧），铸造镁目前需要大量 SF_6（六氟化硫）：SF_6 是所有造成温室效应气体中最严重的一种，其全球变暖的可能性超过 CO_2 的 2 万倍以上。镁作为车用替代材料的研究表明，质量减轻会带来减排和燃油经济性等优势，由于这种气体的影响而大打折扣。我们已经看到，如果制造飞机，尽一切努力来减轻质量，在过去的 10 年里，空客和波音已经完成了从铝材到复合材料的重大转变。但制造复合材料比制造铝材更消耗能源和增加碳排放[1]，并且复合材料不能以任何有意义的方式回收[2]。因此，尽管我们相信会出现一些替代材料，但是目前还没有明确的"更好"材料，我们可以满怀信心加入钢铁和铝行业并认为它们"共同"是我们未来的关键材料。因此在我们探索未来的产品选择中不会包括任何材料替代的影响。

在本章的其余部分中，我们将从第 3 章的目录中查看对应产品，预测如何将睁开双眼应用到我们未来的选择中。

建筑

建筑用钢

英国政府在商业建筑能耗方面的立法要求是：到 2019 年，每一栋新建筑都将是"净零碳"，即用非常高效的加热和冷却方式设计，使用无碳源来提供能量[3]。其他国家政府也在努力降低建筑能源的使用，例如，德国和斯堪的纳维亚半岛地区推动的超低能量"被动式节能屋"、中国的低碳"生态城市"规划。然而，商业建筑能源使用在很大程度上与支撑它的结构框架无关。决定建筑物在使用中能源需求的主要特征包括窗口间距与天花板高度之比、前庭和烟囱的存在与否（将提高自然通风）、窗的位置与设计（将控制太阳的辐射供暖），以及建筑物的内部与外部之间通过泄漏、隔热表面、窗户和通风的热量交换。因此建筑能源使用法规的演变对于钢材（和水泥）的要求没有强烈影响。

结构用型钢、钢筋和钢板这 3 种主要形式的钢材用于建筑，其

中钢板，用于包层和"檩条"，如超市和仓库等"棚"式建筑的轻质、水平组成单元。

在我们的调查选项中，可以看出，通过避免过度规定，避免过度合理化，并应用"通过设计减少使用"的理念制造新产品，减少建筑用钢的需求将有很大的机会。综合来看，我们估计建筑用钢的需求充其量只能降低到目前水平的40%左右。我们已经看到，建筑用钢可以被广泛重复再利用，如以一个更标准化组件的形式，我们估计在未来高达80%以上建筑物的结构型钢可以被重新使用。然而，来自基础设施项目的任何材料不可能再被重复利用，因为它们通常只在腐蚀或疲劳损坏后才被替换。

同时，我们应该能够通过更好地布局优化，以及通过使用更高强度的钢材来降低我们对单位面积钢筋的使用需求。第二个选择目前对中国尤为重要。迄今为止，钢筋从未被再利用：如果它在地下使用，它实际上就被丢弃了，因为提取旧桩的成本过于巨大，"棕色地带"（指城中旧房被拆除以后可盖新房的区域）的承包商更愿意在原有地下建筑周围建造而不是更换或重新使用它们；如果是用在地面上，在建筑物的寿命结束时，作为拆除的一部分，钢筋可以与混凝土分离（通过摇晃或锤击）和回收，但它永远不会被重新使用。然而，如果将来我们用模块化的钢筋混凝土构件组装建筑物就可以重新使用多层建筑中的标准楼板等部件，这样就会允许在此应用中对20%钢筋重新使用。我们在建筑物寿命结束时放弃地下钢筋的策略不会改变，因此我们将继续把这类废旧金属从未来的回收流中排除。

被拆毁建筑物中的加强钢筋

建筑用钢的第三种形式来自轧制钢板，主要用于檩条和包层。檩条通常在拆解时被损坏，所以虽然他们可以重新使用，但我们只允许最多50%的檩条重新使用。包层通常由不锈钢制成，受隔热标准的制约，所以目前重新使用仅限于农业大棚。然而，随着新的隔热标准的普及，重新使用包层的机会可能会增加，所以我们也允许未来最多可重复使用50%。

建筑用钢和钢筋在制造过程中被精确地切至要求的长度，只剩下小的边角料。此外，用于包覆的板材可以切割成规则的形状，通常为矩形。因此，在这些应用中几乎没有机会减少施工中的产量损失或将废料转移到其他应用场合。如果建筑物或基础设施的使用寿命延长或使用得更充分，这3种类型的钢材都将获得同样的效益。目前，建筑物被拆除是因为用户喜好的改变，而不是建筑物的老化，所以我们可以放心假设所有的建筑寿命可以翻一番。基础设施的所有者高度渴望延长寿命，但我们掌握的证据表明，1960年建造的英国高速公路桥梁的失效早于预期，所以有可能通过更好地控制施工过程来延长寿命。大多数建筑物可以更充分利用，如果一幢办公大楼没有其他用途，如果每个人使用它的工作时间为每周40h，那么它未被使用的时间就超过75%（闲置时间），所以我们假设建筑的使用量可以加倍。基础设施可以被更充分地利用，但是我们发现在一些情况下已经超出了设计的标准，例如，当国家关于卡车最大质量的法律法规改变时。因此，更充分使用基础设施的范围是有限的[4]。

根据在这节中所讨论的全球建筑用型钢、钢筋和钢板的平均比例，我们设置了滑块。因此，尽管我们估计可能比当前所设计的少用67%的建筑用钢，但建筑用钢整体减少的限度只有33%——这是因为节省钢筋和板材的难度很大。滑块上的数字是基于一幢典型的办公楼，一栋100kg/m² 用钢的7层建筑物和1万 m² 的楼面面积。我们假设其他建筑类型按类似比例节省。

建筑用铝

建筑物中使用的铝大约一半是通过挤压制成的，必定具有一定的横截面，所以几乎没有机会通过有效的设计来节省金属：挤压加工已经为设计者优化材料的使用提供了极好的灵活性。在挤压过程中有一些提高产量的空间[5]，铝屑等的固相结合可以允许两种生产过程的废料（每次挤压的头部和尾部及制作中的长度切割）有效转移。由于难以抽出没有损坏的旧构件，旧框架的污渍，以及当需要更高的规格时旧窗框通常会被移除的事实，因此，铝窗框和其他建筑铝构件的重新使用尚未实施。铝建筑部件的重新使用是可能的，所以我们假定它会在一定程度上得到发展。和钢包覆层一样的问题也存在于铝包覆层，所以我们假设未来最高50%的铝可以被重新使用。更充分地使用建筑物对其铝构件带来的好处与钢构件相同。

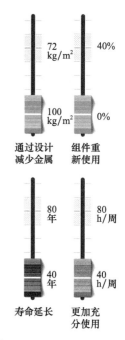

建筑用钢（基于7层办公楼）

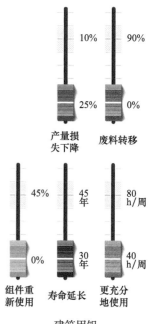

建筑用铝

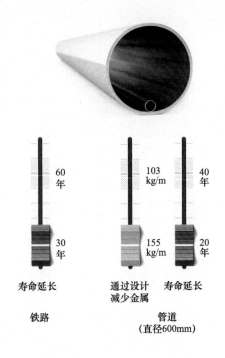

60 年

30 年

寿命延长

铁路

103 kg/m

155 kg/m

40 年

20 年

通过设计 减少金属

寿命延长

管道
（直径600mm）

基础设施中的轨道和管线

我们选择铁路轨道和管线作为钢铁在基础设施中的非结构性应用的代表。通过级联，使用新的更高强度钢和通过修复工艺来延长轨道使用寿命的可能。ReRail 即用新型高强度钢覆盖被磨损的旧轨（或称加盖、戴帽），这一技术尚未得到证实，但是对于铁轨其余部分的钢铁来说，可以大大延长使用寿命。由于轨道磨损与火车重量成正比，未来轻型铁路车辆的设计也将有利于寿命延长。随着技术的发展，未来铁轨的寿命可能会翻倍。关于用较少的金属设计的深海管道，我们确定了两个可靠的方案：第一，如果我们可以找到不同的铺设工艺，将管道在海床上组装，这样就可以节省目前金属约33%的需求，这或许能通过远程焊接，或如在浅海中所用的管道机械连接来实现[6]；第二，改进状态监测，例如，用机器人"清管器"清洁和监测管道内部，将有助于确保管道在使用寿命期内的安全，并减少过度设计。不可避免的腐蚀和疲劳限制了管道使用寿命结束以后重新再利用的机会。

交通工具

汽车和卡车

英国的汽车平均重量为 1.3t，使用时平均有 1.6 名乘客，其使用时间仅占全年的 4%。所以大部分时间里，大多数汽车都存在严重的资源过剩，而且汽车本身比货物要重得多。汽车加速时比匀速行驶时需要更多的燃料，并且当车速超过每小时 65 英里时，燃料的消耗明显上升。因此，对环境影响最小的汽车应该具有满载时的轻量化和高速行驶时稳定性的特点。无论驱动汽车所用的电源如何，所有这些都适用，这就是为什么我们认为现在优先开发插电式电动汽车是错误的：在切换使用电力之前，车的重量问题应先被解决。因此，我们有信心预测未来的汽车重量将比现在更轻。这如何实现呢？汽车可能会更小。我们知道，即使新车上没有吸引我们的许多闪亮的小配件（电动车窗、座椅角度调节器）我们也可以生活，而这些小配件的运转需要沉重的电动机提供动力，因此车的自重增加了很多。未来的控制系统可能有助于减少碰撞的危险，或者我们可能会接受较低的速度限制，或按车辆的自重来分隔车道以确保轻型汽车的安全。

不同驾驶行为带来的好处同样适用于卡车，但是卡车的重量不是关键，因为卡车的设计目的是承载比其本身大的载荷。一辆牵引多节车厢的"公路列车"，如果装满货物不但可节省燃料，而且可以减少每吨货物运输时对车身金属的需求。然而，与汽车相比减少卡车自重的可能性较小。汽车制造业的产量损失很高，而且有许多技术选择可以开发更有效的生产链来减少许多生产环节，从而减少产量损失。我们从 Abbey 钢铁公司了解到，汽车冲裁骨架可以切割成其他产品的胚件，所以在未来废料转移会有更积极的应用。我们已经通过废品回收站和二手经销商重新使用汽车和卡车零部件，并且对一些零件进行了再制造。但是发动机和变速箱的设计变化很快，零件的重新使用将会受到限制。如第 15 章特卡亚教授示例的那样，未来我们可能会重新成型钣金零件，但这仍然需要广泛的开发。虽然汽车的使用寿命可以翻倍到 30 年，但只有车身结构、面板和密封件可能持续这么长的时间。汽车的传动系统、悬架和其他运动部件需要较早更换或升级。我们根据汽车组件的质量对这些可能进行了平均化，预测在我们"寿命延长"的滑块上减少到 20 年的上限。

船只和火车

近年来，由于国际海事组织决定将油船的船壳由单层强制转变为双层，因此之前的船只迅速报废。目前，从英国返回中国的运输集装箱有 60% 是空的，这反映了世界贸易的方向，所以我们几乎没有增加船舶使用强度的机会。印度次大陆垄断了全球拆船行业，报废船只的甲板在古吉拉特邦被重新轧制，船只重新使用这一可能很难再进一步扩展[7]。

与此同时，火车作为未来更低能量运输系统的关键部分，在过去的 20 年中英国的火车却变得越来越重：在更大缓冲装置的使用及多个动力车辆提供优良可靠性的要求驱动之下，普通火车重量（城际，柴油和多电力系统的混合体）从 39t 增长到 47t。相比之下，日本的高铁列车则变得更轻，20 世纪 60 年代以来，日本新干线铁路

通过设计减少金属　寿命延长　废料转移

组件重新使用　寿命延长　更充分地使用

轿车

卡车

通过设计减少金属
火车

系统火车的重量下降了 40%。作为未来汽车的预期，安全控制的改进减少了撞车的概率，允许在缓冲装置上节省重量。所以我们可以安全地推广轻型火车的设计，以节省生产中的金属用量并延长轨道的使用寿命。至少，我们可以预测火车的重量会回到 20 年前。

飞机

如前所述，飞机制造商加工时主要是在生产"金属切屑"，所以有很大的潜力来改善他们众所周知的糟糕的"购买—飞行"比率。我们讨论过的想法包括轧制具有楔形轮廓的板，以及更好地锻造工艺实现接近净形状的坯料产品，并将（飞机加工的）切屑转移，并通过固态结合方式进行再利用。尽管飞机的外形较大，但飞机需要的铝占铝的总使用量的比例相对很小，所以尽管其铝的使用效率低，但这不是我们要考虑的首要任务。然而，鉴于航空旅行对交通运输行业的能源和排放的巨大贡献非常高且不断增长，存在的困难在于未来燃料消耗的变化，以及用种植生物燃料取代航空燃油的土地面积需求问题，因此减少未来排放的重要策略只能是我们所有人都尽可能减少飞行需求。因为在发达经济体中，航空交通对运输排放量是非常重要且不断增长的部分，所以下一章中在优先考虑飞行需求减少的情况下，把所有终端服务需求的减少综合在一个滑块中。

10%   95%

50%   0%

产量损
失下降   废料转移

飞机

工业设备

电气设备

钢既用作为电网提供结构基础设施，也用作配电和有效电气元件。镀锌钢塔（架线塔）形成了输电通道，这些纵横交错的通道从集中的发电站向外供电。如果其中一个塔失效将导致断电和大面积的破坏，因此钢塔通常需要良好的维护，只有因为腐蚀破坏其完整性时才需更换。因此延长钢塔寿命的机会是有限的，并且由于钢塔的部件很小而且在使用中易被腐蚀，所以钢塔报废时重新使用的可能性较小。硅含量高的电工钢被用于整个电网中的大型变压器，如将发电站的电压降低到家用电压。变压器的使用强度决定了它们的预期寿命，但在运营良好的电网中改进使用强度的可能性更小。然而，钢塔报废时变压器周围的钢罐可以重新使用，而且利用率可达变压器本身重量的60%。但这一选择受到运输和拆卸成本的限制。

　　钢和铝都用于电缆。铝起导电作用，而钢提供塔架之间长距离跨度所需的强度。架空的传输电缆寿命结束的主要原因是随着时间的推移，它们需要传输比最初预期更大功率的电力。这种过载使电缆发热导致退火，从而抗拉强度永久地降低。再加上电缆中的张力导致结构松弛（下垂等），这就要求电缆在与诸如树木之类的障碍物接触之前或之后进行更换。如果我们迈向更加电气化的未来，这一问题将变得更加复杂。目前关于开发"智能电网"有相当大的争论，"智能电网"允许连接分布广泛的、间歇性的低功率（通常是可再生能源）电力被切换（进或出）到不同的网段。这样的电网需要大量的材料，也容易受到未来规范变化的影响。因此，应该以模块化的方式进行设计，使其更容易升级。未来主动更换下来的架空电缆可能允许在较低功率路线上重新使用，因此我们假设潜在的再利用率高达50%。

　　当地下电缆出现失效时，通常需要修复，而不是更换，除非需要额外的容量或绝缘失效时才更换。地下电缆目前不能对其重新使用，因为它们不能通过认证，以及其绝缘性能可能退化。这在将来也很难改变。

　　铝带（称为母线）也用于连接配电盘中的元件，并且用铝导管保护电线和电缆。这样的管道是小而分散的，所以重新使用可能成本较高，但没有技术障碍，所以我们假设有20%可以重新使用。

机械设备

　　在对机械设备的分析中，我们主要关注轧钢机，它们作为"洋葱皮"模型的一个典范，因为提供结构框架的核心金属一直没有损坏，并且仍然可以应付预期的装载，故而大多数轧机仍在正常运行。"洋葱皮"的外层包括辊子、轴承、驱动器和制动器，已按适当的间隔进行了升级。因此，我们对延长现有机械设备的寿命几乎没有什么建议。鉴于其许多组成部件的几何形状复杂，这有可能改善设

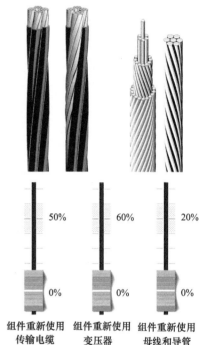

组件重新使用　　组件重新使用　　组件重新使用
传输电缆　　　　变压器　　　　　母线和导管

50%　　　60%　　　20%

0%　　　　0%　　　　0%

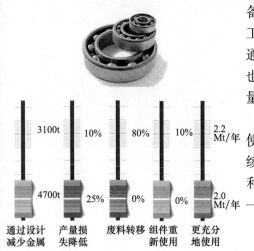

3100t	10%	80%	10%	2.2 Mt/年
4700t	25%	0%	0%	2.0 Mt/年
通过设计减少金属	产量损失降低	废料转移	组件重新使用	更充分地使用

机械设备（基于 4700t 平板轧机，年产能 200 万 t）

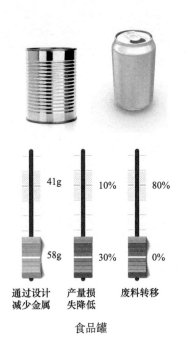

41g	10%	80%
58g	30%	0%
通过设计减少金属	产量损失降低	废料转移

食品罐

备制造的成品率，我们还确定了开发可更换的磨损表面（如衬套式工作辊）的机会，来恢复退化的部件。我们发现，一般的金属产品通常可以通过优化设计和制造使其质量减轻 33%，所以假设在这里也是一样的。板材产品（机械设备中占很大比重的钢材）成型的产量通常较低，这可以通过更好地镶嵌来改进。

通过工厂内部和工厂之间更好的安排和协调，可以更加充分地使用机械设备。未来设备设计的灵活性将会增加，可以使设备更连续地使用，同时也能应对消费者最终所需的各种产品。可重复使用和模块化产品的标准化将减少对机械生产设备种类的需求，从而进一步支持更充分的使用。

金属制品

包装

在德国，可回收、可重新使用的包装设计简单，且再利用包装非常普遍。但在英国，这需要用户行为的改变，以及可能通过立法才能被接受。如果钢制食品罐和铝制饮料罐很坚固可避免使用中的损坏，就可以按照符合食品安全标准的方式进行清洁和重新涂覆，然后重新使用。同样，钢制气容罐可以重新充气并使用。

通常用于烹饪和制备食物的铝箔利用率很低，因为这种有价值材料的废物流是高度分散的。小块铝箔被丢弃，混合在其他废物中，难以分离，因此在首次使用后主要被填埋或者焚烧。饮料罐的收集率为 50% ～ 60%，在首次使用后，几乎一半的材料也会遭弃。因此，用具有较低隐含能的材料代替铝食品和饮料包装是明智的选择，最理想的包装材料是可重复多次使用的。铝箔不太可能变得更轻，同时饮料罐的重量也接近极限，但是我们之前已经看到在制罐过程中可能有机会减少产量损失。如第 12 章所述，如果食品罐以不同的方式烹饪，则可以减轻 33%。

商品和电器

我们所讨论的这两种金属在家用电器中用得最多的是冰箱和洗衣机，正如前面讨论过的那样，它们在使用大约 10 年后将被丢弃，这是因为那些用坏了的低成本的小元件更换起来比较昂贵。因此，延长使用寿命的设计方法会有很好的应用前景，因为与其每十年购买一台新冰箱，不如去买一种能终身维修和升级的服务。电动机和冰箱压缩机可以重新制造或重新使用，"白色商品"（指洗衣机、冰箱、空调及厨具等家庭耐用消费品）中的金属面板可以改制成其他的形状。我们假设，制造这些电器所引起的产量损失也是可以减少的，而且重量可能会更轻。

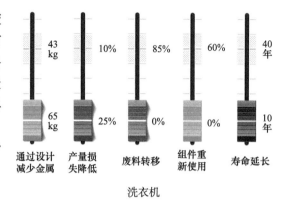

洗衣机

注释：

［1］根据格兰塔设计（Granta Design）（2010），一次铝的生产需要大约200MJ/kg的能量，而典型的复合材料，如碳纤维增强塑料需要270MJ/kg。实际上，铝的制造是一次铝和再利用铝的混合，这进一步降低了铝的能量需求。相反，没有可行的方法回收复合材料。

［2］Seok-Ho（2011）研究了复合纤维的回收利用。然而每100g复合材料需要超过1.5L的硝酸，因此对环境的影响是严重的。回收碳纤维的拉伸强度略有降低。由于该工艺仅能提取纤维而不能提取能量密集型的树脂，所以在回收复合材料方面的效益有限。

建筑

［3］英国政府已就这一战略进行了研究，根据其要求，到2016年住房必须达到碳中和。虽然确切的规则和细节尚未敲定，但更多信息可在英国的社区及地方政府（2007）的网站上获得。

［4］道路和桥梁都是按照一定的车辆达到最大的重量设计的，这受法律限制。过去的20年间这些限制在英国增加了3倍，所以我们不得不重新检查现有的桥梁，查看它们是否可以承受比原计划更高的荷载，或是否必须加强。为了检查卡车的使用情况，麦金农（McKinnon）（2005）收集了统计数据，根据这些数据估计卡车承载其最大运载量的时间比例是36%。

［5］挤压制造商品，如窗框的产量损失为20%～25%，这是由于在每次挤出开始时会产生废料，以及它们一个接一个地挤出时坯料之间形成的对接焊缝。通过对这种焊接过程进行更好地建模和控制，将来我们也许能够降低产量损失。

［6］通过远程操控车辆，梅林（Merlin）机械连接已用于北海的油管连接。它们通过卡箍和压力密封连接。使用机械连接避免了焊接的需要，因此管道可以有塑料衬里，这增加了

耐腐蚀性，从而延长了管道的使用寿命。这些连接是可重新使用和可逆的。

交通工具

[7] 印度、巴基斯坦、孟加拉等国垄断了拆船行业，世界船只大约有一半在印度被拆除。Tilwankar 等（2008）指出，在船舶整个寿命周期内，大约 10% 的钢材被腐蚀掉。剩余部分的 95% 是可以重新轧制成板材的，允许该类船只大约 85% 重量的原钢可以重新使用。拆船厂商主要的收入来源是重新轧制钢材，所以它们自然有最大限度重新使用这类钢材的动机。

图片

[8] 作者：高对比度。遵循知识共享协议，德国 3.0 许可证（http://creativecommons.org/licenses/by/3.0/de/deed.en）。

19. 未来能源的使用和排放

——睁开双眼

现在我们用上一章"调音台"上的"滑块"把第11章的分析重新做一遍，从而得到提高材料效率和减少材料需求的方法。

本书到目前为止，通过旅行、参观、交谈、发明、想象、烹饪、战斗、发现、探索、推断、歌唱和计算，直至延伸到这一章，看看是否可以创造一个可持续的钢铁和铝的未来，这一未来是由排放目标和假设的需求增长来定义的。只睁开一只眼睛，在现有企业内部通过流程和能源效率来寻找降低排放的选项，没有考虑最终消费者的因素。我们发现，除了碳捕获和储存方法，根本没有其他方法来接近目标。

若睁开两只眼睛，我们就有了更广泛的选择，可以大胆地尝试，在极限条件下，使用较少的材料，也可以实现美好的生活。但这本书并不是片面地号召新"贫困"，而是探索一系列被遗忘的选择，因为在没有外部因素推动的情况下，现有材料行业是不会主动地追求这些目标的。

在本章中，将简要讨论如何利用我们在上一章中发明的滑块。我们的主要工作是移动这些滑块，看看是否可以通过扩大选项达到排放目标，或者是否需要引入绝对减少材料的需求这一最后的选择。我们可以看看哪些滑块是最有效的，并且通过滑块的移动进一步预测不同行业中的未来产能需求。

睁开双眼预测未来能源使用和排放

只睁开一只眼睛的方法也是可行的，现在让我们以此为基础，同时加入第二部分所叙述的所有的效率选项。我们坚持以前对需求的预测，尽管我们现在将其解释为是对服务的需求，而不是对金属的需求。假如我们改为使用轻量化的产品设计，或采用更充分地使

用产品的方法，2050 年的金属实际流通量可能会比以前低。

在上一章中，对于每种产品类型，为了说明睁开双眼时我们所发现的新选项，我们在"调音台"上发明了六个滑块。为了预测未来金属的库存和流动，我们将根据产品类别再次细分，并根据滑块来修改两种金属的流通量。我们可以在第 18 章设定的极限位置之间移动每个滑块，以简化我们的"调音台"，而不是为每个产品提供 6 个滑块，假设所有同一类型的滑块（如所有"废料转移"滑块）一起移动。

我们还需要另外两个滑块来影响整个系统：一个是绝对减少需求，这将在所有产品中平等应用；另外一个是碳捕获和储存（CCS），并将其用于所有排放之中。我们希望不需要使用这两滑块中的任何一个，但如果完全应用其他选项还是不能达到目标，它们将是我们最后的选择。

像以前一样，我们将预测 2050 年的排放量，不是用一个单一的数字，而是用一系列的数值来反映我们对需求和规模的不确定性以及策略的影响。我们的目的是揭示可能性，而不是做出精确的预测。

睁开双眼预测未来

我们睁开双眼面向未来的第一个问题是："我们能否在不需要减少需求或碳封存的情况下实现目标？"我们将通过假设将所有滑块（但不是碳封存或需求减少的滑块）一起向前移动来解决这个问题。结果展示在图 19.1 和图 19.2 中。

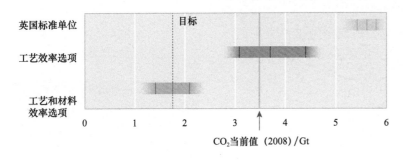
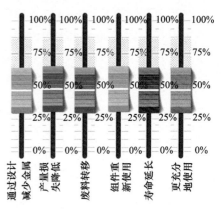

图 19.1　钢铁排放预测和滑块

272

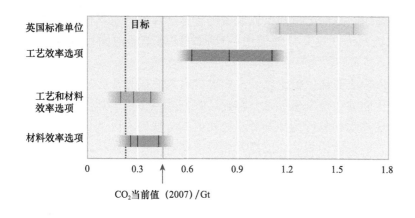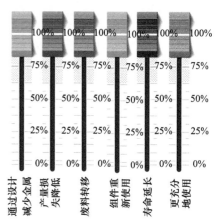

图 19.2　铝排放预测和滑块

　　对于钢铁，即使没有将所有滑块推向最大位置，与目前的水平相比，可以减少 50% 的排放量。对于铝，情况就不同了，我们预测需求量将会有进一步增长。即使实施了先前在第 11 章中提到的所有策略，如果我们以在上一章中可信的最大速度来增加材料效率，那么我们的预测排放量仍然比目标高出约 25%。实际上，考虑到不确定性，我们预测的跨度是不确定的，仅达到目标，但平均预测值 25% 还是太高。因此，为了达到目标，需要使用对碳捕获和储存及减少需求的滑块：通过使用碳捕获和储存来进一步减少 20% 的发电排放量，或者通过减少铝需求的 14%，来实现铝的排放目标。

　　这两个结果都是好消息：是本书值得一读之处。我们能达到钢铁的减排目标，而且铝的减排目标几乎能达到，而不影响人们的正常生活，我们姑且相信碳捕获和储存这个梦想将会实现。

　　现在我们有了对整个问题的答案，"我们可以到达那个目标（即 2050 年的减排目标）吗？"，现在继续前行看看一个更加细致的问题，并问问自己要以什么样的过程来达到目标？为了解决这个问题，将考虑以其他方式移动滑块。特别是在两种截然不同的方法中寻找：

　　工艺和技术带动变革：如果我们率先在行业内实施变革，会发生什么呢？我们将借助向前移动滑块方法进行检查，通过设计以减少金属使用、减低产量损失以及废料转移和零部件重新使用，使其寿命延长两倍且更充分地使用。这种方法需要业内同行的更多努力，而消费者的行为变化较小。

行为导致变化：相比之下，如果材料效率成为社会规范，并由行为变化驱动，会发生什么？在此，我们采用 2 倍于其他滑块的速度将滑块移动到与行为（寿命延长和更充分使用）更密切相关的位置，使它们更密切相关，以检查如果消费者主动采取行动将会发生什么。

在图 19.3 中，我们比较了这两种方法，可以看出对于钢铁，可以用任一策略实现目标。如果与选择工艺和技术的改变相比，我们倾向于行为改变，用较低值的滑块就能实现目标。对于铝，图 19.4 的结果表明，仍然需要依靠碳捕获储存和减少需求来达到目标。上述替代选择的结果是一些滑块仅移动到其极限值的一半，而其他滑块处于极限值（即仍在充分执行）。这增加了我们对碳捕获和储存应用或需求量减少的依赖。与钢铁一样，偏好行为变化比偏好工艺和技术变化更有效，因此这两个滑块的设置值更高。

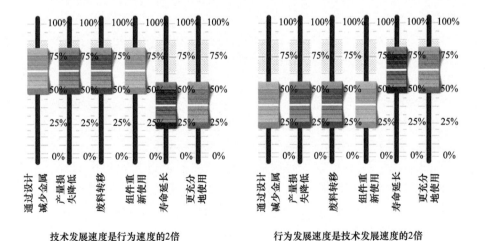

技术发展速度是行为速度的2倍　　　　　　行为发展速度是技术发展速度的2倍

图 19.3　替代钢铁的策略

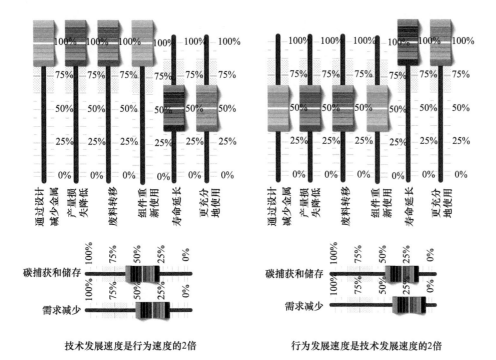

图 19.4 替代铝的策略

我们已经确定设置的目标是可以实现的，但是也已经看到，行为选项似乎比与技术相关的选项更加有效。我们将在下一节中做进一步的探讨。

不同变化选项的相对敏感性

在第 2 章中我们知道，减少能源使用的方案并不总是可叠加的，因为如果你减少对某些产出的需求，也就减少了你对那些产出更有效节省的可能性。所以我们必须谨慎地探索移动每个滑块所产生的效果。然而，我们现在想进行这样的尝试，因为我们已经小心地为每个滑块设置了限制，因此可以给出每个滑块相对于当前位置进行小量移动的物理意义。探索整体排放对每个滑块的敏感度将有助于我们确定短期行动的优先选项。

图 19.5 和图 19.6 显示了将每个滑块向前移动 1% 而节省的排放量，同时将其他 6 个仍处于目前水平。我们已经包含了减少需求的

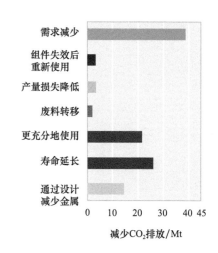

图 19.5 钢铁选项的敏感度分析

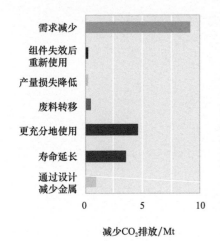

图 19.6　铝选项的敏感度分析

滑块，以便对规模进行比较。

　　这些结果是不能叠加的，如果将两个策略一起应用，我们不一定会看到总排放量减少等于两个单独应用的和。然而，它们向我们展示了开始实施每项策略的相对影响。废料转移、产量损失降低和部件失效后重新使用带来的影响最小。（尽管这些都是比较容易实施，但它们属于行业的"内部"的策略，它们仅适用于回收金属二次流的一部分，因此具有比初级生产更低的排放强度。）相比之下，寿命延长、更充分地使用、通过设计减少金属都会导致材料需求总量的减少，所以更有效。这个结果对我们计划可持续材料的未来是非常重要的。到目前为止，与可持续材料的目标相关的几乎所有注意力都集中在材料生产方面。第 11 章和这里的预测显示，这根本不会产生实质性的效果，因为这些方面已经运行得非常良好。相反，我们发现的 3 个策略会产生很大的影响，所有这些都会导致对新材料生产的需求减少。通过设计减少金属使用，我们将继续生产相同数量的商品，但这样做的时候使用更少的材料。另外两个策略是通过延长现有商品的使用时间和更充分地使用，以较少的新产品提供相同的服务。因此，未来可持续材料的发展将减少材料生产，但对于没有其他收入来源的材料生产企业来说，这是一个坏消息。但是，对整体经济而言却是好消息，正如我们所看到的那样，材料生产中损失的收入可以由增加维护、维修和升级现有库存的活动替代。因此，一个可持续材料的未来需要改变我们活动的平衡，但不需要以经济衰退为代价。

　　我们将通过进一步开发两项关于钢铁的预测来总结我们对变更选项的探索。在这两种情况下，我们将以相同的速度向前推进所有 6 个滑块，但是首先我们将包括对所有排放量的 25% 的捕获和储存，其次，我们将把最终服务的需求减少 25%。将图 19.7 中的这些结果与前面的结果进行对比，可以看出，这种碳捕获和储存或者需求水平的减少要求其他滑块向前移动不到 40%。

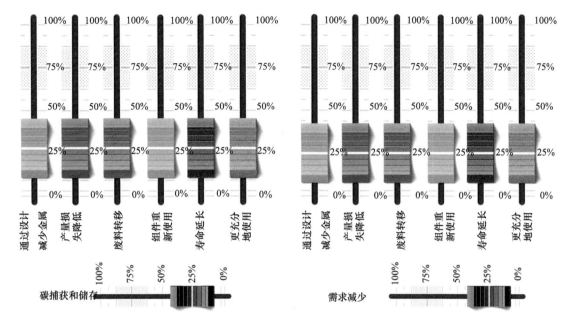

图 19.7　带有碳捕获和储存或需求减少的钢铁滑块选项

产能需求及路线图

我们不知道所提出的哪种方案会以怎样的速度来实施，因此为每种产品领域的每个策略建立可信的限制后，我们将坚持第一个预测，即不减少需求，没有（碳）储存，而是所有的滑块一起移动。如果我们将这种方法应用于我们的金属流动模型，那么现在可得出两个更有用的见解。

首先，对于两种金属，我们可以预测出从现在到 2050 年全球每个主要生产阶段所需要的总产能。如图 19.8 和图 19.9 所示，我们已经拥有足够的全球钢铁和铝的初级生产能力；从现在到 2050 年，我们必须稳步提升回收再利用能力；必须提高加工处理所转移的废料和重新使用组件的能力。这些图向考虑减排目标的政界人士发出了明确的信息：如果希望实现减排 50%，就绝对不能建立任何新的初级生产设施。相反，在全球范围内，我们需要在未来 40 年内将初级生产减少约 33%。这是初级生产驱动材料加工中大部分排放的直接结果。减少排放需要减少初级生产，而且我们在第三部分中已经确定的变更策略是关于用更少的新材料且生活得好。我们已经找到了很多这样的选项，但是无法避免这些图形所反映的简单事实：为了实现在全球范围内的减排，我们必须削减全球的初级生产。

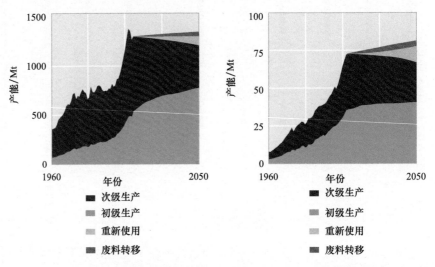

图 19.8　到 2050 年所需的钢铁加工产能　　图 19.9　到 2050 年所需的铝加工产能

其次，我们可以开始预测所要求的金属服务发生改变而产生的变化。在接下来的 40 多年中，为达到目标，需要改变资本投资（与工厂产能相关），同时需要技术创新（如新的制造工艺开发）和新的设计方法（如允许组件的重新使用）。系统（如安全的轻型车）的变化以及帮助我们实现目标所需的立法和行为将成为本书第五部分的重点。

展望

本章的好消息是：相对于只睁开一只眼睛，一旦双眼睁开，则会有一个看起来更加可行的可持续发展的材料。现在我们已经确认有充足选择来进行较大的改变，让变化来选择如何达到我们的排放目标。在第四部分，我们将会探讨用类似的方法是否也能使其他材料的排放产生类似的相对减少。

第四部分　其他材料

20. 水泥

水泥作为五大关键材料中的第二种，其 CO_2 排放量与钢铁相当；实际上，钢铁和水泥的排放量几乎占到了所有工业排放的一半。水泥是世界上随处可见的建筑材料，在高速发展中的国家需求最大。使用水泥产生的排放中，哪些部分可以通过提高能源效率和工艺效率来减少？此外，我们还能做些什么？

21. 塑料

塑料垃圾随处可见，从包装标签就可知塑料回收的复杂性。那么塑料可否像其他材料一样高效生产呢？我们又可以做些什么来减少使用塑料，回收更多的塑料，或延长塑料的使用寿命呢？

22. 纸张

纸张是一种天然产品，与树木密切相关，造纸所需的能源和产生的排放其影响令人惊叹。造纸所需的能源主要是将木材转化为不含木质素的纸浆并在造纸后通过蒸发去除其多余的水分。还有其他更高效的方法可以选择吗？或者我们能否减少对纸张的需求呢？

20. 水 泥

水泥作为五大关键材料中的第二种，其CO_2排放量与钢铁相当；实际上，钢铁和水泥的排放量几乎占到了所有工业排放的一半。水泥是世界上随处可见的建筑材料，在高速发展中的国家需求最大。使用水泥产生的排放中，哪些部分可以通过提高能源效率和工艺效率来减少？此外，我们还能做些什么？

是时候建立起一个"阴谋论"了。关于埃及吉萨大金字塔的来历，可能一直在欺骗我们……。众所周知，吉萨大金字塔建于公元前2560年左右，在伊丽莎白·泰勒（Elizabeth Taylor）的监督下，奴隶们从岩石中凿切出石块，放在木柱上滚动，并用大麻绳索吊起，同时，他们唱着威尔第《纳布科》希伯来奴隶之歌。也许这不是一个真相，因为实际上可能比这更容易。至少有些石块根本不是岩石，它们是混凝土注进模具而成的砌块，只是看起来像岩石。

这个非常有趣的理论是法国材料科学家约瑟夫·戴维多维兹（Joseph Davidovits）博士在20世纪80年代提出的，当时并没有被埃及学者广泛接受，但这场辩论仍然非常活跃。2006年，费城德雷克塞尔大学的米歇尔·巴索姆（Michel Barsoum）教授和两位同事的一篇学术论文提供了一份来自金字塔的材料样本的详细分析。金字塔样品中含有高密度高硅成分的细小颗粒材料，但它们并没有在该地区现有的石灰石中找到[1]。巴索姆教授及其同事推断，如果金字塔材料在某一时刻已经成为溶液（在水中），那么这些细小颗粒组分就是早期水泥固化过程中化学反应的产物。巴索姆及其同事非常小心，并没有夸大他们的结果，但随后还是有其他作者提出反对意见。如果他们是正确的话，按照得出的结论，埃及人早已知道如何制作一种非常复杂的石灰基水泥，而且已经保存将近5000年。

金字塔建立3000年后，我们确信罗马人那时在使用水

吉萨大金字塔：凿切还是浇注？

戴维多维兹博士站在四块重达12t的石灰石混凝土"金字塔"上[25]

泥。罗马万神殿的穹顶，最初是为马库斯·阿格里帕（Marcus Agrippa）在公元 31 年设计的，但由哈德良 Hadrian 在公元 126 年左右重建，使用了大约 4500t 罗马混凝土。经测试，该混凝土的强度不低于用波特兰水泥制成的现代混凝土的一半。我们通过维特鲁威乌斯（Marcus Vitruvius Pollio）于公元 25 年的作品《论建筑》了解了罗马混凝土的生产，此书提供了石灰砂浆的制作细节，以及与石子混合的比例以形成不同用途的混凝土。"混凝土"这个词来自拉丁语"concretus"（具体化），意思是"复合"。

假设早期埃及水泥和确定的罗马材料的基础都是石灰石（主要是 $CaCO_3$），将石灰石放入窑中加热至 1000℃时，释放 CO_2 后留下的"石灰"（CaO）可以与水和沙子以一定比例混合形成灰浆，当暴露于大气中由于 CO_2 被重新吸收而硬化。以这种方式制造的灰浆被称为"气硬性"材料，因为它们必须暴露在空气中才能固化，而它们不能在水中凝固。

大约在公元前 100 年，罗马人发现，使用维苏威火山山坡上的沙子可以制造出强度更高的灰浆，而且更重要的是还可以在水中凝固。这是因为这种"沙"是很好的火山灰，其中含有能够与石灰化学结合的二氧化硅和氧化铝，可以制成"水硬性"砂浆。当其与水混合时，会在称为"固化"的化学反应中发生凝固。虽然罗马人不了解这一新材料的确切化学成分，但他们已经使用了半个多世纪，甚至尝试（不成功）利用青铜条来强化它。随着帝国的衰落，这方面的大部分知识已经不知所踪，在接下来的一千年又回归到了使用非水硬性（即气硬性）石灰水泥。大部分欧洲皇家宫殿、剑桥大学、12 世纪的法国大教堂和中国的长城都是由石灰水泥（不过很明显的是古代中国人添加了糯米来提高强度）建成的[2]，直到 18 世纪中叶，经过不懈努力，改进了传统的配方。由于气硬性水泥的强度有限和凝固时间慢，而且不能在水下凝固，进一步促使人们寻找更好的水泥。

约翰·斯密顿（John Smeaton）建造埃梯斯通灯塔前对现有的建筑材料进行了调查，找到一种能够在潮汐中充分固化，且不会被冲走的水泥。这种含黏土（主要的是 CO_2 和 Al_2O_3）的石灰石可以满足

万神殿穹顶

维苏威火山前的罗马废墟

中国的长城

砖石人行拱桥和斯密顿塔楼

他想要的结果，并且与罗马人所使用的水泥相当。因此，1759 年完成的斯密顿塔（Smeaton' Tower）的地基，至今仍然存在（1876 年这座塔的塔身被拆除并移走）。斯密顿没有进一步研究他的发现，所以之后 30 年来没有任何进展，直到牧师詹姆斯 - 派克（James Parker）注意到，在黏土中发现的某些石头，经过焙烧就能被碾磨制成一种坚固的水硬性"天然水泥"，但是它的凝固很快（15 分钟内）。由于凝结速度太快，而不能准确地放置砌块，而且天然水泥的初始强度非常低，以至于需要加以数周的支撑。因此主要用于外墙的抹灰，为砖墙增添石头外观。天然水泥开始流行起来，但由于其质量参差不齐，这引发了法国路易·维思维克（Louis Vicat）的试验，旨在人为地仿效其组成。这就是约瑟夫·阿斯普丁（Joseph Aspdin）的想法，他在 1824 年取得了"波特兰水泥"的专利（如此称呼是因为这种水泥看起来像用于建筑立面的著名的波特兰石头）。大约 20 年后，他的儿子威廉秘密研究发现，通过提高他父亲生产过程中的温度和石灰石含量，可以生产一种新水泥，这种水泥克服了凝固速度过快和初始强度低的问题，众所周知的"普通波特兰水泥"就这样诞生了[3]。

在砖石结构（用石块或砖块等砌块砌成的建筑物）中，我们用水泥砂浆——水泥与沙子和水混合——黏结砌块。另一种选择是本章开头埃及的做法，将小砌块或石块混入灰浆中，以产生可以倒入模具中的泥浆液体：混凝土。混凝土必须以精确的比例混合，就像维特鲁威乌斯知道的那样：他的书中指明的一些比例与今天使用的相似。小石头（砂砾或碎石）和沙子应具有均匀的尺寸范围，使它们相互嵌套无大间隙，进行的化学反应可形成图 20.1 所示的微观结构。骨料（小石头和沙子）占混凝土质量的 70% ～ 85%。它们具有较低的隐含排放（所需的能源仅用于采矿、破碎和运输），因此，1kg 混凝土中隐含排放的数量（通常为 0.13kg）远低于水泥，只有黏土砖的一半多[4]。

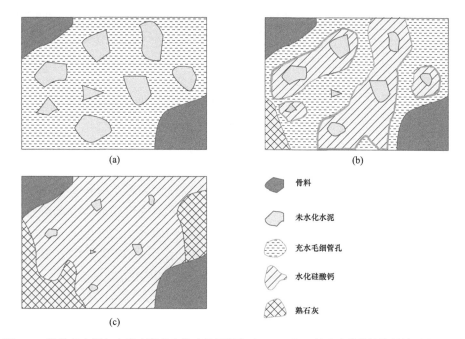

图例：

骨料

未水化水泥

充水毛细管孔

水化硅酸钙

熟石灰

图 20.1 波特兰水泥与水反应形成水化硅酸钙凝胶（C-S-H），长成尖峰状链接其他颗粒和骨料

水泥、砂浆和混凝土是建筑材料，其结构中原子的结合方式与金属不同。在第 3 章中讨论了金属是如何通过位错的运动而变形的，位错移动时，其一侧的原子可以与另一侧的原子形成新的键。然而在陶瓷材料中，这种转变是不可能的，这里，我们做一个大胆的比喻来形容陶瓷的变形方式（陶瓷起源于中国，那就将陶瓷比喻为一条中国龙，它的腿即为陶瓷的键）：在外力作用下试图将龙被拉上一个台阶，但它的腿（键）还被紧紧粘在下面的台阶上，而龙身仍然不能整体向前移动（不具有延展性），最终他的腿（键）断了！此后，外力不再为龙的拉动做任何进一步的贡献，因此继续增加外力时，其他腿也断了，而龙也没有剩余的力量（强度）。这在陶瓷界被称为"脆"断，表明所有的灰浆和混凝土具有较强的抗压缩能力，而它的抗拉能力较弱。因此早期由水泥黏结的砌体结构建造的建筑被设计为仅受压缩，这导致了经典的石拱桥，以及教堂的奇妙设计。在教堂里压缩是可以保证的，因为负载是以被倒置的悬链形式的"推力线"（珠子的项链

浇注钢筋混凝土

皇家学院教堂，受到压缩

如果松散地悬挂在两个水平分隔的点之间，则会采取这种形状）被平衡的，该推力线完全被封闭在扶壁和屋顶支架内。

然而，贝塞麦炼钢工艺的出现为设计可同时承受压缩和拉伸的混凝土结构创造了一个新的机会。钢在抗压缩和拉伸方面都很强大，如果混凝土梁承受弯曲（几乎所有建筑中都会发生），薄而坚固的钢条（钢筋）可以放置在梁的下侧以承受张力，而其他地方的混凝土承受压缩载荷。这两种材料的兼容性非常显著，在加热时伸长量相似（这是罗马人采用青铜的缺点），使它们很好地黏合在一起，钢给予混凝土抗拉强度，而混凝土保护钢免遭腐蚀。这种复合材料（两种材料的混合物）的结构形式现在已经普及，如今几乎所有的混凝土都是与钢筋一起使用的。毫无疑问，全球水泥年产量达到 2800Mt 左右，相当于约 2.3 万 Mt 混凝土[5]，我们发现每年需要271Mt 的钢筋，这是钢铁最大的应用方向。

在开头部分，我们从古埃及人开始，跟随水泥的演变，从基于石灰的成分到当代的波特兰水泥。我们主要了解了水泥是如何用于制造混凝土，而混凝土又是如何和钢筋一起作为世界的主要建筑材料。现在开始探索与水泥相关的目前和未来的排放问题。在接下来的三节中，我们将首先考证对水泥的需求，其次研究与水泥生产相关的能源和排放问题，看看是否可以更有效地进行；最后评述在未来建设中如何较少使用水泥的可能性。

水泥需求模式

19 世纪中叶阿斯普丁发明了波特兰水泥之后，用于英国的建筑物中，尽管材料的最初成本较高（由于高温反应所需的能源成本较高）。然而，随着来自纽卡斯尔的建筑商威廉·威尔金森（William Wilkinson）在 19 世纪下半叶获得专利的钢筋混凝土的出现，混凝土的使用迅速超过了其他材料，特别是建设基础设施和大型建筑物。与砖石结构建筑物相比，浇注混凝土，相对便宜，且易于处理，并能快速施工。因此，图 20.2 显示最近全球对水泥的需求激增。从1910 年的 10Mt，到 1970 年的 600Mt，今天已超过 2800Mt。图 20.2的颜色显示了各地区的水泥产量以及水泥利用与经济发展的关系：北美洲和欧洲的需求从 20 世纪 70 年代到 1995 年停滞不前，反而是

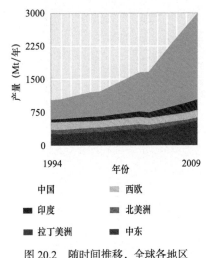

图 20.2 随时间推移，全球各地区
水泥产量变化[6]

中国的需求，以惊人的速度增长。对于大多数国家而言，水泥最大的最终用途首先是用于基础设施，其次是住宅，其余的建筑类型则平均分配。

当我们在第 4 章预测钢铁和铝的未来需求时，我们注意到，发达国家似乎达到一个人均库存的停滞期，之后的需求主要是寻求替代产品，以及旧产品的回收利用。水泥没有回收路线（即无利用价值），所以没必要分析它的库存，然而一个国家的水泥需求与平均国民收入之间存在着联系。图 20.3 显示，随着国民收入增长到每人 1 万～1.5 万美元时，水泥的需求增长，但随着新建筑和基础设施的需求得到满足，水泥需求下降。这一见解已被用于估计区域经济增长率、收入水平和人口增长，以预测未来需求。毫无疑问，中国和印度的水泥使用预计将推动从现在到 2050 年的全球需求，大多数预测一致认为到 2050 年，全球水泥需求将达到 4500～5500Mt（图 20.4），但目前还不清楚到那时我们是否达到水泥使用的"峰值"，因为 21 世纪后半叶的估计差异很大。

制造水泥所需的原材料在地球上随处可见，而且由于按质量计其价值低，所以很少有水泥在国际上交易。图 20.6 显示，主要地区生产的大部分水泥都自己使用。导致该行业相当分散：表 20.1 显示，世界上最大的 6 家水泥企业仅供应全球需求的 20%。

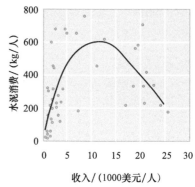

图 20.3　人均水泥消费与人均 GNP [7]

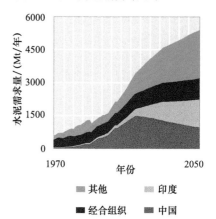

图 20.4　到 2050 年水泥需求增长预期 [8]

表 20.1　领先的水泥企业占世界市场份额 [9]

公司	全球份额（2003）/%
拉法基集团（法国）	5.5
豪瑞集团（瑞士）	5.0
西麦斯（墨西哥）	4.3
海德堡水泥（德国）	2.5
意大利水泥集团（意大利）	2.1
太平洋水泥（日本）	1.6

图 20.5 显示了水泥生产成本的明细。水泥生产行业的人均产出较高，在过去 30 年中，这个行业的生产效率明显提高，如图 20.7 所示。全球约有 80 万人从事水泥相关工作，其中 67% 在中国，他们只生产世界水泥的 40%，由于使用较老技术的小型工厂仍然普遍存在的。

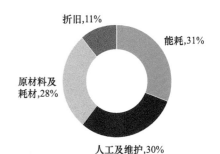

图 20.5　水泥生产成本明细 [10]

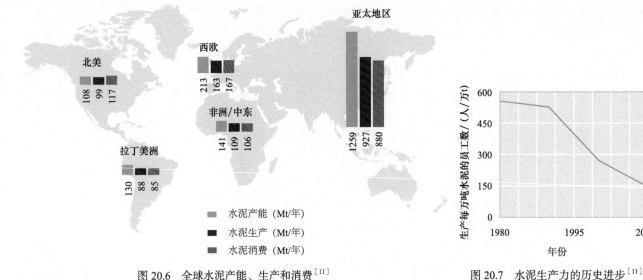

图 20.6　全球水泥产能、生产和消费[11]

图 20.7　水泥生产力的历史进步[11]

睁开一只眼看水泥：现在和未来的能源和排放

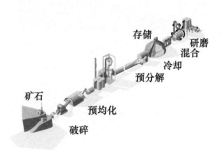

图 20.8　水泥生产流程[26]

　　从阿斯普丁的发明开始，波特兰水泥的生产过程几乎没有变化，如图 20.8 所示。将石灰石、黏土和沙子收集并研磨，然后在窑内混合焙烧至 1450℃，引发化学反应以形成熟料颗粒。再加入少量石膏，磨成细粉后制成水泥。这个过程的加热阶段是大部分排放的来源，既因为需要燃烧能源来提高温度，也因为将石灰石转化为石灰的化学反应会释放出 CO_2。事实上，水泥生产中，释放的 CO_2 排放，一半来自于石灰转化反应，燃烧燃料释放占 40%，剩下的 10% 在研磨和运输之间平均分配[12]。

　　与钢铁和铝一样，通过计算化学反应所需的最小能量，我们可以寻求水泥制造中未来的能源效率。在一系列反应中碳酸钙（石灰石）分解成石灰和 CO_2 消耗能量最大。总的来说，我们可以预测最低理论能耗是 1.8GJ/t[13]，实际水泥生产中的最佳能耗以 2.9GJ/t 的数值已经非常接近最低理论能耗，所以我们不能期望进一步的改善。水泥生产的最佳能耗非常接近其理论极限是因为与钢铁和铝相比，生产水泥需要更少、更简单的投入和较低的纯度要求。

　　虽然水泥生产的最佳能耗仅超过理论极限的 50%，但全球平均水平为 4.7 ～ 5.5GJ/t，几乎是最佳能耗的 2 倍。这样大的差距是因为广泛使用旧的、低效率的设备。许多这样的工厂普遍使用"湿法"工艺，在制备过程中，原料与水混合，随后以高能源成本将水蒸发，而且老工厂也没有现代工厂先进的可以将废气用来加热材料的热回收系统。随着老厂房的更换，全球平均能源使用效率将会迅速提高，这在中国正迅速发生[14]。

水泥行业正在寻求另外两种提高效率的机会——都基于燃料和熟料的替代。水泥窑可以燃烧废物作为矿物燃料的替代物，因为它们都可在高温下运行，而且石灰石的存在有助于清洁废气。用废物替代燃料可以减少排放，尽管减少的幅度是精确的对冲。这种方法在欧洲很流行，一些水泥生产商声称用废物代替了所有的燃料。

波特兰水泥本身也可以被其他材料取代[15]，至少可以部分取代：

● 磨细的高炉炉渣（GGBS）：高炉产生的一种副产品，以较低的初始强度和较慢的固化为代价，增加了水泥的长期强度和耐久性。目前 GGBS 的产量每年约为 200Mt，将与钢铁产量相一致。

● 粉煤灰（PFA）：是燃煤电站的废弃物，它可以提高混凝土的可加工性和长期强度，但降低了初始强度。目前的产量是每年约 500Mt。

● 火山灰：它可以自然形成（例如天然的火山灰），也可以人为地制造（如煅烧黏土），并且在一些应用中可以替代一半的水泥。在固化期间，它与水反应以提高耐久性和可加工性，但还是以降低初始强度为代价。目前，水泥生产中每年使用天然火山灰 150Mt。人造火山灰属于能量密集型，因此不能广泛使用，并且不能提供与其他替代物相同的环境效益。

● 石灰岩：可以磨细后作为波特兰水泥的替代品。它提高了可加工性，但降低了强度和耐久性。石灰岩可大量广泛使用。

我们已经看到，目前出现的 4 种替代方式都可以提高性能和降低成本，皆已应用。目前通常有 10%～20% 的水泥被这些方法替代，且比例还在增加。然而，全球每年水泥生产量已经超过 2850Mt，而高炉炉渣、粉煤灰和火山灰的每年供应总量只有 850Mt，因此替代不是无限制的。

对于钢铁和铝，回收是一个关键的能源效率战略，因为二次生

石灰岩

粉碎的混凝土

产所需能源比从矿石开始的初级生产所需能源要少得多。然而，水泥生产的最低理论能耗约为 1GJ/t，因此实际的水泥回收过程几乎不会带来能量效益，其结果是目前水泥根本不存在回收利用[16]。相反，混凝土是通过粉碎制造一种骨料来"回收"的，如果与新水泥混合，可以用来制造新的混凝土。这不是再循环利用，而是将"下循环"的老混凝土作为骨料的替代品。然而，隐含排放总量比旧混凝土少大约 25 倍，但也需要额外的水泥结合这种粉碎的混凝土来匹配宽范围的粒度。破碎的旧混凝土通常用于道路或其他基础设施的基础，而这比进垃圾填埋场要好太多。填埋是对这种碳密集型产品的浪费。

我们在第 10 章中探讨了碳的捕获和储存（CCS）。毫无疑问，对于水泥生产商来说，由于水泥生产过程中不可避免的产生高排放，碳的捕获和储存技术比钢铁更有吸引力。许多发展中的技术[17]，允许从窑炉烟道气中分离纯净的 CO_2 气流。然而，在第 10 章中提出的所有问题同样适用于从水泥生产中分离 CO_2 的情况。

如果戴维多维兹（Davidovits）博士是正确的，那么埃及人不仅发现了一种比以前认为还要早很多的先进的水泥，而且也发现了一种具有低隐含排放的水泥。我们不知道法老们把他们的水泥叫什么，但是戴维多维兹博士在 20 世纪 70 年代称其为"地质聚合物"。地质聚合物由铝和硅的化合物制成（通常在地壳中发现——例如，在埃及发现高岭土）。这种化合物与碱性溶液（例如，石灰与天然碳酸钠混合，其盐含量增加了一倍，可以作为早期牙膏）混合时变硬，并在室温下强化。除了构建金字塔之外，地质聚合物已经小规模商业化，但价格昂贵，尚未在强度为关键因素的大规模应用中进行测试[18]。其他几种新型的水泥技术正处于发展的早期阶段，一些开发商声称，他们的水泥在其生命周期内吸收的排放比生产过程中的排放要多。然而，对这些说法尚未进行任何的独立验证，并且新的水泥没有经过使用测试或者显示符合施工所要求的标准[19]。

预计到 2050 年，我们对水泥的需求将增长 75%，并看到了常规水泥生产减少排放的 5 个方案。图 20.9 显示了我们对到 2050 年排放量的演变预测。考虑到能升级到现有的最佳可行技术的经济优势，再加上一些发展中国家对水泥的需求，我们大胆假设全球平均能源消耗到 2050 年下降到目前最佳水平的 2.9GJ/t。同样，在此经济优势下，用高炉炉渣、粉煤灰和火山灰替代的经济优势也能够使其吸纳量稳步上升到最高的 850Mt/ 年，我们假设石灰石将取代剩余水泥的 5%（超过最终性能的水平）。我们假设全球燃料替代率将增加到 17%，达到欧洲现在的水平，这样会减少来自燃料燃烧相同的排放量。

总而言之，图 20.9 显示，如果需求按预期增长，我们最大的希望是到 2050 年，水泥生产的绝对排放量仅增长 18%。这将是引人瞩目的成就。但是，我们的目标仍然保持 2050 年减排 50% 不变。所以我们需要睁开双眼看待水泥。

睁开双眼看水泥：使用较少水泥提供相同服务的机会

为了撰写本书，我们所做的主要工作是睁开双眼关注钢铁和铝的使用，而对其他材料的关注较少。我们把大部分精力投入在收集证据来说明即便减少液态金属生产，人们也可以生活得很好。因此，在这一节中，将从我们所了解到的两种金属中获取灵感，分析减少使用粉状水泥的可能性。我们发现，在混凝土中使用少的水泥，设计使用较少混凝土的结构，寻找替代材料，延迟混凝土结构的使用寿命，以及在第一次寿命后重新使用混凝土构件，这种可能性是存在的。

在搅拌混凝土时，我们可以通过精确用量来减少水泥的使用。混凝土的强度与混合料中的水泥用量成正比，所以低强度混凝土可以使用较少的水泥。目前正在采用一些控制措施，例如，为地基提供较低强度的混合物，而对上部结构提供较高的强度，但如果套用合理使用钢铁的理论，往往导致在某处较少使用混凝土搅拌的方法，进而增加水泥的用量。

通过设计，使用较少的混凝土具有很大的潜力，为了寻找灵感，我们可以回溯到拥有世界上最大的不加钢筋混凝土穹顶的罗马万神殿。为了建造它，罗马工程师知道他们必须使质量减到最小，所以穹顶厚度从底部的 6.4m 减小到顶部的 1.2m，他们甚至在穹顶顶部留下了一个 4.1m 半径的"通框"（开口）。混凝土的一大优点是我们可以将其浇筑成几乎任何形状，然而为了简单起见，我们通常

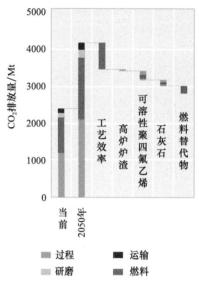

图 20.9 水泥工业的减排预测

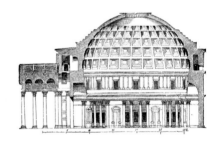

万神殿穹顶截面图

马丘比丘老砖墙

使用四边形直线模具，（其尺寸）精确到最小值 25mm（即误差）。如果做了优化的模具，我们可以在适当的地方少用至少 40% 的混凝土[20]。

因为混凝土抗压强度较高，所以我们应该只用它来抵抗压缩载荷，有以下两种方法：

● 在预应力中，使用张紧的钢丝绳来压缩混凝土。通过消除张力，可以使用混凝土的全部强度。

● 使用更先进的模具或将空气（或聚苯乙烯）袋放入标准模具中以避免混凝土承受拉应力。

这是罗马人在万神殿穹顶中使用的另一种技巧。

除了结构功能外，混凝土还用于保护钢筋免受腐蚀，实际上是在钢筋外表面形成了 20 ～ 40mm 的特殊"覆盖"层。我们也可以通过保证更精确地放置钢筋条来减少这一层，这样设计人员就可以降低他们假定的误差范围[21]，或者使用不锈钢或塑料涂层的钢筋，这样需要更少的覆盖。然而，由于生产不锈钢将会造成比生产正常钢铁更大的排放量，所以这种替代方案在特殊情况下才会有效。

罗马的圣彼得大教堂是用从罗马圆形大剧场中回收的石块建成的。

采用其他材料替代混凝土是可能的。第 3 章的讨论显示，砖石、钢铁和木材是主要的竞争者：

● 砖石是一个良好的混凝土替代品，具有较高的强度和较低的隐含排放。然而，砖石必须用砂浆（由水泥制成）黏结，不能加固或模压成型。

● 钢在大多数应用（柱、梁、基础桩）中是混凝土的替代方案，与混凝土不同，它可以回收利用。然而，每单位质量或每单位刚度的钢更昂贵和有更多的排放量，并且必须防止腐蚀的发生。

● 按每单位的隐含能源，木材具有更高的强度和刚度，但它并不像混凝土一样耐用，因此必须保护以防火灾和腐烂。

商业木材的能耗惊人，因为它要在窑炉中干燥。

正确设计和建造的混凝土仅在特殊情况下才会失效，如当其与土壤或水中的腐蚀性化学物质接触时[22]，因此，延长混凝土结构的寿命是一个很好的策略，正如第 16 章中所看到的那样，我们不可避免地采用相同的方法来延长钢筋和水泥两者的使用寿命。

　　循环使用混凝土构件目前是罕见的，如果按标准化的单元来制造，可以拆卸和重新配置，那就比较容易重新使用了，就像我们在第15章看到的乐高积木，麦卡诺组件和剑桥白砖。混凝土构件重新使用的关键是设计使用中足够牢固地连接，但在组件模块寿命结束后可以自由卸开。我们有两个选择来实现这一点：

　　●化学连接器，如剑桥房屋中的石灰砂浆，具有足够的黏结力，但在拆解时仍然可以打开。日本一些工作旨在发展可以被削弱的先进混凝土，以便更容易地解构[23]。

　　●以机械连接方式在部件之间创建物理接口。在美国的建筑块，就像乐高块一样，可以使用这种形式的连接。进一步发展可能会创造出复合型水泥，以及带有钢与钢的连接接口的钢块，可以允许拆卸和重新使用。

　　在未来这些使用较少水泥的选择都具有很大的潜力，我们还可以探索降低水泥所提供服务的最低需求。这将引起我们在第17章中发现相同的机会和问题，但我们的印象是，减少水泥需求的主要机会将出现在建筑物中，像桥梁这样的基础设施的使用在许多情况下已经比它们原有设计预期更为充分，而且使用寿命已经相当长了。

　　一座混凝土高速公路大桥，已经足够好，可以持续下去了吗?

展望

　　我们在本章中对水泥的探索始于建造金字塔的一个著名理论，它带领我们参观了罗马的万神殿和德文郡的灯塔。我们发现，尽管很难再改进目前的最佳实践，但由于当前的最好的技术与平均生产水平之间的差距很大，因此在水泥生产中仍然存在着许多提高能源效率的机会。然而，由于工艺过程碳排放量巨大，而且与能源效率无关，我们无法找到足够的选择来满足预期需求增长下的减排目标。但是，我们还是发现了很多即使使用较少水泥也能生活得很好的改善方法。

　　水泥生产与经济发展密切相关，目前全球近一半的水泥在中国生产。但是，这种大量快速的使用显然没有得到充分的控制来保证建筑物的持久性：我们已经找到的证据表明，这种建筑物由于施工质量差和维护不足或许只能持续20 ～ 30 年[24]。虽然我们评估了

圆形大剧场所回收石块建造的
罗马圣彼得大教堂

一座混凝土高速公路大桥：它
的使用寿命足够持久吗?

全球每个应用领域减少水泥需求的机会，但是有关水泥排放最紧迫的优先选项是促进水泥建筑物更加长寿——确保今天快速扩建的工程可以维持 150 年，而不是 30 年。

注释：

［1］巴索姆（Barsoum）等描述了他们对戴维多维兹（Davidovits）论文的分析（2006）。

［2］杨（Yang）等描述了他们对中国古代建筑中糯米使用的研究（2010）。

［3］这一历史是以斯坦利（Stanley）（1979）为基础的，加上弗朗西斯（Francis）（1977）和范奥斯（Van Oss）（2011）的补充。波特兰水泥的确切发现者有些争议，因为有几个人声称有所有权，但目前提出的版本是被普遍接受的。

［4］来自哈蒙德（Hammond）和琼斯（Jones）（2008）的数据是由隐含碳排放的平均绝对值组成并对其中考虑的因素进行了解释。

［5］据范奥斯（Van Oss）和中白多瓦尼（Padovani）（2003）报道，每吨水泥生产的混凝土产量估计为 7～9t，因此假定 8t。

睁开一只眼看水泥：现在和未来的能源和排放

［6］有关历史水泥消耗量的数据来自沃雷尔（Worrell）等（2001），以及美国地质勘探局（USGS）等几家 USGS 出版物（2010）。

［7］Aitcin（2000）描述了水泥消耗与发展之间的关系。

［8］泰勒（Taylor）等（2006）的预测不同于享弗里斯（Humphreys）& 马哈塞南（Mahasenan）（2002）使用了一系列假设的预测。

［9］来自鲍默特（Baumert）等（2005）。

［10］来自拉法基集团（Lafarge，2007）。

［11］这些数据是 1999 年的，来自贝特尔（Batelle）（2002）。

［12］基于世界可持续发展工商理事会（Word Business Council for Sustainable Development）（WBCSD，2005）和博索卡（Bosoaga）等的行业内外的资料（2009）。范奥斯（Van Oss）（2005）提供了更多信息，包括水泥化学性质更详细描述。

［13］来自泰勒（Taylor.H）的"水泥化学"的第 64 页（1990）。

［14］取自国际能源机构（IEA，2007）和其他相关的分析资料。

［15］产品（如钢铁）和副产品（如炉渣）之间的碳分配导致了激烈的争论，因为副产品是在一个碳密集的过程中制造出来的，而这个过程是为了制造其他东西（钢铁）。使用这些副产品作为替代品，会给人带来许多好处，那么谁应该对其负责呢？关于其更多的信息见

世界可持续发展工商理事会（WBCSD，2009）中。如果混凝土浇筑后支撑时间更长，我们可以在水泥中使用更多的替代品，因此许多替代品的初始强度较低并不是一个限制。更多内容在范奥斯（Van Oss）（2005）的文章中。

［16］WellMet 2050 报告的第 5 页"测量金属温度"（奥尔伍德，Allwood，2011）解释说，全球平均㶲效率约为 10%。因此，从混凝土中回收水泥所需的 30% 效率将很难实现。

［17］碳固定可以通过燃烧前或燃烧后的过程来完成，也可以通过引入一个氧燃烧系统来完成，每一种都有不同的捕获水平，不同的流程和运行成本。更多的信息可以在纳兰霍（Naranjo）（2011）和巴克（Barker）（2009）的文章中找到。

［18］基于世界可持续发展工商理事会（WBCSD，2009）提供的信息，以及范奥斯 Van Oss（2011）的支持。

［19］来自世界可持续发展工商理事会（WBCSD，2009）的信息。

睁开双眼看水泥：使用较少水泥提供相同服务的机会

［20］奥尔（Orr）等（2010）——这个研究团队已经用混凝土铸造结构制作了许多令人兴奋和高效的形状。

［21］混凝土创造了抑制钢腐蚀的碱性环境。然而，由于混凝土和空气中 CO_2 的反应，这种有用的效应会在表面附近减弱。为了确保钢筋的保护，因此使用额外的混凝土"覆盖层"。如果满足某些条件，大多数现代结构的操作规范允许减少这种覆盖，而不会影响性能。例如，BSEN 1992-1-1：2004（欧洲规范 2）第 4.4.1.3［3］条规定，如果使用"非常精确的测量"来验证钢筋的正确位置，则可以将覆盖层减少 10mm。

［22］氯化物、硫酸盐和硅酸盐都可以对钢筋混凝土产生不利影响，但如果在设计中已知，则可采取适当的缓解措施。

［23］来自野口（Noguchi）等（2011）。

展望

［24］Hu 等（2010）指出，建于 20 世纪 60 年代和 70 年代的住宅质量如此之低，以至于只能维持 15 年。在以后的几十年中，建筑和维护的标准提高了预期寿命，但目前的建筑寿命在中国只有 30 年（Hatayama 等，2010）。

图片

［25］约瑟夫·戴维多维兹（Joseph Davidovits），地质聚合物化学与应用第三版（2008—2011），地质研究所，ISBN 978-2-95114820-50。

［26］国际能源机构和世界可持续发展工商理事会，水泥技术路线图（2009）。

21. 塑 料

塑料垃圾随处可见，从包装标签就可知塑料回收的复杂性。那么塑料可否像其他材料一样高效生产呢？我们又可以做些什么来减少使用塑料，回收更多的塑料，或延长塑料的使用寿命呢？

不锈钢茶匙和塑料茶匙

上一章我们以规模宏大的古埃及建筑开篇，这一章我们谦卑一些，用一只茶杯来开头，杯子里没有暴风雨，只有被搅动的茶叶在温柔地旋转。我们谦卑地开始，只为了说明这样一个事实——塑料家族完全不同于其他 4 种材料。塑料的种类多到难以估计未来塑料生产的碳排放量，可能每个子类，都至少得用一章的篇幅来阐述。但塑料家族在我们开始的饼状图中，是我们所关注的五种材料之一，所以先喝杯茶提提神，再从茶杯中的茶匙开始讲起。

世界上大部分的茶匙都是用不锈钢或塑料制成的。不锈钢的强度是聚苯乙烯的（一种通常用于制造塑料餐具的塑料）20 倍，硬度是 65 倍，密度约 8 倍。所以，如果强度相当的话，塑料茶匙要比不锈钢匙重 3 倍左右，大 20 倍。但比较两茶匙的照片，情况恰恰相反，塑料茶匙轻，体积更小。显然两个勺子是为不同的需求而设计的：永久性的"质量"和一次性的"垃圾"。但透过第二张照片看隐藏的生产工艺，不锈钢茶匙是从厚度均匀的薄片上切下来然后成型，而塑料茶匙的几何形状要复杂得多。事实上这个形状在第 12 章中已经提及，它的工艺得到了部分优化。所以，用塑料和金属制作餐具的一个重要区别是，塑料茶匙是注塑成型的，在一定压力下挤压进精密模具，可以很精确地控制复杂的几何形状，而不锈钢茶匙是用不锈钢薄板冲压出来的。

接下来，看看我们的两个家族肖像——多样化的不锈钢茶匙家族和塑料茶匙家族。在它们寿命的尽头，我们可以回收所有的金属茶匙，重新制成新的也没有什么困难。但是塑料茶匙在使用寿命结束时，只能一个个单独回收，不能一起回收，因为不同勺子的颜色（可能还有其他的填充材料）都是不同的。此外，如果我们把它们扔进普通的垃圾箱里，到了废物管理公司就会与其他垃圾混在一起。虽然我们有很好的技术能分离出金属（我们必须努力研究不锈钢，因为它只有弱磁性，但它分离仍然是可能的），但以经济有效的方式来分离塑料，要困难得多。因此，相比价值很小的塑料茶匙，不锈钢茶匙的价值更高。我们更愿意给予它特殊照顾。不幸的是，塑料的其他产品的命运也是如此，并且使用过的小块塑料的货币价值非常低。

我们现在为塑料调查制定了一个相当困难的议程：有许多不同类型的塑料，其中大部分可以回收，但前提是与其他类型塑料完全分开；用塑料可以制造出非常复杂的高效形状，所以与我们所看到的金属相反，可能无法使用更少的塑料来重新设计产品；塑料往往以小块被丢弃在混合的废物流中，它不容易被分开，所以消费后的回收率目前较低。

为了了解我们为塑料创造可持续材料未来的选择，我们需要仔细研究不同类型的塑料，调查当前和未来的使用情况，探索现有生产的效率，看看我们对于未来材料效率是否有任何选择。

塑料材料及其生产

"塑料"描述了一个广泛的材料类别，这个名称来源于希腊语"plastikós"，是"能够被塑造"的意思。有两种截然不同的塑料：热塑性塑料，可以熔化和成型数次；热固性材料，在被加热、混合或辐照时不可逆地固化，因此不能被回收再利用。热固性材料包括用于制造电器配件，以及与玻璃或碳纤维黏合形成用于制造船只的复合材料。它们是塑料家族中较小的一个分支，因此我们将重点关注更大的热塑性塑料分支。

第一种热塑性塑料是用天然材料制成的。1823 年，英国格拉斯哥的查尔斯·麦金托什（Charle Macintosh）用石脑油做试验，石脑油是天然焦油（一种从松树产生的树脂）的副产品，发现可以把它加入橡胶层中，于是他创造了一种防水外衣——以他的名字命名。1845 年，都柏林人托马斯·贝利（Thomas Bewley）在伦敦建立了吉塔·佩尔查（Gutta Percha）公司，遵从麦金托什兄弟和电气先锋迈克尔·法拉第（Michael Faraday）的建议，利用来自东南亚的古塔橡胶树树液的天然乳胶的特性发明了挤压机生产绝缘电缆，然后他们继续用古塔橡胶来改性高尔夫球，并将改性后的乳胶应用在牙齿根管的填充物。1856 年，伯明翰的亚历山大·帕克斯（Alexander Parkes）为他发明的"Parkesine"申请了专利——这是第一种由植物纤维素制成的热塑性塑料，它本身在商业上是失败的，但后来发展成为赛璐珞，是柯达（感光）胶片的基础。1907 年，利奥·亨德里克·贝克兰（Leo Hendrik Baekeland）用苯酚，一种来源于煤焦油的合成（即非天然）聚合物，制成第一种（热固性）塑料，并称之为酚醛塑料（电木）。

但是，塑料的创新和生产在第一次世界大战后开始加速了步伐，这是因为石油开采普遍建立，可以通过石油的蒸馏生产出乙烯。第二次世界大战之后，塑料的产量迅速扩大，开发了许多新的塑料，如聚苯乙烯和有机玻璃（通常原因很明显，称为 PMMA）被开发出来。随着生产工艺改进，塑料制品的性能也得到了提升，并且由于成本较低，被广泛应用。从那时起，许多新的塑料已经被开发用于要求苛刻的应用，如医疗保健。

目前大多数塑料是用石油制得的，但有许多不同的生产路线，这些生产路线创造出具有不同化学和物理结构的各种塑料。各种常用的塑料主要有：

PE（聚乙烯，包括高密度和低密度的）：这是最常见、用途最广的塑料。它的属性可以适应许多不同的应用，最常见的是包装（如塑料袋和薄膜、瓶子）和儿童玩具。它是以低密度（LDPE，低密度聚乙烯）和高密度（HDPE，高密度聚乙烯）的形式在适当的应用中使用。LDPE 主要用于包装和薄膜，HDPE 用于更强、更硬的产品，如管道工程。

PP（聚丙烯）：这种塑料质地坚韧而有弹性，广泛应用于纺织品、文具、汽车零部件和包装。

PS（聚苯乙烯）：聚苯乙烯的特性可根据多种不同用途进行调整。发泡聚苯乙烯被用作保护性包装，质量较轻。同时，聚苯乙烯还可以通过模具制成茶匙、塑料杯和 CD 盒。

PVC（聚氯乙烯）：PVC 既廉价又性能多样。广泛用于各种各样的应用，从管道和配件到皮划艇和花园软管。

ABS（丙烯腈丁二烯苯乙烯）：这种塑料非常坚韧，容易成型。通常用于安全头盔、机械外壳（如电动工具），以及儿童玩具，如乐高积木。

PMMA（聚甲基丙烯酸甲酯，即有机玻璃）：作为一种坚韧透明的塑料特别有用。它的第一个主要应用是第二次世界大战中战斗机的机盖。今天，多用于安全眼镜和窗户中。

PA（聚酰胺，即尼龙）：这种塑料最常见的用途是各种各样的衣服。同时这种强韧的材料也用于汽车轮胎、尼龙纤维绳索、轻型齿轮和管材。

PET（聚对苯二甲酸乙二醇酯）：这种塑料可以加工用于非常苛刻的应用。在其作为饮料罐中的一种最常见的用途中，它必须足够坚固以容纳加压液体。

PUR（聚氨酯）：这种弹性材料最引人注目的用途之一是莱卡或氨纶。但它也以更强、更硬的形式用于齿轮、轴承和车轮。

每种塑料的性能源自其生产中使用的不同化学单体的化学性质，但一些性能如强度和刚度，可以通过使用添加剂、填料、热处理过程和机械变形产生影响。因此，可以从单一类型的热塑性塑料生产多种不同的性能。然而，某些特性解释了特定塑料在某些应用中的选择，如在 ABS 的单体结构中，苯乙烯的存在使材料光滑、闪亮，这对儿童的玩具来说很受欢迎。PVC、PE、PP、PS 都表现出优异的耐化学性，所以 PE 和 PP 用于包装，而 PVC 用于可能存在化学腐蚀问题的管道。其他用途取决于塑料化学性质的关键属性包括电阻和热阻、耐候性和耐湿性[1]。

热塑性塑料的生产从普通原油开始，总结在图 21.1 中。石油首先被蒸馏分离出其不同的组分，其中一些组分在被称作"蒸汽裂化"的过程中进行处理。在蒸汽裂化过程中，石油馏分与蒸汽混合，在没有氧气的情况下加热，产生烯烃家族中的较小轻分子，包括乙烯和丙烯。烯烃是一类单体，是塑料的基本构成原料。我们可以直接使用烯烃，或者我们可以通过进一步处理产生更广范围的单体，如氯乙烯，它是乙烯分子的其中一个氢原子被氯原子取代。然后使这些单体聚合，这是一个将许多单体复制、连接成长链的过程，由此制成聚合物，即塑料。

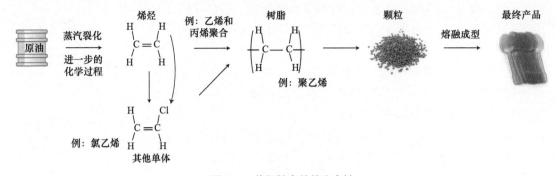

图 21.1 热塑性产品的生产链

聚合物链被制成"树脂"，类似于植物的树脂，是塑料工业的基本商品。随后这些树脂被加工成圆柱状颗粒，提供给产品制造企业。将颗粒熔化，并进入下一个成型过程，如挤压，以生产成品。因为聚合物的性能主要是由其化学性质决定，最后一个阶段的生产完全在于几何形状：不像金属，塑料可以直接成型且高效地获得成品形状，而无须任何进一步的处理。与金属不同，制造不同类型塑料所需要的能量的变化很小，大约 80MJ/kg。塑料通常由石油制成，它们的 CO_2 排放也非常相似，为 2 ～ 3kg/kg。

我们对塑料的使用

在全球范围内，目前生产的塑料每年约为 230Mt，全球每人每年平均约 33kg。当然，塑料的消费并不平均一致，在欧洲、日本或美国人均年消费大约是 120kg。我们在第 2 章中看到，在英国一个五口之家每周使用约 1kg 的塑料包装将他们的食品从超市带回家，相当于每人每年11kg（其中约 1kg 的塑料袋）。那么剩下的被用在了哪里？

图 21.2 和图 21.3 这两个饼状图的数据主要显示欧洲和美国使用的塑料，以包装和建设施工上的使用为主。从总量来看，每人每年使用约 50kg 的塑料包装，是我们从超市带回家用于其他购物的5 倍，以及我们没有看到所有的包装，因为我们的货物在到达货店之前就运到了英国和周围。人均 25kg 的塑料用于建设施工，包括供水、排水、照明、轻质屋顶，包覆和窗柜，门和装饰部件，电气线槽和电缆，绝缘材料，密封件和垫圈。

图 21.2 欧洲塑料制品类别

图 21.3 美国塑料制品类别

所有这些需求自从第二次世界大战以来一直在增长，并持续快速增长。图 21.4 显示了从 1950 年到 2010 年全球生产塑料的历史，每 15 年翻一倍。国际能源署保守地预测，到 2050 年全球需求将达到 470Mt，会进一步地翻倍。图 21.5 显示了主要地区人均日益增长的需求，没有证据表明发达经济体出现停滞，而亚洲和东欧的年均需求增长强劲，每年在 6% 以上。如果对塑料的需求在未来 40 年将翻倍或更多，我们能否以 4 倍的效率生产塑料，使总排放减半？

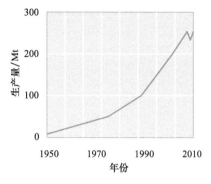

图 21.4 从 1950 年开始全球对塑料需求的增长

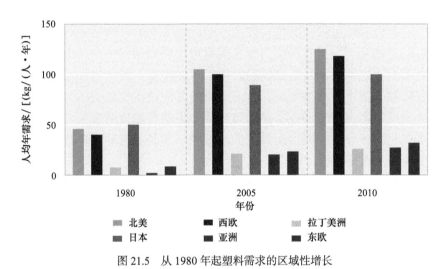

图 21.5 从 1980 年起塑料需求的区域性增长

睁开一只眼看塑料：我们能否更有效地制造或回收塑料？

国际能源署[2]报告了塑料行业未来的能源效率选项，可在较高温度的炉子里使用更高效的蒸汽裂化，通过燃气轮机的集成，结合先进的蒸馏塔和联合制冷工厂，可以使塑料单位生产所需的能源节省 15%。在后续的制造操作中可进一步提高效率，正如我们在金属生产中看到的那样，这些过程使用的能量将比石油转化成基本的塑料颗粒所需的能量要少得多。

正如在钢铁和铝行业所发现的那样，塑料生产中几乎没有剩余的节能机会。然而，像金属而不像水泥，塑料存在一个回收路线：我们是否能增加塑料的回收率，然后更有效地回收它们？

我们开篇对茶匙的讲述说明了塑料回收的难度。不同的塑料类型不能混合在一起。但事实上情况更糟，因为各种各样的添加剂（改变颜色或属性）和填料（更便宜的材料，如增加强度和硬度的白垩）被用于商业塑料，它们倾向于降低再生混合塑料的性能。对于生产塑料制品的公司来说，被回收材料的质量是已知的，所以回收生产过程中生成的塑料废料相对简单，它可以与其他类型的塑料分开。但是一旦塑料进入一般的废物流，精确地分开它们是相当困难的。

来自制造过程中的塑料废品已经以非常高的效率被回收，因为它是自动分离，没有污染，并且通常可以回收到同一台产生废品的机器上。这部分塑料废品的回收率不可能提高。因此增加塑料的回收依赖于两个方面的发展：改善塑料与其他城市垃圾中的分离，改进分类。提高塑料回收率是困难的，因为塑料垃圾通常是分散的和多样化的。分拣塑料也是具有挑战性的，尤其是因为许多塑料的密度和光学特征相似。

我们可以改进回收技术本身吗？塑料回收有 4 种不同的类别。一级回收材料直接再挤压，是最简单的，但仅限于纯的废物流，因此只适合回收加工废料。在二级（或机械）回收中，塑料被磨成小片或粉末，然后清洗、干燥，转化成树脂以便在过程开始时再次使用。这个路线不再需要纯的废料源，但杂质将会降低回收材料的质量。在三级回收中，旧塑料通过化学分解产生新的原料可以用于生产新的塑料，也可用于其他用途。例如，这可能发生在一个称为裂解的过程中，其未分类的塑料垃圾在炉中加热，为防止燃烧大部分氧气被排除。塑料的裂解回收在技术上是可行的，并在试点规模的设施中被验证，然而，迄今为止，生产过程能源和经济的成本高得让人望而却步。

最后四级回收（能源回收）的目标不是回收塑料使用，而是通过焚烧回收其中的能量。燃烧塑料释放能量，如果焚烧过程有效运行，有害的挥发性有机化合物不会被释放，这是一个比将塑料垃圾倾倒在垃圾填埋场更好的选择。塑料的热值（储能）类似于燃油，所以，如果在适当的条件下焚烧，它可以提供一个有价值的能源。

塑料回收标志

塑料产品上附有标签，以识别制造这些产品的塑料种类，
并指明该产品是否可以被回收

这些塑料在欧洲和
美国被广泛地回收

这些塑料很难被回收，
所以被送去填埋或者焚烧

有没有可能改变塑料生产的新技术？在从石油到塑料的过程中，这看似不可能，但更引人关注的领域是从植物中生产塑料，这与我们在第9章中简要讨论的生产"生物燃料"的能源是完全相似的。正如我们在这一章前面看到的，塑料的生产过程始于从原油生产烯烃。但事实上，乙烯是最常见的一种烯烃，可以用甘蔗植物等生产。这种生物乙烯可以用于生产聚乙烯，与用原油生产的聚乙烯是相同的。生物塑料也可以用其他植物生产，与用原油生产的塑料不同，它可以生物降解。除了节约石油供应，生产生物塑料比用原油生产的塑料消耗的能源更少。然而，正如我们之前考虑过的生物燃料，制造生物塑料的植物需要土地。这些土地不能同时被用来种植粮食。

因此，只要睁开一只眼，我们就已经确定了每生产1t塑料所需的能源可能减少15%，还有另外两个主要的可能性：塑料废物转化为石油和使用生物塑料代替石油塑料。其中第一个还没有按规模运营，第二个将因使用土地的压力受到制约。因此仅一只眼睛睁开，我们削减塑料，事实上，国际能源署做出最激进的（即最少排放）预测认为，2005年到2050年塑料生产的排放将增加1倍以上，除非

可生物降解的生物塑料袋，
甘蔗——生物塑料生产的关键原料

CCS 同时应用在发电和塑料生产相关的其他燃料燃烧。我们显然也需要睁开双眼，寻找选择。

睁开双眼看塑料：我们能用更少的新材料提供塑料服务吗？

在第一次涉足茶匙的世界时，我们发现塑料制品已经可以被优化了，因为它们可以有效填充复杂的模具，作为正常的注塑过程的一部分。塑料零件的生产只有少量的产量损失：例如，注塑是一个近净成型的过程，只有在（熔融）塑料进入模具时的"流道"上有损失，而更先进的加工（无流道成型）则完全没有损失。所以，来自我们睁开双眼看金属的前两个策略几乎没有什么好处，而且当这个（生产塑料制品的）过程没有产生多少废料时，就没有太多的东西可以转移了，这也排除了第 14 章的方法。我们希望减少对新塑料的需求，然后依赖于延长产品的使用寿命，在达到寿命期时重新使用它们，当然，要减少总需求。

在英国每人每年可能带 10 ～ 20kg 的塑料包装进入自己家里，但却制造了 50kg 的塑料包装。因此，从工厂到工厂或商店运输货物，每人大约需要 30kg 的塑料包装。这个工业包装是消费者看不到的，所以不像消费者的包装，它仅仅是为了在运输途中保护货物。这种工业包装是一个通过重复使用来延长寿命的很好的目标。（尽管它的货币价值相对较低，在英国，工业包装约占所有塑料消费量的 1/4，所以重复使用可以产生重大影响。）

使用过的 PET 瓶

建筑中塑料管道很少会失效，所以确保长寿命和重复使用是可行的，由于经济价值较低，几乎没有动力去拆除和推销旧管道。因为廉价和多样化，很难寻找重复使用或延长塑料制品使用寿命的途径，所以在低价值应用中大量的使用。然而，塑料的很大一部分用途是制造汽车等复杂产品的零部件。延长这些产品的使用寿命，也会减少对其他材料的需求，将有助于减少对新塑料生产的需求。

如果我们找不到足够的重复使用和延长寿命的机会，那么必须考虑减少需求。例如，我们知道，在生活中减少一次性包装。这不是一个被塑料工业追求的战略，但在缺乏其他减排选择的情况下，减少需求可能是塑料生产中减排的关键政策要求。在第 2 章的开始，当我们回顾英国的塑料垃圾时，发现每个人每年都使用约 1kg 的超市塑料袋，但更多的是 7kg 的塑料瓶。所以下次想要找到节约塑料的机会时，建议应把重点放在塑料瓶而不是塑料袋上。

展望

塑料是本书考虑的 5 种材料中最复杂的材料家族。在我们对变革选项的调查中，没能找到在需求增加 1 倍的同时减少 50% 的排放量的方法。我们有 4 个积极建议：

- 减少使用中的塑料种类，以简化回收，提高回收率。
- 在认识到可燃烧塑料的能源效益的同时，集中精力从废塑料中生产燃料油。
- 用重复使用的长寿命包装取代所有可能的一次性包装并延长所有非一次性塑料制品的使用寿命。
- 促进其他产品（包括其他许多塑料组件的车辆）的使用寿命，作为减少对新材料的需求这个总体战略的一部分。

这是一段艰难的旅程，我们已经找到了一些探索的好机会，所以，是再喝一杯茶的时候了。

注释：

塑料材料及其生产

[1] 在卡利斯特（Calistar）（2003）中可以找到关于塑料性能的更多信息。

睁开一只眼看塑料：我们能否更有效地制造或回收塑料？

[2] 国际能源署（IEA）情景分析的细节可以在它们的能源技术展望报告（2008 年）中找到。

22. 纸　张

纸张是一种天然产品，与树木密切相关，造纸所需的能源和产生的排放其影响令人惊讶。造纸所需的能源主要是将木材转化为不含木质素的纸浆并在造纸后通过蒸发去除其多余的水分。还有其他更高效的方法可以选择吗？或者我们能否减少对纸张的需求呢？

英国人把他们的时间用来交换那些文字游戏笑话，在红色巴士上跳上跳下，从红色电话亭拨打电话，将信件投入红色邮筒中，吃着用报纸包着的薯条。这里，我们关心的是报纸，当然，比利时官方已经禁止用废旧报纸来盛装薯条，以防这种印刷品传染疾病。虽然这是提高材料利用率的一种方法，但由于餐饮行业对废旧报纸重复使用的需求量下降以及一些电子代替品的兴起，想必现在报纸的销量正在下滑。我们很快就会"吃掉"旧电子书阅读器的芯片，因为去年（往年）每个买它的人都必须升级到今年（当年）的电子书阅读器 1.01 版。之后，有人将不得不处理掉电子书阅读器中的所有芯片……

当我们谈到纸张时，有必要知道哪些人因为什么在使用它，以及欧美国家最近报纸销量的下降是否反映了关于纸张整体需求量的信息；也有必要弄清楚是什么在驱动着造纸过程中的能源使用和排放。然后我们可以看看那些诸如电子阅读器之类的选项，哪一个能让我们少用纸张，同时依然可以生活得很好。

纸张的性能、用途与生产

我们将从目前的纸张使用开始。从图 22.1 所示的饼状图[1]中可以看到，用纸量最大的是盒纸板（纸箱和集装箱用瓦楞纸板）、印刷和书写用纸（其中包括用于复印机、激光打印机、书籍等的非涂布纸及用在杂志和小册子上的涂布纸）、新闻纸以及用于包装的其他种类的纸和纸板。当用于印刷时，纸张的质量取决于其光学性质

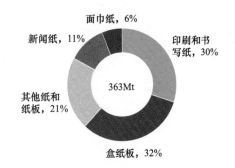

图 22.1　2005 年纸张的最终用途

面巾纸，6%
新闻纸，11%
印刷和书写纸，30%
其他纸和纸板，21%
363Mt
盒纸板，32%

（颜色、亮度、白度和不透明度）、抗光和抗老化性能、含水量，纸张的"印刷适性"（平滑度、油墨吸收性、卷曲和摩擦性能）；当用于包装时取决于纸张的强度和刚度以及许多其他性能。

图 22.2 展示了我们平常办公用纸张的放大图，从中可以看到被黏土和上浆剂等填充物覆盖的相互错杂交织的木质纤维。早期的纸张是由棉织物或其他纺织品制成的，而现代纸张大多由木材，尤其是像松树这样的针叶软木材和橡树这样的阔叶硬木材制成的。实际上任何来源的纤维都可以用来造纸——我们有利用竹子、大麻、焦麻、杂草甚至大象的粪便（9 岁男孩们的最爱）制备出的纸张样品。为了使纸张在印刷时有一个光滑的表面，并提高其光学性能和印刷适性，纸张通常需要用高岭土、碳酸钙、二氧化钛、二氧化硅或滑石粉等来进行"填充"。纸张的强度一般由木质纤维的长度和来源决定（3 ～ 7mm 长的软木纤维可增强纸张的强度，而 1 ～ 2mm 长的硬木纤维可增加纸张的体积和厚度）。纸板一般呈棕褐色，是因为它主要使用未漂白的原生褐色木质纤维作为原料生产；为了提高杂志和宣传册中纸张的光泽度和白度，这类纸张通常会被涂上一层高岭土和碳酸钙；人们通过控制纸浆质量及添加剂的使用量，可以使面巾纸具有特定的强度、吸水性、外观和舒适度。

1981 年，当第一台被称为"施乐之星"的现代化工作站电脑被设计为复制纸张使用的某些方面（功能）时，"无纸化办公室"的思想也就随之诞生了——有关纸张消失的预言也自此开始。可实际情况却完全不同。到目前为止，我们对纸张的使用热情只增不减：由于人们相互之间有分享重要文章讯息和图片的迫切需求，再加上现在家家户户都有打印机，因此我们使用的纸张越来越多。图 22.3 给出了全球在 1992—2005 年纸张的需求以及主要区域的需求分布情况[2]。图 22.4 则给出了 1995—2007 年对选定国家的纸张消耗量随人均国内生产总值（GDP）的变化[3]。这两幅图都表明我们对纸的需求是稳步增长的，仅有北美的用纸量出现小幅下降，特别是自上次总统选举以来的美国，这主要是因为报纸销量的下滑（或许是因为在报纸上讨论布什总统的行为举止、性格特点的需求较少）。尽管北美用纸量有小幅下滑并且欧

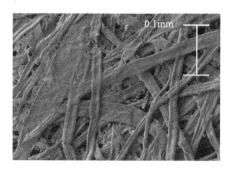

图 22.2　传统办公用纸的放大图片

无纸化办公室

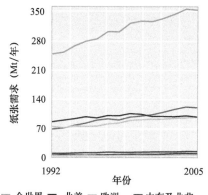

图 22.3　1992 ～ 2005 年纸张需求

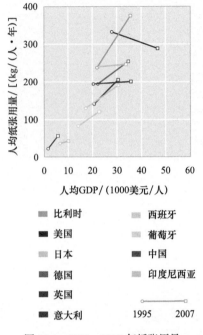

图 22.4 1995—2007 年纸张用量
随人均 GDP 的变化

运往造纸厂途中的木材

洲的用纸量增速缓慢，但由于亚洲地区纸张的需求旺盛，全球的纸张需求大幅增长。比利时的纸张消费明显高于欧洲其他地区（由于国家承诺在薯条包装上写下恼人的指令）。图 22.4 还显示了财富与纸张消耗量之间存在着某种联系。虽然发达国家对纸张需求的增长率各不相同，但这些国家的人均用纸量比这里所调查的发展中国家（如中国、巴西和印度尼西亚）要高很多。因此，这两幅图也表明无纸化办公室仍然只是一个梦想——随着经济的增长，对纸张的需求会更多。

尽管几乎任何来源的纤维都可以用来造纸，但实际上我们用来造纸的只有木材。一棵典型的橡树被砍倒时（干质量）约重 0.25t[4]，如果这棵橡树注定要被用来造纸，那它的侧枝会被锯掉，仅剩下主干被运往制浆厂。平均每制造 1t 印刷、书写纸就需要消耗 24 棵树[5]，因此 2005 年所报道的 1.1 亿 t 的印刷和书写纸的耗用量则需要大约 26 亿棵树[5]。假设树木的密度为 10 万棵 /km^2，则每年要砍伐掉的树林面积为 2.64 万 km^2——仅比比利时的国土总面积稍小一点[6]。纵然如此，这还仅仅是用于制造印刷和书写的纸张。如果 2005 年所消耗的 3.63 亿 t 纸张都是这种类型的，那么我们几乎需要砍掉 3 个比利时面积大小的森林。通常橡树被砍伐时至少有 20 年的树龄，因此，如果以每年 3 倍比利时面积大小的森林，那么在第一批橡树收获复原之前，我们总共将砍掉 60 个比利时面积大小的森林，约占地球陆地面积的 1.2%。也就是说，造纸需要用大量的树木和大量的土地。

将木材变成纸张主要有两个步骤。第一步：需要分解木材的组织结构来提取出纤维素纤维。在活树中，抗张力强的纤维素纤维通过木质素结合在一起，而木质素是一种抗压缩的有机聚合物。用不用木质素都可以造出纸来，这取决于所采用的纸浆制作工艺。在机械制浆过程中，通过挤压和研磨可把纤维素纤维从木材中提取出来。用这种方法造出来的纸张，由于本身残余木质素的含量很高，导致其比较脆弱，在光照下容易变色。采用化学制浆工艺则可以生产出较强、不易变色的纸张。在此过程中，纤维素纤维通过在高压蒸汽蒸煮器中用化学 / 水溶液溶解木质素而被提取并转化为纸浆。产物是纸浆与黑色液体（化学品的残液及溶解的木质素）的混合物，被送往纸浆洗涤，纸浆被分离。在某些情况下，纸浆会经过干燥并运输，例如，像芬兰这样的多树国家（指森林覆盖率高的国家）显然想要从它们的树木收获中抓住尽可能多的价值，因此，提供干燥的纸浆给像英国这样的森林覆盖率低的国家，将干纸浆再润湿从而来造纸。（事实上，尽管英国每年收获约 900 万 t 的原木，且其主产地在苏格兰，但它仍会进口 850 万 t 左右的纸浆和纸张[7]。）有了纸浆，现在就可以开始进行造纸工艺的第二步：先将比较纯净的纤维素纤维泡在水中，然后混入一些填充物和一些为满足所需性能的添加剂；之后，将纸浆覆盖在细网上面。如果读者有机会去参观造纸厂，下面这一神奇的过程则非常值得一看：乳白色的纸浆流到细网传送带上，水分经辊子流出或被挤出，纸浆中水分沥干到一定程度就会形成润湿的纤维纸板，直到湿的纤维纸板可以从网格转移到热辊上。剩下的流程则是将湿纸中的多余水分蒸发掉。为使纸张中的含水率均匀，干燥这一步也必须好好把控，这要将连续进给的湿纸卷绕到一长热辊上来实现。最终，被卷绕成一个巨大的纸卷，然后在被切割成最终尺寸之前，也可能进行涂布处理。

造纸机的湿端和造纸机的干燥端

纸张回收在广泛进行着，而且每年我们都会做得更好。图 22.5 给出了美国及欧盟纸张回收率的估计值[8]，图中数据显示在纸张使用量较大的国家（也即较富裕的国家），纸张的回收率为 63%～73%，并且呈稳步提升态势。当我们把旧报纸和书稿扔进回收箱时，这些纸张就会被收集起来打成包，然后放进装有水和化学品的碎浆机中。在这里，纸张被粉碎成小片形成混合物，然后被加热以促进纤维素纤维的分离和纸浆的形成。之后，为了去除混合物中的胶水和其他外来物质等污染物，使浑浊的纸浆混合物通过具有不同尺寸和形状的筛网。一般来说，由回收纸制成的纸浆质量要比原浆差，这是因为回收再利用过程会使纤维的长度缩短、强度减弱。纸张纤维上聚合物覆盖层的存在，使得涂布纸的回收再利用更加困难。把再生纸浆放进锥形圆筒中进行旋转可除去其中较重的杂质（如订书钉）等。采用脱墨工艺，可将胶水、旧的印刷和黏合剂去除，其实，通过向纸浆中注入空气和表面活性剂即可使油墨颗粒脱离纸浆并附着到气泡上，可以很容易地从混合物中除去。随后挤

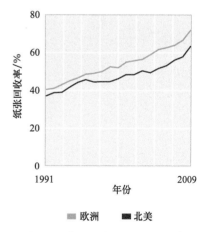

图 22.5 美国和欧盟的纸张回收率

干纸浆，剩余的水通常被重复使用。

造纸时的能源与排放

如图 22.6 所示，我们制作了一张桑基图来展示从纸张生产到成为最终产品的过程中全球的材料流动[9]，并且该图也给出了主要生产环节中目前每单位生产的能源需求量。由回收的旧纸张制造 1t 纸张要用 18.7 ～ 20.7GJ 的能量，而用树木则要用 15.3 ～ 36GJ 的能量，这取决于所用的制造过程。然而，将此图转换成一张显示排放量的图却很困难，除了与数据可用性相关的常见原因外，还有几个原因，即不知道平均值与最佳实践值之间的范围，也不清楚电网发电中所用燃料的混合形式。对于纸张，我们面临的额外挑战是：

- 由于土壤破坏的复杂影响，植物学家目前还不知道种植、养大以及采伐一棵树的净排放效应。
- 在造纸过程中，尤其是当用原木来造纸时，所用的大部分能量是通过燃烧来自树木的树枝以及纸浆的副产物"黑液"等产生的。
- 由于纸张的回收再利用过程会使纤维的长度缩短，因此大多数再生纸张中都会含有一定比例的原生纸浆以提高其强度或平滑度。

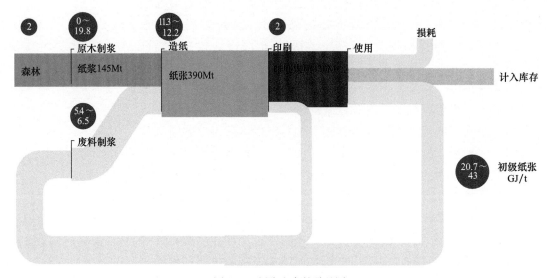

图 22.6　纸张生产的桑基图

因此，我们对造纸中 CO_2 排放进行了广泛估计。用树木制造 1t 常规办公用纸会排放大约 0.7 ～ 1.2t 的 CO_2，而使用再生纸浆，CO_2 排放则会降到 0.6 ～ 0.7t。不过，实际上生产某些再生纸的 CO_2 排放量很有可能会高于树木生产造纸，这是因为使用了生物质能源（在其整个循环过程中不会排放大量的 CO_2）为初级造纸过程产生能量。

睁开一只眼看纸张

如图 22.7 所示[10]，由于购买燃料和电力的费用分别约占造纸总成本的 11% 和 7%，因此，制浆和造纸产业会自然而然地采取一切可能的有效措施，它们的成果在图 22.8 中清晰可见[11]——表明每吨纸的能源投入逐年改善（降低），但正如我们所看到的，这些曲线都近乎渐近线。为了改善现状，所采取的关键步骤是应用生物炼油厂从生物质中生产燃料、化学品、电力和材料，采用最佳可用技术开发黑液气化（从废制浆液中生产锅炉用气）和新型干燥技术（提高干燥速度）等新技术。正如我们所有的分析那样，虽然并不知道通过提升平均水平到最佳水平还能有多大程度的改善，但我们假设还有改进空间。

该行业正在采取的其他策略是：增加生物燃料的使用、追求碳捕获和储存（CCS）、更好地利用生产过程中的余热、使用热电联产（CHP）发电技术现场产生电和热，以及改善回收循环。

初级造纸已经很好地利用了来自自身废弃物的生物质，在欧洲，高达 54% 的纸浆造纸的能源需求是用这种方法提供的[12]。这种生物质燃烧可以产生热或电。然而，进一步用生物质替代其他燃料形式面临着我们以前提到的同样的问题：这需要大量的土地，创造足够的生物质来取代化石燃料。因此，鉴于土地的其他竞争，这似乎只会做出小小的贡献。造纸过程中的直接化石燃料燃烧是用来提供其他能源的，所以追求 CCS 的两个候选方案就是直接将其用于炉子废气，以及从带有 CCS 的源头购买电力。鉴于我们已经表达了对 CCS 的疑虑，且造纸工业没有在这个方向做出重大推动，这似乎不是一个优先选项。

然而，造纸行业已经做出了重大改变，将热电联产结合起来。

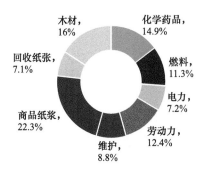

图 22.7　2006 年欧洲国家的造纸成本

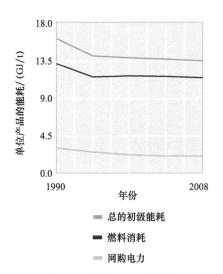

图 22.8　造纸过程中的能耗

热电联产的逻辑是燃气或燃煤发电站在发电的同时产生了大量的废热，这些废热同样也可以和电力一起使用。这种方法可能在造纸行业中也有很好的适用性，因为在纸干燥过程中需要大部分热量来引起蒸发——约在 150 ～ 200℃，与发电站排放的废热温度（一些冷凝式发电厂通常高达 540℃）相比，这一温度显然要较低一些，所以供需关系良好。

改善纸张的回收循环有 3 个目标：提高废旧纸张的回收率（即要避免填埋或焚烧造成的纸张减损）；用更少的能源来制造再生纸纸浆；通过提高油墨和其他杂质污染物从废旧纸张中的分离效率来提高再生纸浆的产量。先前的回收率图已表明回收率在全球范围内都普遍得到提高，但存在一定的限制：面巾纸显然不能回收利用，有的（纸质）文件被存档，80% 的回收率似乎是一个界线[11]。目前回收的产量受制于纸张纤维的缩短以及将清洁纤维与污染物分离的难度，在脱墨过程中，采用腐蚀损伤性更小的物质来替代有腐蚀性的化学物质，以及设计、采用一些更容易被去除的油墨和黏合剂等，都能使其得到改善。

一项关于未来造纸预测的调查显示，到 2050 年纸张的需求量有可能比 2008 年增长 2.4 倍，而在这期间如果采用所有的最佳方案，那么造纸行业每单位产生的排放量有可能会减少 40%[12]。这样大的降幅令人难以置信，但仍不足以实现到 2050 年 50% 的绝对减排目标。

睁开双眼看纸张

在危机中，我们可以轻易地放弃大量的纸张使用，这并没有什么不方便之处：我们可以很快地由自己单独购买转为与他人共同使用，如传看杂志、报纸和书籍；我们知道，少用包装也能照样生活。但是，我们睁开双眼对未来进行探索，目的是寻找能够在继续提供我们从纸上获得的服务，同时减少使用纸张。我们已经找到了 4 个关于纸张材料效率的例子：用更轻的纸；需要时才打印；清除打印以允许纸张重复使用；用电子阅读器来替代纸张。下面依次看每一个例子。

在计算机打印机和复印机中使用的大多数纸张质量为 $80g/m^2$。

这不仅能让我们翻页时产生满意的硬质感，而且能使纸张具有足够的不透明性，这样在双面印刷时就不会相互干扰。那我们可否用 $72g/m^2$ 的纸张呢？很容易发现：你可以购买 $70g/m^2$ 的纸张在家中使用，在我们看来这种纸除了硬度、质感稍差些外，其他与 $80g/m^2$ 的纸功能相同。因此，我们有信心，如果我们愿意，选择质量较轻的纸张就能够使全球办公用纸的需求量至少节省 10%，而且，在其他应用中也可能接近这个数字。

报纸供应商面临的一个问题是，我们以实物形式购买报纸，如果某一天我们没能找到特定品牌的报纸，就会迅速地转向另一种选择。尽管如此，每种报纸只能持续一天，之后就没有价值了。因此报纸行业必须经常过量印刷当天的报纸，因为报纸卖完的商业风险远远大于过量印刷的成本。商店里的书刊也是如此。虽然这种过量印刷可以被收集和回收，但正如我们所看到的，这里面有一个能源成本。因此，"按需印刷"的理念已经存在很多年了，我们希望可以通过快速印刷客户真正需要的以避免过剩。目前这样的高速印刷技术是存在的，即便是精装书籍都没问题，但我们还没有采取这种做法。这其中有一些可能的原因：按需印刷的书籍通常会略贵，它们的印刷质量较低，读者可能也不熟悉按需印刷的品牌。

在第 15 章中，我们看到在建筑中重复使用钢构件而不熔化（它们）的机会，那么纸呢？办公室中我们丢弃的大部分纸张都是没有损坏的，之所以丢弃它仅仅是因为我们不想读上面写的内容了。不久前，我们对这种可能性感到震惊，所以汤姆·康塞尔（Tom Counsell）和大卫·利尔（David Leal）两位博士在我们的实验室展开了研究工作[13]，看看我们是否能找到一个使废纸"脱印（迹）"的方法。我们能否为复印机设计这样一个前端，它能够将昨天的废弃印刷纸张装入，并清除其印迹，然后可以进行今天（内容）的印刷呢？我们早已决定将我们的努力方向限定在现存的传统涂层纸和碳粉上，原因在于引入一个新系统就需要改变以上二者其中之一，这会更加困难。我们初步检验了去除墨粉的 3 种选项：

●用砂纸擦除的效果很好，尤其是用高速移动的细砂纸在轻压下磨刮纸张。这种方式虽然能去掉印刷内容，但无法避免纸张也被磨薄。

●我们发现了一系列可以去除碳粉且不伤害纸张的化学溶剂，但对溶剂的安全性要求很高，我们无法想象在办公室中安装并使用这种方法的后果。

●激光烧蚀在一定程度上可以起作用，去除了印记，但旧印迹下面的纸张在加工过程中会变色，但仍然可以阅读。

现在我们重点关注最后这种方法：在对可能的激光设置参数进行大范围的搜索后，可以有效地去除纸张上的印记并保持纸张完好无损。这项工作让我们深感自豪，所以在下面的图框故事中给出了更多细节：使用激光烧蚀技术来去除印记看起来像是一条能在将来节省一些纸张的途径。

最后，我们是不是要完全抛弃纸张，在电子屏幕上阅读书籍、杂志、报纸和其他文件呢？这回归到了无纸化办公室的愿景，不过现在已然变得更加现实，因为便携式计算机的屏幕变得更轻、更好，发光聚合物进入市场，以及手持专业阅读器的兴起。我们并不知道答案：怀疑论者认为人们除了会买所有的纸张来用之外，还会买新的电子设备，而有人则认为图22.3中北美纸张消耗量的下降不是因为布什总统的离职，而是因为电子阅读器变得越来越强大。尽管如此，现在我们可以从两个方面来看这一问题：报纸销售是否受到电子阅读器的影响？电子阅读器替代报纸对环境有何影响？

去复印（Unphotocoping）

不幸的是，墨粉打印机的设计师们的工作非常出色：墨粉强有力地吸附在纸张上，以至于扔掉使用过的纸张比重复使用（它们）更容易。

在典型的黑白打印机中使用的墨粉是一种由聚合物和黑色颜料组成的复合材料，通常分别是聚酯树脂和氧化铁。就像其他不透明材料一样，黑色打印墨粉也会吸收光，尤其是可见光，确切地说它能吸收超过95%的绿光。如果将一条聚焦的绿色激光束照射到墨粉上，墨粉的温度就会升高。墨粉中的聚合物将会熔化，或者如果温度进一步升高，聚合物就会蒸发掉，墨粉中的剩余组分则会与纸张发生脱离。与此同时，如果能将激光能量控制在纸张的烧蚀或蒸发的阈值以下，那么纸张可以被清理干净并重新投入使用，而不用被回收或掩埋在垃圾填埋场。研究发现，采用非常短的绿色脉冲（小于几纳秒长）聚焦激光，可以在不产生任何明显损伤的情况下将纸张上的文字清除掉。

此处图片为一幅高度放大的试验照片，我们对一个方形的连续分布的黑色印刷区域进行了激光烧蚀。与图 22.2 相比，这与其原始状态非常接近。

去除复印

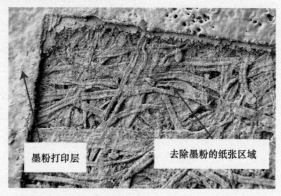

墨粉打印层　　去除墨粉的纸张区域

经济发达国家的报纸销量目前正在下降。如图 22.9 所示[14]，在一些发展中国家［如巴西、印度、印度尼西亚、中国以及南非（BIICS）］报纸的销量正在迅速增长，这是因为经济的发展扩大了潜在购买人群的数量。但在经合组织成员中，如美国和其他欧洲国家，报纸销量却正在下滑。同时，如图 22.10 所示，在网上看新闻的人数迅速增长起来[15]，因此，似乎有可能的是，纸质报纸的销量下降确实受到电子屏幕替代纸张的冲击（而不仅仅是如你可能怀疑的事实内容的缺乏）。我们还没有看到相关数据来证明电子阅读是否正在改变书刊印刷的运营。

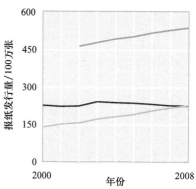

全世界发行日报总量

经合组织国家发行日报总量

主要发展中国家发行日报总量

图 22.9　经合组织国家和发展中国家（巴西、印度、印度尼西亚、中国以及南非）报纸发行量的对比

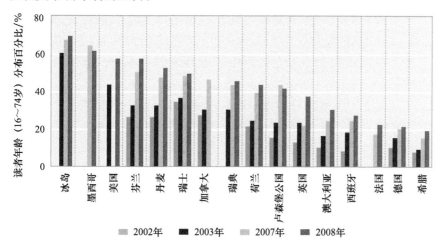

2002年　2003年　2007年　2008年

图 22.10　在线报纸读者的趋势

313

对于第一个问题，我们有非常明确的答案，但不幸的是对于第二个问题，回答起来则要困难许多。要比较购买书籍、报纸与在屏幕上阅读对环境的影响，这很大程度上取决于你的假设，你可以很容易地给出你喜欢的答案：每块电子屏能节省多少张纸？无论是电子屏还是印刷的纸张，其生产和处理上有多少方面可以被合理地解释呢？你又如何比较微电子产品和纸张二者对环境的不同影响呢？所有这些问题都是无法回答的，因此尽管我们发现了很多关于这个话题的研究，但我们对他们的结论并不满意。随着时间的推移，我们将通过观察纸张需求和屏幕需求在某个有意义的地理范围内（比如一个国家）所发生的情况，来找到问题的答案。在这之前，这种比较只是理论上的。尽管如此，我们还是可以对达到使用寿命期的电子废弃物垃圾的情况进行一番重点观察。人们现在已经看到纸张回收是有效的，而且其回收率也在增长。但不幸的是，电子产品的回收并没有什么效果，这在发达国家应该算是一个全国性的丑闻。最近欧盟对电子产品回收的立法减少了电子废物在欧盟填埋场的流动，但是，对于制造商来说，没有任何负担处理它们的垃圾——据估计，仅有 1/3 的电子垃圾是按照欧盟的废弃电气电子设备指令（WEEE）进行处理的[15]，剩余的部分则被非法出口到非洲和亚洲。在印度，国内一些最贫穷的人购买一桶打开的硫酸，在客厅用它从电子废弃物中提取出贵金属。当硫酸失效以后，它连同其他一些不想要的材料一起被随意倾倒在周围的空地上。左图就是对我们热衷于频繁更换电子产品所造成严重后果的一个沉重警示，而当像优美科（Umicore）[16] 这样的公司拥有可以按 WEEE 指令在接近报废点安全处理电子废弃物的技术时，就不会有这种情况。

印度的电子产品回收[18]

用电子屏幕代替纸张的观点，众说纷纭——我们根本不知道是否真的发生了任何替代，在国家统计数据发生可衡量变化之前，我们无法计算出环境后果。不过，我们已经看到，无论是通过采用轻型纸、按需印刷或取消打印，在不损失服务的情况下我们能减少纸张的生产总量，而且我们不要忘了我们伟大且被低估了的图书馆，这对于印刷品使用寿命的延长、服务强度的提高，都是一个绝佳的机遇。

展望

纸张的生产已经节能，其回收利用运行良好，但可以变得更好。有一些提高效率的机会，也有机会以较少的造纸总量提供相同的服务。把这些方法都综合起来会怎么样？

全球每年的纸张需求量约为 3.9 亿 t[11]，有一项调查预计 2050 年的纸张需求量与 2005 年相比将增长 164%[17]。对一些潜在的减排措施的调查结果表明，如果我们将全球的纸张回收率提高到 81%，并将所有可能的能效最佳实践应用到纸张和纸浆的生产与回收中，那么我们将节省每单位产出 40% 的排放量。随着纸张需求量的增长，这还不足以达到我们 50% 的绝对减排目标。因此，通过提高材料使用效率，或减少需求，用更少的纸张，是实现这个目标的必然要求。我们已经把握住一些令人激动的机会去追求这一目标。我们甚至可以用印刷欧洲指令的纸来包装炸鱼和薯条，作为行动的开始。

注释：

纸张的性能、用途与生产

[1] 2007 年锐思（RISI）的预测。

[2] 基于 2007 年联合国粮食及农业组织（FAO）的数据。

[3] 阐述基于 2010 年的欧洲综合污染防治局（EIPPCB）数据。

[4] 估计基于纸浆和造纸工业技术协会（TAPPI）的数据。

（http://www.tappi.org/paperu/all_about_paper/earth_answers/earthAnswers.html）

[5] 汤普森（Thompson, 1992）根据一项计算，以 40 英尺① 高、直径 6 ~ 8 英寸② 的软木和硬木的混合为基础，采用硫酸盐化学制浆工艺，平均要用 24 棵树来生产 1t 的印刷和书写用纸。

[6] 美国伊利诺伊州推荐的橡树种植密度：10.8 万 ~ 13.5 万株 /km²。

[7] 基于 2011 年林业委员会的统计数据。

[8] 美国林业及纸业协会 2010 年的数据以及欧洲造纸工业联合会（CEPI）2009 年的主要统计数据。

造纸时的耗能与排放

[9] 基于来自纸张专职小组（1995），赫克特 M. P.（Hekkert M. P.），E. 沃雷尔（E. Worrel）

_____

① 1 英尺 ≈ 30.48cm。

② 1 英寸 =2.54cm。

（1997），尼尔森（Nilsson）等（1995），德比尔（de Beer）（1998），艾哈迈迪（Ahmadi）等（2003）的数据进行阐述。

睁开一只眼看纸张

［10］欧盟综合污染防治局（EIPPCB，2010）关于制浆和造纸工业最佳可用技术的参考文献；欧洲综合污染防治局、前瞻性技术研究所、西班牙塞维利亚欧洲委员会联合研究中心。

［11］2009 年欧洲纸业联合会（CEPI）的主要统计数据。

［12］2008 年国际能源署（IEA）及 2000 年马丁（Martin）等的预测数据。

睁开双眼看纸张

［13］关于纸张去印刷的主要文章：2006 年康塞尔（Counsell）和奥尔伍德（Allwood）回顾了 104 项主要自 20 世纪 90 年代中期以来的专利，申请在办公室内回收文件而不破坏其纸张的机械结构的技术。2007 年康塞尔和奥尔伍德考虑如何才能减少办公纸张生命周期之外的排放，考虑的选项有：焚烧，本地化，一年生植物纤维，纤维回收，脱印和电子纸。2008 年康塞尔和奥尔伍德提出了使用研磨工艺去除激光打印机、复印机中使用的墨粉印迹的可行性研究。2009 年康塞尔和奥尔伍德报道了关于使用化学溶剂去除白色办公纸上的墨粉印迹的试验结果。在 2010 年莱尔·阿亚拉（Leal Ayala）等发表的这篇文章中，他们将不同脉冲宽度的激光（纳秒范围内）应用到一系列纸张–墨粉组合上，以确定激光在紫外、可见和红外光谱条件下去除墨粉的能力。2011 年莱尔·阿亚拉等分析探讨了超快、长脉冲激光在紫外、可见和红外光条件下去除墨粉的可行性。目前工作的重点是进行可行性研究，比较所有建议的解决方案的质量对环境的影响、经济可行性和商业潜力。

［14］基于对新闻和互联网发展的研究（OECD，2010）。

［15］据 BBC 新闻报道［路易斯（Lewis），2010］。

［16］优美科（Umicore）经营着一家集成的冶炼厂和精炼厂，可从不同的废旧电子产品中回收 17 种金属（金、银、钯、铂、铑、铱、钌、铜、铅、镍、锡、铋、铟、硒、碲、锑和砷），比如印制电路板、陶瓷电容器、集成电路以及其他包含在小型电子装置中的元件，如手机、数码相机和 MP3 播放器中的其他零部件。更多信息可关注 Hagelüken（2006）。

展望

［17］据 2008 年国际能源署（IEA）的估计，2050 年原生和再生纸以及纸板的产量将增加 2.49 倍，总消耗量到 950t（比 2005 年增加了 164%）。这一预估值远高于国际能源署之前的预测，那时数字经济、更严格的废物政策的潜在收益被高估了。

图片

［18］该图由 Empa 提供。

第五部分　创造一个可持续发展的材料未来

23. 商业活动评估

在整本书中，我们试图通过一些理论和案例，来研究每一种变革方案的商业影响。在本章中，我们将总结从中吸取的经验教训。

24. 政策影响

许多国家的政策制定者认识到需要采取行动来应对环境问题，但出于下次选举赢得选票的需要而不去行动。面对现实，他们能够提供一些帮助吗？

25. 个人作用

可持续性涉及企业、政府和个人（如选民和消费者）三位一体的对话，那么个人在提高材料效率方面扮演着怎样的角色呢？

26. 事半功倍

如果我们把这本书的信息提炼成两个关键的理念，那就是，我们只用一半的材料盖房子、制造汽车、生产各种产品，并将它们的使用寿命延长一倍，同时还让我们的生活水平保持不变，这是完全有可能做到的。这样两个关键理念就清楚了，一是减少材料，二是提高寿命。但是，在这本书第一版出版后的三年里，当我们试图在政策上和在英国的企业中宣传这一信息时，所得到的回应都是，这确实是很重要的，不过现在还没人这样做，还是让其他人开始吧。万事开头难，我们怎么才能开始走上这条材料可持续发展之路呢？

23. 商业活动评估

在整本书中，我们试图通过一些理论和案例，来研究每一种变革方案的商业影响。在本章中，我们将总结从中吸取的经验教训。

写作本书最初的动机，是寻找足够的变革方案，来实现我们制定的减排目标。在第19章的表述中（与第11章的情况不同），证明现在已经有了足够多的选择。但是在第7章中，我们发现钢和铝的生产效率已经非常高了。钢和铝的生产企业已经为能源付出了巨大代价，所以一直有强烈的商业动机来减小能源使用。在第四部分，当我们研究水泥、塑料和纸的时候，我们发现了一个类似的故事，那就是这3个行业都取得了显著的节能效果，这仅仅是由正常的商业关注驱动的。如果说我们在第三部分中已经确定，确实有很多方法可以让我们使用较少的材料来提供相同服务，如果说材料成本确实是高昂的，那么，为什么类似的商业压力没有激发材料的使用效率呢？如果没有人在提高材料效率上投资，那么是不是意味着没有这样的需求呢？我们将在本章收集和研究在整本书的研究案例中发现的所有问题，来解释为什么企业没有抓住这些机会。对于每种情况，我们都把问题提出来，讨论如何解决它们。

问题：成本节约的潜力不大

在第6章中，我们发现，任何最终成品的价格只有一小部分花在钢铁和铝材料本身，通常是4%～6%。这一小部分包括了对钢铁的间接需求，如用于运输最终产品的卡车所用钢材，但是不包括任何钢材投入的附加值，如通过制造和组装产生的附加值。我们可以估计，这一比例实际上相当于我们通过提高产量和用较少的金属设计获得的最大节约。

在证明金属采购相对于成品总成本的重要性时，我们一直关注最终消费者支付的价格。然而，因为含有金属产品的生产链通常来说很长，同样的金属在到达真正的买家之前，通常会被买卖多次。例如，一家钢铁公司可能将其产品卖给股东，股东可能会将金属卖给零部件制造商，而后者则可能将其出售给子组件装配商，等等。对于这些早期买家来说，金属采购成本必然占到它们自己销售收入的较大一部分。

图 23.1 显示了在汽车行业公司为金属增值的顺序和数据，并表明钢铁采购对生产链上的三家公司的相对重要性：零件制作商、产品制造商和消费者。该图表明，这三家公司对于钢材采购的相对重要性是不同的，金属成本确实只是由消费品所支付价格的一小部分，对于产品制造商而言是较大的份额，对零件制作商来说是相当大的份额。

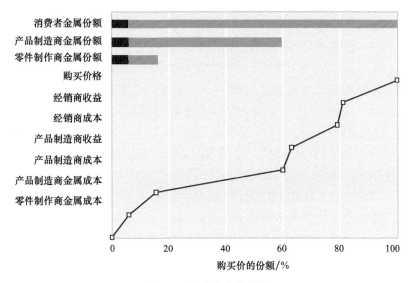

图 23.1　汽车生产的增值

为什么上游的供应商没有抓住机会节省金属，而金属在他们的成本中占据相当大的份额？答案是减少材料使用会带来其他成本，比如，更高的劳动力成本，更高的加工成本，或者更高的高性能材料的成本。在英国，如果我们假设现在有一半人都有收入，则需要把 GDP 除以我们 50% 的人口，那么人均年收入将达到 5 万英镑，每个小时收入约 30 英镑。目前每吨钢大约 400 英镑，每吨铝锭大约 1400 英镑，这么说英国劳动力一小时的价值等于 75kg 的钢或者 20kg 的铝[1]。如果要激励企业去追求本书第三部分中发现的材料效率选择，那么他们每次额外一小时的劳动时间就会节省超过 75kg 的钢铁或 20kg 的铝。

解决方法：政府可以采取行动来刺激对材料效率的需求，不是因为节省成本，而是因为节省了排放量，希望它们的刺激措施能够导致未来在材料效率上的成本降低，从而为消费者和生产双方创造价值。设备和其他技术的发展使企业可以通过更低的附加劳动力从材料节约中受益，当然，最终的消费者可以通过购买选择来刺激对高材料效率产品的需求。

问题：标准化与最优化存在矛盾

钢铝产业都在规模经营：一个现代综合型钢厂每年很容易生产出 1Mt，铝冶炼厂一年也接近 0.3Mt。通过提供标准化高产量的产品，该行业在生产、搬运、储存、运输上获得规模经济效益[2]。然而，这种标准化大批量生产的一个后果是，效率被用于制造标准库存产品，正如我们所见，这些产品的形状是错误的。

下游的公司也可以从规模经济当中获益。大规模生产汽车可以节约 25% 的生产成本[3]，在第 12 章，我们描述了建筑行业的"合理化"做法，即用标准的梁代替原来指定的梁，这样承包商降低了采购成本，降低了组织生产场地的难度。

然而，正如亨利·福特（Henry Ford）认识到的那样，最终标准化达到了极限，当时他的福特 T 车型被竞争对手淘汰了。消费者有不同的需求，他们更愿意为能满足自己独特需求的产品支付比标准商品更多的钱。钢和铝的生产商以标准的几何形状和成分在竞争激烈的（材料）市场中竞争，现在已经开发了更广泛的小众合金，试图来获得竞争优势[4]，但是它们尚未将这种竞争本领应用于几何学（即制造出各种特殊的几何形状来）。生产特殊的金属制品，如优化梁，总是比标准化的产品贵，因为需要更多的劳动力。然而，新的柔性生产技术可能会降低这些额外的成本，从而刺激竞争，以生产金属用量较少的半成品。

如果成本可以管控，任何可以通过生产更接近最终要求形状的半成品或库存产品来节省材料的创新，无疑是绝对值得拥有的。然而，我们在探索用更少的金属设计产品的机会时，提出的一个问题至今未能解决：是否现在使用较少的金属来制造优化的组件会削弱未来适应或重新使用此组件的能力？至今我们仍没有明确的依据来回答这个问题——这取决于我们对于未来需求的确定程度。优化的组件通常生产成本较高，尽管这节约了金属并且可能产生协同效应，但更便宜的标准化组件如果可以改造或重复使用的话，也可以具有更长的服务周期。

解决方案：金属组件供应商们可以致力于在不增加成本的同时，设计出更灵活的生产系统，以有效地定制产品的几何形状。组件的客户可以围绕标准化架构设计产品系列，在建筑布局中使用标准化的网格间距，或者为车辆商定一个标准化的基础架构，这样可以生产足够数量的优化部件，以获取规模经济的好处并促进重新使用。客户和供应商一起参与讨论，以决定是否制定了正确的形状，并探索替代方案。

问题：行业的演变依赖于路径

我们没有将第三部分中睁开双眼的一些策略继续跟进下去，因为这些策略不符合产业惯例，或者需要有新的技术支持，而新技术一旦被应用，将使现有的行业资产贬值。钢铁和铝产业都是资本密集型，资产周期长，它们适应改变的速率慢。举个例子，在英国，我们拥有矿石生产通用钢的设备，位于已经耗尽的矿山附近。我们进口 15Mt 的铁矿石为这些初级生产厂供料，同时我们出口 7Mt 的废钢，因为我们继承了初级资产，所以不想转向二次炼钢。这种对改变的沉默是普遍的：到 2000 年，据称世界上没有任何一个传统的通用钢生产商成功投资到二次生产中，尽管当时北美近一半的钢铁都是由电弧炉（EAF）生产的[5]。

20 世纪 60 年代电弧炉炼钢在没有得到现有工业支持的情况下兴起，这也是一个成功的"颠覆性技术"经典例子[5]。这种新型电弧炉方法（由美国纽柯钢铁公司主导）能被当时的钢铁行业接受，其原因是最开始的生产只限于钢筋这种相对利润较低的产品（毛利率为 7%）。随着电弧炉钢铁的质量提升，这种生产方式用于质量要求更严格的产品，首先是棒材（利润为 12%），后来是薄板，因此冲击了传统生产商的关键市场，导致一些企业破产。毫无疑问，电弧炉成功的原因之一是它可以通过独立的、有利可图的小规模生产来实现。

第 9 章提出的激进的工艺创新没有（以上的）这种奢望。现在只有在现有设备被搬迁或更换的情况下才能实现新工艺。除了与现有资产的所在地相关的这些物理约束之外，新工艺的开发也引起了人们对保护本地就业和保护现有知识产权（专利）等的关注。

一个产业发展的历史不仅取决于长期存在的资产，还取决于行业惯例：此章前面我们提过使用标准件而不是定制件的惯例；在第 12 章我们发现解决烹饪习惯可以在食品罐的生产方面节约金属；在第 13 章我们发现汽车冲压（裁）时镶嵌拼合的惯例能改变的话也能节省金属。

解决方法：这种抑制变革的惯性可以通过政府对新方案的支持来解决。目前一个简单的例子就是钢铁回收利用市场的发展。据我们所知，这在经济上很有吸引力，但是因为没有规模而难以发展，很难去找到一个客户为运营一个新建筑物而寻找合适的旧钢材供应。对于国家政府来说，可以相对容易地规定所有新的政府建筑都应包含一小部分重复使用的钢材，这样的规定将迫使所需的结构钢材的供应得到发展。

问题：风险规避和信息不完善阻碍了材料效率

建筑和制造风险是设计选择的主要驱动力，产品失败的风险会带来严重的惩罚，尤其是对于安全关键部件。因此在钢铁和铝相关的生产链中，过度指定和过度设计是一种自然趋势。第 15 章和第 16 章的策略是让初次使用过的金属能够更好地再利用起来，但同样存在风险。比如，尽管工字梁可以重复使用，且不会发生物理失效，但认证的不确定性会导致重复使用的法律风险，供应的不确定性会导致使用的延迟，从而增加了成本，也给制造商带来了声誉损害。对于其他产业，比如汽车，卖家会故意夸大产品质量。这降低了买家对产品质量的信心，并增加了物理故障的风险[6]。

图 23.2 显示了可用信息在产品使用寿命各个阶段之间的变化。在设计阶段，我们拥有关于原始产品规格的完整信息，但对于未来需求知之甚少（尤其对于长寿命产品）。首次使用后，未来需求变得清楚，但原始设计、规格和生产上的信息可能会缺失。

我们在第 15 章和第 16 章可以看出，在选择长寿命设计策略时，关于未来需求的认知是至关重要的，并且关于产品成分的信息是重复使用、适应性和升级的关键因素。一个产品被生产出，经过连续地重复使用到丢弃，我们早已忘记是由什么构成，但开始理解它们应该被如何设计。尽管没有水晶球来预言未来的需求，但至少可以改善对产品的记录内容。我们遇到过一些记录优良的例子：贝克街 55 号的翻新得到了最初的计算和图纸的帮助；在安装"柔性"地基时，金丝雀码头的开发商们从工程师的收尾报告中记录下地基的准确规格。改进后的信息减少了后续的测试和认证的成本，因此增加了在首次使用寿命结束时适应延长寿命或重复使用的机会。

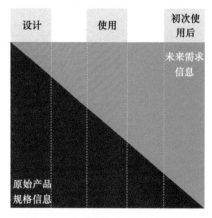

图 23.2　产品在整个生命周期中的信息可用性

解决方法：目前，保守的设计标准或政府法规促进了过量材料的设计，特别是当它们制定的是最低安全标准而不是目标安全标准时。参与制造产品的所有公司之间的合作可以使得对单一安全因素的选择更加合理，保险公司可以和标准机构一起控制过度指定的倾向，提供专业认证和重复使用的购买标准。设计师可以确保他们的产品有详细的原始意图，以促进智能适应或首次使用后的重复使用。

问题：大多数公司仍然只关注产品销售而不是服务收入

钢厂、铝厂通过出售金属赚钱，主要动机是卖出更多的金属。同样，组件制造商甚至洗衣机等产品的最终制造商也主要受销量的驱动。转向基于服务而非销售的商业模式，可以让不同的行为实现盈利，并将更高材料效率的下游收益内化。图 23.3 对比了两种产品（轧机和汽车）的前期采购成本和终身维护成本。

这两个产品的相对份额是相反的：对于长寿命的轧机，维修合同的价值是最初销售价值的 2 倍；对于汽车，初销的价值超过终身

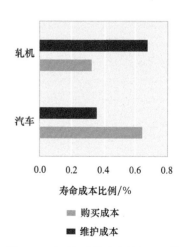

图 23.3　购买与维护成本的相对规模

服务和维护的费用。我们能不能说，轧机之所以使用寿命长，是因为它们拥有更多的服务份额呢？可能不是，正如我们在第16章看到的那样，轧机寿命长有许多其他原因（比如核心部件价值较高，由于冶金科学的偶然发展使强度更高的材料可以在旧的轧机中被轧制），因为高的服务份额是延长寿命的结果。但是，我们可以这么说，正如第16章所探讨的那样，要想让汽车寿命对汽车制造商更具吸引力，就必须通过服务获得比最初销售更大的利润。

我们在案例研究中已经看到，在更长期的合同中提供增强型服务可能还有其他好处：提供升级服务的企业可以通过对现有产品进行定期的升级来与客户建立更紧密的关系；他们也许可以从更多的定期现金流中获益；他们可以通过升级为客户提供更低的总拥有成本。

解决方法：供应商可以选择提供材料服务而不是材料。我们已经开始对汽车进行这种方法的评估，但由于商业敏感性，最好是在内部进行分析。

问题：越大越快越好

我们遇到过几个例子，为了满足顾客对质量的要求，使用了过多的材料。例如，消费者要求食品罐和汽车的车身外壳在使用中保持刚性，在英国，代理商要求办公大楼可以承受超出建筑法规要求的负荷。

在第16章，我们还看到，消费者不选择长寿命产品的原因可能有很多：决策通常仅考虑一部分的成本；贴现率对更持久的未来收益有不利影响；受快速回收期需求支配的短浅决策，不允许在更长的时间跨度内做出有利于更耐用产品的选择。比较两种选择的极限成本而非平均成本就否定了长寿命产品的一些好处。

解决方法：我们需要提高这些选择对排放和成本影响的认知，并鼓励消费者重新评估这些偏好。

机遇：对隐含排放的认知正在增强

我们是乐观主义者，不能用另一个问题来结束这一章，所以这是一个机会。我们都越来越意识到隐含能源了。目前，连锁超市正在竞争"绿色证书"，其中一个方面是探索所有销售商品的"碳足迹"标签。如果发生这种情况，以铝罐包装销售的如除臭气剂或罐装饮料等产品会比其他包装的产品产生更大的影响，这可能会影响客户的购买。作为防止浪费战略的一部分，英国政府已经资助在英国超市进行可重复填充包装的试验。如 Asda 超市，为自有品牌的织物柔软剂试用了可重复填充的包装。对于彻底改变金属包装这可能是个先例，扭转了可重复填充包装的趋势（例如，可重复灌装的牛奶瓶（从 1974 年市场成交量为 94% 到 2006 年的 10%）、软饮料（从 1980 年的 46% 到 1989 年的 10%），还有啤酒罐（从 1961 年的 33% 到 2006 年的 0.3%）[7]。

更广泛地说，随着立法推动，建筑和车辆使用的能源大幅减少，建筑和制造中隐含能源占其总体影响的比例越来越大，认证方面的发展将越来越多地向最终购买者证明这一点。

我们还不知道公众何时或是否会由于环境问题从根本上改变其采购行为。针对人们对臭氧层的担忧，出现了一个备受讨论的行为变化的有效例子。美国在 1974 年首次实施了禁止使用氟氯化碳推进剂的禁令，公众转而使用不含氟氯化碳推进剂的气雾剂。相比之下，尽管每包烟的包装上都清楚告诉客户，购买有重大死亡风险，但是香烟销售仍在继续。正如我们所看到的那样，复活节岛社区持续建造石雕，砍伐树木，直到他们无法继续生活。

抓住机遇：如果消费者更了解产品的隐含排放，进而改变他们的行为，这将会创造出一个比物质成本节约更强大的材料效率驱动力，因为它将成为核心营销信息的一部分。

展望

在本章我们已经讨论了与第三部分提出的材料效率战略有关的广泛的机会与障碍，有两件事情已经明确：①材料效率需要产品的各个金属部件的生产公司之间有更高水平的合作；②对于我们提出的一些变化，需要对公司的策略进行根本的改变。针对我们睁开双眼确定的许多策略，关键要求是建立全面的商业示范，以了解它们在不同行业的应用，并详细了解客户的反映以及相关的成本问题。这将是我们未来工作的重点。

同时，我们对成本的分析表明，节约材料成本只是向显著的材料效率转变的微弱驱动力。虽然我们已经看到，变革公司可能会有共同的利益或者其他原因，但从这一章可以明显看出，如果受到其他激励措施的刺激，变革将会更加迅速。反过来看，这一章听起来像是关于促进物质效率政策的邀请。

注释：

［1］这一价格数据由钢铁业务简报（SBB，2009）提供，取自联合国贸易和发展会议。

［2］佩丁（Pratten）（1971）调查了制造业规模经济的来源。他的分析包括了英国20世纪60年代主要钢铁行业的案例研究。

［3］凯尔卡尔（Kelkar）等（2001）提供了5辆车的制造成本数据。大规模生产（比如每年20万辆）比中等规模生产（每年约6万辆）节省26%的生产成本。

［4］富浦（Tomiura）（1998）在他的钢铁工业技术变革的简介中写道："由于市场需求的多样化，大规模生产系统正在崩溃。"

［5］克里斯蒂安森（Christiansen）（2003）把钢铁二次生产（被称为微型钢厂生产）的兴起，作为成功实施颠覆性技术的实例。

［6］阿克洛夫（Akerlof）（1970）的一篇创新论文解释了二手车的买卖双方信息之间的不对称最终如何导致市场崩溃。因为缺乏产品质量的信息，消费者只愿意支付平均质量汽车的价格；汽车卖家不愿意以超过平均水平的价格出售，降低了二手车上市的平均质量（以及价格），最终导致市场崩溃。

［7］布鲁克·林德赫斯特（Brook Lyndhurst）（2009）对可重复填充包装试点进行了一次证据审查。他们发现，可重复填充包装在美国和亚太地区取得了较大的成功。在美国，出现了一种购物不频繁并且批量购物的趋势。在亚太地区，消费者们充分了解到重复使用/重复填充的好处。

24. 政策影响

——对未来材料可持续发展的影响

许多国家的政策制定者认识到需要采取行动来应对环境问题，但出于下次选举赢得选票的需要而不去行动。面对现实，他们能够提供一些帮助吗？

很快，本书的观点将会成为政界的主流观点，因为材料效率是政治辩论的核心。例如，"从来没有这么少的人占有这么多的材料""不要问你的基础设施可以为你做什么""全世界金属工作者，联合起来；除了收益损失你不会再失去什么了"等等。如果气候科学家对全球变暖的可能性和后果的预测是正确的，或者如果我们在开篇提到的其他问题变得更加紧迫，那么毫无疑问，可持续材料将会成为未来政治的基石。

但目前还没有形成共识，所以，决策者的影响是隐蔽的而不是公开的，但肯定是真实的。缺乏边境保护，加上区域性高碳征税的威胁，促使欧洲钢铁企业大量投资对碳储存的研究。欧盟关于汽车尾气排放的法律推动了目前插电式电动车的迅速发展。未能规范或至少未能适当地运用规则，导致了匈牙利的红泥灾难（见第 1 章）。决策者决定并执行管理材料加工操作的标准和规则，通过税收、补贴和投资来鼓励新的研制成果，通过提供基础设施、信息和技能来实现变革，通过采购来示范良好的实践[1]，通过媒体宣传活动和公司举措吸引公众和行业参与。

我们在上一章看到，通过来自政府的支持，我们的几个材料效率的选项可以得到更快的激励，图 24.1 中的"策略地图"总结了我们对这些可能发生情况的建议。本章的其余部分围绕着这幅图的各行进行构建：我们在英国提出的 4 个"E"［即鼓励（encourage）、启发（enable）、示范（exemplify）和参与（engage）］的基础上又加了一个"E"：更强有力的选项来"执行"（enforce）[2]。在图 24.2 中，我们给出了一个通用的例子，说明随着我们越来越意识到材料效率的机会，如何运用这 5 种策略。

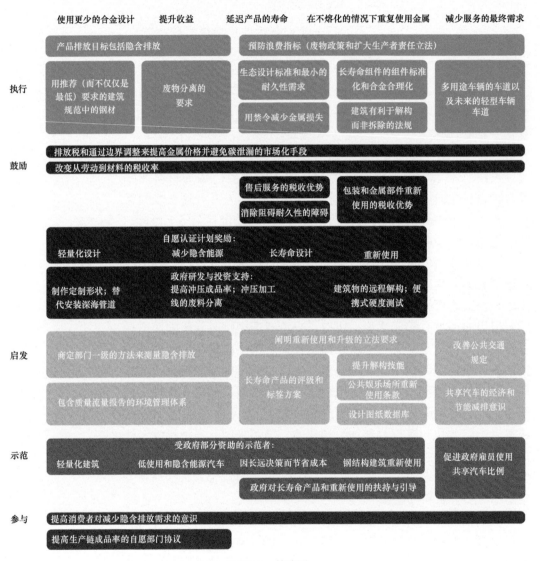

图 24.1　策略图

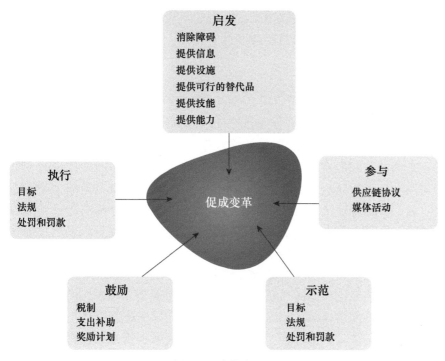

图 24.2　变革的选项

执行

法规、禁令和法律是决策者最不喜欢的选择，因为在没有产生意想不到的后果的情况下很难具体化，且具有政治风险。执行是法治的要求，例如要确保企业不对工人、邻居或客户造成不必要的伤害。执行一直是应对 20 世纪确定的一些具体环境问题的有力战略，特别是在商业活动直接威胁到人类健康的情况下。所以一些对环境有害的产品已经被禁止，健康和安全立法还在继续，对诸如石棉和强酸等造成直接伤害的物质在进行管制。

但是，缓解气候变化的工作更为复杂，因为它要在长的时间跨度才起作用，并且需要社会、环境和经济之间取得平衡。所以政府不是在这个领域采取执行，而是更多地关注刺激变革（通过目标设定为法律），而不是决定如何实现这一变革。图 24.1 中的建议源自我们的工作，旨在消除减排目标中的不正当激励措施，最大限度地减少由于法规导致的材料效率低下问题，并通过法治实现更高的材料效率。

减排目标应考虑到隐含排放

英国政府估计，15% 的建筑排放来自所用材料的隐含能源。根据我们的估计，这在仓库的 24% 和住房的 11% 之间变化。车辆也是如此，我们发现目前的隐含排放份额占全部生命周期排量的 15% 左右。由于这些排放份额，迄今为止政府政策的重点是减少使用排放，特别是建筑和汽车的排放[3]。然而，这些政策没有考虑到节约隐含能源。例如，没有促进结构钢的重新使用和测量汽车通过排气筒上（一种汽车试验装置）的排放量[4]，不能反映车辆质量减轻的真正好处。英国政府的最新法案要求所有房屋建造商从 2016 年开始必须建造绿色环保的"零碳"房屋[5]，但是对"零碳"的解释并没有考虑到隐含排放，而是针对在一年中向国家电网返还与其所用电量相同的住宅。随着减少使用排放的因素被利用，减少隐含排放的因素变得更加重要。即使现在，我们可以从桑基图中看到，用于建筑和制造车辆的钢材占钢铁行业产量的 50%，因此大约占该行业排放量的 50%。

废物政策的目标是尽量减少隐含能源的损失

最近，在土地短缺的主要推动下，英国的废物政策在转移填埋垃圾、增加回收再利用和改善危险废物的处理方面取得了成功。然而，对于回收的关注实际上已经不再是延迟处理或重新使用以延长产品和部件的使用寿命。例如，回收和重新使用的综合目标未能考虑到重新使用的隐含能源节省和回收过程排放。因此，废物政策的未来发展应针对那些高隐含排放的产品，并适当评估所有全寿命期选项[6]。

健康和安全立法不应妨碍材料效率

我们无意也没有必要在高效使用材料的同时增加生活的风险。正如所看到的，因为每家公司都会评估自身风险的成本，所以安全因素往往会随生产链成倍增加。其结果是，最近由于健康和安全立法的变化，材料使用量正在增加：为了改善耐撞值，欧洲车辆的重量增加了25%。卫生和安全立法最近发展的另一个结果是在旧建筑物被拆除的过程中避免进行体力劳动，而是倾向于远程拆除，这样做阻碍了建筑物的解构。

可以考虑产品耐久性标准

根据欧盟生态设计指令的授权，政府可以规定最低耐久性、生态设计标准和最低产品保证。在过去，这些严厉的政策已经在议会中被否决了。随着对耐久性的好处更清晰地认识，政治家可能更有信心抵御那些有利于缩短产品寿命来刺激需求的商业游说。或者，可以在工业部门内开发有关耐用性的自愿性规范和标准。

鼓励

我们在上一章对商业活动的评估中看到，单靠成本驱动企业不可能积极追求材料效率，除非它们发现这样做还有其他好处，所以，决策者的一个重要职责是通过这些其他的好处来提供鼓励。政府有很多选择来鼓励变革：它们可以利用税收制度支持某些行为；它们可以资助技术研发促进变革，并且可以制订认证计划，允许公司以权威的方式宣传它们工作的优势。

我们不能依赖现有的排放定价政策

试图对排放量定价的现行政策，如欧洲排放交易计划，不太可能鼓励材料效率，因为正如我们在第6章中看到的，材料成本只是最终消费者价格的一小部分，并且因为政策的结构化，排放价格对最终价格和今后需求的影响不大[7]。我们在2009年的哥本哈根"联合国气候变化框架公约"会议上看到，就应对气候变化达成单一全球协议的可能性微乎其微，所以不可能统一全球的碳排放价格。因此，可以用税制来鼓励材料效率，而不是依赖碳排放定价。

税收制度应鼓励材料效率

这是一个见不得光的秘密，但财政部门的一部分工作就是想办法悄悄地提高税收。环境税旨在获得相反的效果：它们正确地征收环境税，给危害环境的推动者造成经济上的痛苦。但是，由于税收制度的复杂性，一些妨碍材料效率提高的因素仍然存在，应予以剔除，特别是在减税用以鼓励更多采购的情况下。例如，在英国增值税（在美国称为销售税）目前在建筑翻新时收取 20% 的费用，但新建筑物根本不收费用。"资本免税额"则允许一些采购商品迅速贬值而不是与其所产生的收入相一致，旨在促进更快更换购买。税收制度也可以用来鼓励材料效率，如对一次性产品上收取较高的税率，对较耐用的产品征收较低的税率。

材料效率应在自愿生态标准中得到回报

通过自愿生态标准的认证，适当考虑到隐含能源和排放，可以更有效地回报材料效率。我们在第 15 章图框故事中看到了自愿的英国生态标准 BREEAM 可以效仿澳大利亚绿星系统，推动钢铁生产和制造的最佳实践，鼓励在结构应用中更高效地使用钢铁。

启发

由于缺乏数据，我们这本书在编写过程中一直处于困境。企业被要求公布很少的关于能源购买或材料流动的数据，这阻碍了能源和材料效率的采用，因为能源的真正驱动力相当隐蔽。因此，政府可以通过要求更多地发布经审计的数据，在未来的材料效率方面发挥重要作用。我们还发现了缺乏适当标准而无法采用良好做法的领域。例如，由于缺乏政府重新认证钢铁的标准，阻碍了钢铁的重新使用，因为使用旧钢铁相关的风险（我们认为非常小）不能被评估和交易。

各国政府应该促进收集有效的材料效率数据

许多关于材料的欧洲政策与生命周期评价（LCA）有关，涉及制造和使用产品的总能量。然而，正如在第 2 章中讨论的那样，这种向产品分配能量的做法是不可能的，也往往掩盖了我们希望在公共领域中获得的更重要的信息：如果在公共领域拥有关于生产现场的能源使用数据，特别是欧洲环境管理系统（EMAS）提供的关键流程的数据，我们可以提出更多的关于变更选项的精确建议。应鼓励不同部门一致采用环境报告，在国家层面揭示节能和减排的机遇，而不是在产品层面上推动责任转移。各国政府应促进参与诸如 EMAS 等计划，并鼓励对生产链上的金属流动进行评估。

各国政府应更加明确地规定重新使用要求

各国政府在减少重新使用相关的（小）风险方面可以发挥重要作用，使重新使用的条例更加明确，并与保险公司合作，降低认证重新使用钢材的成本。欧盟委员会正在根据《废弃物框架指令》制定"废物终止"标准，特别关注黑色金属、铝、铜、回收纸张和玻璃。一旦完成，这些标准必须被解读为国家适用[8]。

示范

政府采购可用于提高材料效率。在欧洲，公共部门将 GDP 的 16% 用于购买商品和服务[9]。因此，政府可以通过其购买选择促进材料利用效率，可以资助示范项目来发展重新使用的经验，包括了解真实成本、不便之处、项目时间安排、健康与安全的关注，并可以仔细地报告这些经验。

参与

提高消费者对隐含能源的认知，作为下一个环境挑战的举措，将给企业带来新的积极的竞争机会。例如，如果消费者更多地意识到隐含能源，那更耐用商品的供应商就可以更容易地宣传其环境效益。除了提高消费者的意识，政府还可以在公司参与材料转换的各个方面发挥作用，鼓励合作探索改善材料效率的机会[10]。

展望

本章中提出的许多建议都是为了消除材料效率方面的障碍，但采购和认证以及标准的制定都是支持其扩展的积极选择。政府资助的试点研究和随后利用政府采购开发适当的市场是促进建设性变革的重要机会。

注释:

[1] 英国国家统计局（ONS）《建筑统计年鉴》（ONS，2010b）包括基础设施，公共的，商业的和工业建筑工程的新建建筑开支分配的分割数据。2008年，公共部门（包括基础设施）的份额是38%。

[2] 英国环境食品和农村事务部（Defra）（2005）制定了英国的可持续发展战略，并提出了四个"E"（鼓励、启发、示范和参与）作为鼓动变革的手段。

[3] 例如，《建筑法规》的第2部分规定了运营碳排放的最低要求，对于汽车是根据欧盟尾气排放标准来指定车队平均 CO_2 减排量（2008年为160g/km，2015年为130g/km，2020年为95g/km）。

[4] 尾气中 CO_2 排放量目前是通过使用滚筒上的静态试验来运行驱动循环（本身是不切实际的）来确定，所述静态测试没有充分考虑减重的益处。认证的 CO_2 数字是使用涵盖100kg质量范围的类别计算的。这意味着，在认证的 CO_2 发生任何变化之前，可以将高达100kg的质量从最高重量级别的汽车上卸下。

[5] 在政策声明中定义（英国社区与地方政府部门，2007）。

[6]《英国废物政策评论》（英国环境食品和农村事务部，2011）的出版是正确的——它明确表明了温室气体排放与废弃物之间的联系，指出"促进资源高效的产品设计和制造"，并以"那些在隐含碳（食品、金属、塑料、纺织品）和来自垃圾场的直接排放（食品、纸张和卡片、纺织品、木材）这两方面产生高碳影响的物流"为目标。

[7] 为了对材料选择和产品设计做出有效的决策，制造商必须面对一致的碳价格，以便能够将上下游造成的社会成本纳入考虑。实际上没有单一的排放价格：第二阶段欧盟碳配额（EUA）期货平均价格已经是€20/t，约£15/t；气候变化税被征收0.47p/（kW·h），相当于£0.09/t的隐含碳价格；燃油税征收在£0.5819/L，相当于在汽车中使用柴油的£220/t和使用汽油的£252/t的隐含碳价格。此外，能源密集型行业（如钢铁和铝业）排放价格的政策不会导致其产出价格随着与生产相关的排放量而增加的原因有很多：来自气候变化征收（CCL）的税收收入通过削减国民保险缴款退还给企业；大多数的CCL可以被那些谈判气候变化协议的行业来避免；对"碳泄漏"的恐惧（这一短语是指一个国家的高碳税将导致生产转移到其他地方，因此导致国家而不是全球的碳排放减少）导致欧盟碳交易机制（EUETS）排放许可证免费分配。作为这些措施的结果，产品制造商不会面对适当反映其投入隐含排放的投入价格。排放定价政策在区域内特别难以实行；例如，欧盟碳定价政策目前威胁着欧洲能源密集型产业的生存。2011年，英国塔塔钢铁（Tata Steel）企业在斯肯索普（Scunthorpe）和提赛

德（Teesside）裁减了 1500 个工作岗位，引用欧盟的碳排放法案作为裁员的原因之一（BBC News，2011b）。此外，碳价格不能有效地鼓励材料效率，除非通过边界调整（征收进口税）来解决碳泄漏问题，而不是通过谈判减少计划内的税收负担。应该探讨 WTO 贸易立法中这种边界调整的合法性。

［8］我们与英国钢铁制造商就重新使用钢型材的合法性进行讨论，这揭示出目前有关 CE 标志的规则的混乱。例如，在 1991 年《欧盟建筑产品管理条例》颁布之前安装的无标记梁是否需要 CE 标记（产品的安全使用标记），以便在重新使用时能进行交易？应该采取哪些统一的标准来验证重新使用钢材的性能，需要多少试验？

［9］事实上，一些政府的法规已经倾向于材料效率，但没有实施。在英国，现有的政府采购优先事项声称支持英国商务部（OGC）（2017）的建议进行重新使用。

［10］继考陶尔德承诺（Courtauld Commitent）（英国的一项倡议，即通过在食品生产和零售行业的集体行动，在 2005—2009 年间，减少食物垃圾 67 万 t，包装垃圾 5.2 万 t），《英国废物政策评论》（DEFRA，2011）建议在包装、纺织品、纸张和酒店行业内进一步进行自愿责任协议。本书分析表明，在钢铁和铝业的主要用户行业（建筑、车辆、金属制品和机械设备）应该采取类似的举措。在这些行业中，有关具体实施过程的经验教训上也可能会有部分相同。例如，减少冲压生产线产量损失的创新将是汽车和罐头行业都感兴趣的。

25. 个人作用

——生活方式、行为及个人选择

可持续性涉及企业、政府和个人（如选民和消费者）三位一体的对话，那么个人在提高材料效率方面扮演着怎样的角色呢？

所有关于可持续的讨论最终都陷入这三方的循环之中，即企业、政府和个人。企业是否应该"为自己的行为负责"并进行整改？政府是否应该引导和制定规则，以便让个人和企业以更可持续的方式运作？个人是否应该用他们自己的钱包和选票发声，使企业和政府采取更加可持续发展的决定？这三者之间的责任平衡总是处在讨论变革的中心，在第6章的图6.1～图6.5"有谁参与了"的示意图中，我们说明了许多其他组织的作用，例如，在研究、教育、新闻游说方面，是不断地启发、探索和推动，以支持这三者的行动。根据经验，三方都愿意。关于钢铁和铝生产对环境影响方面，最知情的专家是业内人士，他们有改进的想法，但却无法付诸实施：如果他们提高成本，他们的客户将转向其他便宜却对环境不利的生产商。在政府内部，有了解最新评估结果的杰出科学家，向政客提供平衡而准确的意见，但是即使他们愿意也不能提出可能会减少下次获得选票的政策。世界各地的人们在一起吃饭时，他们会意识到这些问题，关心他们的孙辈，但经常不能确定采取什么有意义的行动，并且没有时间去寻找主流商业规范的替代品。

所以看过商业和政策，这一章是关于你的：作为一个雇员，作为消费者，作为选民，你能做些什么来帮助实现我们在本书中提出的改变？

你的购买决定：你在买一栋……建筑物吗？

●现有的建筑能满足你的需求吗？重新使用整个建筑要比重新设计和建造简单得多。

● 如果现有的建筑物不够适用，那么告诉设计团队，所有后续的决定都必须优先考虑减少隐含能源和使用阶段的能源。如果他们对隐含能源不够自信，可以向他们指出现有可靠数据的来源（如 ICE 数据库，可在网上获得），并尽可能重新使用旧建筑物。同时能将旧材料细致地提取出售以供再利用。

● 列出计划并指定可重新使用的钢铁，让制造商有充足的准备时间去再利用钢铁资源。还要给设计团队足够的时间和充分的灵活性来适应制造商回收的材料。或者，可以设计一个能够节省 33% 金属的标志性轻量建筑，而不是使用标准的重用组件。

● 确保建筑物在其使用寿命结束时可以拆卸供重新使用，例如将可解构件作为设计要求的一部分。

● 想想你（或以后的业主）将来可能会从这栋建筑物中得到什么：是否扩大业务；是否需要不同的通道、不同的房间高度或是不同的楼层平面设计？邀请设计团队参与讨论如何改造建筑物以满足未来多样化的需求。

● 在任何情况下，尽量消除多余的以"为安全起见"为由头的承载补偿和指定材料，前提是符合建筑规定，但不超过规定。同时与承包商仔细规划，确保不超额订购材料。愿意承担略高的成本，并告诉制造者不要"合理化"地指定用梁。同样，坚持混凝土构件的配合比和几何尺寸不超过必要值。与承包商一起调查使用以后还能重新使用的预制部件可能节省的时间、成本和材料。

● 如果你选择使用钢或铝作为装修材料（如固定装置和配件或铝幕墙），确保它们不会受腐蚀，这样才能在较长的使用寿命内保持吸引力。

● 一旦建成，一定要对建筑物进行维护。确保建筑设计图纸得到妥善保管，在进行任何改造时都要有对应的图纸更新记录，并将其妥善保管交给未来的业主，以便他们对建筑物进行改造。

……基础设施吗？

● 我们对建筑物的建议中有许多也适用于基础设施，通常我们希望基础设施尽可能长久；使用全寿命成本来辅助决策，确保决策者真正理解按照常规做法以最低的初始资本采购的结果。

- 仔细考虑容量：基础设施是否可以模块化，以便随着时间的推移，当需求变化时容量可以逐步增加，或者拆卸到其他地方使用？

- 英国现有基础设施的使用寿命远远低于预期，原因是在原始施工期间的工艺不佳，多采用谈判条款来促使承包商保证质量标准。

- 从一开始就进行监控设计，并运用监控实现预警管理。

……工业设备？

- 与商业建筑一样，要想有长远的价值，至少应该在使用周期内进行比较研究。确保决策是基于对成本的全面考虑：维护成本、运营成本和未来的更换成本。通过比较平均拥有成本来制造更耐用的产品。确保服务合同中有提供终身运营和升级的条款。

- 可否采取模块化设计，当未来 50 年内出现新的创新时，还能保证这一设备更新换代延续生命？

- 如果你的机器正在制造金属产品，看看它的灵活性是否足以适应从液态金属到产品的整个生产链？当你还考虑供应商和客户的选择时，有没有想过你的产品并不是客户所需要的？确保作为机器正常操作的一部分，能够分离出全部有价值的下脚料，并将其出售，最好是重复使用而不是回收利用。

- 设计设备，使其可以快速打开和关闭，空闲时不消耗能量，并具有正确指定的变速电动机。

- 别忘了夸耀一下你在可持续材料方面的成功。这是你应得的荣誉，你会鼓励别人追随你鼓舞人心的领导。

……私人汽车？

- 你真的特别需要一辆车吗？与自己的亲戚分享自行车，还是做汽车共享计划的会员就足够了？游说议员改善公共交通。和同事一起拼车，顺便让邻居的孩子在上学途中搭个顺风车。

- 如果你决定购买一辆汽车，请购买最低燃料消耗量的汽车，同时还要留意有关其隐含能源的信息——大多数汽车制造商在其网站上都有关于这方面的一些信息。一定要告诉经销商你对该汽车的隐含能源感兴趣，适时地建议他们提供相关信息。

- 现在你已经拥有这辆车有一段时间了，你喜欢它吗？所有那些都是美好的回忆吗？你可以保持那样的状态更长时间并将其升级为更低排放的发动机吗？也许这应该是你给经销商或是汽车制造商提供的一些建议吧？

● 哦，不要忘了遵守维护计划，它就在你的汽车杂物箱里。

家用电器？

● 购买满足你要求的尺寸即可，你并不需要走进冰箱（不能太大！）。如果你以后发现它太大或者太小，可以与那些存在相反情况的人交换。

● 作为购买合同的一部分，试着就冰箱、洗衣机或微波炉的保修进行谈判，至少 25 年为好。

● 如果它发生故障，看看是否找人可以修复，如果不能修复，请你务必告诉供应商你有多么不满并公布其回应。你一生不应该买两个冰箱。

……带包装的产品？

● 协商合同，以便供应商必须回收你的货物附带的所有包装：大多数包装在最终消费者之前被使用过，因此这会激励你的供应商将其转换到可重新使用的系统。

● 在家里，你可以多用自己的包装袋购物，减少车库里越来越多的塑料瓶。选择包装最少的产品，并确保回收。

当你不再需要你的产品时做出的决定

● 是否有人能将产品恢复到原始状态，或将其升级以满足新的要求？

● 谁可能希望产品处于现有状态？你是会卖了还是送给他们？务必将有关你的产品上的所有信息都能传递下去，这将有助于未来的维护、修理或升级。

● 产品可以分解成零部件并重新使用吗？你能亲自将产品的任何一组成部分重新使用吗？你是否可以使用原始设计中的信息来增加组件的价值，例如钢材在什么地方通过了认证？

● 如果必须放弃、移除或丢弃一些产品，留出充足的时间完成解构或拆卸，最大限度地发挥可重新使用的部件和材料的价值。

你在工作中做出的决定：你是否……参与产品设计？

●除了成本和材料性能之外，一定要考虑材料选择中的隐含排放，并告诉客户其重要性。你能减少产品的隐含排放，同时还能降低其制造中的产量损失吗？你可以用其他方式重新设计，以减少产量损失吗？你可以采用重新使用的材料作为设计的一部分吗？

●你设计的产品对吗？你的产品设计是否受到最终使用的限制，还是受限于从生产到使用的过程中出现的要求，正如我们在烹饪食品罐以及管线管道的安装中所看到的那样？还会有任何改变的机会吗？

●未来有什么变化可能会使你的产品过时？你能设计产品来适应这些变化吗？或许设计时考虑其可升级或使其模块化？如果不行，请确保在适当的使用寿命内优化你的产品：满足但不超过要求，并探索用较少的材料进行设计的所有选项。

●使用洋葱皮设计模型，以确保短寿命的装饰组件、可能失效的组件或是可能被取代的组件，都可以很容易地与寿命较长的结构组件分离。

●设计中应包括在产品使用寿命结束时可对其进行分解的计划，因此其部件和材料可以重新使用或回收。为产品的规格和每个组件所用的材料编制文件，并确保未来的持有者可以查询这些文件。

●参与制定标准或指导方针，以确保其能够反映材料效率。

●作为品牌的一部分，低隐含能源和高材料效率的设计是值得赞赏的。

……参与产品制造？

●不懈地寻求机会，减少操作中以及整个生产链中的产量损失，如运用大小零件的镶嵌，这样来提高冲压成品率。看看你买的金属，它的形状对吗？告诉你的供应商真正需要的形状，看它们能否满足你？跟客户谈判时，是否提供了对方真正需要的产品？你能减少它们对零部件的成型需求来获取更多的价值吗？

●推动研究和开发新的制造过程，以减少产量损失。冲裁和拉深造成了钢和铝金属板材的极大浪费，可以通过激光切割和旋压来代替。我们如何以较低的产量损失来高效切割和成型金属板材?

●分离金属废弃物以便重新使用和回收。寻找从(冲裁等)框架上切下小块坯料的机会,也许可以尝试使用固态复合的方法来增加铝屑的价值。

●与客户商讨不同的服务合同,以便在上游减少金属采购的同时增加下游价值。

……在钢铁或铝行业工作?

●旨在利用我们已经确定的所有效率措施,包括更高效的流程、更好的热量管理,以及热产品和副产品的热量回收。寻求向区域供热或低温工业交易低品位余热的机会。

●整合下游部门,从更少的液态金属中提取更多的价值,努力将(提供)金属作为一项服务而不是商品销售。

●认识到在扩大二次生产的同时,初级产能方面的任何全面扩张都将是对减排目标的否认。支持更好地分离和收集报废的废物,支持碳捕获和储存的探索和新工艺的开发,同时对其可能的成本和生产能力保持现实主义观点。

●通过提供重新认证来支持市场的重新使用。

●目标是提高能源、排放和材料效率数据的透明度,效仿我们在德国阿卢诺夫铝板带有限公司(Alunorf)看到的 EMAS 认证方法。

……在水泥行业工作?

●追求每一个已知的效率和替代方案,同时以现实的期望探索碳捕获和储存以及新型水泥。

●开始研发可重新使用的混凝土系统,重点是将混凝土作为服务的提供者而不是将其作为商品。

……在造纸行业工作?

●追求提升每一个已知的效率。在回收过程中探索制浆的替代方案以减少下行循环。

●探索选择轻量的纸张以及从纸张上移除印刷印记的技术。

●提倡使用可以更容易地从旧纸上去除的新型油墨和染料。

⋯⋯在废物管理行业工作？

● 支持改进铝的分离和收集，特别是罐头和食品包装，并开发塑料的分离和回收，以最大限度地利用所有塑料废物的价值。

● 优先考虑重新使用，然后是回收利用。

⋯⋯在保险行业工作？

● 合作开发新的风险评估，以便能够在未来的市场上开发高效的产品。例如，找到新的适当的评估方法来评估和权衡重新使用结构钢或建筑和车辆的轻量化设计带来的贸易风险。

⋯⋯在市场营销和广告行业工作？

● 作为产品信息的一部分，提供有关隐含能源和寿命期的有效信息。

● 在需要减少新材料流量的长期服务模式的基础上，努力建立新的客户关系。

⋯⋯在教育及研究行业工作？

● 睁开双眼开展有关全球排放规模和解决环境问题机会的教育。

● 澄清、评估和验证排放数据，并且对工艺和产品提出改进意见。

● 开发新的技术、系统及商业模式，以支持未来的材料效率。

⋯⋯在会计和金融行业工作？

● 在做出材料购买决策时推行适当的评估方法，根据初始资本支出以及基于全寿命周期成本核算，提高对决策所造成的不同后果的认识。

● 投资那些能够有效使用材料并拥有相关技术的公司。

⋯⋯在零售业工作？

● 与供应商合作，在产品上贴上耐用标签。

● 探索可重复使用的包装。

● 为耐用和可重新使用的产品提供优先的货架空间。

⋯⋯在政府工作？

回到前一章！

展望

仅靠睁开一只眼来寻找变革的选项，其背后的逻辑是改变消费者和选民的行为，但这是最困难的选择，所以最好尝试解决现有行业的各种问题。但是正如我们所看到的那样，仅睁开一只眼是没有足够选择的，所以我们需要睁开双眼。本章的目的在于告诉大家，个人能够采取的行动是很多的，无论是自己，或者被雇用的采购商，或者是具有专业技能的人员，都能够以自己的行动来支持提高未来的材料的使用效率。通过比较 2012 年伦敦奥运会的水上运动中心和自行车赛车场之间的差异，我们发现自行车赛场每个座位都要比水上运动中心的座位轻 2 倍。产生这个差异，主要是因为在设计过程的早期，就已经将轻型解决方案作为目标，并使之成为该项目的一个组成部分。为了支持在第三部分研究的材料效率战略发展所需要的最激进的变化，可以简单地通过这种方法来实现：如果买家在他们即将达成协议时，指定出本书中概述的材料效率的相关特征，他们在很多情况下都能实现，几乎没有额外的成本。

若只睁开一只眼，我们就无法实现可持续材料未来的目标。希望有人能够创新，并找到一种新的材料制作方式，但这是毫无意义的。我们不能在没有能量临界值的情况下把水烧开，这同样适用于材料。但是如果睁开双眼，我们可以做到，这需要改变，但我们是乐观的。作为创新变革的一部分，这将是有趣和愉快的，我们都参与其中。

若只睁开一只眼，我们便不能到达那里，正如约瑟夫·康拉德（Joseph Conrad）笔下的船长麦克维尔（MacWhirr）所说的那样，只是"半途而废"。相反，我们应该以他为榜样，迎着风暴，扬帆启航："面对它——永远面对它——这才是渡过难关的办法——面对它。"睁开双眼，我们便可以面对它，并绘制一条通过风暴的路径。我们需要以不同的方式思考，需要认识到一系列迄今为止一直被忽视的选择，但是已经表明我们可以做到这一点：可以做足够多的事情，为我们的孩子建立一个可持续的材料世界，至少和我们现在所享受的一样好。

26. 事半功倍

——我们知道该怎么做，但现在……我们还不想这么做

如果我们把这本书的信息提炼成两个关键的理念，那就是，我们只用一半的材料盖房子、制造汽车、生产各种产品，并将它们的使用寿命延长一倍，同时还让我们的生活水平保持不变，这是完全有可能做到的。这样两个关键理念就清楚了，一是减少材料，二是提高寿命。但是，在这本书第一版出版后的三年里，当我们试图在政策上和在英国的企业中宣传这一信息时，所得到的回应都是，这确实是很重要的，不过现在还没人这样做，还是让其他人开始吧。万事开头难，我们怎么才能开始走上这条材料可持续发展之路呢？

"医生，医生！"

　　"先生您好，请尽量保持冷静，别乱甩你的超大零食包，以免损坏我这里无价的标本。"

"刚刚那个护士，她告诉我，说我现在超重 58kg，比去年增加了 3.5%！"

　　"明白了，玛丽亚护士确实判断精准，而且有些名气，请坐下，那只沙发应非常结实。"

"你应该是个医生吧，你说怎么办呢？"

　　"呃，就像我去年告诉你的那样，这真的很简单。你只需要少吃点……"

"闭嘴！不要再提什么让我改变自己行为的建议了。怎么吃那是我自己的选择，我想吃什么就吃什么，什么时候想吃就吃，而且每年都要比前一年吃得更多，那是我的人权。"

　　"请注意，事实上，暴饮暴食和体重增加之间的联系是……"

"医生，你必须现实一点，每个人都希望今年比去年吃得更多，吃得比他们的邻居多，吃得比别的国家的人多。所以，还是告诉我，有什么方法来消除饮食与体重间的联系吧……"

……2015 年全球就减缓气候变化展开了国家和国际政策的对话。在对话和大多数媒体讨论中，对于人类活动释放的温室气体引起全球变暖，需要采取措施来应对，人们对这一事实毫不怀疑，唯一的争论是要不要对人类继续增加的消费观念进行限制。

本书的第一版是 2011 年 8 月完成的，三年半以来，我们没有听到有人对本书的基本理念提出大的问题：目前的工业排放主要来自材料的生产，而且这种生产已经是很节能了，如果想要继续大幅度地减少排放，那么我们只能减少新的材料生产。对此，人们所提出的唯一一个重要问题，就是能源密集型行业是不是仍然有机会大幅度提高能源使用效率，因为我们访问过的或同事们分析过的那些企业和地区，都还有进一步提高效率的潜力。但是，在与这些地方和企业管理者交谈时，他们说，对能源效率进行投资的回报期往往很长，公司的董事会难以接受。同样道理，还有其他的一些机会，可能也都永远不会被采纳。并且，由于每个大型钢铁厂或水泥厂的情况都不一样，单个工厂的研究结果，也不能简单放大，用来估算全球总的能源效率的提升潜力。

虽然我们几乎没有听到有人质疑我们的分析，但我们听到了不少积极的意见。在英国和欧洲，我们得到的印象是政府的能源与排放政策一直面临着困境。政府传统的政策做法就是征税，但是，对一个国家或地区来说，额外的税收将使能源密集型产业失去竞争力而被淘汰，淘汰之后，排放量还会转移到其他地方。所以，提出新的思路解决工业排放问题是受欢迎的，这为政府和企业的对话提供了新的可能。

更令人惊讶的是，尽管它为企业带来的是商业的威胁，但这本书在钢铁行业的许多领域也受到了热烈欢迎。显然，减少钢铁产量的想法在商业上不具有吸引力，但即使钢铁企业目前不喜欢这种商业模式，也没有什么好办法，因为减少钢铁生产是发展趋势，它们未来不得不面对，尤其是在高劳动力成本的国家中。正如我们与几家钢铁企业的高级管理人员以及行业协会所谈到的那样，全球钢铁行业通用钢生产存在产能过剩的问题。我们在图 4.16 看到，尽管全球对钢铁的需求可能会在 2050 年之前保持增长，但对通用钢的需求（图中褐色区域）如果说有增长的话，不太可能增长太多。

相反，对钢的新的需求将通过钢铁回收的增长来实现。在撰写本文时的 2015 年初，中国对新钢的需求似乎已经达到顶峰，即使如此其产能仍在继续增长。因此，中国很快将出口大量的钢铁，而且多数新的工厂生产成本相对来说是比较低的。这对欧洲和美国的钢铁制造商来说，显然是一个重大挑战，因为它们的工厂设备老化，劳动力和监管成本较高。所以说，我们关于减少钢铁的预测，是一个迅速逼近的商业现实，即使不考虑这样做的环境效益的话，也是如此。因此，"为钢铁增加更多价值"的观点，正在成为钢铁行业的核心战略。全球第二大钢铁制造商宝钢集团（Baosteel）的董事长也曾表示，我们这本书的观点，应该是钢铁行业未来的核心观念。

本书英文第一版出版后，我们即着手从分析全球的问题（工业排放增长）出发，提出解决方案（本书第三部分关于材料效率的 6 个战略），然后开始实施，特别是在英国。如果大量减少新的材料生产我们也可以生活得很好的话，那么谁有可能先开始这么做呢？怎样鼓励人们开始呢？现在我们面临着一个现实困难，虽然企业都愿意让成本最小化、利润最大化，这也是我们要求它们做的，而且如果可以用更少的材料来节省资金，它们也是会这样做的，但是现实情况是，大多数企业首要考虑的是满足客户需求，为了满足客户需求，企业花在劳动力上的成本比起材料来更大，所以，他们宁可使用更多的材料，甚至是浪费材料，也要降低劳动力成本。确实，如果减少使用材料没有多大好处，谁会这么做呢？大多数的最终客户，无论是企业还是家庭，都不愿意为全球环境利益支付额外费用，即使原则上他们认为这是正确的做法。同样，政府也不愿意提出改变商业成本的法规。实际上，我们从几位政府部长那里听到的信息是一致的，任何政策建议必须满足 3 个标准才能被考虑，即能否促进 GDP 增长？能否创造就业机会？能否减少家庭开支？

现在回到本章开始时医生和病人的对话，同时让我们再扩大一些视野，从单一的材料问题，扩大到考虑全球温室气体排放的大问题，考虑一下"能有什么策略可以让我们既能满足消费者的喜好，又能减少排放，同时还能保持国民收入的增长呢？"在这一章，我们先在宏观上探讨一下这个问题，然后再谈一谈和商业、政策以及个体有关的一些可能采取的具体策略。在本章结束时，对我们认为是最重要的领域，能够带来新的启示和应该进一步研究的课题，做一个小结。

减排是能源供应还是能源使用问题？

从部长们"满足消费者偏好并保持增长"的需求出发，要求我们继续获取相对便宜的能源替代相对昂贵的劳动力。在全国范围内，经济学家用"生产函数"来描述一个国家或部门的产出如何依赖于各种可用的"生产要素"。一个不发达的经济体将劳动力作为唯一可用的"生产要素"，在这种情况下，产出完全取决于可供工作的人数。购买设备的资金可以提高劳动生产率——一个带着机器的人（比如电锯）比没有机器的人可以切割更多的木材。然而，除了需要资金来购买这些设备之外，它的操作还需要能源的投入——无论是通过使用计算机来处理信息，机器来加工材料，还是车辆使人们能够在更短的时间内跨越更远的距离。在一个经济体中企业自然会根据其相对成本在这些生产要素之间寻求最佳平衡：在中世纪的英国，当能源成本很高时（他们依靠采集木材，这是一种能源密度低和生长速率慢的燃料），最佳平衡倾向于更多劳动力和少用能源[1]；工业革命之后，通过化石燃料提供的廉价能源显著改变了这种平衡，因为经济增长和国家能源需求（当对贸易进行调整时）有很强的相关性。如果能源变得更加昂贵，企业会寻求劳动力和能源这两种生产要素之间的新平衡，这就推动了关于碳定价的国际对话（主要是理论上的），我们将在下面讨论这个问题。

对能源需求与经济增长之间的关系，唯一需要注意的是，严格来说，需求不是针对能源本身，而是针对能源创造的服务——而这一区分确定了我们可以寻求节能机会的空间：如果新型电锯更节能，我们的木材切割机可以用更少的能源切割更多的木材。根据我们在第2章图2.5[2]中重新创建的全球能流图，我们已经对全球节能的机会进行了一些研究。我们所看到的是，将最终形式的燃料（例如汽油或电力）转化为有用能源（热量或运动）的设备已经非常高效，因为制造这些设备的企业已经在此基础上展开竞争：如果您可以为一级

高效节能的 LED 灯泡使我们能够目不转睛地盯着屏幕，即使人们想在屏幕下面踢足球[12]

如果我们想推着双胞胎赢得比赛，我们可能会选择这样的车[13]

……但如果我们想要重现典型的英国汽车中乘客与汽车质量的比例，我们需要在这款车中推着双胞胎[14]

方程式（F1）赛车提供更有效的发动机，为什么你不这样做呢？他们的选择取决于它们的成本，不幸的是，随着购买和使用更高效设备的成本下降，出现了众所周知的"反弹效应"——市场趋于扩大，因此使用的设备比以前更多，总的能源需求增加了。多年来难以置信的科学和发明创造了世界上最高效的基于发光二极管（LED）的灯泡，作为其旅程的一部分，甚至获得了 2014 年诺贝尔物理学奖。太棒了，我们将需要更少的能源来提供照明服务！不过，等一等，达拉斯牛仔队向前迈进：这些高能效 LED 非常棒，现在我们可以建造世界上有史以来最大的电视屏幕了！好哇——喜欢看橄榄球的人们也喜欢看电视，所以现在他们可以通过现场大屏幕来看比赛了！这个巨屏的屏幕有 50m 长，20m 高，有 4 个屏幕，所以你可以在体育场的每个座位观看电视节目，世界上最节能的灯泡使这样的一台电视机能够消耗 1.5MW 的电能——这足以给大约 300 个欧洲人供电了！

提高能量转换设备效率往往会导致其使用量增加，这在很多情况下已经抵消了效率的好处，但是在图 2.5 中我们所称的"被动系统"中出现了更大的节能机会。让我们想象一下，我们即将在当地城镇参加一场"欢乐跑步"，就像许多同龄人一样，我们将带着我们的双胞胎去跑步，他们的总体重约为 25kg。他们年龄太小，还不能跑，所以我们买了最新的超酷童车推着双胞胎去参加比赛——这种童车的质量只有 15kg，而且摩擦系数很低，所以如果我们能爬上几个斜坡，我们就能到达终点。但是等等——这是什么？有个总是炫耀自己最新购买品的邻居，带着他的双胞胎也一起出现了，但不是在童车里。他把他的双胞胎放在敞篷跑车里。但钥匙被拔掉了，其他并没有什么改变。这是怎么回事？他真的打算用跑车推着他的双胞胎去跑步吗？他很有竞争力——当然，这对其他人来说肯定会轻而易举取得胜利吧？

奇怪的是，这个邻居选择将他 25kg 的小孩放在一辆 500kg 的汽车里参加比赛，这正是我们目前在英国购买汽车时的做法。英国道路上车的平均质量为 1300kg，成人平均重约 65kg，所以当一个人在英国驾驶汽车时，发动机推动汽车的质量比人重 20 倍。很明显，这不是一种节能的方法，但请记住，部长希望我们都保持增长，并满足所有消费者的喜好……我们对汽车的偏好是什么？我们不需要节能汽车——我们希望提速快的大型汽车！图 26.1 展示了 1970 年以来（在美国）汽车发展的一个引人注目的情况。在 20 世纪 70 年代的石油危机中，在保持相同的最大加速能力的前提下，汽车变得更轻，并且其燃料效率得到改善。从 1980 年到 2007 年的金融危机，汽车变得更重，其最大加速能力增加（从 0 到 60 英里／小时的时间减少了），而油耗保持不变。换句话说，我们用了 25 年的工程改进，在大型汽车中获得了更高的加速能力，而没有关注提高能源效率。只有在金融危机之后，燃油效率才有所改善。

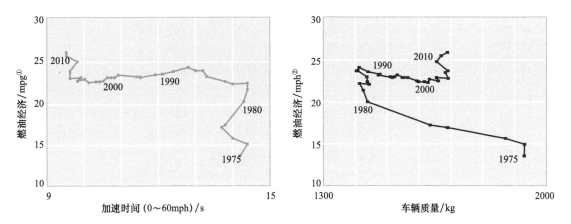

图 26.1 在 20 世纪 70 年代的石油危机中，我们减少了车辆的质量，而它们的加速能力保持不变。从那以后，我们利用工程技术进步来制造更重、加速能力更大的汽车，而不是改善其油耗[22]

同样的故事也在其他领域上演。例如，一家大型家电零售商告诉我们，消费者通常都声称想要耐用、高效的家用电器，但当他们进入商店后，他们就会改变主意，想要在他们预算范围内最大、功能最多的家电。令人不安的现实是，提高能源效率很难实现：要么是消费者不需要它们，因为产品的其他特性限制了他们的愿望，要么他们确实需要它们，结果增加了消费者对更高效设备的使用，直到它们的总能量需求超过先前的水平。

---

① mpg：每加仑汽油所行英里数。
② mph：每小时所行英里数。

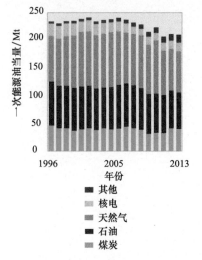

图 26.2　英国仍然从化石燃料中获得大部分能源

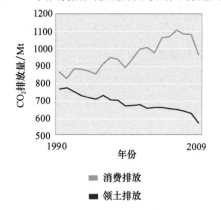

图 26.3　尽管英国报告说，自 1990 年来，英国的排放量有所下降，但如果我们调整在其他地方由于购买（消费）所造成的排放量，我们的排放量实际上已经上升[23]

现在让我们回到部长们的要求，即在实现经济增长的同时减少排放量。我们开始注意到 GDP 的增长需要不断增加能源服务。靠提高效率很难做到这一点，所以经济增长需要更多的能源供应。因此，无论是在国内还是国际上，几乎所有与减排相关的政策努力都将其视为能源行业面临的挑战，与最终消费者的唯一接触就是通过诱人的技术创新。让我们试着冷静地看待这些方法是如何工作的。

首先，看看能源供应情况，如图 26.2 所示。英国努力履行 2008 年《气候变化法案》的承诺，主要集中在风力发电的部署上。图框故事回顾了这一部署的进展情况，以及它是如何被认定是成功的——然而，在过去的 20 年里，可再生能源在初级能源供应中的份额几乎没有变化。

关于图 26.3，第 4 章中提到过的我们的同事约翰·巴雷特（John Barrett）比较了英国报告的领土排放量（从英国境内释放的排放量，但不包括航空旅行的排放量，因为它们没有发生在英国领土的表面上）和由于我们的购买引起的排放量（消费排放）。首先看排放趋势，该图表显示 1990—2009 年排放量减少了 27%，主要来自：① 20 世纪 90 年代的"天然气热潮"，在此期间，在撒切尔夫人解除了对能源部门管制的推动下，发电方式由煤炭转变为天然气发电；②英国的能源密集型制造业向其他国家出口（关闭）。谈到消费排放的趋势，事实证明，英国在测量排放方面比减少排放量方面表现出更多的专业技能，实际上，尽管我们努力减少排放量，但在 1990—2008 年，由于购买产生的排放量增加了约 25%。2008—2009 年这些排放量下降了 9%，主要是由于全球金融危机的影响。

英国的可再生能源发电

英国发电系统的改革对达到相关目标是至关重要的，根据 2008 年《气候变化法案》[24] 的规定，相对于 1990 年，2050 年温室气体将减排 80%，根据 2009 年欧盟可再生能源指令[25]，可再生能源份额在 2020 年将占到总能源需求总量的 15%。可再生能源在电力供应组合中的

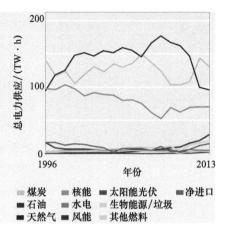

份额在 2007 年之前基本保持不变，不到 4%，但自 2013 年以来已上升至 14%，其中风能占 8%，生物能源和垃圾能源占 5%，水电约占 1%（见右图）[26]，天然气和煤炭的发电量约为 65%，与 20 世纪 90 年代后期相似，由于大型燃烧设备指令[27]，随着化石能源产量的下降以及核能发电达到其工厂寿命，可再生能源份额也在增加。

图例（总电力供应/（TW·h），年份 1996—2013）：
■ 煤炭　■ 核能　■ 太阳能光伏　■ 净进口
■ 石油　■ 水电　■ 生物能源/垃圾
■ 天然气　■ 风能　■ 其他燃料

在英国，减少排放的第一种关键战略——电力供应脱碳——现实效果很有限。然而，尽管如此，第二种策略——从其他形式的燃料转向电力以期未来的电网将以某种方式完全脱碳——正在积极推进。其中最显著的例子就是推广"插电式电动车"。欧盟已经制定了新车尾气排放的强制性减排目标。到 2015 年，车队的平均尾气 CO_2 排放量将降至 130g/km，到 2021 年将降至 95g/km。与其他减排手段（如制造电动汽车）相比，计算平均车辆排放量的机制对减轻车辆质量（以及排放量）的贡献较小。特别是"极限值曲线"被用于根据车辆的质量设定排放指标，只要维持平均车辆的排放目标，允许较重的车辆有较高的排放量。相反，"超级点数"①允许每辆低 CO_2 排放车辆（低于 50g/km）在计算车队的平均值时[3]，在 2012—2013 年计算为 3.5 辆，2014 年为 2.5 辆，2015 年为 1.5 辆。这种对"平均"车辆排放的扭曲观点淡化了减排目标，并没有激励大型豪华车制造商考虑降低车重，因为这会让它们面临更严格的排放目标。更重要的是，电动汽车的推广不仅仅是将尾气排放从排气管转移到发电站。让我们来看看这些数字：2014 年，宝马高调推出了 i3 型插电式电动汽车。广告中宣称该车不会排放 CO_2——当然这是事实——但它需要 0.129（kW·h）/km 的电能，而发电将会带来 CO_2 排放。目

---

① 超级点数（supercredit）：欧盟于 2008 年提出车辆超低排放标准之奖励政策，依规定达到该标准的汽车制造商将以超级点数来计算。

2014 宝马 i3 [15]

雷诺 Clio [16]

图 26.4　1970—2000 年全球年人均排放总量增长率为 1.3%，现在每年增长 2.2%

前英国电力部门的平均 CO_2 排放量为 0.534kg/kW [4]，因此驾驶 i3 型插电式电动汽车可释放 CO_2 约 70g/km。这是一项令人印象深刻的工程成就，那么它与非电动汽车相比如何？我们很难做出一个完全客观的比较，所以我们会选择一款尺寸相似，车距更大，且最大加速能力略有下降的车型——雷诺 Clio 1.5 dCi，它的 CO_2 排放量是 83g/km——这大约是"i3"在非电动模式下运行的一半。最先进的工程知识已经通过用电替代化石燃料而实现每公里减排 16%。然而从图 2.2 和图 2.3 中可以看到，如果我们将 Clio 车的质量减半，车的油耗就会减半。我们已经详细介绍了这个例子，如果有足够的篇幅，我们可以同样描述我们之前在第 22 章中提到的对电子阅读器的追求——你是否相信自 2007 年以来，最大的制造商已经推出了 7 种主要的新型阅读器，那么在它们的整个生命周期中，与纸张相比，这些阅读器是否真的节省了能源？而且你可能会受到电热泵、电动自行车、电动飞机等的诱惑——如果你购买另一款新设备，所有这些都会给你带来减排的幻觉。但事实上，只有出现奇迹，大量增加无排放电力供应，排放量才会减少。

这里似乎存在着一个奇怪的脱节现象：一方面，我们在减少发电排放方面的成就相当有限；另一方面，我们积极促进从其他化石燃料转向使用电力的机会。因此，电力部门不仅需要部署足够的风力涡轮机来满足当前的电力需求，同时减少 80% 的碳排放量，而且要求它们大幅增加总供应量，以便以电能替代石油（运输中）和天然气（在建筑物中加热空气和水）。

我们可能会夸大这一担忧——但可以通过查看由于人类活动而释放的总排放量来评估其影响。我们在图 26.3 看到了英国的数据，这些数据被贸易扭曲了，所以现在来看一下图 26.4 中全球的情况。图 26.4 很清楚地表明：全球排放量在逐年上升，而在 21 世纪的头十年里，每年平均增长率上升 2.2%。英国宣称的减排要求主要取决于选择哪些边界，允许我们把排放"输出"到其他地方。

造成这种排放量无情增长的根本原因是我们喜欢使用能源。图 26.5 显示了全球的一次 / 初级能源需求总量，并且具有与排放图类似的形式。能源使我们能够提高生产效率，使我们做事更快——可以飞行，可以全年保持温暖，可以随时吃想吃的东西——而且我们喜欢这些好处。在工业革命之后，我们突然发现可以比以前更便宜地获取更多的能源，150 年来，唯一的负面后果是城市的空气质量，所以在发达经济体的过去 4 代人中，我们基于将继续获取并使用无限的廉价能源的假设，建立了基础设施、工作实践、个人期望和未来的愿景。事实上，它不会把思想的界限推得太远，以至于不承认我们沉迷于能源。图 26.6 显示了全球人均飞行率、汽车使用率、电动机购买量、建筑面积和硅芯片采购量，所有这些都有明确的上升趋势——我们想要更多，而所有这些"更多"都需要更多的能源。

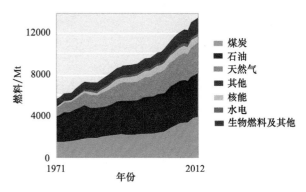

图 26.5　1971—2000 年，世界初级能源总供给量每年增长 1.7%，现在每年增长 2.2%

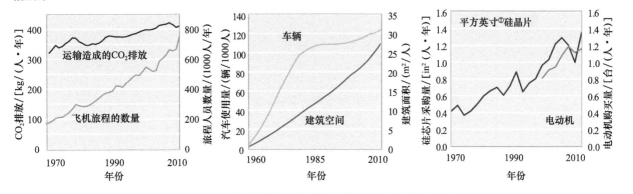

图 26.6　人类对能源的需求永无止境——因为它非常有用

我们沉迷于能源，目前减少与能源有关的排放策略几乎没有效果，但全球变暖的问题变得越来越紧迫。政府间气候变化专门委员会（IPCC）在 2014 年完成了其第五次评估报告，并在最后的报告中指出："如果在今天的基础上没有进一步的减排努力，即使在适应气候变化的情况下，到 21 世纪末，气候变暖将在全球范围内导致严重、普遍、不可逆转的更高到极高的风险。"[5] 在英国，如果认真对待这个问题并实施气候变化法案所要求的减排 80%，将会发生什么？

下面的图框故事列出了宪章 49，2014 年我们其中的一位在他 49 岁生日时的一次演讲中提出了 5 个可以立即实施的行动，而且如

———————————
① 1 平方英寸 =1in^2 ≈ 6.45cm^2。

果没有在其他地方扩大能源需求，英国排放量将减少约 80%。本书图 2.1 中的全球排放饼状图清楚地说明了这一宪章的基础，但是当时图中所呈现的内容令人感到震惊：你怎么能说服人们接受呢？但令人惊讶的是，所有必需的技术都已经存在，并且这些技术都可以通过个人选择立即实现。在危机中，或者如果出现一种更严重威胁的替代方案，那么这份章程可能看起来很有吸引力——因为它使我们生活中那么多其他更重要的方面保持不变。例如，宪章中没有提到人际关系、创造力、娱乐或休闲，但相对于我们目前对能源的贪得无厌，观众对这份章程第一次演示的反应是，它是不可能的，是不切实际的。

实际上，无论是这份章程还是对它的反应，都遵循了一个长期的传统，即挑战对未来扩张的假设。1930 年，约翰·梅纳德·凯恩斯（John Maynard Keynes）在他的文章《我们子孙后代的经济可能性》中写道[6]：

> 在未来的很长一段时间里，人类固有的犯罪本性会如此强烈，以至于每个人如果想要得到满足（不想去犯罪），都要去做一份工作。比起富人们，我们要为自己做更多的事，如果能够仅担负小的责任、完成一些小的任务和日常工作，那就再好不过了。此外，我们还将把黄油尽可能薄薄地摊在面包上，把工作尽可能让大家分摊。3h 的轮班或每周工作 15h，可能会把问题推迟一段时间，因为每天 3h 工作足以让大多数人满足从而抑制犯罪的本性。因此，自从被创造出来，人类将第一次面临这个真正的、永恒的问题，即如何获得自由而不受经济压力的影响；如何利用科学和兴趣，为他赢得闲暇，愉快地、良好地生活。那些志存高远、目的明确的赚钱者可能会让我们所有人和他们一起进入经济富足的时代，但只有那些能够保持活力并且追求更完美生活、不会为了生活方式而自我销售的人们，才能够享受丰富的生活。

更早些时候，经济学的创始人之一阿尔弗雷德·马歇尔（Alfred Marshall）曾讨论过人类生活有 4 种形式的福利：社会福利、宗教福利、经济福利和政治福利。但经济学研究只关注经济福利。如果是这样的话，经济学认为 GDP 的增长是所有成功的关键指标，这不足为奇，但令人惊讶的是，国家政治已经允许这一个福利的定义凌驾于其他福利定义之上。在寻找更可持续的生活方式，特别是为了减少能源需求而生活得很好的时候，我们很大程度上受到部长们要求 GDP 增长（仅反映了经济福利）的阻碍，这个要求成为旨在减少能源需求获得更广泛福利的政策的先决条件。

宪章 49

如果我们不希望能源技术发生奇迹般的变化，而通过改变我们的行为来达到减排目标，那将会怎么样？该章程描述了五种措施，如果我们不增加其他地方的需求，这些措施将使英国支出造成的排放量减少约 80%。

"被动式房屋"使用的能源大约是一座典型的英国房屋的十分之一，关闭锅炉将促使我们快速对房屋进行改造，使其具有更好的隔热、密封和热交换性能。大多数交通工具对于每位乘客一英里的行程所需要能量输入是差不多的，所以我们需要将行驶距离减少 80%——但这相当于停止飞行（这是我们覆盖大部分距离的模式）以及减轻汽车的质量，正如我们在图 2.2 中所看到的。第四点是本宪章的主题，虽然我们在其他地方没有涉及，但饲养动物需要大量粮食，因此减少吃肉是控制农业排放的关键。

宪章 49：不可企及的乐观主义，还是出人意料的可实现的选择？

宪章49
- 减少80%的锅炉使用
- 所有车的质量低于乘客质量的四倍
- 不要飞行
- 用一半材料制造建筑物和产品，并保持两倍的使用
- 每周只吃一次肉

在本章的开头，我们提出了一个论点，反映了我们从本书出版过程中的三年努力中所学到的东西，在这段时间，我们一直在努力寻找英国如何实现可持续的材料未来。我们对于减少材料生产以减少排放的必要性的基本分析是无可质疑的。然而，企业只能实施有利可图的变革战略，如今英国的阁僚们要求任何旨在减少温室气体排放的政策都不能阻碍 GDP 的增长。因此，英国正在采取的核心战略是利用风力发电来减少与发电相关的温室气体排放，并促进技术创新，从而进一步使我们的能源需求更电气化，但这些策略对英国排放量的影响并不大，并且全球排放量仍在持续上升。相比之下，当前我们可以选择只使用现有技术，少用 80% 的能源而生活得更好，同时降低我们对自然环境的破坏，这样做可能会增加非经济的福利措施，但会导致 GDP 的减少。

实施本书中所提出的战略非常艰难，需要在非经济福利收益方面的确认、评估以及收入、利润或 GDP 降低的可能性之间取得平

衡。企业、政策和个人需要一起行动，任何一方都不会超前其他两方而行动，这三方将作为先锋者开始它们试探性的旅程。因此，本章接下来的三节记录了我们试图确定正在进行或即将开展的开拓性步骤，以帮助推动这一进程。

商业上的开拓步骤

包括所有的水泥和建筑使用的一半钢材在内，超过30%的工业排放来自用于建筑物和基础设施的材料制造，因此这一领域是我们探索实施材料效率的重点。我们在第12章中关于伦敦2012奥林匹克公园的图框故事中描述的分析表明，2012年伦敦奥运会期间，建造自行车馆产生的每座位排放量是建造水上运动中心排放量的一半左右——因为在设计概要的第一行中客户指定了自行车馆应该是轻型建筑。我们在第12章看到，经过优化的可变高度工字钢具有与传统恒定高度工字钢相同的功能，但只需要大约后者的67%材料，在第15章和第16章中，我们了解到大多数建筑物被拆除时（理由是它们"不适宜"而不是"退化"）仍可以使用，并且它们内部的材料是可以被重新使用的。由这些观察结果，我们已经与建筑行业开展了一系列新的合作研究，并且在这里用3个例子来确定在建筑业务、客户部门及工业设备部门使用一半的材料能达到两倍的寿命，即事半功倍的商业案例的主要特征。

除了与我们在第12章中所说的优化部件设计外，我们还与3位领先的结构设计顾问密切合作，以评估当前的设计：英国商业建筑的安全标准（包括一个保守的安全系数）由欧洲规范规定，所以我们提出了"今天的设计是否符合或超过欧洲规范的要求？"的问题。关于"利用率"，图框故事给出了我们对这个问题的回答。

英国建筑的利用率

钢梁必须在欧洲规范等设计标准规定的范围内执行——例如允许的最大应力或最大偏移距离。通过将实际的应力（或挠曲）水平除以所允许的最大值，就可以得到一个"利用率"，它表明了梁的工作强度——在满足性能标准的同时可以减少多少材料（如果有的话）。

我们检查了来自 3 个主要的英国结构工程咨询公司商业设计的学校、办公室和住宅建筑中 12787 例钢梁的利用率。对于每个梁，我们从 6 个不同的梁应力和设计标准中选择了其最高的利用率。该值用于在建筑物的平面视图上进行着色（右图）——紫色表示使用率最高，直到降至蓝色表示利用率最低，线的宽度与梁的质量成正比。通过比较每座建筑物每层的情况，我们注意到，虽然建筑物中间的重横梁往往倾向于被高度利用，但边缘较轻的横梁的利用率通常很低——有些低至 0.1。这是有道理的，因为工程师们确保大梁的设计合理，但不会对小梁给予同样的关注。然而，一般建筑中小梁还是很多的，并且会降低平均利用率；我们发现所分析的 23 座建筑的平均利用率仅为 0.54。

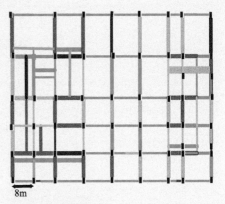

8m

- ■ 0.75≤利用率<1.0
- ■ 0.5≤利用率<0.75
- ■ 0.25≤利用率<0.5
- ■ 0≤利用率<0.25
- ■ 利用率未知或无效

我们采访了每个项目的结构工程师，以了解设计中的任何其他因素，并多次听到他们试图对其设计进行标准化——不使用许多不同尺寸的横梁——以减少设计、制造和建造的成本。这并不奇怪，因为客户要求他们设计成本最低的建筑物，而不是最低的钢铁质量。

为什么聪明的结构工程师会过度设计到这种程度？我们花了很多时间与他们对结果进行详细讨论，结果表明在任何情况下，使用更多的钢材可以节省资金。主要的驱动因素是，对于建筑供应链中的每一个人（设计师、承包商、制造商），使用许多相同类型的梁比使用许多不同的梁要便宜得多。这就在生产钢材、切割、焊接、连接、设计和现场管理中创造了规模经济。在一些例子中，我们甚至发现使用较重的梁简化了消防安全规定的要求——利用率为 1.0 的梁可能需要三层阻燃涂料才能符合规定，但较重的梁可能只需要一层涂层，而 3 次喷涂梁的劳动力成本超过了附加钢材的成本！我们在这个案例研究中学到的关键观点是，现在的业务已经旨在将所有成本最小化——为什么不是呢？——但与英国的劳动力成本相比，钢铁成本非常之低，以至于在整个供应链都有吸引力，可以用更多的钢材换取更少的劳动力。如果一个客户指定了一个在其任何地方利用率都为 1.0 的优化设计，这是很容易做到的——而不是像自行车馆那样——但是这比建设一个效率不高的、过度指定的建筑要贵得多。

除了避免过度指定的机会之外，在第 12 章中我们还通过优化组件设计，确定了材料需求中潜在的节省。从那时起，我们就制定了如何用现有设备制造变截面工字钢。我们在"轧制变截面梁"的图框故事中对结果进行了描述，该加工足够新颖，且可以申请获得专利。我们把这个想法带到了一家领先的轧制设备制造商，原则上他们热衷于追求这项技术：对于设备制造商来说，他们的正常业务模式包括希望现有客户需要新设备，因此他们对任何我们所能发明的新工艺都有着本能的兴趣，以支持更有效地使用材料。他们自己对此项新技术进行了充分的研究，以确保我们的设计很有可能成功。

轧制变截面梁

在常规的横梁轧制过程中，首先将长方体钢块（钢坯）成型为一个类似于狗骨头的形状，然后由这种形状逐渐加工为具有尖锐直角特征的成品梁。变截面梁轧制工艺以传统工艺为出发点，但结合了变厚度板材轧制的各个方面。在成型过程中，轧机中轧辊之间的间隙是不同的，以产生类似于传统梁成型中的中间形状，但具有变化的厚度。在最后阶段，纵向厚度的变化被平坦化，导致多余的材料横向移动，产生不同高度的梁。

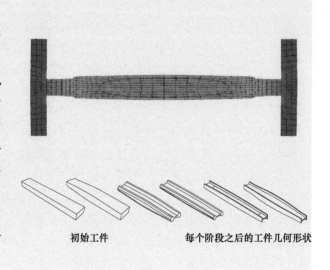

初始工件　　　　　每个阶段之后的工件几何形状

然而，只有当建筑行业想要购买变截面梁的时候，钢铁行业才会投资这种新方法——而建筑行业对变截面梁的普遍反应是不感兴趣：因为他们不熟悉，所以如果要使用这种新方法，他们需要新的设计时间，而且他们必须定购——这可能会使整个建筑项目的进程变得更复杂，并且会限制最后一刻变更的机会；建筑物的其他特征都将需要被重新设计来适应不同横截面的横梁，例如用于管理建筑物周围空气的服务通道，或悬挂在横梁上的天花板等，并且这将增加成本以抵消或逆转从减少钢材采购中节省下来的费用。由于钢材的制造如此高效，与劳动力相比，目前的价格低廉，因此使用较少钢材的商业动机非常低，只有当钢材变得更有价值时，建筑行业才会对变截面梁产生兴趣。

在第三个案例研究中，我们花了一年的时间与英国的一家大型连锁超市成立了一个内部工作小组来探索完全可拆卸的超市的设计。英国的超市一般使用 20 年后就会被拆除。新商店必须建在一个新的地方，以便它可以在旧商店关闭的同一天营业，而出售旧址最便宜的方法则是用推土机来拆除旧商店。但是老店的结构没有什么问题，为什么我们不能简单地将它搬到别处去呢？

目前，由于我们还没有设计出可以重新安置的超市，因此移动它们会很昂贵。例如，结构中的垂直构件嵌入在混凝土楼板中，不能被拆卸。但是，可以设计出一个新型的超市，其意图是在最初设计中明确地表明可以重新定位——就像临时搭建物一样，例如用于新住房开发中的营销套房或大型体育赛事中使用的临时建筑一样。我们把这个想法带到了一家领先的英国连锁超市，与连锁超市的建筑合作伙伴合作开发出一款名为"可拆卸的超市设计"（在下面的图框故事中总结），并给出了详细的成本估算。

伦敦奥运会场地的临时营销套房[17]

像前面两个例子一样，使用更少的材料也可能会花费更多。尽管用于制造第一个可拆卸超市的材料将在 20 年后被重新使用，这可以降低其第二代产品的成本，但相关企业采用了一种金融折现率，将这一收益减少到可以忽略不计的数额。然而，与前面两个例子不同的是，尽管我们没有得到董事会的最终决定，即额外的收入是否足以支付不同的设计费用，但这个项目有一个共同利益，那就是施工现场的快速建设对企业来说是物有所值的，并且证明一些额外的初始工程造价是值得的。

可拆卸的超市设计

我们与英国一家大型连锁超市合作，回答了两个问题："一个完全可拆分的超市会是什么样子？"以及"它会带来什么商业利益？"。与他们的建筑师、工程师、承包商和成本顾问的团队合作，我们评估了现有的和新兴的技术，并产生了图中所示的概念设计。

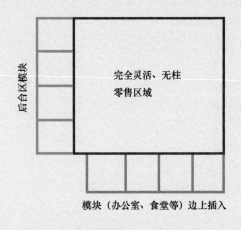

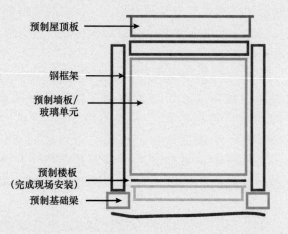

这个设计有3个主要的商业优势（由于拆解和后续重新使用对未来环境的收益太遥远而不足以影响当前的商业决策）：该建筑是灵活的，因为可以沿着其两侧和背面添加/替换模块；使用预制构件施工期减少了33%；在建设的早期能够密封建筑，减少了因天气变化造成延迟的风险。

与普通超市相比，可拆卸设计的成本高出16%；然而，这并不是不可克服的。相反，新设计的那些未经证实的地板风险最终阻止了这项方案的试行。

在此提及的3个商业优势都表明，从技术上讲，用更少的材料来建造今天的建筑是可行的，但他们认为使用更少的材料会花费更多的钱。虽然这一开始看起来与直觉相悖，但实际上它反映了一个事实，即企业是理性的——如果使用较少的材料使其成本更少，它们早就在这样做了。如果钢铁价格高得多，动机就会改变，技术战略将成为商业战略的核心，而节省材料立即会实现。然而，这是不可能的：钢铁生产的核心要素铁矿石和煤炭储量丰富，因此钢铁价格不太可能出现大幅涨价；全球钢铁行业产能过剩，因此也不存在由于产能不足造成价格上涨的风险；下一节将要讨论的全球碳价格的概念在理论上很有趣，但是在实践中没有影响。因此，尽管有这样一个事实，如果一个客户指定他的建筑使用一半的材料，但寿命延长一倍，这在技术上是相对容易实现的，但仅仅是基于成本，不太可能会有商业动机来减少材料需求。

然而，这并不是故事的结局。如果成本最小化是唯一的商业原则，我们仍然会在建筑中使用石棉，将有毒废物从工厂排放到我们的河流和空气中，并且我们会在任何方便的地方倾倒垃圾。商业是在经过多年游说建立的监管框架下运作的，要使材料效率成为正常的商业行为，唯一的途径是由温室气体排放导致的健康和安全问题的监管来推动。

企业不会为这种监管进行游说——它们从来没有游说过要监管自己的副产品——除非有强大的公共游说团体的推动，否则政客们不会对企业实施监管。所以监管的需要再次成为我们担心的平衡各方行动的一部分：一些商界领袖决定追求材料效率，尽管这会增加成本，一些个人客户也需要材料效率，同时一些地方议会推动自身监管控制的边界。因此，将鼓励管理国家法规的部长们采取行动，制定国家法规，使材料效率成为一项在逻辑上可以接受的要求，就像他们过去针对建筑安全、石棉和河流有毒物排放所做的那样。

政策方面的推进

在本书的第一版出版后不久，克里斯·克利弗（Chris Cleaver）就加入了我们的团队，他已经在位于肯尼亚内罗比以西 200 英里的朗戈镇工作了几年。在克里斯离开朗戈镇之前，他阅读了本书，然后开始在朗戈镇周围以实际行动探索材料效率——就像图框故事所展示的那样，我们在本书第三部分讨论的所有策略都是常见的实践做法。在一个材料稀缺或相对昂贵的地方，劳动力充裕且相对便宜，不需要采取任何政策措施来实现材料效率——这是一种自然的做法，就像在英国，我们今天精心培育了贵金属的价值。

朗戈镇

2013 年，在肯尼亚西南部，雇用一名熟练的焊工一天需花费大约 4 美元，而他所使用的每 10kg 新金属的成本大约为 20 美元。在维多利亚湖附近的朗戈这样的集镇，人们的生计非常简单——依赖于材料效率：

●设计时少用材料——建造在设计上将金属和其他能源密集型建材降至最少的单层住宅。

●转移生产废料：过量订购和丢弃的材料直接重新使用于当地生产的耐用品如厨灶和仓栅式货车。

●重新使用金属部件：汽车轴承、轴、螺栓、屋面板等金属部件，用于机器和家庭用品等新用途，无须熔化。

●寿命较长的产品：许多产品（电视、收音机、汽车、摩托车、自行车、机械）都被修复并继续使用，直到它们真正无法工作为止。

●提高产品利用率：像汽车、摩托车、计算机甚至电动工具等材料密集型产品的使用像企业一样运行，使得产品的使用更加充分。

因此，我们不需要采取其他行动来开创一个更可持续材料的未来，只要材料的价格高得多，就能达到使用一半的材料而寿命是 2 倍的效果。如果材料变得稀缺，这种情况就会自动发生，但生产主导工业排放的大宗材料并不稀缺——难以想象我们会用完铁矿石、石灰石或铝土矿。所谓的"关键"金属没有耗尽的危险，但至关重要，因为它需要时间来开采新矿，如果有需求激增或突然限制供应，可能需要几年就能将新产品推向市场，同时价格会很高。

然而，在可预见的未来，高耗能的大宗材料不会遭受任何短缺，它们来自足够多的不同国家和公司，我们可以相当自信地认为，不可能有一个垄断供应商能够大幅提高价格。因此，是否有不同的方法来提高价格，从而使材料效率成为正常的做法？

这个问题支配着寻求"市场机制"以减少温室气体排放的经济学家和政策制定者的根本利益，因为，在理论上，如果世界上每一个国家同意实施，那么就可以针对这些排放征税，在某种程度上这个税率将高到足以说服消费者转变为低碳消费。这种碳税的理念主导了有关控制全球变暖的国际政策讨论，但迄今为止还没有达成协议，而且少数地区试图征收这种税的做法基本上失败了。

这个机制在理论上听起来不错，但在现实中却完全难以实现：部分原因是发达国家（过去已经大量排放）和发展中国家（这些国家还没有这样做）在谈判减排目标方面遇到了困难；部分原因是来自强大的工业游说团体的压力；部分原因是缺乏政治意愿来打破现状。

由于这些原因，碳税仍是一个有吸引力的理论概念，但不能在实践中实现。还有其他可行方案吗？

目前，大多数政府通过向工资（劳动力）征税来获取大部分税收收入，这使得相对于能源或其他资源，劳动力的成本相对较高，并再次将生产要素的最优平衡转变为使用更多的能源。在后面的图框故事中，我们进一步研究了这种税收对材料效率激励的影响。

"绿色税收"运动倾向于将税收从劳动力转移到能源上——将这种平衡从对能源的偏好中转移出来。这是合乎逻辑和前后一致的，但任何一个国家单方面做出这种转变，都会对其能源密集型产业造成重大不利影响，这样就有可能引发更严重的"碳泄漏"，因为人们担心会引入一种更为温和的、纠正性的碳税。更重要的是，为了维持税收，能源的税率必须特别高。如果没有一个强有力的、透明的办法对进口的隐含能源征税和广泛的政治支持，这种转变很可能是站不住脚的。

总体上的政策选择，比如税收的变化，对部长们有吸引力，即政策直接针对他们想要解决的问题（不需要精确地预测应该采用多种解决方案中的哪一种）。然而，我们试图在这里表明的是，只有世界上的每个国家都采取这些措施的情况下才能奏效，而我们没有证据表明这种情况有可能发生。

税收转移带来的供应链激励

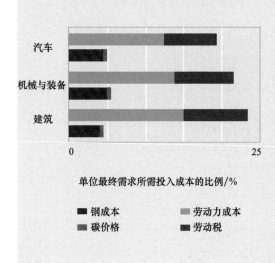

单位最终需求所需投入成本的比例/%

■ 钢成本　　■ 劳动力成本
■ 碳价格　　■ 劳动税

本书第三部分提出的许多材料效率策略，都是通过增加劳动力需求来减少对钢铁的需求。从设计阶段（设计优化的梁）到寿命结束阶段（解构建筑物，而不是拆除建筑物），这一额外的劳动在任何时候可能是需要的。左图解释了为什么这样的替换经常被忽略[28]。首先，该图显示，在 3 个钢铁密集型行业的供应链中，劳动力支出平均是钢铁材料支出的 5 倍。这就解释了为什么这些供应链中的企业更有动力去寻找减少劳动力的机会，而非降低钢铁成本。更重要的是，该图显示，劳动力税的扭曲效应比假设的 50 英镑全球碳税对材料效率的激励高出 16 倍；总的来说，这些财政压力抑制了材料效率。

相反，我们可以更好地研究部长们执行政策来解决健康和安全问题，或当地环境问题的例子，并在那里寻找灵感，以实现"宪章49"的主要措施，或其他以减少能源需求的类似的选项组合。当处理吸烟对健康的负面影响、车碰撞的安全性、向水中排放毒物的危害、城市空气的质量、医疗药物、建筑或工业设备的安全问题时，部长们习惯并熟悉法规的概念，事实上，如果他们未能对已知的危害加以规范，公众将会严厉批评他们。那么，这就是政策制定者应对温室气体排放的正确框架——全球变暖对我们未来的健康和安全构成了威胁，我们已经知道应对这一威胁所需的关键措施。与其无限期地等待全球达成一项新税收协议的不可能要求，不如部长们现在在地方、国家和地区采取行动，来管制那些我们确信会加剧未来排放危害的行为。以下是在本章前面所述例子的一些明显的选项：

● 欧洲法规规定了建造安全建筑物的最低材料要求。如果将其更改为目标范围的要求（既包括最低的标准，也包括最高的标准），那么可以将施工中的材料需求（约占所有工业排放的30%）减少30% ～ 50%。

- 地方规划法规已经制约了不同地区城市的美学、功能和"分区"。少许的修改就可以确保建筑"长寿"——包括垂直扩展、重新配置和未来的安全解构计划。

- 欧盟已经制定了强制尾气排放法规，这促进了嵌入式混合动力电动汽车的发展，但可能至少在英国和大多数除了法国以外的欧洲国家，没有造成排放上的减少。如果制定相同的法规来降低车辆的平均质量，或者设定每辆车的最高功率，那么无论用于驱动车辆的燃料是什么，排放都会减少。

- 英国消费者的法定权利规定，所有商品必须遵守1979年商品销售法，同时商品必须具有令人满意的质量，符合所描述的用途和合理的持续时间。"合理的持续时间"可以被延长，以保证合适的长寿命，这就要求产品设计能够以合理的成本进行修复，直到它们明显是多余的。

- 用人们熟悉的健康和安全的语言重新制定减少排放的政策，释放影响排放的潜力，而不是无限期推迟行动，等待一个理论上理想但实际上无法实现的碳价格（《京都议定书》颁布已经25年了）。

个人的开拓步骤

当我们早期提到生产函数时，我们用的是经济学家枯燥的概念——资本、劳动力、能源都成了"生产要素"，企业试图优化这些要素之间的成本平衡，而劳动力可以被资本和能源有效地替代。但是等一下，在没有注意到这一点的情况下，除了弗雷德·马歇尔（Alfred Marshall）描述的关于福利的四个定义外，我们不仅接受了所有我们应该忽略的，而且我们已经将整个人类缩减为一个标量参数，其内在价值与金钱和能量的标量参数相同。这还是不是创造了洞穴壁画、民间舞蹈、西斯廷教堂、婆罗浮屠神庙、蓝色清真寺、战争与和平、波西米亚和两个罗尼的同样的人类？我们是否绝对确信这些生产要素是等同的，而且在用能源和资本替代劳动力时，我们不会失去什么？

对当代采购的快速调查可能很快就会让我们相信，这种诱人的替代方式确实带走了一些东西。想想曼哈顿，首先想到的是什么？现在想想本书的第一版出版以来伦敦金融城最引人注目的新增建筑

在一些无趣的城市中，用最具有成本效益的建筑来创造办公空间[18]

一座不可替代的纪念碑，展示了一个时代人类工艺、抱负和美学[19]

名称——碎片"Shard"，奶酪刨"Cheesegrater"和对讲机"Walkie-Talkie"，以防你无法记住它们。我们无法把这3个建筑的照片都放进去，但是你可以与曼哈顿的内涵对比一下，在伦敦最近的建筑中所捕捉到的人类文化、工艺、创造性、人际关系和精神的感觉和灵感，毫无疑问，奶酪刨证明了资本和能源对劳动力的有效替代，但我们中有谁能想象在40年后看着它，然后想："是的，2013年就是这样。这就是我们在2013年的生活方式——我们是如何工作、爱、梦想和生活的？"

那么家具呢？一张英国橡木手工做的写字台，或者一张由机器人制作的有完美贴面刨花板的桌子？厨房呢？用普通的旧刀切菜很累，让我们插上互联网自动食品处理器吧。或者衣服呢？我们村的妇女一边唱着几个世纪以来流传下来的歌曲，一边用手工缝制着老式传统服装，而我们可以在一年中的每一天都穿上一件由工厂制造的新的T恤衫，上面印着不同的娱乐短语。这一切都是那么无聊。

我们稍后会回到衣服上，但首先让我们听一听英国手工艺史学家坦尼亚·哈罗德（Tanya Harrod）关于人类与材料之间的触觉和想象的关系的思考[7]。他带我们参观了当前机械化生产的反例，其中包括20世纪早期手工艺美术运动对在木制品中使用胶水的抵制，更喜欢让人看到切割燕尾榫和榫卯接头的工艺，艺术家们目前对探索废弃材料的使用和垃圾场的象征意义的兴趣，以及巴西最贫穷街道发现的不可避免的创造性，在那里人类的聪明才智从废弃物体中提取出新的价值，她总结道：

我们需要记住，我们是手工艺人、女性、设计师、艺术家，以及具有想象力和远见的科学家。在一个完整的世界里，这意味着任何事情都是一种责任。

这与我们之前肤浅地假设（即劳动力仅仅是生产要素，在仅以最优成本的基础上，被能源和资本所替代）完全相反。

回到衣服上，我们在第16章中说过，我们从凯特·福莱特（Kate Fletcher）那里学到了很多东西，她是伦敦时装学院研究可持续性、设计和时尚的教授，她谈到关于曾经是商品的服装一旦与我们的生活故事有某种联系时，就会变得不可替代。从本书的第一版出版以来，她完成了一个关于"使用的技艺（the craft of use）"的重大研究项目，并在一个很棒的网站 www.craftofuse.com 上报道。该项目旨在"挑战时尚行业对增加材料产量的依赖，并基于对保养和使用服装的持续关注，而不仅是创造和购买，提出了替代方案"。在这个项目中，凯特和她的团队采访了 500 个穿着自己生活服装的人，这些人通过与自己的手艺接触，而使一件衣服有了自己的生命，他（她）们参与修改、延伸或改装过衣服，或者其他方面的使用改变了服装的含义[8]。例如，照片中的六位女士（一位母亲、她的三个女儿和两个孙女）都穿着"Antibes"的连衣裙——这是她们在节日庆祝时送给其中一位女士的礼服，自此该服装便成为家庭聚会庆祝活动的象征。这件礼服不能丢弃，因为这是她们共同经历关键时刻的必要组成部分。

来自 Antibes（昂蒂布，地名）的女装[20]

本书中我们从更广泛的产品范围内来考虑这一点，我们注意到，除了服装，其他产品也可以从商品变成故事，这取决于它们的主人使用它们的方式。尤其令我们震惊的是：大约所有制造的 80% 的路虎卫士都还在上路，因为——正如我们所理解的——它们相对容易修复，而且最初的设计是坚固耐用的，所以能够应付多年的苛刻使用。因此，我们委托凯特和她的同事凯特琳·托恩·弗伊（Katelyn Toth-Fejel）进行试点研究，采用他们在"使用的技艺"研究服装中使用的方法，并将其应用于路虎卫士。她们的工作在后面的图框故事"路虎卫士"中介绍。有趣的是，对于少数业主来说，他们对改装车辆的热情非常高，加上他们改装的总成本，如果他们更早地更换车辆，经济状况可能会更好，但正如马歇尔描述的 4 种形式的福利一样，他们个人从亲自养护同一辆车所得到的乐趣和满足感中生活得更好。

对于人们如何接触材料的另一种探索，我们也可以求助于伦敦大学材料与社会学教授马克·米奥多尼（Mark Miodownik），他的"制造研究所"的设立是为了让人们能够同时接触到世界上所有的材料，以及将它们加工成产品的过程。马克的精彩图书 Stuff Matters 旨在向大众展示围绕他们周围的材料中的巨大故事和兴趣，并且在其研究所中，他的目标是将这种兴趣转化为触觉参与[9]。

坦尼亚·哈罗德、凯特·福莱特和马克·米奥多尼提出的想法都是关于探索人与周围制品之间的关系，试图重新设想人与事物之间的关系。在用资本和能源肤浅地替代劳动力（这是优化马歇尔提出的4种人类福利之一的 GDP 测算的最有效方法）的背景下，这种关系已经被打破或至少被忽视了。当人们为了精神、文化或其他原因而自愿选择比他们能够承受的更简单的生活时（特别是为了更深入地欣赏他们已经拥有的物质化的东西，而不是专注于未来的积累），另外一种增强人与事物之间这种关系的方式将会出现。在某种程度上，这种方法是传统日本茶道的基础——一种非常形式化的表演。在一个简朴的竹房和纸房里，很少有非常漂亮的陶瓷被使用，在没有其他竞争对象的情况下，陶瓷及其使用变得更加明显。有趣的是，英国许多描述家居设计的"生活方式"杂志也倾向于在大空间中展示几乎没有什么物品的房间，因为这能够更强烈地吸引我们的目光。与将简单作为最终奢华的想法形成鲜明的对比，西方修道院的传统也旨在简化生活（减少物质积累，将精神和灵魂集中在更高的思想上），尽管在这种情况下它是以自愿牺牲为基础的。这条道路显然完全不符合西方今天的发展规范——当然，以国内生产总值（GDP）为衡量幸福的唯一标准的部长们是无法理解的，但遗憾的是，在"绩效相关薪酬"时代，个人自我评估强烈依赖于收入。对此，一个不可思议的反例来自牛津大学的哲学家托比·奥德（Toby Ord）博士，他对自己收入的最佳使用情况进行了冷静合理的评估，最终他选择将其个人支出限制在每年2万英镑，并认识到这将在他的工作生涯中总共要捐出约100万英镑，他把寻找实现这一目标的有效途径作为自己的职业任务。托比的两个网站[10]挑战了收入和消费作为幸福唯一仲裁者观点，而对于其他人来说，阅读本书令人兴奋——很难否认他的立场上的逻辑。

路虎卫士

我们在伦敦时装学院开展的"使用的技艺"的研究，调查了与使用衣服相关的令人满意和足智多谋的做法——并且据悉，高达80%的路虎卫士仍在上路行驶，这就激起人们寻求在"路虎卫士"长寿命的背后是否有类似的做法。

　　对于衣服和汽车来说，廉价的批量生产方法的开发，已经降低了维修和特别是自己动手维修的积极性，因为这些货物的所有者对商品中的材料介入变得更加"封闭"。维修工作通常由专业人员而非其所有者完成，并且允许维修的设计已经被其他更有价值的特性和成本节约取代。

　　我们与 25 位车主讨论了他们的路虎卫士，他们反映由于维修方便和性能可靠，这个车辆十分经济。但许多车主也谈到了一些不那么有形的品质：拥有这样一辆车的历史和怀旧的原因，以及冒险的感觉。尽管车主总是承认车辆在燃油效率和舒适性方面的局限性，但很多车主都说他们的车辆几乎是不朽的。这绝对应该是路虎卫士与其他大多数车辆的区别，并将它们与更大的社会物质趋势区分开来：它们的拥有者期望它们拥有极长的寿命。本项研究中对这个现象的主要解释是，老式车辆的简单性吸引并激发了机械的再生并且使之更长寿。

　　路虎卫士很适合车主自己动手干预的特质明显地吸引了那些足智多谋和独立思考的人们（拥有者）。此外，还有很多关于这些车辆如何自己动手的方法（甚至对于完全新手）的描述；就其性质而言，它们提供了良好的"入门级"机械课程。一位越野教育家说："当然，老式的汽车更容易拆卸……人们购买路虎，开始玩它，并意识到它是多么简单和多么有趣。"这些车辆不仅吸引那些重视机智和独立的人，而且培养了许多偶然接触并进入其中的人同样的品质。

　　尽管没有人明确地这样说，但在汽车上工作的乐趣显然也是一种诱惑。通过多次体验可以容易地更换零部件，并且获得完成相对基础任务带来的满足感。这可能是对车主的信心和智慧最直接和最可喜的回报。在对待车辆上，他们以他们的方式，摒弃了普遍的可弃置倾向，同时也保持着更有价值的关系。

凯特·福莱特和凯特琳·托恩·弗伊
路虎卫士[21]

369

虽然受托比·奥德的个人领导力的启发，但是本书的主题是找到一条通向可持续材料发展的未来之路——在这条路上，我们可以用更少的新材料生活得更好。本部分的论点是，尽管传统的经济成功必不可少，但有大量的证据表明，资本和能源并不是劳动力的等价替代，与以不断增长的消费和替代为目标的生活相比，以一种与我们周围的物质世界紧密联系的方式生活，本身可以更丰富和更令人满意。在我们接触的事物中，重新点燃我们对人类的技艺和独创性的意识，将使我们能够认识到我们制造的环境是故事而不是商品。

更好地理解机会的优先顺序

我们已经利用生产函数的概念，试图提出一个关于今天材料发展的问题：在发达经济体中，我们目前正在追求一个经济方向，它的含义我们不一定选择，它故意将一种（不人道的）福利指标提高到所有其他指标之前。如果顾客要求的话，我们会立即摆脱这种情况，但事实上，尽管有托比·奥德的灵感，但如果没有危机，这种情况不太可能发生——相反，我们可以想象一场精心策划的圆圈舞，150年来大家一直向里面看，舞者（商界、政策、个人）开始一起认识到圈外有更大的空间，通过打破圈子，他们可以将康茄舞引导到更广泛和更具吸引力的多样化空间中。

为了将本书提出的思想从理论发展到实践，我们的首要任务就是寻找并支持那些愿意承担责任，并开始重新思考保持他们在圈子内的立场的先驱者。作为企业社会责任计划的一部分，一家选择提升材料效率的企业可能会用一小部分利润来抵消做正确事情的额外成本，这也许会吸引更多的客户。一位挑战现有商业模式的部长，建议对现有法规进行小幅度的修改，以刺激企业少用材料增加更多价值，这可能会得到媒体的好评和选民的选票。个人如果在厨房的桌子、喜欢的外套、汽车或办公大楼中采取措施维护和扩展故事，将不可避免地分享经验，而当其故事在其他人的生活中编织时，它可能引发对价值和意义的其他反思——我们已经拥有了什么，或者接下来要做什么。

与此同时，在我们所处的这个小小的研究世界里，我们越来越意识到为了研究本身而研究的危险性，自本书的第一版面世以来，三年半的时间已经向我们展示了更多的可能，从这些可能中，我们可以看到，新的知识或见解可能有助于我们重塑衡量生活成功的标准。

简言之：

• 本章中用于记录问题的几个关键数字，它们被记录为年度流量，但忘记了流量是反映存量的变化，实际上我们关心的是存量。温室气体显然是这样的——我们试图处理的问题是它们在大气中的积累，而不是特定的年度释放量。许多其他环境问题也是如此——水压力取决于水的存量而不是其年度流量，毒素释放造成的危害取决于毒素的浓度，而不是释放毒素的速度。但更广泛地说，我们许多国家的指标都是如此，尤其是 GDP。如果我们的部长们专注于我们积累的资本存量的价值（无论是金钱还是非金钱的形式），而不是每年通过经济的货币流通速度（资金流），他们或许能够探索更广泛的政策选择。

• 我们的几位学术研究同事在过去三年中对"搁浅资产"的想法产生了兴趣：如果全球能源供应公司（那些在其资产负债表上报告有煤炭、天然气和石油储量的公司）目前拥有的化石燃料超过了在不导致气候变化的情况下可以燃烧的数量，以至于可能发生灾难，那么它们目前的股价必定被高估。这是一个重要的故事，也引起了投资界的兴趣——但是对于那些预计购买并使用这些化石燃料的公司来说，直接后果如何呢？是否同样的观点也适用于其他行业，例如钢铁行业：如果全球现有的钢铁厂在经济估价期间满负荷运转，其排放量是否会超过在同样的灾难发生前可以允许的总排放量——并且它们的股价也被高估了吗？

• 我们的世界（学者和分析师）沉迷于创造良好的信息来帮助人们做出正确的选择，但我们从事公共卫生工作的同事的明确证据是，信息不会改变行为。我们每天都在关于气候变化的对话中看到这一点——公众对其现实状况几乎没有怀疑，但尽管如此，很少有人认为他们应该亲自参与进来进行相应改变。我们应该如何将人们与分析联系起来？

• 我们参与了政府间气候变化专门委员会第五次评估报告，本书中的许多重要观点成为本报告中工业减排章节的一部分[11]。在这个过程中，我们了解到减排工作组发送给各国政府的关于减排的关键信息是通过"综合评估模型"传递的，这个模型试图预测不同减排方法的（常规）经济后果。但是，这些模型假设——符合我们在本章前面所述的偏好——大多数减排措施将来自能源供应行业的投资，因此假设减排方案可以用一个单一的数字来有意义地描述，即投资金额除以年节省的排放量。这个数字对于传统发电厂的投资确实有意义，但几乎不可能将其应用于旨在减少总体能源需求的方案。如何将减少能源需求的方案纳入这些有影响力的综合评估模型？当我们讨论减少能源需求时，"成本"究竟意味着什么？

●我们早些时候提供的证据表明，作为一种物种，我们对能源有着永不满足的需求。如果那是真的——而且我们真的沉迷于尽可能多地使用能源——那么我们可以从应对烟瘾、饮酒、毒品和肥胖问题的大量工作中学到什么？是否有一种"能源匿名"或"材料匿名"的形式能够阐明我们如何摆脱对能源和材料的沉迷？

●除了一个光荣的例外，我们编写本书的团队是由工程师组成，我们承受了英国艺术与科学之间漫长而不光彩的分工所造成的所有问题——C.P 斯诺（C.P.Snow）的"两种文化"。在代表英国政府的650 名议员中，有 5 名是工程师，内阁中没有工程师。我们如何才能将我们在科学和工程领域（我们都在大学里学过，对于任何问题都有一个正确的答案）开展的减缓气候变化的见解与我们的艺术和人文学科的同事们分享，而他们提出的见解同样有价值但截然不同（他们都被教导说没有任何事实，一切都是争论的问题）？

●我们想如何变老并死去？很明显，这个问题远远超出了本书的范围，但它贯穿了我们所经历的大部分的旅程，因为我们通过材料支撑今天生活的方式。我们目前计划通过养老金支付我们的退休生活，养老基金持有英国 70% 的股份，因此，正是我们的退休计划推动了企业短期寻求利润的行为，我们喜欢在其他情况下批评这种行为。我们也注意到英国的墓碑，它们在精辟的短语中记录了逝者过去生活中最有价值的特征，没有人会因为他们在物质获取方面取得了成功而被热爱他们的人们铭记。如果我们真的想知道如何被铭记以及如何结束这一生，那么它将告诉我们，在我们最健康的中年时期，如何评价那些物质积累的主导地位？

● 我们的材料科学领域的同事在创造新材料方面有着悠久的历史，但他们并未对在寿命末期的材料给予太多的关注。目前所有的回收利用实际上是降级回收——回收的材料绝没有像原始材料那样好——那么我们是否将一些科学工作重新导向，使材料的循环利用工作更好，而不是发明更多的新材料？

现在，本书的修订马上就要完成了，让我们回到本章开始时提到的那个可怜的医生，还有她那个超重的病人。当然，她是对的，降低体重的最好方法是少吃。如果他每餐只吃一半的卡路里，并且将两餐之间的时间加倍，那么，在不需要任何技术（他目前正在考虑的解决方法）的前提下他会迅速减轻体重。既然他还没有准备好面对这个问题，那我们有些什么建议可以帮助他呢？也许，他认识一些和他有着同样处境的人，如果能够受到他们努力降低体重的行为的启发，他可以向他们学习，甚至可以发挥自己的作用，和他们互相帮助。也许商店的老板们可以调整销售的产品，让他在购买食品时，看到选择不同的食品，不仅有饮食上的好处，还有其他的好处，例如节省金钱或时间。也许地方政府出于改进卫生预算的动机，可以调整食物的推广和销售政策，让人们更方便地选择健康的饮食。

减少温室气体排放的最好方法是使用更少的能源，或者，在本书提到的众多领域中，使用更少的新材料。少用材料，能够让我们以不同的、更多的方式来评价材料世界，从而认识到，我们今天的商品化时代，是人类丰富多彩的旅程中的一段令人悲伤的黑暗时代。每一个读过此书的人都可以向前走出一步，来帮助其他人越过我们的肩膀向前看，并增强我们自己的决心，抓住机会，获得一个不同的、更丰富多彩的未来。

注释：

减排是能源供应还是能源使用问题

[1] 这个论点是由里格利（Wrigley）（2013）提出的，他展示了英国前工业革命时期的"有机经济"，如何在很长一段时间内保持人均能源消费稳定，因为人们平衡使用他们的土地来种植燃料、食物和纤维。

　　[2]库伦（Cullen）（2010b，2011）研究了图 2.5 的能源流程图（Cullen，2010a）中主要能源转换设备和被动系统的效率极限，以预测全球能源效率的理论和实际极限。

　　[3]欧盟汽车排放政策（http://ec.europa.eu/clima/policied/transport/vehicles/cars/index_en.htm）。

　　[4]这些数据是针对 2014 年的 CO_2（而不是 CO_2 当量），包括传输和配电损失。

　　[5]这是政府间气候变化专门委员会（IPCC）2014 年第 5 次评估报告的综合报告（https://www.ipcc.ch）的"决策者摘要"中的声明 SPM 3.2。

　　[6]这个引文来自凯恩思（Keynes，1930）——是当前人们对"稳态经济学"感兴趣的几个诱因之一，了解这一点的起点是国际生态经济学会（www.isecoeco.org）。

个人的开拓步骤

　　[7]哈罗德（Harrod）（2013）与里格利（Wrigley）（2013）一起发表了这些想法，作为皇家学会举办的为期两天的讨论会上发表的 15 篇论文之一，部分内容来自本书第一版。

　　[8]作品输出的发布会被报道在一个内容丰富的在线书籍（http://issuu.com/sustainablefashion/docs/craft_of_use_event）中。

　　[9]制造研究所提供了一个很好的在线介绍（https://www.instituteofmaking.org.uk）。

　　[10]网站 www.givingwhatwecan.org 描述了托比·奥德关于有效捐献的研究结果，并得到了他的研究支持（www.amirrorclear.net）。

更好地理解机会的优先顺序

　　[11]本书的几个主要思想被用于制定政府间气候变化专门委员会（IPCC）第三工作组第 10 章的结构，该工作组负责评估减少工业排放的战略（http://mitigation2014.org/）。

图片

　　[12]达拉斯牛仔体育场——作者：ErinCosta。其使用遵循知识共享许可协议《署名 4.0 国际版》（http://creativecommons.org/licenses/by/4.0/）。

　　[13]轻便婴儿车——作者：Ed Yourdon。其使用遵循知识共享许可协议《署名 4.0 国际版》（http://creativecommons.org/licenses/by/4.0/）。

　　[14]敞篷跑车——作者：photobeppus。其使用遵循知识共享许可协议《署名 4.0 国际版》（http://creativecommons.org/licenses/by/4.0/）。

　　[15]宝马 i3——作者：Car Leasing Made Simple。其使用遵循知识共享许可协议《署名 4.0 国际版》（http://creativecommons.org/licenses/by/4.0/）。

　　[16]雷诺 Clio——作者：Pittou2。其使用遵循知识共享许可协议《署名 4.0 国际版》（http://creativecommons.org/licenses/by/4.0/）。

[17] 乔布姆庄园——图片来源：RobBrown 摄影。

[18] 克莱斯勒大厦——作者：来自英国伯明翰的 Tony Hisgett（由 Magnus Manske 上传的克莱斯勒大厦 -1）。其使用遵循知识共享许可协议《署名 4.0 国际版》（http://creativecommons.org/licenses/by/2.0/）。

[19] 奶酪大厦——作者：Tony Hisgett。其使用遵循知识共享许可协议《署名 4.0 国际版》（http://creativecommons.org/licenses/by/4.0/）。

[20] 昂蒂布的女着装——图片由当地智慧项目提供。摄影：Sean Michael。

[21] 路虎卫士——作者：路虎中东通讯社、汽车架驶协会、路虎我们星球、瑞恩王子全部照片使用遵循知识共享许可协议《署名 4.0 国际版》（http://creativecommons.org/licenses/by/4.0/）。

图框故事和图

[22] 这些图是根据美国环境保护署（US EPA，2014）发布的《轻型汽车技术，CO_2 排放量和燃料经济趋势：1975 年至 2011 年》报告重新绘制的。

[23] 这些数据来自 Barrett 等人（2013）。

[24] 如 2008 年《气候变化法案》第 27 章所述（英国政府，2008）。

[25] 根据欧盟指令 2009/28/EC（欧盟，2009）。

[26] 可再生能源和其他发电形式在英国的份额以及数据都来自能源部和气候变化部 DUKES 数据库（DECC，2014）。

[27] 根据大型燃烧设备指令 2001/80/EC（欧盟，2001）。

[28] 根据 Skelton 和 Allwood（2013）假设经合组织的平均劳动税率（经合组织，2014）。

参考文献

A

Adderley, B., 2011. Assessing the technical abatement potential in the UK steel sector, report for the Energy-intensive Industries Strategy Board

Addis W. and Schouten J., 2004. Principles of design for deconstruction to facilitate reuse and recycling, London: CIRIA

Ahmadi, A., Williamson, B.H., Theis, T.L. and Powers, S.E., 2003. Life-cycle inventory of toner produced for xerographic processes. Journal of Cleaner Production, 11, pp.573-582

Aïtcin, P. C., 2000. Cements of yesterday and today. Concrete of tomorrow. Cement and Concrete Research, 30 (9), pp.1349-1359

Akerlof, G.A., 1970. The market for "lemons": quality uncertainty and the market mechanism, The Quarterly Journal of Economics, 84: 3, pp.488-500

Allwood, J.M., 2013. Transitions to material efficiency in the UK steel economy, Philosophical Transactions of the Royal Society A, 371: 20110577

Allwood, J.M., Ashby, M.F., Gutowski, T.G. and Worrell, E., 2013. Material Efficiency: providing material services with less material production, Philosophical Transactions of the Royal Society A, 371: 20120496

Allwood, J.M., Laursen, S.E., de Rodriguez, C. M. and Bocken, N.M.P, 2006. Well dressed: the present and future sustainability of clothing and textiles in the UK. [online] Cambridge: University of Cambridge Available at: <http://www.lcmp.eng.cam.ac.uk/wellmade/well-dressed>[accessed 27 July 2011]

Allwood, J.M. and Utsunomiya, H., 2006. A survey of flexible forming processes in Japan. International Journal of Machine Tools and Manufacture, 46(15), pp.1939-1960

Allwood, J.M., Ashby, M.F., Gutowski, T.G, and Worrell, E., 2011. Material Efficiency: a White Paper, Resources Conservation and Recycling, 55, pp. 362-381

Allwood, J.M., Cullen, J.M. and Milford R.L., 2010. Options for achieving a 50% cut in industrial carbon emissions by 2050. Environmental Science and Technology, 44 (6), pp.1888-1894

Allwood, J.M., Cullen, J.M., Carruth, M. A., Milford, R. L., Patel, A. C. H., Moynihan, M., Cooper, D. R., McBrien, M., 2011a. Going on a metal diet – using less liquid metal to deliver the same service in order to save energy and carbon. WellMet2050. [online] Cambridge: University of Cambridge Available at: <http://www.lcmp.eng.cam.ac.uk/wellmet2/introduction> [accessed 27 July 2011]

Allwood, J.M., Cullen, J.M., McBrien, M., Milford, R. L., Carruth, M. A., Patel, A. C. H., Cooper, D. R., Moynihan, M., 2011b. Taking our metal temperature – energy and carbon savings by managing heat in steel and aluminium supply chains, WellMet2050. [online] Cambridge: University of Cambridge Available at: <http://www.lcmp.eng.cam.ac.uk/wellmet2/introduction> [accessed 27 July 2011]

Allwood, J.M., Cullen, J.M., Cooper, D. R., McBrien, M., Milford, R.L., Carruth, M. A., Patel, A. C. H., Moynihan, M., 2011c. Conserving our metal energy – Avoiding melting steel and aluminium scrap to save energy and carbon, WellMet2050. [online] Cambridge: University of Cambridge Available at: <http://www.lcmp.eng.cam.ac.uk/wellmet2/introduction>[accessed 27 July 2011]

Allwood, J.M., Cullen, J.M., Patel, A. C. H., McBrien, M., Milford, R. L., Carruth, M. A., Cooper, D. R., Moynihan, M., 2011d. Prolonging our metal life – Making the most of our metal services, WellMet2050. [online] Cambridge: University of Cambridge Available at: <http: // www.lcmp.eng.cam.ac.uk/wellmet2/introduction> [accessed 27 July 2011]

American Forest and Paper Association, 2010. Paper and paperboard recovery, Recycling statistics [online] Available at: <http: // paperrecycles.org/stat_pages/recovery_rate.html> [accessed 27 July 2011]

Arthur, B. W., 1989. Competing techno logies, increasing returns, and lock-in by historical events, The Economic Journal, 99, pp.116-131

Arthur, B. W., 1999. Complexity and the economy, Science, New Series, 284 (5411), pp.107-109

Ashby, M.F. and Jones, D.R.H., 2005. Engineering materials 1: Anintroduction to properties, applications and design. Cambridge, UK: Elsevier Butterworth-Heinemann

Ashby, M. F., 2009. Materials and the environment – eco-informed material choice. Burlington: Elsevier

Asolekar, S. R., 2006. Status of management of solid hazardous wastes generated during dismantling of obsolete ships in India. In: Proceedings of in the International Conference on Dismantling of Obsolete Vessels. Glasgow, UK, 11-12 September 2006

Avram, O. I. and Xirouchakis, P., 2011. Evaluating the use phase energy requirements of a machine tool system, Journal of Cleaner Production, 19, pp.699-711

Aylen, J., 1998. Trends in the international steel market. In Ranieri, R.and Aylen, J., eds, 1998. The steel industry in the new millennium Vol1: Technology and the Market. Cambridge: IOM Communications Ltd

Aylen, J., 2011. Stretch, Paper for: Managing R&D, Technology and Innovation in the Process Industries, Manchester 5-6 May 2011

Ayres, R. U., 2006. Turning point – the end of exponential growth? Technological Forecasting and Social Change, 73(9), pp.188-1203

B

Barker, D.J., Turner, S.A., Napier-Moore, P.A., Davison, J.E., 2009. CO_2 capture in the cement industry, Energy Procedia, 1 (1), pp.87-94

Barrett, J., Owen, A., Sakai, M., 2011. UK consumption emissions by sector and origin, report to the UK Department for Environment, Food and Rural Affairs (DEFRA) by University of Leeds

Barrett J., Wiedmann T., Peters G., Lenzen M., Roelich K., ScottK., Le Quere C., 2013. Consumption-based Emissions and Climate Policy, 13 (4), pp.451-470

Barsoumw, M.W., Ganguly, A. and Hug, G., 2006. Microstructural evidence of reconstituted limestone blocks in the great pyramids of Egypt, Journal of the American Ceramic Society, 89 (12), pp.3788-3796

Batelle, 2002. Toward a Sustainable Cement Industry. World Business Council for Sustainable Development

Bajzelj, B., Allwood, J.M. and Cullen, J.M., 2013. Designing climate change mitigation plans that add up. Environmental Science and Technology, 47 (14), pp.8062-8069

Baumert, K. A., Herzog, T., Pershing, J., 2005. Navigating the Numbers: Greenhouse Gas Data and International Climate Policy. World Resources Institute

BBC News, 2010a, Villagers despair in Hungary's red wasteland, [online] 12 October. Available at: <http://www.bbc.co.uk/news/world-europe-11523573> [accessed 27 July 2011]

BBC News, 2010b, Rio Tinto in $3.1bn Australia iron ore expansion, [online] 20 October. Available at: <http://www.bbc.co.uk/news/business-11581235> [accessed 27 July 2011]

BBC News, 2011a, Rio Tinto agrees $2bn land deal with Aboriginals, [online] 3 June. Available at: <http://www.bbc.co.uk/news/business-13637299> [accessed 27 July 2011]

BBC News, 2011b, Tata steel to cut 1, 500 jobs in Scunthorpe and Teesside, [online], 20 May. Available at: <http://www.bbc.co.uk/news/business-13469088> [accessed 27 July 2011]

BCS, 2007. U.S. energy requirements for aluminium production, historical perspective, theoretical limits and current practices, prepared for US Department of Energy [online] Available at: <http://www1.eere.energy. gov/industry/aluminum/pdfs/al_theoretical.pdf> [accessed 27 July 2011]

BCSA, 2006. A century of steel in construction. London: British Construction Steelwork Association

Bendsøe, M.P. and Sigmund, O., 2003. Topology Optimization. Berlin: Springer-Verlag

Bhooplapur, P., Brammer, M.P. and Steeper, M.J., 2008. Upgrading existing plate mill for higher strength steel product, Ironmaking andSteelmaking, 35 (7), pp.491-495

Black, R., 2011. Polar ice loss quickens, raising seas, BBC News, [online] 9 March. Available at: <http://www.bbc.co.uk/news/science-environment-12687272> [accessed 27 July 2011]

Boin, U.M.J. and Bertram, M., 2005. Melting standardized aluminum scrap - a mass balance model for Europe, JOM, Aug, pp.27-33

Bosoaga, A., Masek, O., Oakey, J.E., 2009. CO_2 Capture Technologies for Cement Industry, Energy Procedia, 1(1), pp.133-144

Bouquet, T. and Ousey, B., 2008. Cold Steel. London: Hachette Digital

Bowen, A., Forster, P.M., Gouldson, A., Hubacek, K., Martin, R., O'Neill, W., Rap, A. and Rydge, J., 2009. The implications of the economics slowdown for greenhouse gas emissions and targets, Centre of Climate Change Economics and Policy, Working Paper No. 11

BP, 2011. Statistical review of world energy. [online] London: BP Available at: <http://www.bp.com/sectionbody.do?categoryId=7500&contentId=7068481> [accessed 27 July 2011]

BPF, 2011. Plastics: recycling and sustainability, [online] Available at: <http://www.bpf.co.uk/sust ainability/plastics_recycling.aspx> [accessed27 July 2011]

BRE, 2011. Passivhaus, [online] Available at: <http://www.passivhaus.org.uk/> [accessed 27 July 2011]

Brook Lyndhurst, 2009. Household waste prevention evidence review: L2M4-2 retail solutions, a report for Defra's Waste and Resources Evidence Programme. London: Brook Lyndhurst

Bull, M., Chavali, R. and Mascarin, A., 2008. Benefit analysis: use of aluminum structures in conjunction with alternative powertrain technologies in automotives, Aluminium Association. [online] Available at: <http://aluminumintransportation.org/main/resources/research-optimizer> [accessed 27 July 2011]

C
Callister, W.D., 2003. Material science and engineering: an introduction, Sixth edition. New York: John Wiley & Sons

Canadian Steel Producers Association, 2007. Benchmarking energy intensity in the Canadian steel industry. [online] Available at: <http://oee.nrcan.gc.ca/industrial/technical-info/benchmarking/benchmarking_guides.cfm> [accessed 27 July 2011]

Car Reg, n.d.. Environmental site blames DVLA [online] Available at: <http://www.carreg.co.uk/number_plates/get_news/143>

Carruth, M.A. and Allwood, J.M., 2011. The forming of variable cross-section I-beams by hot rolling. To be presented at the 10th International Conference on Technology of Plasticity, Aachen 28th September

Carruth, M.A. and Allwood, J.M., 2012. The development of a hot rolling process for variable cross-section I-beams. Journal of Materials Processing Technology, 212 (8), pp.1640-1653

Carruth, M.A., Allwood, J.M. and Moynihan, M.C., 2011. The potential for reducing metal demand through lightweight product design. Resources Conservation and Recycling, 57, pp.48-60

CEMEP, 2011. Electric Motors and Variable Speed Drives Standards and legal requirements for the energy efficiency of low-voltage three-phase motors, European Committee of Manufacturers of Electrical Machines and Power Electronics. [online] Available at: <http://www.cemep.org/fileadmin/downloads/CEMEP_Motors_and_VSD.pdf> [accessed 27 July 2011]

CEPI, 2009. Key statistics – European pulp and paper industry. Brussels: Confederation of European Paper Industries. [online] Available at: <http://www.cepi.org/Objects/1/files/KeyStats 09_V01.pdf> [accessed 27July 2011]

CEPI, 2011. Q&A on the sustainability of the paper industry [online]Available at: <www.cepi.org> [accessed 27 July 2011]

China Environmental Law, 2008. Circular economy law of the People's Republic of China. [online] Available at: <http://www.chinaenvironmentallaw.com/wp-content/upioads/2008/09/cirular-economy-law-cn-en-final.pdf> [accessed 27 July 2011]

Chester, M.C., Horvath, A., 2009. Environmental assessment of passenger transportation should include infrastructure and supply chains, Environmental Research Letters, 4, pp.1-8

Chemical Industry Education Centre, 2011. Solids in furnace gas turned back into metal, Sustain-ed [online] Available at: <http://www.sustained.org/pages/Materials/MaterialsFrameset.htm>

Christensen, C.M., 2003. The innovator's dilemma, New York: Harper Paperbacks

Climate Change Act, 2008. London: HMSO

Cole, J., n.d.. Observations on the London home front in World War Two [online] Available at: <http://www.1900s.org.uk/1942-43-events.htm> [accessed 27 July 2011]

Cooper, D.R. and Allwood, J.M., 2012. Reusing Steel and Aluminium Components at End of Product Life. Environmental Science and Technology, 46, pp.10334-10340

Cooper, D.R., Skelton, A.C.H., Moynihan, M.C. and Allwood, J.M.2014. Component level strategies for exploiting the lifespan of steel inproducts. Resources Conservation and Recycling, 84, pp.24-32

Cooper, T., 2004. Inadequate life? Evidence of consumer attitudes to product obsolescence, Journal of Consumer Policy, 27, pp.421-449

Counsell, T. A. M. and Allwood, J.M., 2006. Desktop paper recycling-a survey of novel technologies that might recycle office paper within the office, Journal of Material Processing Technology 173(1), pp.111-123

Counsell, T. A. M. and Allwood, J.M., 2007. Reducing climate changegas emissions by cutting out stages in the life cycle of office paper, Resources, Conservation and Recycling, 49(4), pp.340-352

Counsell, T.A.M. and Allwood, J.M., 2008. Using abrasives to remove toner-print so that office paper might be reused, Wear, 266, pp.782-794

Counsell, T.A.M. and Allwood, J.M., 2009. Using solvents to remove a toner print so that office paper might be reused, Proceedings of the Royal Society, A 465, pp.3839-3858

CRU, 2011. About CRU, [online] Available at: <http://crugroup.com/AboutCRU/Pages/default.aspx>[accessed 27 July 2011]

Cullen, J.M. and Allwood, J.M., 2010a. The efficient use of energy: tracing the global flow of energy from fuel to service, Energy Policy, 38, pp.75-81

Cullen, J.M. and Allwood, J.M., 2010b. Theoretical efficiency limits in energy conversion devices, Energy, 35(5), pp.2059-2069

Cullen, J.M. and Allwood, J.M., 2013. Mapping the global flow of aluminium: from liquid aluminium to end-use goods, Environmental Science and Technology, 47(7), pp.3057-3064

Cullen, J.M., Allwood, J.M. and Bambach, M., 2012. Mapping the global flow of steel: from steelmaking to end- use goods. Environmental Science and Technology, 46(24), pp.13048-13055

Cullen, J.M., Allwood, J.M. and Borgstein, E.H., 2011. Reducing energy demand: what are the practical limits? Environmental Science and Technology, 45 (4), pp.1711-1718

Cullen, J.M., Carruth, M.A., Moynihan, M., Allwood, J.M. and Epstein, D., 2011. Reducing embodied carbon through efficient design. Learning Legacy: lessons learned from the London 2012 Games construction project [online] Available at: <http://learninglegacy. independent.gov.uk/documents/pdfs/sustainability/425009-145-reducing-carbon-aw.pdf> [accessed 13 July 2012]

D

Danloy, G., van der Stel, J., Schmöle, P., 2008. Heat and mass balancesin the ULCOS blast furnace, Proceedings of the 4th ULCOS seminar, 1-2 October 2008

Datamonitor, 2007. Global automotive manufacturers, Ref: 0199-2010.New York: Datamonitor

Datamonitor, 2008. Containers and packaging, Ref: 0199-2036. NewYork: Datamonitor

Davis, G. and Hall, J.A., 2006. Circular Economy Legislation – The International Experience. [online] Available at: <http://siteresources. worldbank.org/INTEAPREGTOPENVIRONMENT/Resources/CircularEconomy_Legal_IntExperience_ExecSummary_EN.doc> [accessed 27 July 2011]

Davis, J., Geyer, R., Ley, J., He, J., Clift, R., Kwan, A., Sansom, M. and Jackson, T., 2007. Time-dependent material flow analysis of iron and steel in the UK Part 2: Scrap generation and recycling, Resources Conservation & Recycling, 51, pp.118-140

DCLG, 2007. Building a greener future – policy statement. London: Department for Communities and Local Government

de Beer, J.G., Worrell, E. and Blok, K., 1998. Future technologies forenergy-efficient iron and steel making, Annual Review of Energy and the Environment, 23, pp.123-205

de Beer, J.G., 1998. Long term energy-efficiency improvements in the paper and board industry, Energy, 23(1), pp.21-42

DECC, 2014. Digest of UK Energy Statistics (DUKES) 2014. Department of Energy and Climate Change. [online] Available at: <http://eur-lex.europa.eu/LexUriServ/LexUriServ.do?uri=OJ: L: 2009: 140: 0016: 0062: EN: PDF> [accessed 14 July 2013]

DEFRA, 2005. Securing the future – delivering UK sustainable development strategy. London: HMSO

DEFRA, 2011. Government review of waste policy in England. London: Department for Environment, Food and Rural Affairs. [online] Available at: <http://www.defra.gov.uk/publication//files/pb13540-waste-policy-review110614.pdf> [accessed 27 July 2011]

Dennis, M.J. and Kambil, A., 2003. Service management – building profit after the sale, Supply Chain Management Review, 7(3), pp.42-48

Denstadli, J.M., 2004. Impacts of videoconferencing on business travel – the Norwegian experience, Journal of Air Transport Management, 10, pp.371-376

Devoldere, T., Dewulf, W., Deprez, W., Willems, B., Duflou, J., 2007. Improvement potential for energy consumption in discrete part production machines, Advances in Life Cycle Engineering for Sustainable Manufacturing Businesses, Part 3, B5 pp.311-316

Diamond, J.M., 2005. Collapse – how societies choose to fail or succeed. NewYork: Penguin

E

EIPPCB, 2010. Reference document on best available techniques in the pulp and paper industry. Seville: European Integrated Pollution Prevention and Control Bureau

EMPAC, 2009. Cans prevent waste, [online] Available on: <http://www.empac.eu/index.php/site/section/126> [accessed 27 July 2011]

End-of-life Vehicles Regulations 2003. SI 2003/2635. London: HMSO

Eriksson, O. and Finnveden, G., 2009. Plastic waste as a fuel – CO_2 -neutral or not? Energy and Environmental Science, 2, pp.907-914

EU Environment Commission, 2001. Large Combustion Plants Directive (2001/80/EC): Summary. European Parliament, Brussels

EU, 2009. Directive 2009/28/EC of the European Parliament and of the Council of 23 April 2009 on the promotion of the use of energy from renewable sources and amending and subsequently repealing Directives 2001/77/EC and 2003/30/EC. Official Journal of the EU, L140, pp.16–62 (June 5, 2009) [online] Available at: <http://eur-lex.europa.eu/LexUriServ/LexUriServ.do?uri=OJ: L: 2009: 140: 0016: 0062: EN: PDF>[accessed 14 July 2013]

European Nuclear Society, 2011. Nuclear power plants world-wide [online] Available at: <http://www.euronuclear.org/info/encyclopedia/n/ nuclear-power-plant-world-wide.htm> [accessed 27 July 2011]

EXIOPOL, n.d., A new environmental accounting framework [online] Available at: <http://www.feem-project.net/exiopol/> [accessed 27 July2011]

F

FAO, 2007. FAOSTAT, Food and Agriculture Organisation of the United Nations [online] Available at: <http://faostat.fao.org> [accessed 27 July 2011]

Financial Times, 2010. Global 500 by sector [online] Available at: <http://www.ft.com/reports/ft 500-2010> [accessed 27 July 2011]

Fletcher, K., 2008. Sustainable fashion and textiles – design journeys. London: Earthscan

Forestry Commission, 2011. UK wood production and trade (provisional figures) – 2011 edition, Economics and Statistics, [online] Available at: <http://www.forestry.gov.uk/statistics> [accessed 27 July 2011]

Francis, A.K., 1977. The cement industry 1796-1914 – a history. North Pomfret: Newton Abbot

French B. F., 1858. History of the rise and progress of the iron trade of the United States from 1621 to 1857. New York: Wiley & Halsted

G

Gerst, M. D. and Graedel, T. E., 2008. In-use stocks of metals: status and implications, Environmental Science & Technology, 42, pp.7038-7045

Granta Design, 2011. CES 2012 Selector, [online] Available at: <http://www.grantadesign.grantadesign.ces/> [accessed 27 July 2011]

Greentomatoenergy, 2011. Case study: PassivHaus renovation in West London [online] Available at: <http://www.greentomatoenergy.com/

about_us/case_studies> [accessed 27 July 2011]

GTAP, 1997. GTAP 5 Database. [online] Available at: <https://www.gtap.agecon.purdue.edu/databases/archives.asp> [accessed 27 July 2011]

GTAP, 2011. Global trade analysis project [online] Available at: <https://www.gtap.agecon.purdue.edu/> [accessed 27 July 2011]

Gutowski, T.G., Allwood, J.M., Herrmann, C. and Sahni, A., 2013.A global assessment of manufacturing. Annual Review of Environment and Resources, 38, pp.81-106

Gutowski, T.G., Sahni, S., Allwood, J.M., Ashby, M.F. and Worrell, E., 2013. The energy required to produce materials: constraints on energy intensity improvements, parameters of demand. Philosophical Transactions of the Royal Society A, 371: 20120003

Gutowski, T., Murphy, C., Allen, D., Bauer, D., Bras, B., Piwonka, T., Sheng, P., Sutherland, J., Thurston, D., Wolff, E., 2005. Environmentally benign manufacturing - observations from Japan, Europe and the United States. Journal of Cleaner Production, 13, pp.1-17

H

Hagelüken, C., 2006. Recycling of electronic scrap at Umicore's integrated metals smelter and refinery, World of Metal – ERZMETALL, 59(3), pp.152-161

Hammond, G. and Jones, C., 2008. Inventory of carbon and energy, Version 1.6, University of Bath, Available at: <http://www.bath.ac.uk/mech-eng/sert/embodied/ > [accessed 27 July 2011]

Hammond, G. and Jones, C., 2011. Inventory of carbon and energy, Version 2.0, University of Bath, Available at: <http://www.bath.ac.uk/mech-eng/sert/embodied/ > [accessed 27 July 2011]

Harrod, T., 2013. Visionary rather than practical: craft, art and material efficiency. Philosophical Transactions of the Royal Society A, 371: 20110569

Hatayama, H., Daigo, I., Matsuno, Y. and Adachi, Y., 2009. Assessment of the recycling potential of aluminum in Japan, the United States, Europe and China, Materials Transactions, 50 (3), pp.650-656

Hatayama, H., Daigo, I., Matsuno, Y. and Adachi, Y., 2010. Outlook of the world steel cycle based on the stock and flow dynamics, Environmental Science and Technology, 44 (16), pp.6457-6463

Hekkert, M.P., Worrel, E., 1997. Technology characterization for natural organic materials: Input data for Western European MARKAL, University of Utrecht, Report no. 98002

HM Government, 2008. Climate Change Act, 2008, Chapter 27. TheStationery Office Ltd, London

Hu, M., Pauliuk, S., Wang, T., Huppes, G., van der Voet, E. andMüller, D.B., 2010. Iron and steel in Chinese residential buildings: A dynamic analysis, Resources, Conservation and Recycling, 54, pp.591-600

Humphreys, K. & Mahasenan, M., 2002. Toward a Sustainable Cement Industry Substudy 8: Climate Change. World Business Council for Sustainable Development

I

IAI, 2007. Life cycle assessment of aluminium - inventory data for the primary aluminium industry year 2005. London: International Aluminium Institute. [online] Available at: <http://www.world-aluminium.org/?pg=140> [accessed 27 July 2011]

IAI, 2009. Global aluminium recycling – a cornerstone of sustainable development. London: International Aluminium Institute. [online] Available at: <http://www.world-aluminium.org/cache/fl0000181.pdf> [accessed 27 July 2011]

IAI, 2011a. Aluminium fact feature [online] Available at: <http://www.world-aluminium.org/> [accessed 27 July 2011]

IAI, 2011b. Historical IAI statistics. [online] Available at: <http://www.world-aluminium.org/statistics> [accessed 27 July 2011]

IDES, 2011. The plastic web [online] Available at: <http: //www.ides.com/> [accessed 27 July 2011]

IEA, 2007. Tracking industrial energy efficiency and CO_2 emissions. Paris: International Energy Agency. [online] Available at: <http://www.iea.org/textbase/nppdf/free/2007/tracking_emissions.pdf> [accessed 27 July 2011]

IEA, 2008a. Energy technology perspectives. Paris: International Energy Agency. [online] Available at: <http://www.iea.org/w/bookshop/add.aspx?id=330> [accessed 27 July 2011]

IEA, 2008b. CO_2 capture and storage: a key carbon abatement option. Paris: International Energy Agency. [online] Available at: <http://www.iea.org/w/bookshop/add.aspx?id=335> [accessed 27 July 2011]

IEA, 2008c. World energy outlook 2008. Paris: International Energy Agency.[online] Available at: <http://www.iea.org/textbase/nppdf/free/2008/weo2008.pdf> [accessed 27 July 2011]

IEA, 2009. Energy technology transitions for industry. Paris: International Energy Agency. [online] Available at: <http://www.iea.org/textbase/nppdf/free/2009/industry2009.pdf> [accessed 27 July 2011]

IEA, 2010a. CO_2 emissions from fuel combustion – highlights. Paris: International Energy Agency. [online] Available at: <http://www.iea.org/co2highlights/co2highlights.pdf> [accessed 27 July 2011]

IEA, 2010b. Energy technology perspectives. Paris: International Energy Agency. [online] Available at: <http://www.iea.org/techno/etp/etp10/English.pdf> [accessed 27 July 2011]

IEA, 2010c. Energy statistics manual. Paris: International Energy Agency.[online] Available at: <http://epp.eurostat.ec.europa.eu/cache/ITY_PUBLIC/NRG-2004/EN/NRG-2004-EN.PDF> [accessed 27 July 2011]

IEA, 2011. Energy-Efficiency Policy Opportunities for Electric Motor-Driven Systems – Working Paper, Paris: International Energy Agency

IISI, 1998. Energy use in the steel industry. Brussels: International Iron and Steel Institute

IMF, 2011. World Economic Outlook Database, International Monetary Fund [online] Available at: <http://www.imf.org/external/pubs/ft/weo/2011/01/weodata/index.aspx> [accessed 27 July 2011]

IPCC, 2005. Carbon dioxide capture and storage. [online] Available at: <http://www.ipcc.ch/pdf/special-reports/srccs/srccs_wholereport.pdf> [accessed 27 July 2011]

J

Jávor, B. and Hargitai, M., ed. 2011. The Kolontár report – causes and lesson from the red mud disaster. Budapest: Budapest University of Technology and Economics [online] Available at: <http://lehetmas.hu/wp-content/uploads/2011/05/Kolontar-report.pdf> [accessed 27 July 2011]

K

Kanemoto, K., Lenzen, M., Geschke, A. and Moran, D., 2011. Building Eora: a global multi-region input output model at high country and sector, 19th International Input–Output Conference, Alexandria, USA, 13–17 June [online] Available at: <http://www.iioa.org/files/conference-2/274_20110505091_GlobalMRIO_20110502.pdf>[accessed 27 July 2011]

Kay T. and Essex J., 2009. Pushing reuse: towards a low-carbon construction industry. London: BioRegional and Salvo

Kelkar, A., Roth, R. and Clark, J., 2001. Automobile bodies: can aluminium be an economical alternative to steel? JOM, August pp.28-32

Keynes, J.M., 1930. Economic possibilities for our grand-children. In: Keynes, J.M. (Ed.), 1963, Essays in Persuasion. W.W.Norton& Co., New York, pp.358-373.

Kerr, W. and Ryan, C., 2001. Eco-efficiency gains from remanufacturing: a case study of photocopier remanufacturing at Fuji Xerox Australia, Journal of Cleaner Production, 9, pp.75-81

Kim, Y. and Worrell, E., 2002. International comparison of CO_2 emission trends in the iron and steel industry, Energy Policy, 20, pp.827-838

L

Lafarge, 2007. Lafarge Annual Report. Available at: <http: //www.lafarge.com/28032008-publication_finance-annual_report_2007-uk.pdf

Layard, R., 2006. Happiness – lessons from a new science. London: Penguin

Leal-Ayala, D.R., Allwood, J.M. and Counsell T.A.M., 2010. Paperun-printing: using lasers to remove toner-print in order to reuse office paper, Manuscript submitted for publication to Applied Physics A: Materials Science & Processing

Leal-Ayala, D.R., Allwood, J.M., Schmidt, M. and Alexeev, I., 2011.Toner-print removal from paper by long and ultrashort pulsed lasers, Manuscript submitted for publication to Proceedings of the Royal Society A

Lewis, A., 2010. Europe breaking electronic waste export ban, BBC News, 4 August, [online] Available on: <http://www.bbc.co.uk/news/world-europe-10846395> [accessed 27 July 2011]

Lin Wei M., 2011. Personal communication, 14 May 2011

Lu, J.L. and Peeta, S., 2009. Analysis of the factors that influence the relationship between business travel and videoconferencing, Transport Research Part A, 43, pp.709-721

Luo, Z. and Soria, A., 2008. Prospective study of the world aluminium industry. Seville: European Commission [online] Available at: <http://ftp.jrc.es/EURdoc/JRC40221.pdf>

M

Ma, L., Allwood, J.M., Cullen, J.M. and Li, Z., 2012. The use of energy in China: tracing the flow of energy from primary source to demand drivers. Energy, 40(1), pp.174-188

MacKay, D. J. C., 2008. Sustainable energy – without the hot air, Cambridge: UIT. [online] Available at:<http://www.withouthotair.com/>

Margreta, J., 1998. The power of virtual integration: an interview with Dell Computer's Michael Dell, Harvard Business Review, March/April

Martin, N., Anglani, N., Einstein, D., Khrushch, M., Worrell, E. and Price, L.K., 2000. Opportunities to Improve Energy Efficiency and Reduce Greenhouse Gas Emissions in the U.S. Pulp and Paper Industry, US Department of Energy, Office of Scientific and Technical Information [online] Available at: <http://www.osti.gov/bridge/servlets/purl/790009-AERaSR/native/790009.pdf>

McKinnon, A., 2005. The economic and environmental benefits of increasing maximum truck weight: the British experience, Transportation Research Part D, 10, pp.77-95.

McKinsey, 2009. Greenhouse gas abatement cost curves, [online] Available at: <http://www.mckinsey.com/en/Client_Service/Sustainability/Latest_thinking/Costcurves.aspx> [accessed 27 July 2011]

Memoli, F. and Ferri, M.B., 2008. 2007- A record year for Consteel®, Millenium Steel 2008 pp. 83-88, [online] Available at: <http://www.millennium-steel.com/articles/pdf/2008/pp83-88%20MS08.pdf>

Miles, D. and Scott, A., 2005. Macroeconomics: Understanding the wealth of nations. 2nd ed. Hoboken: John Wiley and sons

Milford, R.L. and Allwood, J.M., 2010. Assessing the CO_2 impact of current and future rail track, Transportation Research Part D: Transport and Environment, 15 (2), pp.61-72

Milford, R.L., Allwood, J.M. and Cullen, J.M., 2011. Assessing the potential of yield improvements, through process scrap reduction, for energy and CO_2 abatement in the steel and aluminium sectors. Resources Conservation and Recycling, 55(12), pp.1185-1195

Milford, R.L., Pauliuk, S., Allwood, J.M. and Müller, D.B., 2013.The Roles of Energy and Material Efficiency in Meeting Steel Industry CO_2 Targets. Environmental Science and Technology, 47 (7), pp.3455-3462

Moinov, S., 1998. Patterns of privatisation in the world iron and steel industry. In: Ranieri, R. and Gibellieri, E., 1998. The steel industry in the new millennium, Vol 2: Institutions, privatisation and social dimensions.Cambridge: IOM Communications Ltd

Morgan, C. and Stevenson, F., 2005. Design and detailing for deconstruction, Design Guides for Scotland (No. 1), SEDA

Moynihan, M.C. and Allwood, J.M., 2012. The flow of steel into the construction sector. Resources Conservation and Recycling, 68, pp.88-95

Moynihan, M.C. and Allwood, J.M., 2014. Viability and performance of demountable composite connectors. Journal of Constructional Steel Research, 99, pp.47-56

Moynihan, M.C. and Allwood, J.M., 2014. Utilisation of structural steel in buildings. Proceedings of the Royal Society A, 470: 20140170

Müller, D. B., Wang, T. and Duval, B., 2011. Patterns of iron use in societal evolution, Environmental Science and Technology, 45(1), pp.182-188

N

Naranjo, M., Brownlow, D.T. and Garza, A., 2011. CO_2 capture and sequestration in the cement industry, Energy Procedia, 4, pp.2716-2723

Nilsson, L.J. et al, 1995. Energy efficiency and the pulp and paper industry.Washington D.C.: American Council for an Energy Efficient Economy

Noguchi, T., Kitagaki, R., Tsujino, M., 2011. Minimizing environmental impact and maximizing performance in concrete recycling, Structural Concrete, 12 (1), pp.36-46

Novelis, 2011. Markets we serve, packaging, beverage cans. [online] Available at: <http://www.novelis.com/en-us/Pages/Beverage-Cans.aspx> [accessed 27 July 2011]

O

OECD, 2010. The Evolution of News and the Internet, Working party on the Information Economy, Directorate for Science, Technology and Industry, DSTI/ICCP/IE(2009)14/FINAL

OECD (2014). Taxing Wages 2014. OECD Publishing, Paris.

OGC, 2007. Sustainability – achieving excellence in construction procurement guide. London: Office of Government Commerce

Ohno, T., 1988. Toyota Production System: Beyond Large-scale Production, Oregon: Productivity Press Inc

ONS, 2010a, The blue book – United Kingdom National Accounts, Basingstoke: Palgrave Macmillan [online] Available at: <http://www.statistics.gov.uk/downloads/theme_economy/bluebook2010.pdf>

ONS, 2010b. Construction statistics annual. London: OPSI [online] Available at: <http://www.statistics.gov.uk/downloads/theme_commerce/CSA-2010/Opening%20page.pdf> [accessed 27 July 2011]

Orr, J.J., Darby, A.P., Ibell, T.J., Evernden, M.C., Otlet, M., 2010. Concrete structures using fabric formwork, The Structural Engineer, 89(8), pp.20-26

OSPR, 1998. OSPAR Convention. [online] Available at: <http://www.ospar.org/content/content.asp? menu=00340108070000_000000_0000 00>[accessed 27 July 2011]

P

Paper Task Force, 1995. Paper task force recommendations for purchasing and using environmentally preferable paper. New York: Environmental Defense Fund

Parliamentary business, 2006. Globalisation and the steel industry. [online] Available at: <http://www.publications.parliament.uk/pa/cm200607/cmselect/cmwelaf/ucglobal/uc2602.pdf>

Passivhaus Institut, 2011. [online] Available at: <http://www.passiv.de/07_eng/index_e.html> [accessed 27 July 2011]

Passivhaus Trust, 2011. [online] Available at: <http://www.passivhaustrust.org.uk/>

Pauliuk, S., Milford, R.L., Müller, D.B. and Allwood, J.M., 2013. The steel scrap age. Environmental Science and Technology 47(7), pp.3448-3454

Pike, R., Leonard, M., 2011. China restricts exports of rare earth elements, Today Programme [podcast] 4 January [online]. Available at: <http://news.bbc.co.uk/today/hi/today/newsid_9336000/9336159.stm> [accessed 27 July 2011]

Politics, 2007. Gordon Brown's speech in full, 19 November. [online] Available at: <http://www.politics.co.uk/news/2007/11/19/gordon-brown-s-speech-in-full> [accessed 27 July 2011]

Pratten, C.F., 1971. Economies of scale in manufacturing industry, Cambridge, UK: Cambridge University Press

Prettenthaler F.E., Steininger K.W., 1999. From ownership to service use lifestyle: the potential of car sharing, Ecological Economics 28 pp.443-453

Pudaily, 2007. [online] Available at: <http://www.pu366.com> [accessed27 July 2011]

R

Ramesh, T., Prakash, R., Shukla, K.K., 2010. Life cycle energy analysis of buildings – an overview, Energy and Buildings, 42, pp. 1592-1600

RISI, 2007. World pulp & recovered paper 15-year forecast. Bedford, MA: Paperloop, Inc

Rivero, R. and Garfias, M., 2006. Standard chemical exergy of elements updated, Energy, 31 (15), pp.3310-3326

Roy, J. and Filiatrault, P., 1998. The impact of new business practices and information technologies on business travel demand, Journal of Air Transport Management, 4, pp.77-86

S

Saito Y., Utsunomiya H., Tsuji N. and Sakai T., 1999. Novel ultra-high straining process for bulk materials-development of the accumulative roll-bonding (ARB) process, Acta Materialia, 47(2), pp.579-583

Secat, 2005. Sorting the wrought from the cast in automotive aluminium [online] Available at: <http://www.secat.net/answers_view_article.php?article=Sorting_the_Wrought_from_the_Cast_in_Automotive_Aluminum.html> [accessed 27 July 2011]

Seok-Ho L., Hwan-Oh C., Jung-Seok K., Cheul-Kyu L., Yong-Ki K.and Chang-Sik J., 2011. Circulating flow reactor for recycling of carbon fiber from carbon fiber reinforced epoxy composite, Korean Journal of Chemical Engineering, 28 (1), pp.449-454

Sergeant, 2010. Top 100 mining companies – what a difference a year makes, Mineweb, Mining Finanace/Investment [online] Available at: <http://www.mineweb.com/mineweb/view/mineweb/en/page67?oid=95737&sn=Detail> [accessed 27 July 2011]

Skelton, A.C.H. and Allwood, J.M., 2013. Product-life trade-offs: what if products fail early? Environmental Science and Technology, 47(3), pp.1719-1728

Skelton, A.C.H. and Allwood, J.M., 2013. The incentives for supply chain collaboration to improve material efficiency in the use of steel: an analysis using input output techniques. Ecological Economics, 89, pp.33-42

Smil, V., 2010. Energy myths and realities, Washington D.C.: AEI Press

Smith, M.C. and Wang, F.C., 2004. Performance benefits in passive vehicle suspensions employing inerters, Vehicle System Dynamics, 42 (4), pp.235-257

Solomon, M., Bamossy, G. and Askegaard, S. 1999. Consumer Behaviour: A European perspective. London: Prentice Hall International

Spear, S. & Bowen, H.K., 1999. Decoding the DNA of the Toyota production system, Harvard Business Review, 77: 5 pp.97-106

SSAB, n.d.. Environmental impact during the production process, [online] Available at: <http://www.ssab.com/Sustainability/Ethical-issuesSustainability/Environment/Environmental-impact-during-the-production-process/> [accessed 27 July 2011]

Stanley, C.C., 1779. Highlights in the history of concrete. Slough: Cementand Concrete Association

Steel Business Briefing (SBB), 2009. European domestic medium section price, Prices and Indices [online] Available at: <http://www.steelbb.com/steelprices/> [accessed 27 July 2011]

Steel University, 2011. Blast furnace mass and energy balance, [online] Available at: <http://www.steeluniversity.org/content/html/eng/default.asp?catid=13&pageid=2081272299> [accessed 27 July 2011]

Strömberg, L., Lindgren, G., J Jacoby, J., Giering, R., Anheden, M., Burchhardt, U., Altmann, H., Kluger, F., Stamatelopoulos, G., 2009. Update on Vattenfall's 30 MWth Oxyfuel Pilot Plant in Schwarze Pumpe, Energy Procedia, 1, pp.581-589

T

Takano H., Kitazawa K., Goto T., 2008. Incremental forming of nonuniform sheet metal: Possibility of cold recycling process of sheet metal waste, Journal of Machine Tools & Manufacture, 48, pp.477-482

TAPPI, 2001. All about paper [online] Available at: <http://www.tappi.org/paperu/all_about_paper/paper/answers/earthAnswers.htm> [accessed 27 July 2011]

Tata, 2011. Tata Steel – at the forefront of low carbon steelmaking [online]. Available at: <http://www.colorcoatonline.com/en/company/news/tata_steel_low_carbon_steelmaking> [accessed 27 July 2011]

Tata Steel Automotive, 2010. Personal communication, Site visit, April

Taylor, H., 1990. Cement Chemistry. First edition, London: Academic Press

Taylor, M., Tam C., Gielen, D., 2006. Energy Efficiency and CO_2 Emissions from the Global Cement Industry. International Energy Agency

Tekkaya, A. E., Franzen, V., Trompeter, M., 2008. Remanufacturing of sheet metal parts (German), Proceedings of the 15th Saxon Conferenceon Forming Technology, Dresden, pp.187-196

Thompson, C., 1992. Recycled papers - the essential guide. Cambridge, MA: MIT Press

Tilwankar, A.K., Mahindrakar, A. B. and Asolekar S.R., 2008. Steel recycling resulting from ship dismantling in India: implications for green house gas emissions. In: Proceedings of second International Conference "Dismantling of Obsolete Vessels", 15-16 September, organized by Universities of Glasgow & Strathclyde, Glasgow, UK

Tomiura, A., 1998. Paradigm shifts in the steel industry, in Ranieri, R.and Aylen, J., eds 1998. The steel industry in the new millennium Vol1: Technology and the Market. Cambridge: IOM Communications Ltd

Tribal Energy and Environmental Information Clearinghouse, 2011. How can we use the energy in biomass? [online] Available at: <http://teeic.anl.gov/er/biomass/restech/uses/howuse/index.cfm> [accessed 27 July 2011]

Tyskend, S. and Finnveden, G., 2010. Comparing energy use and environmental impacts of recycling and waste incineration, Journal of Environmental Engineering 136, pp.744-748

U

UK Steel, 2011. Key statistics. [online] Available at: <http://www.eef.org.uk/NR/rdonlyres/C2F00A49-B277-4015-9EEB-74E3051721D0/19061/KeyStatistics2012.pdf> [accessed 27 July 2011]

UNCTAD, 2011. UNCTADSTAT, United Nations Conference on Trade and Development [online] Available at: <http://unctadstat.unctad.org/ReportFolders/reportFolders.aspx> [accessed 27 July 2011]

UNSD, 2008. Demographic yearbook, United Nations Statistics Division [online] Available at: <http://unstats.un.org/unsd/demographic/products/dyb/dyb2008.htm> [accessed 27 July 2011]

UNDESA, 2009. World urbanization prospects, United Nations Department of Economic and Social Affairs [online] Available at: <http://esa.un.org/unpd/wup/index.htm> [accessed 27 July 2011]

UNEP, eds., 2011. Metal stocks and recycling rates, United Nations Environment Panel [online]. Available at: <http://www.unep.org/resourcepanel/Portals/24102/PDFs/Metals_Recycling_Rates_110412-1.pdf> [accessed 27 July 2011]

UNPFA, 2010. State of world population 2010 – from conflict and crisis to renewal, generations of change. United Nations Population Fund. [online] Available at: <http://www.unfpa.org/swp/index.html> [accessed 27 July 2011]

US DOE, 2004. Energy use, loss and opportunities analysis – US manufacturing and mining. Industrial Technologies Program, U.S. Department of Energy. [online] Available at: <http://www.eere.energy.gov/industry/intensiveprocesses/pdfs/energy_use_loss_opportunities_analysis.pdf> [accessed 27 July 2011]

US DOE, 2007. Improving process heating system performance: a sourcebook for industry, Second edition [online] United State Department of Energy. Available at: <http://www.eere.energy.gov/industry/bestpractices/pdfs/process_heating_sourcebook2.pdf> [accessed 27 July 2011]

USEIA, n.d.. International energy statistics. United States Energy Information Administration [online] Available on: <http://www.eia.gov/emeu/international/electricitygeneration.html>

US EPA, 2014. Light-duty automotive technology, carbon dioxide emissions, and fuel economy trends: 1975 through 2011. United States Environmental Protection Agency (EPA-420-R-14-023) [online] Available at: <http://www.epa.gov/fueleconomy/fetrends/1975-2014/420r14023.pdf>[accessed 31 January 2015]

US Steel, 2011. History of US Steel [website] Available at: <http://www.ussteel.com/corp/company/profile/history.asp> [accessed 27 July 2011]

USGS, 2010. Cement, Mineral commodity summary. United States Geological Survey [online] Available at: <http://minerals.usgs.gov/minerals/pubs/commodity/cement/mcs-2010-cemen.pdf> [accessed 27 July 2011]

USGS, 2011a. Bauxite and alumina, Mineral commodity summary. United States Geological Survey [online] Available at: <http://minerals.usgs.gov/minerals/pubs/commodity/bauxite/mcs-2011-bauxi.pdf> [accessed 27 July 2011]

USGS, 2011b. Iron ore, Mineral commodity summary. United States Geological Survey [online] Available at: <http://minerals.usgs.gov/minerals/pubs/commodity/iron_ore/mcs-2011-feore.pdf> [accessed 27 July 2011]

V

van Oss and Padovani, 2003. Cement Manufacture and the Environment Part II: Environmental Challenges and Opportunities, Journal of Industrial Ecology, 7: 1, pp.93-126

van Oss, 2011. Personal communication, USGS, 2 July 2011

Vattenfall, 2007. Global climate impact abatement map. [online] Available at: <http://www.iea.org/work/2007/priority/Nelson.pdf> [accessed 27 July 2011]

Vattenfall, 2011. The Schwarze Pumpe pilot plant, [online] Available at: <http://www.vattenfall.com/en/ccs/schwarze-pumpe.htm> [accessed 27 July 2011]

Vitousek P.M., Ehrlich P.R., Ehrlich A.H., Matson P.A., 1986. Human appropriation of the products of photosynthesis, BioScience, 36: 6, pp.368-373

VW, 2006. The Golf – Environmental commendation background report. Wolfsburg: Volkswagen

VW, 2010. The Polo – Environmental commendation background report. Wolfsburg: Volkswagen

W

WBCSD, 2005. The Cement Sustainability Initiative Progress Report. World Business Council for Sustainable Development. Switzerland:

AtarRoto Presse SA

WBCSD, 2009. Cement Technology Roadmap 2009: Carbon emissions reductions up to 2050. World Business Council for Sustainable Development. Switzerland: Atar Roto Presse SA

WBCSD, 2010. Sustainability benefits of concrete, Cement Industry Initiative, World Business Council for Sustainable Development. [online] Available at: <http://www.wbcsdcement.org/index.php?option=com_content&task=view&id=67&Itemid=136> [accessed 27 July 2011]

Wiedman, T., Wood, R., Lenzen, M., Harris, R., Guan, D. & Minx, J., 2007. Application of a novel matrix balancing approach to the estimation of UK input-output tables. In: Sixteenth International Input-Output Conference, 2-6 July, Istanbul Turkey. [online] Available at: <http://www.isa.org.usyd.edu.au/publications/publications/Wiedmann_et_al_2007_16th_IIOA_Istanbul_Paper_final.pdf> [accessed 27 July 2011]

Woodcock N. and Norman D., n.d.. Building stones of Cambridge – awalking tour around the historic city centre, Department of Earth Sciences, University of Cambridge, [online] Available at: <http://www.esc.cam.ac.uk/teaching/geological-sciences/building-stones-of-cambridge> [accessed 27 July 2011]

World Steel Association, n.d.. Statistics archive, [online] Available at: <http://www.worldsteel.org/?action=stats_search> [accessed 27 July 2011]

World Steel Association, 2008. Fact sheet – steel and energy. [online] Available at: <http://www.worldsteel.org/pictures/programfiles/Fact%20sheet_Energy.pdf> [accessed 27 July 2011]

World Steel Association, 2009. Yield improvement in the steel industry.Brussels: World Steel Association

World Steel Association, 2010. World steel in figures. Brussels: World Steel Association

World Steel Association, 2011. Steel's contribution to a low carbon future, World Steel Association position paper, [online] Available at: <http://www.worldsteel.org/climatechange/?page=2&subpage=1> [accessed 27 July 2011]

Worldsteel, 2014. Energy use in the steel industry. Brussels: Worldsteel.

Worrell, E., Price, L., Martin, N., Hendriks, C., Ozawa Meida, L., 2001. Carbon Dioxide Emissions from the Global Cement Industry.Annual Review of Energy and the Environment, 26, pp.303-329

Worrell, E., Price, L., Neelis, M., Galitsky, C. and Zhou N., 2008. World best practice energy intensity values for selected industrial sectors, eScholarship, University of California, LBNL-62806. Rev. 2, [online] Available at: <http://escholarship.org/uc/item/77n9d4sp.pdf> [accessed27 July 2011]

WRAP, 2010. Designing out waste – A design team guide for civil engineering, Part 1: Design Guide, Part 2: Technical Solutions, WRAP, UK

WRAP, 2011. Total carrier bag use continues to fall. 25 August.[online] Available at: <http://www.wrap.org.uk/media_centre/press_releases/total_carrier_bag.html>

Wrigley, E.A., 2013. Energy and the English Industrial Revolution.Philosophical Transactions of the Royal Society A, 371: 20110568

X

Xu, C. and Cang, D., 2010. A brief overview of low CO_2 emission technologies for iron and steel making, Journal of Iron and Steel Research, International, 17 (3), pp.1-7

Y

Yang, F., Zhang, B., Ma, G., 2010. Study of Sticky Rice-Lime Mortar Technology for the Restoration of Historical Masonry Construction. Accounts of Chemical Research, 43 (6), pp.936-944

Z

Zandi, M. and Zimmerman, W., 2011. Steel plant CO_2 sequestration using high efficiency micro-algal bioreactor. METEC

译后记

　　2018 年 7 月，省部共建有色金属先进加工与再利用国家重点实验室（下简称"实验室"）学术委员会主任卢柯院士与时任重点实验室常务副主任丁雨田教授以及实验室科研人员进行年度学科建设与研究方向研讨会上，向大家推荐并简单介绍了这本书——《Sustainable Materials: Without the Hot Air》。该书基于科学精神，用鲜活的数字、生动的例子和富有英国文学语言特点，客观介绍了全球能源发展、气候变迁与人们生产生活之间的关系，展现了不同的低碳发展途径，尤其对广泛使用的有色金属种类、加工、回收与再利用以及与环境的关系做了详细的分析。这不仅与目前我国"双碳"与能源结构转型发展目标相适应，而且与实验室"有色金属应用基础研究，发挥在有色金属加工及再利用方面的研究特色"的发展定位和发展目标相契合。因此，在卢柯院士推荐和建议下，丁雨田教授组织重点实验室科研人员张文娟博士等合作进行翻译，希望能对实验室以可持续发展为目标的有色金属材料制备加工与再利用研究提供思路和帮助，进一步支撑我国尤其是甘肃省有色金属新材料、新能源、高端装备制造业等战略性新兴产业的发展。

　　兰州理工大学陈晓亮教授对文字部分进行了斟酌和润色，兰州理工大学袁幼新和杨瑞成教授对本书进行了审核与校正。同时，重点实验室博士生高钰璧、马元俊、许佳玉、陈建军、张鸿飞、刘博、李瑞民，硕士生张宝兵、雷健、孙富豪、张霞、沈悦、王涛、孔维俊、雪生兵、杨慧、甄炳、李一航对本书认真细致的校稿，再次一并感谢。

致　谢

　　本书的撰写得到了大多人的大力支持和帮助，其各个方面都离不开大家的协作。我们衷心感谢：

　　John Amoore, Karin Arnold, Prof. Mike Ashby, Prof. Shyam R. Asolekar, Roy Aspden, Efthymios Balomenos, Margarita Bambach, Mike Banfi, Prof. John Barrett, Chris Bayliss, Terry Benge, Marlen Bertram, Peter Birkinshaw, Manuel Birkle, Nancy Bocken, Paul Bradley, Mike Brammer, Nigel Brandon, Louis Brimacombe, Clare Broadbent, Emmanuelle Bruneteaux, Chris Burgoyne, David Calder, Simon Cardwell, Heather Carey, Jo Carris, Nick Champion, Andrea Charlson, Barry Clay, Nick Coleman, Grant Colquhoun, Richard Cooper, Steve Court, Polly Curtiss, AnaMaria Danila, John Davenport, Dr. Joseph Davidovits, Prof. Peter Davidson, Richard Dinnis, Prof. David Dornfeld, John Dowling, Kelly Driscoll, Dan Epstein, Jack Fellows, David Fidler, Kate Fletcher, Andrew Fraser, Steve Fricker, Prof. Mark Gallerneault, Rosa Garcia-Pineiro, JoseLuis Gazapo, Bernhard Gillner, Mark Gorgolewski, Staffan Görtz, Prof. Tom Graedel, Bill Grant, Christophe Gras, Allan Griffin, Ellen Grist, Simon Guest, Volkan Güley, Prof. Peter Guthrie, Tomas Gutierrez, Prof. Timothy Gutowski, Christian Hagelueken, Martin Halliwell, Peter Harrington, Judith Hazel, Kirsten Henson, Prof.Gerhard Hirt, Shaun Hobson, Peter Hodgson, Gerald Hohenbichler, Andy Howe, Richard Howells, Len Howlett, Tom Hulls, Roland Hunziker, Jay Jaiswal, Carl Johnson, Aled Jones, Tony Jones, Ulla Juntti, Sarah Kaethner, Andrew Kenny, Holly Knight, Peter Kuhn, Bob Lambrechts, David Leal, Rebecca Lees, Christian Leroy, Ma Linwei, Ming Liu, Peter Lord, Jim Lupton, Kelly Luterell, Prof. David MacKay, Roger Manser, Niall Mansfield, Fabian Marion, Graeme Marshall, Ian Maxwell, Alan McLelland, Hillary McOwat, Alan McRobie, Graham McShane, Christina Meskers, Prof. Cam Middleton, David Moore, Cillian Moynihan, Prof. Daniel Müller,

Dr. Omer Music, Sid Nayar, Gunther Newcombe, Anna Nguyem, Duncan Nicholson, Adrian Noake, Sharon Nolan, GeorgeOates, Mayoma Onwochei, Andy Orme, Yukiya Oyachi, Andrew Parker, David Parker, Alan Partridge, Mike Peirce, Matt Pumfrey, Philip Purnell, David Reay, Henk Reimink, Jan Reisener, Chris Romanowski, Mike Russell, Pradip Saha, Geoff Scamens, Thomas Schaden, Patrick Schrynmakers, Fran Sergent, Prof. Alan Short, Jim Simmons, Kevin Slattery, Emily Sloan, Derick Smart, Andrew Smith, Prof. Malcolm Smith, Martin Smith, Prof. Richard Smith, Zenaida Sobral Mourao, Greg Southall, Mick Steeper, Michael Stych, Judith Sykes, Katie Symons, Prof. ErmanTekkaya, NeeJoo The, Stefan Thielen, Katelyn Toth-Fejel, Micahel Trompeter, Robert Tucker, Hendrik vanOss, Tao Wang, Prof. Jeremy Watson, Andrew Weir, Anna Wenlock, Alex West, Glyn Wheeler, Gavin White, Mark White, Ollie Wildman, John Wilkinson, Larry Williams, Pete Winslow, Prof. Ernst Worrell, Masterchef Roseanna Xanthe, Lina Xie, Prof. Liping Xu 以及我们未提及的其他人。

为了写这本书，我们离开家人许久，在此对他们的暖心支持表示万分感谢。

朱利安·奥尔伍德（Julian Allwood）是剑桥大学工程与环境学教授，他组织了一个大型的跨学科研究小组，研究目的主要是减少人们对能源、材料和其他资源的需求。他在铝行业工作了 10 年，之前曾获得过由 WellMet2050 项目（2009-13）资助的英国工程和自然科学研究委员会（EPSRC）领导力奖学金。他是期刑《Journal of Materials Processing Technology》的联合主编，国际生产工程学会（CIRP）的主席，是政府间气候变化专门委员会（IPCC）第五次评估报告行业章节的主要作者。

乔纳森·库伦（Jonathan Cullen）是剑桥大学能源、交通和城市基础设施方面的讲师，也是菲茨威廉学院环境委员会主席。在新西兰做了五年的化学工艺工程师，随后在秘鲁担任顾问和开发工程师，并在剑桥大学攻读可持续发展工程硕士学位并完成能源效率工程基础博士学位。担任 WellMet2050 项目的研究助理的职位，并获得了工程系的讲师职位。

WellMet2050 项目旨在确定和评估所有可能将全球钢铁和铝制品生产的碳排放量减半的方法。作为 WellMet2050 项目的成员，马克·卡鲁斯（Mark Carruth）、丹尼尔·库珀（Daniel Cooper）、马丁·麦克布莱恩（Martin McBrien）、瑞秋·米勒福德（Rachel Milford）、穆里斯·莫伊尼汉（Muiris Moynihan）和亚历山大·帕特尔（Alexandra Patel）都是该项目低碳材料加工组的博士生，并拥有经济学、工程和艺术等多个学位，以及多年从事不同设计和咨询工作的经验。

WellMet
2050